中国烟草基因组计划重大专项资助

烟草突变体

主编 · 刘贯山 孙玉合

MUTANTS
OF TOBACCO

上海科学技术出版社

烟草突变体

主编 刘贯山 孙玉合

图书在版编目（CIP）数据

烟草突变体 / 刘贯山，孙玉合主编 . —上海：上海科学技术出版社，2016.8

ISBN 978-7-5478-2953-0

Ⅰ. ①烟… Ⅱ. ① 刘… Ⅲ. ①烟草－突变基因－研究 Ⅳ. ① S572

中国版本图书馆 CIP 数据核字（2016）第 022093 号

上海世纪出版股份有限公司
上海 科 学 技 术 出 版 社 出版

（上海钦州南路 71 号 邮政编码 200235）

上海世纪出版股份有限公司发行中心发行

200001 上海福建中路 193 号 www.ewen.co

上海中华商务联合有限公司印刷

开本 889×1194 1/16 印张 28 插页 4

字数：800 千字

2016 年 8 月第 1 版 2016 年 8 月第 1 次印刷

ISBN 978-7-5478-2953-0/S · 120

定价：360.00 元

本书如有缺页、错装或坏损等严重质量问题，请向承印厂联系调换

内容提要

本书是作者团队从 2008 年开始历经 8 年完成的烟草突变体系列项目的研究总结。全书共分 13 章，系统地介绍了烟草突变体的创制、筛选与鉴定历程，并对鉴定获得的 700 多个烟草各类突变体材料进行了系谱分析和突变性状描述。

本书内容丰富，资料翔实，既可作为烟草功能基因研究和烟草育种的参考书，也可作为作物育种学、遗传学、生物学等学科研究生的参考书。

编委会名单

主任委员

王元英

副主任委员

张忠锋　夏庆友　陈　勇　刘贯山

委　员

(以姓氏笔画为序)

王元英　王凤龙　王树声　冯全福　刘昌宝　刘春明
刘贯山　孙玉合　肖炳光　张忠锋　陈　勇　陈顺辉
周应兵　夏庆友　储成才　路铁刚

主　编

刘贯山　孙玉合

副主编

龚达平　王　倩　晁江涛

编著人员

（以姓氏笔画为序）

万秀清	王　倩	王　静	王大伟	王卫锋	王秀芳	王绍美	申莉莉
冯　超	吕　婧	向小华	任广伟	刘　勇	刘贯山	孙玉合	杨华应
杨爱国	李　伟	李凤霞	李廷春	巫升鑫	吴金霞	吴新儒	时　焦
余　文	张　玉	张　芊	张松涛	张洪博	陈爱国	林樱楠	罗成刚
姚学峰	晁江涛	钱玉梅	徐建华	高晓明	郭永峰	郭承芳	曹鹏云
龚达平	崔　红	崔萌萌	董春海	蒋彩虹	程崖芝	解敏敏	戴培刚

审定人员

刘贯山　孙玉合　龚达平　王　倩　杨爱国　任广伟

烟草 EMS 突变体田间种植图（山东诸城，2013 年）

序

  2010 年 12 月 9 日，我受邀参加了国家烟草专卖局"烟草基因组计划重大专项"的启动仪式，亲身见证了"开启烟草基因研究时代，引领烟草科技发展未来"的重要历史时刻，感受到了烟草行业科技工作者顺应生命科学发展潮流、加强基础前沿研究、抢占科技制高点和增强我国烟草行业核心竞争力的决心和迫切心情。

  历时 5 年，烟草基因组计划取得了一系列重大进展，其中由中国农业科学院烟草研究所牵头承担的"烟草突变体创制、筛选与鉴定"工作更是取得了令人瞩目的成绩。

  烟草突变体研究经历了大规模创制、筛选和鉴定等艰辛过程。目前，采用 EMS 诱变和 T-DNA 激活标签插入等方法，共创制了 27 万余份烟草突变体材料，创建了 10 余种高通量筛选方法，鉴定获得了 700 余份性状稳定遗传的烟草突变体，涉及烟草抗病、抗逆、品质、发育、营养高效等烟草重要性状，并在此基础上建立了"中国烟草突变资源生物信息库和利用平台"。同时，利用突变体材料进行基因功能研究和品种定向改良工作也取得了初步成效。

  突变体是开展生物学研究与植物遗传育种的基础材料，突变体库的创制与鉴定是功能基因组学研究的重要组成部分。烟草突变体的规模化研究及《烟草突变体》的出版，不仅是以中国农业科学院烟草研究所为主的烟草突变体研究团队辛勤劳动的成果，而且是我国烟草突变体研究重要成果的凝练和体现。希望本书的出版能在烟草遗传育种与基因组学研究领域中发挥重要的推动作用。

中国工程院院士
中国工程院副院长 刘 旭
2016 年 5 月于北京

烟草激活标签突变体田间种植图（山东即墨，2013 年）

前　言

在生物学，特别是遗传学中，突变体是来自于突变事件的物种新遗传性状，其中基因 DNA 或染色体上碱基对序列发生了变化。现在可以检索到的最早文献记录是，1907 年 Lutz 在 *Science* 杂志上发表的一种月见草（*Oenothera lamarckiana*）的突变体。创制并鉴定突变体是研究植物基因功能最有效的途径，也是作物改良的重要途径。

烟草和拟南芥一样，是分子生物学和基因工程研究的模式植物，是当之无愧的"植物王国的小白鼠"。植物中许多开拓性研究都是采用烟草作材料完成的，特别是有关病毒和转基因的研究。烟草又是一种经济作物，近 30 年来，烟草产业在我国国民经济中持续发挥着重要作用。从烟草中获得的很多活性成分都具有抗菌、抗炎与抗病毒等作用，开发利用烟草来源的天然产物作为新药制剂具有重要的应用前景。利用转基因烟草作为生物反应器合成高附加值产品也具有广阔的前景。

从 2008 年开始，特别是 2010 年"烟草基因组计划重大专项"启动以来，在中国烟草总公司科技项目经费支持下，由国家烟草专卖局科技司与重大专项首席科学家领导，烟草行业内外 10 余家单位的优势力量通力合作，中国农业科学院烟草研究所牵头的烟草突变体研究历经了探索、全面铺开、深度拓展，直至基因鉴定与品种改良等过程，取得了诸多重要进展。为了及时总结与提炼研究成果，项目组计划编撰一部烟草突变体研究专著。经过全体作者近两年的辛勤笔耕和反复修改，以及编委会对全书整体把关和定稿，全部书稿于 2015 年底交付出版社。

《烟草突变体》全书共 13 章，约 80 万字，大体上分为三大部分。第一部分为基础部分，包括第 1 章至第 4 章，介绍了烟草遗传学与基因组学背景、植物突变体研究方法、烟草突变群体创制，以及烟草主要的形态突变性状描述。第二部分为主体部分，包括第 5 章至第 12 章，系统介绍了涵盖优质、抗病、抗逆、发育、形态等突变性状在内的烟草各类突变体的筛选与鉴定过程，重点分析了鉴定获得的 700 多个突变体的系谱和性状；同时从反向遗传学角度介绍了烟草 TILLING 突变体系建立，以及部分基因的突变位点分析。第三部分为平台部分，包括第 13 章烟草突变体种质库与数据共享平台，以及烟草突变体研究纪实、烟草突变体名词索引等。

需要说明的是，本书呈现的 700 多个烟草突变体更多地限于不同世代的突变性状描述，只对其中少数突变基因进行了定位、克隆和功能分析，这和烟草突变体研究起步较晚是分不开的。为了对 27 万多份烟草突变体材料进行有效编目，我们采用了条形码和系统编号，列出了突变体各个世代的系统编号，以利于今后对其进行深入的研究和利用。与拟南芥、水稻等植物一样，烟草突变体及其相关基因鉴定是一项长期而又艰巨的工作。随着研究的不断深入，相信越来越多的烟草突变体和相关基因的功能会得到深入鉴定与全面解析。

烟草突变体系列研究项目是在中国农业科学院烟草研究所牵头下，联合国内共 14 家研究单位协作攻关完成的，这些单位包括中国农业科学院生物技术研究所、西南大学、中国科学院植物研究所、云南省烟草农业科学研究院、安徽省农业科学院烟草研究所、中国烟草总公司山东省公司、中国烟草总公司福建省公司、中国农业科学院油料作物研究所、重庆大学、青岛农业大学、河南农业大学、贵州省烟草科学研究院、中国烟草东北农业试验站、湖北省烟草科研所等。在牵头单位中国农业科学院烟草研究所内，烟草突变体项目也是举全所之力，以生物技术研究中心为主，联合遗传育种研究中心、植物保护研究中心、质量安全研究中心共同完成的。《烟草突变体》是中国农业科学院烟草研究所与上述 14 家合作单位研究人员共同劳动的结晶。在本书的编撰工作中，全体撰稿和审定人员付出了辛勤的劳动和汗水，编委会委员们对全书进行了整体把关和重点指导。在此，谨表示衷心的感谢！

上海科学技术出版社对本书出版给予了热情的关心、鼓励和通力合作，谨此深表谢忱。

尽管全体编著人员为本书付出了极大的艰辛和努力，但因内容较多，编写时间仓促，再加之编写人员水平所限，书中难免存在疏漏和谬误之处，敬请广大读者指正，以便再版时修改，使之更臻完善。

编委会副主任
主　编　刘贯山

2016 年 4 月于青岛

目 录

第1章 烟草的遗传与基因组学

第2章　植物突变体研究概况

第3章　烟草突变体创制

第4章 烟草形态突变表型

第5章 烟草叶片形态表型突变体

第6章 烟草其他形态表型突变体

第7章 烟草 T-DNA 激活标签插入突变体

第8章 烟草腋芽和叶片衰老突变体

第9章 烟草品质性状突变体

第10章　烟草抗病突变体

第 13 章　烟草突变体种质库与数据共享平台

第1章

烟草的遗传与基因组学

第1节 烟草的起源与传播

1 烟草的起源

烟草起源于美洲、大洋洲及南太平洋的一些岛屿；20 世纪 60 年代，在西南非洲的纳米比亚山中也发现了一个野生烟（Knapp 等，2004；佟道儒，1997；陈学平和王彦亭，2002）。有关烟草资源的考察证明，普通烟草和黄花烟草原产于南美洲安第斯山脉，从厄瓜多尔至阿根廷一带。美洲印第安人早在原始社会时代就有吸烟嗜好。考古学家在墨西哥贾帕思州（Chiapas）倍伦克（Palengue）建于公元 432 年的一座神殿里发现，玛雅人在举行祭祀典礼时以管吹烟和头人吸烟的浮雕。另一证据是，考古学家在美国亚利桑那州北部印第安人居住过的洞穴中发现，有公元 650 年左右遗留的烟草和烟斗中吸剩的烟丝。这些证据说明，公元 5 世纪前美洲人已普遍种植烟草。

Knapp 等（2004）将烟草属（Nicotiana）植物分为 76 个种，在茄科植物中排第六。其适应性广，从北纬 60° 到南纬 45° 均有分布。其中，原产于南美洲的有 40 个，北美洲的有 9 个，大洋洲及南太平洋岛屿的有 26 个，西南非洲的有 1 个。原产于南美洲的烟草属植物既有黄花烟草、普通烟草，又有碧冬烟草亚属，而原产于北美洲、大洋洲和非洲的都属于碧冬烟草亚属。从分布上看，原产于南美洲的烟草属种最多；从分类上看，南美洲的烟草属植物分布于 3 个亚属中，类型最丰富。利用核糖体内转录间隔区（nrDNA ITS）、谷氨酰胺合成酶（glutamine synthetase）基因和叶绿体基因组的 *trnL*、*trnL-F*、*trnS-G*、*ndhF*、*matK* 基因片段等分子数据，结合形态学证据分析其种间关系（Goodspeed，1954；Aoki 和 Ito，2000；Chase 等，2003；Clarkson 等，2004 和 2010），也证实烟草起源于南美洲，然后扩散到其他洲。因此，烟草起源于南美洲为世界所公认。栽培烟草只有普通烟草（Nicotiana tabacum L.）和黄花烟草（Nicotiana rustica L.）两个种，在全世界广泛栽培。

关于烟草属植物起源与原产地的论证，曾有不同的看法。有的学者推断烟草原产于中国，即远在冰河时期从亚洲传到北美洲的阿拉斯加，以后由北美洲传到南美洲。也有人认为，烟草是从非洲传到美洲去的。还有人认为，烟草起源于埃及或蒙古。但这些推断都缺乏足够的历史证据。

2 烟草的传播

有文字记载的烟草历史始于 1492 年 10 月。西班牙探险家哥伦布到达美洲新大陆时，发现当地人在吸烟。有的说，当他们到达委内瑞拉附近的塔巴果岛（Tobago）时，发现当地人吸烟，就叫这种烟叶为 "Tobago"，烟草的英文 "Tobacco" 即由此而来。随着通往美洲航道的开通，欧美大陆之间的往来日益频繁，大约在 1558 年，水手们将烟草种子带回葡萄牙，第二年传到西班牙。1561 年法国驻葡萄牙大使 Jean Nicot 将烟草种子带到法国，人们把烟碱称为尼古丁（Nicotine）。1565 年烟草传播到英格兰，随后传遍欧洲大陆。1753 年植物学家林奈

(Carolus Linnaeus) 把烟草属的学名定为 *Nicotiana*。

历史学家推断，烟草在 16 世纪中期就从东南亚传入中国。1543 年，西班牙殖民者沿着麦哲伦走过的航路侵略菲律宾，烟草也随之在菲律宾种植。这时，中国与菲律宾的贸易实际上是与西班牙人进行的。不久，烟草传入我国的台湾、福建等地。著名明史学家吴晗研究认为，烟草由三条路线传入中国："一条是从菲律宾传到我国台湾，往福建漳州、泉州，再到北方；第二条是从南洋输入广东；第三条是从日本传到朝鲜，再传到辽东。"

第 2 节　烟草的进化

1　烟草属的进化

烟草属植物是茄科内染色体数目变化最大的一个属。现有种的体细胞染色体数目有 2n=9Ⅱ、10Ⅱ、12Ⅱ、16Ⅱ、18Ⅱ、19Ⅱ、20Ⅱ、21Ⅱ、22Ⅱ、23Ⅱ、24Ⅱ共 11 种，但以 2n=12Ⅱ的种居多。Goodspeed 等经过 50 多年的研究认为，烟草属植物是由属分化前就存在的体细胞染色体数 2n=6Ⅱ的亲缘类型衍生而来的，烟草的进化经历了 3 个阶段，系统发育的弧圈图解如图 1-1。

第一阶段是古代进化阶段，由它们的共同祖先，即同一古老植物类群，称之为古夜香树 (Pre-cestrum)、古烟草 (Pre-nicotiana) 和古碧冬茄 (Pre-petunia)（图 1-1，1 圈）进化为 2n=6Ⅱ的类夜香树 (Cestroid) 和类碧冬茄 (Petunicid) 两个类群（图 1-1，2a 圈）。

第二阶段是通过染色体数目的自然加倍，形成 2n=12Ⅱ的双二倍体。类夜香树进化成 2n=12Ⅱ的古普通烟草 (Pre-tabacum) 和古黄花烟草 (Pre-rustica)，类碧冬茄植物进化成 2n=12Ⅱ的古碧冬茄烟草 (Pre-petunioides)（图 1-1，2b 圈）。

第三阶段是从 2n=12Ⅱ的古普通烟草、古黄花烟草、古碧冬茄烟草经过以下变化：①基因突变或染色体畸变，但仍保留 2n=12Ⅱ染色体数，形成一些 2n=24 的现代种（图 1-1，3a 圈）；②种间杂交后并且染色体发生自然加倍，形成 2n=24Ⅱ的双倍体现代种（图 1-1，3b 圈）；③个别或某些染色体丢失，由 2n=12Ⅱ或 2n=24Ⅱ的整倍体演变成 2n=9Ⅱ、10Ⅱ、16Ⅱ、18Ⅱ、19Ⅱ、20Ⅱ、21Ⅱ、22Ⅱ、23Ⅱ的非整倍体现代种。

由上述的进化过程可以看出，普通烟草亚属和黄花烟草亚属来源于共同的祖先——类夜香树；碧冬烟草亚属独自来源于类碧冬茄。黄花烟草亚属和普通烟草亚属的亲缘关系较近，而与碧冬烟草亚属的亲缘关系较远。从 3 个亚属的各组来看，因为它们中大多数是由组间杂交形成的，具有不同程度的遗传上的相互联系，这种亲缘关系远近的界限不十分明显。这种复杂的进化过程形成了烟草属内种间植物学性状的多样性。

2　烟草栽培种的形成

烟草属 76 个种中，栽培利用的主要是普通烟草和黄花烟草。普通烟草是普通烟草亚属中唯一的体细胞染色体数为 2n=24Ⅱ的种。有关种间杂交试验和基因组数据表明：普通烟草是由碧冬烟草亚

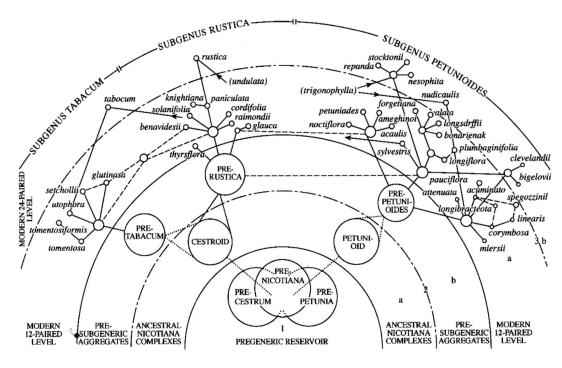

A. 普通烟亚属、黄花烟亚属和碧冬烟亚属

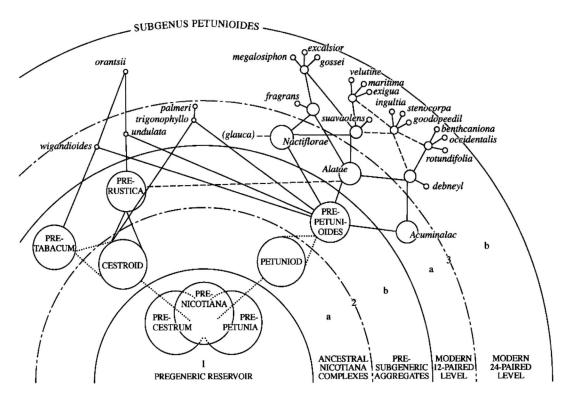

B. 碧冬烟亚属扩展

图 1-1 烟草属的进化及组间亲缘关系（Goodspeed, 1954）

属花烟草组的林烟草（*N. sylvestris*，2n=24）为母本，以普通烟草亚属绒毛烟草组的绒毛状烟草（*N. tomentosiformis*，2n=24）为父本，经天然杂交和染色体自然加倍形成的异源四倍体。许多研究表明，普通烟草亚属耳状烟草（*N. otophora*，2n=24）也可能是普通烟草的父本。基因组数据比对显示，绒毛状烟草基因组与普通烟草中的 T 基因组具有更高的相似性（Sierro 等，2014）。用"s"代表林烟草基因组的 12 个染色体；"t"代表绒毛状烟草基因组的 12 个染色体，普通烟草进化形成的可能过程如图 1-2。

林烟草(*N.sylvestris*) × 绒毛状烟草(*N.tomentosiformis*)

(2n=12IIs=24)　　　　　　　(2n=12IIt=24)

杂交 F$_1$

(2n=12Is+12It=24)

↓染色体加倍

普通烟草

(2n=12ss+12tt=48)

图 1-2　普通烟草的形成过程

黄花烟草是黄花烟草亚属内唯一的体细胞染色体数为 2n=24 II 的种。种间杂交试验和杂种遗传学等研究表明，黄花烟草也是起源于两个 2n=24 的烟草属野生烟：一个是黄花烟草亚属的圆锥烟草（*N. paniculata*，2n=24），另一个是碧冬烟草亚属的波叶烟草（*N. undulata*，2n=24）。圆锥烟草基因组的成对染色体以"pp"表示，"p"代表基因组的 12 个染色体；波叶烟草基因组的成对染色体以"uu"表示，"u"代表基因组的 12 个染色体。两个野生烟草发生天然杂交后，染色体经自然加倍形成的异源四倍体的可能过程如图 1-3。

圆锥烟草(*N.paniculata*) × 波叶烟草(*N.undulata*)

(2n=12IIp=24)　　　　　　　(2n=12IIu=24)

天然杂交 F$_1$

(2n=12p+12u=24)

↓染色体加倍

黄花烟草

(2n=12pp+12uu=48)

图 1-3　黄花烟草的形成过程

随着分子生物学技术的发展，特别是新一代测序技术的应用，烟草属植物起源和进化关系的研究更加透彻。基因组测序表明，普通烟草的 T 基因组源自绒毛状烟草，但也有部分耳状烟草基因组的渗入（Sierro 等，2014）。多个分子系统进化的研究结果大部分符合 Goodspeed 等的推断，但部分结果也对 Goodspeed 传统烟草起源理论提出了挑战。随着烟草属 76 个种全基因组测序的完成，可以从基因组水平上全面认识烟草属植物的起源和进化关系。

第3节　烟草的分类

1　烟草属的植物学分类

在植物分类学上，烟草属于双子叶植物纲（Dicotyledoneae）、管花目（Tubiflorae）、茄科（Solanaceae）、烟草属，为一年或多年生草本植物。目前已发现的烟草属有 76 个种。Goodspeed 在 1954 年《烟草属》（*The Genus Nicotiana*）一书中根据烟草的原产地、植物学形态特征、染色体数目、染色体形态结构、染色体联会特点、种间杂交的可能性等研究结果，把当时发现的 60 个种划分为黄花烟草亚属（N. subgen. Rustic）、普通烟草亚属（N. subgen. Tabacum）和碧冬烟亚属（N. subgen. Petunioides）3 个亚属，共 14 个组。随后在 20 世纪 60 年代，Burbidge 将 5 个新种加到澳大利亚烟草群，并将 N. stenocarpa 改名为 N. rosulata。同年，Wells 将碧冬烟亚属 Trigonophyllae 组的 N. palmeri 和 N. trigonophylla 合并为 N. trigonophylla。20 世纪 60 年代又发现两个烟草属新种：非洲烟草（N. africana，2n=46）和川上烟草（N. kawakamii，2n=24）。确定烟草属植物有 3 个亚属、14 个组、66 个种。2004 年 Knapp 等在烟草属经典分类的基础上进行了新的分类，包含 13 个组、76 个种（表 1-1）。与原分类系统的区别有以下几点。

① 将 N. sect. Repandae（匍匐烟草组）和 N. sect. Nudicaules（裸茎烟草组）合并为 N. sect. Repandae（匍匐烟草组）。

② 将 N. Sect. Thrysiflorae（蓝烟草组）与 N. sect. Undulatae（波叶烟草组）合并为 N. sect. Undulatae（波叶烟草组）。

③ 将 N. sylvestris（林烟草种）从 N. sect. Alatae（花烟草组）中分出，建立新组 N. sect. Sylvestres（林烟草组）。

④ 将 N. glauca（粉蓝烟草种）从 N. sect. Paniculatae（圆锥烟草组）调至 N. sect. Noctiflorae（夜花烟草组），将 N. glutinosa（黏烟草）由 N. sect. Tomentosae（绒毛烟草组）调至 N. sect. Undulatae（波叶烟草组）。

⑤ 新增 8 个种。分别为 N. mutabilis（姆特毕理斯烟草）、N. azambujae（阿姆布吉烟草）列入 N. sect. Alatae（花烟草组），N. paa（皮阿烟草）列入 N. sect. Noctiflorae（夜花烟草组），N. cutleri（卡特勒烟草）列入 N. sect. Paniculatae（圆锥烟草组），N. burbidgeae（巴比德烟草）、N. heterantha（赫特阮斯烟草）、N. truncata（楚喀特烟草）、N. wuttkei（伍开

烟草）列入 N. sect. Suaveolentes（香甜烟草组）。

⑥ 将 N. trigonophylla（沙漠烟草）重新拆分为 2 个种，即 N. obtusifolia（欧布特斯烟草）和 N. palmeri（帕欧姆烟草）。

⑦ 将 N. sect. Bigelovianae（印度烟草组）的组名改为 N. sect. Polydicliae（多室烟草组），将 N. bigelovii（毕基劳氏烟草）的种名改为 N. quadrivalvis Pursh（夸德瑞伍氏烟草），将 N. sect. Acuminatae（渐尖叶烟草组）的组名改为 N. sect. Petunioides（矮牵牛烟草组）。

⑧ 将 N. rosulata 分为 N. rosulata（莲座叶烟草 I）和 N. stenocarpa（莲座叶烟草 II）。

2 烟草的栽培调制分类

烟草在长期栽培过程中，由于栽培措施、调制方法和自然环境条件等方面的差异，形成了多种多样的类型。按烟草制品分类，可分为卷烟、雪茄烟、斗烟、水烟、鼻烟和嚼烟；按烟叶调制方式分类，可分为烤烟、晒烟、晾烟、明火烤烟；按调制后烟叶颜色分类，可分为深色烟、淡色烟、黄色烟。我国按烟叶品质和栽培调制方法把栽培烟草分为烤烟、晒烟、晾烟、白肋烟、香料烟、黄花烟和野生烟 7 个类型。

(1) 烤烟

烤烟是指在烤房用火管加热烘干的烟叶，又称火管烤烟。用这种方法烤出的烟叶色泽鲜亮、品质好、价格高。烤烟现在是我国、也是世界上栽培面积最大的烟草类型，是卷烟工业的主要原料。烤烟植株较大，一般株高 120～150 厘米。叶数 20～30 片，叶形多为椭圆或长椭圆形，厚薄适中。叶片自下而上成熟，分次采收烘烤。一次烘烤需 110～140 小时。烤后烟叶颜色多呈橘黄色或柠檬黄色，含糖量较高，蛋白质含量较低，烟碱含量中等。烤烟以中部叶片质量最好，是烤烟型和混合型卷烟的主要原料。

表 1-1 烟草属分类表

组	种	染色体数目	地理分布
普通烟草 (*Nicotiana* sect. *Nicotiana* Don)	普通烟草 (*N. tabacum* L.)	24	栽培于世界各地
花烟草 (*Nicotiana* sect. *Alatae* Goodspeed)	花烟草 (*N. alata* Link and Otto)	9	乌拉圭、巴西、巴拉圭、阿根廷
	博内里烟草 (*N. bonariensis* Lehmann)	9	乌拉圭、巴西、阿根廷
	福尔吉特氏烟草 (*N. forgetiana* Hemsley)	9	巴西
	蓝格斯多夫烟草 (*N. langsdorffii* Weinmann)	9	巴西、巴拉圭、阿根廷
	长花烟草 (*N. longiflora* Cavanilles)	10	乌拉圭、巴西、巴拉圭、阿根廷、玻利维亚
	蓝茉莉叶烟草 (*N. plumbaginifolia* Viviani)	10	秘鲁、巴西、巴拉圭、阿根廷、玻利维亚
	姆特毕理斯烟草 (*N. mutabilis* Stehmann et Semir)	9	巴西
	阿姆布吉烟草 (*N. azambujae* L.B. Smith et Downs)	—	巴西
夜花烟草 (*Nicotiana* sect. *Noctiflorae* Goodspeed)	无茎烟草 (*N. acaulis* Spegazzini)	12	阿根廷
	粉蓝烟草 (*N. glauca* Graham)	12	阿根廷、玻利维亚
	夜花烟草 (*N. noctiflora* Hooker)	12	阿根廷、智利
	碧冬烟草 [*N. petunioides* (Grisebach) Millán]	12	阿根廷、智利
	皮阿烟草 (*N. paa* Martinez Crovedo)	12	阿根廷
	阿米基诺氏烟草 (*N. ameghinoi* Spegazzini)	12	阿根廷
圆锥烟草 (*Nicotiana* sect. *Paniculatae* Goodspeed)	贝纳米特氏烟草 (*N. benavidesii* Goodspeed)	12	秘鲁
	心叶烟草 (*N. cordifolia* Philippi)	12	智利
	奈特氏烟草 (*N. knightiana* Goodspeed)	12	秘鲁
	圆锥烟草 (*N. paniculata* L.)	12	秘鲁
	雷蒙德氏烟草 (*N. raimondii* J.F. Macbride)	12	秘鲁、玻利维亚
	茄叶烟草 (*N. solanifolia* Walpers)	12	智利
	卡特勒烟草 (*N. cutleri* D'Arcy)	12	玻利维亚
矮牵牛烟草 (*Nicotiana* sect. *Petunioides* Don)	渐尖叶烟草 [*N. acuminata* (Graham) Hooker]	12	智利、阿根廷
	渐狭叶烟草 (*N. attenuate* Torrey ex S. Watson)	12	美国、墨西哥
	伞床烟草 (*N. corymbosa* Rémy)	12	智利、阿根廷
	狭叶烟草 (*N. linearis* Phillipi)	12	阿根廷、智利
	摩西氏烟草 (*N. miersii* Rémy)	12	智利

（续表）

组	种	染色体数目	地理分布
	少花烟草（*N. pauciflora* Rémy）	12	智利
	斯佩格茨烟草（*N. spegazzinii* Millán）	12	阿根廷
	长苞烟草（*N. longibracteata* Phillipi）	12	阿根廷、智利
多室烟草 （*Nicotiana* sect. *Polydicliae* Don）	克利夫兰氏烟草（*N. clevelandii* A. Gray）	24	美国、墨西哥
	夸德瑞伍氏烟草（*N. quadrivalvis* Pursh）	24	美国
葡匐烟草 （*Nicotiana* sect. *Repandae* Goodspeed）	岛生烟草（*N. nesophila* Willdenow ex Lehmann）	24	美国、墨西哥
	裸茎烟草（*N. nudicaulis* S. Watson）	24	墨西哥
	葡匐烟草（*N. repanda* Johnston）	24	墨西哥
	斯托克通氏烟草（*N. stocktonii* Brandegee）	24	墨西哥
黄花烟草 （*Nicotiana* sect. *Rusticae* Don	黄花烟草（*N. rustica* L.）	24	厄瓜多尔、秘鲁、玻利维亚
	非洲烟草（*N. africana* Merxmüller et Buttle）	23	纳米比亚
	抱茎烟草（*N. amplexicaulis* Burbidge）	18	澳大利亚
	本塞姆氏烟草（*N. benthamiana* Domin）	19	澳大利亚
	巴比德烟草（*N. burbidgeae* Symon）	21	澳大利亚
	凯维科拉烟草（*N. cavicola* Burbidge）	23	澳大利亚
	迪勃纳氏烟草（*N. debneyi* Domin）	24	澳大利亚
	高烟草（*N. excelsior* J.M. Black）	19	澳大利亚
	稀少烟草（*N. exigua* Wheeler）	16	澳大利亚
	香烟草（*N. fragrans* Hooker）	24	南太平洋群岛
香甜烟草 （*Nicotiana* sect. *Suaveolentes* Goodspeed）	古特斯皮氏烟草（*N. goodspeedii* Wheeler）	20	澳大利亚
	哥西氏烟草（*N. gossei* Domin）	18	澳大利亚
	西烟草（*N. hesperis* Burbidge = *N. occidentalis*）	21	澳大利亚
	赫特阮斯烟草（*N. heterantha* Kenneally et Symon）	24	澳大利亚
	因古儿巴烟草（*N. ingulba* J.M Black = *N. rosulata*）	20	澳大利亚
	海滨烟草（*N. maritima* Wheeler）	16	澳大利亚
	特大管烟草（*N. megalosiphon* Van Heurck et Müller）	20	澳大利亚
	西方烟草（*N. occidentalis* Wheeler）	21	澳大利亚
	莲座叶烟草 I [*N. rosulata* (S. Moore) Domin]	20	澳大利亚
	圆叶烟草（*N. rotundifolia* Lindley）	22	澳大利亚

（续表）

组	种	染色体数目	地理分布
	拟似烟草（*N. simulans* Burbidge）	20	澳大利亚
	莲座叶烟草Ⅱ（*N. stenocarpa* Wheeler）	20	澳大利亚
	香甜烟草（*N. suaveolens* Lehmann）	16	澳大利亚
	楚喀特烟草（*N. truncata* Symon）	－	澳大利亚
	簇叶烟草（*N. umbratica* Burbidge）	23	澳大利亚
	颤毛烟草（*N. velutina* Wheeler）	16	澳大利亚
	伍开烟草（*N. wuttkei* Clarkson et Symon）	14	澳大利亚
林烟草 （*Nicotiana* sect. *Sylvestres* Knapp）	林烟草（*N. sylvestris* Spegazzini et Comes）	12	玻利维亚、阿根廷
绒毛烟草 （*Nicotiana* sect. *Tomentosae* Goodspeed）	川上烟草（*N. kawakamii* Y. Ohashi）	12	玻利维亚
	耳状烟草（*N. otophora* Grisebach）	12	玻利维亚、阿根廷
	赛特氏烟草（*N. setchellii* Goodspeed）	12	秘鲁
	绒毛烟草（*N. tomentosa* Ruiz et Pavon）	12	秘鲁、玻利维亚
	绒毛状烟草（*N. tomentosiformis* Goodspeed）	12	玻利维亚
沙漠烟草 （*Nicotiana* sect. *Trigonophyllae* Goodspeed）	欧布特斯烟草（*N. obtusifolia* M. Martens et Galeotti）	12	美国、墨西哥
	帕欧姆烟草（*N. palmeri* A. Gray）	12	美国、墨西哥
波叶烟草 （*Nicotiana* sect. *Undulatae* Goodspeed）	阿伦特氏烟草（*N. arentsii* Goodspeed）	24	秘鲁、玻利维亚
	黏烟草（*N. glutinosa* L）	12	秘鲁、厄瓜多尔
	蓝烟草（*N. thrysiflora* Bitter ex Goodspeed）	12	秘鲁
	波叶烟草（*N. undulate* Ruiz et Pavon）	12	秘鲁、玻利维亚、阿根廷
	芹叶烟草（*N. wigandioides* Koch et Fintelman）	12	玻利维亚

注：分组归类来源于 Knapp 等（2004）；染色体的数量和地理分布来源于 Goodspeed（1954），Merxmüller 和 Buttler（1975），Purdie 等（1982），Japan Tobacco Inc（1994）；－表示染色体数未知。

（2）晒烟

晒烟是指将成熟的鲜烟叶利用日光照晒调制和干燥。晒烟可用于斗烟、旱烟、水烟、卷烟，还可作为雪茄芯叶、鼻烟和嚼烟。中国和印度是世界上生产晒烟的主要国家。根据晒制后烟叶颜色的深浅，晒烟分晒黄烟和晒红烟。

晒黄烟：外观特征和所含化学成分与烤烟相近，可作为混合型和烤烟型卷烟的原料。

晒红烟：同烤烟的差别较大，一般叶片较少，叶肉较厚。晒红烟颜色多呈深褐色或紫褐色，以上部叶片质量较好。含糖量较低，蛋白质和烟碱含量较高，烟味浓，劲头大，是混合型卷烟和雪茄烟的原料。

（3）晾烟

晾烟是指将成熟的鲜烟叶挂在阴凉通风的场所晾干的烟叶。包括除白肋烟以外的所有晾制的烟叶，如马里兰烟、雪茄包叶烟和其他传统晾烟。

马里兰烟：为浅色晾烟。因原产美国马里兰州而得名。叶片宽大，茎节较密，阴燃性较好，呈中性芳香。叶片薄，填充性好，能增加卷烟的透气性。焦油和烟碱含量均比烤烟、白肋烟低，已成为混合型卷烟原料之一。马里兰烟的主产地是美国，我国湖北五峰已有较大面积种植。

雪茄包叶烟：叶片宽，叶脉细，中下部烟叶晾制后薄而轻，弹性强，颜色均匀一致，呈灰褐或褐色，燃烧性好，是雪茄型卷烟的外包皮原料。多采用遮阳栽培。

传统晾烟：栽培方法与晒红烟基本相同。调制方法是将烟叶成熟的整个烟株在阴凉通风的场所晾制，晾干后堆积发酵。调制后的烟叶呈黑褐色，油分足，弹性强，吸味丰满，燃烧性好，烟灰洁白，是雪茄型卷烟或混合型卷烟原料。

（4）白肋烟

白肋烟是马里兰阔叶烟的一个变种。茎和叶片主脉呈乳白色，叶片黄绿色，叶绿素含量约为其他正常绿色烟的1/3。生长快，成熟集中。

白肋烟栽培方法与烤烟相仿，适宜较肥沃的土壤，对氮素营养要求较高。分次采收或整株采收调制。调制方法是将叶片上绳或整株倒挂在晾房或晾棚内晾干。

白肋烟的烟碱和总氮含量比烤烟高，含糖量较低，叶片较薄，弹性强，组织疏松，填充性好，阴燃持火力强，并有良好的吸收能力，卷制加工时容易吸收加料，是混合型卷烟的主要原料之一。

（5）香料烟

香料烟又称土耳其型烟或东方型烟。

株型纤瘦，叶片多而小。烟叶具有芳香香气，吃味好，燃烧性及填充力强，是混合型卷烟的主要调香原料。适宜在降雨量少、土壤有机质低、肥力不高、土层较薄的山坡或丘陵的沙砾土上种植。氮肥需求量低，适当施用磷、钾肥。不打顶，自下而上分次采收调制。调制方法是先晾至萎蔫变黄，然后再进行晒制。

（6）黄花烟

黄花烟是烟草属的另一个栽培种。植株矮，叶片较小，叶色深绿，有叶柄。花色黄至黄绿，花冠长度约为普通烟的一半。黄花烟生育期较短，耐冷凉，多种植于高纬度、高海拔、无霜期短的地区。苏联种植黄花烟最多，并称为莫合烟。我国栽培黄花烟的历史也较久，主要分布在新疆、甘肃和黑龙江。黄花烟含糖量较低，总氮和蛋白质含量较高，烟碱含量高达 4% ~ 10%，烟味浓烈。主要用于莫合烟、水烟、斗烟原料。

（7）野生烟

野生烟是指烟草属中除了普通烟草和黄花烟草这两个栽培种以外的所有烟草野生种。这些野生烟多无直接利用或商业价值，但是不少野生烟具有栽培种所不具有的有益基因，特别是病虫害抗性基因等。有些抗病虫害基因已转移到栽培烟草上，并选育出大面积种植的商业性抗病品种。有些野生烟花色艳丽，气味芳香，已作为观赏植物种植。

第4节　烟草重要性状的遗传

1　烟叶品质性状的遗传

影响烟叶品质形成的因素很多，多数是由烟草本身的性状遗传决定的，而且与环境因素相互作用，表现为数量性状遗传，如叶绿素含量、烟叶腺毛、烟碱含量、烟叶主要化学成分、烟叶烘烤特性等。

（1）叶绿素含量的遗传

在烟叶中，叶绿素及其降解物是烟叶重要的致香物质来源，其含量直接决定烟叶的品质。叶绿素的含量及变化情况在直观上表现为烟叶的颜色。在烟叶成熟期，叶色是判断烟叶成熟度的重要依据。王彦亭和司龙亭（1986）用烤烟和白肋烟为材料配置杂交组合进行遗传分析，结果显示，控制叶色遗传的基因为两对，并且具有叠加效应。刘彩云（2011）同样通过烤烟和白肋烟为材料进行遗传分析，证实了白肋烟叶色的黄绿色性状遗传为两对隐性重叠基因控制的细胞核遗传。张兴伟等（2011）应用主基因＋多基因 6 个世代联合分析方法对烤烟丸叶（叶绿素含量低）和 Coker319（叶绿素含量高）杂交组合的总叶绿素含量性状进行了分析，结果表明，第一青果期烤烟叶绿素含量的遗传受一对加性－显性主基因＋加性－显性－上位性多基因控制，在 F_2 代群体中主基因遗传率较高。

（2）烟叶腺毛的遗传

烟叶腺毛是烟草表皮毛的一类。按照有无分泌物可将烟叶腺毛分为两类：一类是有腺型，包括可分泌型腺毛和非分泌型腺毛；另一类是无腺型，均为非分泌型。一般来说，只有有腺可分泌型腺毛才具有产生分泌物的能力。有关研究表明，烟草腺毛分泌物与香气关系密切，烟叶腺毛的分泌物大多是烟草香气物质的重要前体，对烘烤后烟叶香气的形成起重要作用。与烟叶腺毛有关的研究主要集中在腺毛类型及腺毛密度、腺毛分泌物等方面，这些性状的遗传一方面与烟草的基因型有关，另一方面也与烟叶的生长发育状况有关。

腺毛类型和密度：Barrera 和 Wrensman（1966）研究了烟叶腺毛的类型、密度和分布情况，在各类型腺毛中，长柄有腺型腺毛最多，并且以下部叶片比例最高，而短柄有腺型腺毛以中部叶片分布比例较多，无腺型腺毛多出现在较高部位叶片；在杂交 F_1 代中，平均腺毛密度介于两亲本之间，且偏向低腺毛密度亲本，说明低腺毛密度为部分显性性状。Johnson 等（1985）研究表明，腺毛的密度受 3 对基因控制，可以通过育种手段提高烟叶腺毛的密度。腺毛密度也与烟草发育状况有关，研究表明，幼叶腺毛密度大，随着叶片的生长，腺毛密度呈下降趋势，而且各类型烟草腺毛密度明显表现为叶位自下而上逐渐增加（史宏志和官春云，1995）。

腺毛分泌物：烟叶分泌物和分泌量与腺毛密度有关。李伟（2004）研究表明，叶面分泌物重量和腺毛密度是由加性和非加性基因共同决定的，但加性效应占主导地位。烟草腺毛分泌物的主要成分为双萜烯类和脂肪族碳水化合物。这些成分约占烤烟表面成分气相色谱分离物的95%。前人就腺毛主要分泌物蔗糖酯、冷杉醇及西柏三烯二醇的遗传特性进行了研究。Gwynn等（1985）发现，含有β-甲基戊酸的蔗糖酯也是由单基因控制的；Coussirat等（1983）发现，烟叶中冷杉醇的产生受单基因控制，西柏三烯二醇的产生受两对基因控制。另外，腺毛分泌活动与叶片发育有密切关系，幼叶上的腺头只是一团稠密的原生质，分泌物少，叶片黏性低；随着叶片的生长，腺毛不断增加分泌，叶片黏度明显增加；叶片达到定长时，腺毛趋于成熟，分泌物溢出；叶片进入成熟期，叶片黏性最大，外香量最足（史宏志和官春云，1995）。

（3）烟碱含量遗传

生物碱是烟草植物含有的一类重要化学成分，主要包括烟碱（又称尼古丁）、去甲基烟碱、假木贼碱和新烟碱4种。在烟草属中，有栽培利用价值的普通烟草和黄花烟草都是烟碱积累型，其烟碱含量占总生物碱含量的94%以上。烟草栽培种内品种间杂交，其F_1代的烟碱含量多数接近双亲的平均值，F_2代群体的烟碱含量成正态分布，其平均值与F_1代相似，表现加性效应的数量遗传特征。研究发现，新鲜烟叶中烟碱的合成积累和调制后烟碱的含量受两个不同的遗传系统控制。烟碱主要合成于根系，然后通过木质部向烟株地上部运输。烟草新鲜烟叶中烟碱的含量受多基因控制，且已经发现2～3个加性基因在起作用。例如，以N_1N_2……代表烟碱合成的有效基因，其等位基因n_1n_2……表示烟碱合成的无效基因，则某个品种的N基因数量越多，合成的烟碱就越多；反之，则越少。调制后的烟叶烟碱含量除了受新鲜烟叶烟碱含量的影响外，还取决于调制时烟碱是否转化为降烟碱。这个过程是烟碱在去甲基化酶作用下脱去甲基而转化为去甲基烟碱（降烟碱），所以为单基因控制。

（4）烟叶主要化学成分的遗传

烟叶化学成分是决定烟叶内在品质的主要因素。国内外学者对烟叶化学成分进行了分析，多数研究表明，总氮、烟碱、总植物碱、总糖等化学成分的遗传主要受加性效应控制。也有研究表明，总糖、总氮、烟碱、糖碱比、氮碱比和施木克值6个烤烟品质性状均表现为显性与环境互作效应为主。李虎林等（2005）对白肋烟"Burley 21"、"KB 108"、"TI1068"与晒红烟"延晒3号"、"自兴烟"、"自来红"叶片中全氮含量进行遗传分析，结果表明，全氮含量在F_1代表现为超显性效应，以含量减少的方向为显性。亲本中无论F_1代还是F_2代，"自来红"均带有较多的隐性基因；在F_1代为"TI1068"，在F_2代为"TI1068"、"KB 108"和"Burley 21"带有较多的显性基因。肖炳光等（2005和2008）以14个烤烟品种及其配制的41个杂交组合为材料，利用包括基因型与环境互作的加性-显性遗传模型进行烟叶化学成分的遗传和相关分析。结果表明，烟碱主要受加性效应控制，总糖、还原糖、两糖差、总氮、蛋白质、氧化钾受显性环境互作效应影响最大。性状相关分析表明，总氮、烟碱、蛋白质这类含氮化合物之间呈正向表现型相关、基因型相关和加性遗传相关，而与总糖、还原糖呈负向表现型相关、基因型相关和加性遗传相关。

（5）烤烟烘烤特性遗传

烘烤特性也是烤烟的一个重要性状，包括易烤性和耐烤性两个方面。倪超等（2011）对"云烟85"和"大白筋599"及其杂交F_1代和F_2代的烟叶易烤性进行研究，认为其遗传符合2对加性-显性-上位性主基因+加性-显性多基因混合遗传模型，同时2对主基因间存在互作效应，主基因遗传率为64.09%。在F_2代表现的主基因遗传效率较高。耐烤性表现为烟叶在变黄和定色期间对烘烤环境的耐受性。耐烤性好的烟叶，容易定色，且烤后杂色烟叶少。在对烤烟烘烤特性遗传规律的研究中，王传义（2008）发现亲本对杂交 F_1 代的烘烤特性和烤后烟叶质量影响较大。杂交 F_1 代烤后烟叶黄烟率、杂色烟率等均表现双亲的中间值。正、反交烘烤特性区别较大，且母本对杂交后代烘烤特性的影响大于父本。这可能是由数量基因控制遗传的加性效应所致，并受细胞质遗传基因控制。郝贤伟等（2012）研究表明，烤烟品种耐烤性的遗传符合 E—0 模型，即由 2 对加性－显性－上位性主基因＋加性－显性－上位性多基因混合控制。主基因都以负向加性效应为主，主基因遗传率都较高，其中 F_2 代群体最高；多基因遗传率都较低。

2 烟草抗病性状的遗传

（1）烟草抗病毒病遗传

烟草病毒病主要有烟草普通花叶病毒病（Tobacco mosaic virus，TMV）、烟草黄瓜花叶病（Cucumber mosaic virus，CMV）、烟草马铃薯 Y 病毒病（Potato virus Y，PVY）、烟草蚀纹病毒病（Tobacco etch virus，TEV）、烟草环斑病毒病（Tobacco ringspot virus，TRSV）等，其中 TMV、CMV 和 PVY 是我国烟草主要病毒病，对它们在抗性遗传方面的研究也较多。

普通花叶病毒病：不同烟草种质对 TMV 的抗病机制不同，主要表现为耐病、过敏性坏死和抗侵染 3 种类型。早在 1933 年，Nolla 和 Roque 就发现了普通烟草种内的"安巴里玛"（Ambalema）品种抗烟草 TMV，其抗病性表现为耐病，且受到气温条件影响。后续研究发现，"安巴里玛"对烟草 TMV 抗性是由隐性等位基因 rm_1 和 rm_2 控制的，而且抗病基因与烟草品质不良性状有连锁关系（Valleau，1952）。野生烟黏烟草（N. glutinosa）是抗 TMV 育种的主要抗源，其抗病性表现为过敏性坏死，即在接种叶片上出现局部枯斑，以阻扰病毒的进一步扩展。Holmes（1938）研究表明，黏烟草的抗性由显性单基因控制，Whitham 等（1994）通过转座子标签法克隆得到 N 基因，并证明其介导的抗性反应可以产生过敏性坏死反应。引进品种

"Ti245"也是烟草 TMV 的一个抗源，对 TMV 表现为抗侵染，多数报道认为，其抗性由两对隐性基因控制（杨铁钊，2003；解芬等，2010），但也有报道其抗性由 1 对隐性基因控制（许石剑等，2011）。目前我国烟草育种中，几个对 TMV 高抗的种质，其抗性主要来源于 N 基因（张玉等，2013）。

黄瓜花叶病毒病：从 20 世纪 60 年代至今，科研工作者对烟草种质进行了多次 CMV 抗性筛选，但没有发现免疫的材料，只筛选到一些表现抗病的材料。其中本塞姆氏烟草（N. benthamiana）、博内里烟草（N. bonariensis）和雷蒙德氏烟草（N. raimondii）对 CMV 表现过敏坏死反应，二倍体绒毛烟草（N. tomentosa）、绒毛状烟草和雷蒙德氏烟草对 CMV 的抗性由隐性单基因控制。普通烟草"Ti245"对 CMV 也表现为抗病，主要表现为抗 CMV 侵入，其抗性由两对基因控制。抗源"Holmes"对 CMV 的抗性由 5 对基因控制，其中 N 基因来自黏烟草，rm_1 和 rm_2 来自"安巴里玛"，$t1$ 和 $t2$ 来自"Ti245"。近些年国内也对抗 CMV 种质进行了抗性遗传研究，认为"台烟 8 号"和"铁把子"的抗性均由隐性单基因控制（范静苑等，2009）；目前更多的研究表明，烟草对 CMV 的抗性为多基因控制的数量性状遗传，并且不同烟草种质对不同 CMV 病毒株系的抗性遗传不一致（宋瑞芳，2008；文轲等，2013；陈小翠等，2014）。

马铃薯 Y 病毒病：目前在烟草育种中被广泛应用的 PVY 抗源主要是"VAM"（Virgin A Mutant），其抗性受隐性单基因 va 控制，对马铃薯 Y 病毒的大部分株系，尤其是 N 株系具有较强的抗病性。有研究表明，烟草中转录因子 eIF4e-1 与 PVY 抗性相关，当 eIF4e-1 大片段缺失时，烟草对 PVY 表现为免疫（Duan 等，2012）。雪茄烟种质"Havana"与"VAM"具有相同的 PVY 抗性，其抗病基因与"VAM"为等位基因。同时，Gooding 等（1985）也发现白肋烟种质"SOTA 6505E"及"Burley S-3"具有 PVY 抗性，其抗病基因与 va 为等位基因。日本对抗 PVY-T 种

质进行了筛选，获得 74 个抗病品种（系），对低抗种质"Perevi"和"Bursana"、中抗种质"Enshu"和"Okinawa1"、高抗种质"VAM"抗性分析表明，它们的抗性均由一对隐性基因控制。代帅帅等（2015）筛选到多份 PVY 抗病材料，通过多年对这些抗病种质的鉴定和利用发现，"抗 88"等材料对 PVY 的抗性是由显性基因控制的。

（2）烟草抗黑胫病遗传

烟草黑胫病（*Phytophthora parasitica* var. *nicotianae*）是一种分布广泛，为害严重的烟草主要根茎类病害。烟草对黑胫病的抗性既有水平抗病性，也有垂直抗病性。普通烟草对黑胫病的抗性最早来源于雪茄烟品种"Florida 301"。关于其抗病性遗传特征，育种家和遗传学家进行了大量的研究，但结论不一致。李治国等（2009）和张洁霞（2009）推测其抗性由一对隐性基因控制。目前大多数学者倾向于"Florida 301"的抗性为水平抗性，呈现数量性状遗传特征。该抗源也是目前生产上利用的主要抗源。另一个重要的抗源是雪茄烟"Beinhart 1000-1"，其抗性优于抗源"Florida 301"，而且对烟草黑胫病的所有生理小种都表现高抗，并能兼抗烟草赤星病等多种病害。高亭亭（2014）认为，其抗性为多基因控制的显性遗传。到目前为止，利用该抗源育成的品种很少，原因主要有两方面：一方面是该抗源对黑胫病抗性表现为数量性状遗传特征，受多个数量性状基因座控制；另一方面是其抗性基因与控制雪茄烟特性的基因紧密连锁，采用传统的育种方法难以实现烤烟的抗性改良，成为该抗源利用的主要障碍。野生烟中也蕴藏着黑胫病抗性基因，如蓝茉莉叶烟草（*N. plumbaginifolia*）和长花烟草（*N. longiflora*）。有的抗源已被成功地转育到栽培种中，如长花烟草的黑胫病抗性转移到白肋烟中，育成了高抗 0 号和 2 号小种，抗 3 号小种的白肋烟品系"L8"，其抗性由显性单基因控制，我国借此育成了高抗黑胫病的白肋烟 F_1 代杂交种"鄂烟 2

号"。利用蓝茉莉叶烟草先后育成了"NC2326"和"NC1071"等烤烟抗病品种，"NC1071"抗 0 号和 3 号小种，感 1 号小种，其根、茎和叶片对 0 号小种的抗病性基本一致。"NC2326"抗 0 号和 1 号小种。

（3）烟草抗赤星病遗传

烟草赤星病是烟草上的一种重要叶斑类真菌病害，主要在成熟期发生。多种病原均可导致该病害发生，常见的病原包括链格孢（*Alternaria alternata*）、长柄链格孢（*Alternaria longipes*）和鸭梨链格孢（*Alternaria yaliinficiens*）等。不同烟草品种对赤星病的抗性差异很大，迄今尚未发现免疫品种。目前研究和利用较多的抗源是烤烟品种"净叶黄"、雪茄烟品种"Beinhart 1000-1"和野生烟香甜烟草（*N. suaveolens*）。"净叶黄"是由河南省农业科学院烟草研究所 1965 年系统选育而成的，研究认为，其抗性受显性单基因控制。王素琴等（1995）研究表明，"净叶黄"的抗性由部分显性的加性基因控制，且与不易烘烤的基因连锁。郭永峰等（1998和 2000）用包括"净叶黄"和"Beinhart 1000-1"在内的 7 个抗性不同的品种进行双列杂交，结果表明，病斑数量和大小的遗传都符合加性－显性模型。Chaplin 和 Graham（1963）认为，"Beinhart 1000-1"对赤星病的抗性由显性单基因控制。在实际抗病性鉴定过程中，赤星病的发生程度受温度、湿度等环境条件影响较大。以上这些研究结果各不相同，一方面与烟草种质不同有关，另一方面有可能与鉴定条件的控制有关，但目前多数人的观点倾向于"净叶黄"、"Beinhart 1000-1"对赤星病的抗性为多基因控制的水平抗病性。

（4）烟草抗青枯病遗传

烟草青枯病是由青枯雷尔氏菌（*Ralstonia solanacearum*）引起的一种细菌性土传病害，在我国烟草产区分布广泛，常造成较为严重的损失。不同抗源对烟草青枯病抗性的遗传方式不同，但目前仍未找到免疫的烟草种质。"TI448A"是美国烤烟青枯病抗性育种的主体抗源，但是关于"TI448A"的抗性遗传特征却存在分歧。"TI448A"的抗性最初被认为是由隐性多基因控制的。CORESTA（Cooperation Centre for Scientific Research Relative to Tobacco，国际烟草科学研究合作中心）青枯病协作组（1995～2001）在中国、美国、巴西、津巴布韦、南非的多年多点田间病圃鉴定结果表明，"TI448A"表现为稳定的高抗，且为多基因的加性遗传。而杨友才等（2005）则认为，"TI448A"的抗性由一对显性基因控制。范江等（2013）研究表明，烤烟品种"Oxford 207"的青枯病抗性不属于典型的显性或者隐性基因控制，属于加性基因控制。孙学永等（2013）研究也表明，烟草青枯病抗性以加性效应为主，显性效应不明显。

（5）烟草抗白粉病遗传

烟草白粉病是主要由二孢白粉菌（*Erysiphe cichoracearum*）引起的一种真菌性叶斑类病害，主要分布在我国西南烟草产区。遗传研究中应用的烟草白粉病抗源主要有4个，即日本晾晒烟品种"Kokubu"和野生烟绒毛状烟草、黏烟草、迪勃纳氏烟草（*N. debneyi*）。"Kokubu"的抗性表现为隐性复等位基因控制的遗传，两对隐性基因分别位于Ⅰ染色体和H染色体上，与雌性不育的隐性基因连锁。3个野生烟的抗性均表现为显性单基因遗传，来自于这3个抗源的抗性品种"TB22"、"Hicks55"、"Pobeda3"也表现为单基因显性遗传。我国利用的白粉病抗源主要是"塘蓬"，接种鉴定其抗性几乎表现为免疫，抗性表现为隐性基因遗传。牟建英等（2013）对"台烟7号"的白粉病抗性遗传规律进行了研究，结果表明，其抗性由隐性基因控制，遗传最优模型为2对加性－显性－上位性主基因＋加性－显性－上位性多基因模型，显性效应和上位性效应较为突出，且主基因遗传率较高。

（6）烟草抗根结线虫病遗传

烟草根结线虫病是由根结线虫引起的一种常见烟草根茎类病害。烟田常见的根结线虫种类包括南方根结线虫（*Meloidogyne incognita*）、花生根结线虫（*M. arenaria*）、爪哇根结线虫（*M. javanica*）、北方根结线虫（*M. hapla*）等。田间常多种根结线虫混生，但以南方根结线虫为优势种。针对烟草根结线虫病的研究主要集中在防治方面，对其抗性遗传研究较少。早先对抗病品种"TI706"的抗性遗传研究发现，其抗性由多基因控制，但在对随后育成的抗病品系"RK42"的研究发现，其抗性通常与不利农艺性状紧密连锁，在后期育种过程中证实了这种连锁可以被打破。

3 烟草主要农艺性状的遗传

农艺性状是与烟叶生产高度相关的特性和特征，如叶形、叶数、株高等性状。这些性状是烟草品种生产性能的重要标志。

（1）叶部性状的遗传

叶形的遗传：叶形是烟草的主要农艺性状之一。王伯毅（1980）从叶片长宽比值入手对叶形进行了遗传分析，对宽叶品种"春雷2号"与窄叶品种"红星1号"杂交后代分离群体进行分析。结果显示，叶片长宽比值的遗传受两个不同遗传系统控制：叶形的宽窄受一对质量性状基因控制，B为b的显性，BB纯合体和Bb杂合体的叶长宽比值最小，表现为宽叶形；另一个是数量性状遗传的基因控制，由两对累加效应的基因（$N_1N_1N_2N_2$）组成，即在bb纯合体中随着N基因的增加，叶片长宽比值相应会减少。后期多数研究表明，叶长的遗传表现以加性效应为主（牛佩兰和佟道儒，1989；杨跃等，2003；肖炳光，2005；黄平俊等，2010；祁建民等，2012）。

叶片数的遗传：在一定程度上，叶片数与烟叶质量是一对矛盾体，超过一定范围后，叶片数越多烟叶品质越差。王伯毅（1980）利用多叶型品种"黔福一号"与少叶型品种"福泉小黄壳折烟"进行杂交，分析后代群体的分离情况，说明叶片数的遗传为数量性状遗传，受累加效应基因控制。用多叶型品种作亲本的杂种后代，如果选择多叶类型则较难稳定。后期多数研究表明，叶片数的遗传表现以加性效应为主（杨跃等，2003；黄平俊等，2010；祁建民等，2012），但肖炳光（2005）研究表明，叶片数受显性 × 环境互作效应影响最大。

叶耳的遗传：叶耳是区别烟草不同品种的特征之一。一般认为，叶耳的遗传由 2 ~ 3 对重叠基因共同控制，有叶耳对无叶耳为显性或者部分显性。而有的研究则认为，在一些无叶耳品种中，存在一对抑制叶耳形成的基因，这对基因与控制烟草叶柄形成的一对基因存在连锁遗传，重组率为 20%。

（2）产量相关性状的遗传

烤烟产量、株高、茎围、单叶重等多数为数量性状遗传。比较一致的观点是，烤烟产量、株高、叶片数、叶长、叶宽等重要农艺性状主要是由加性效应的多基因决定的；少数研究结果表明，以上重要农艺性状是以加性效应为主，存在部分显性效应；还有极个别研究发现，控制烤烟株高和叶长的基因还表现一定程度的互作效应。牛佩兰和佟道儒（1989）研究认为，株高以加性效应为主，显性效应和上位效应也明显存在。茎围以显性效应和加性 ×

加性效应为主，加性 × 显性、显性 × 显性效应次之。杨跃等（2003）研究表明，茎围以加性效应为主，株高受加性效应与非加性效应共同控制。肖炳光（2005）研究表明，株高、节距主要受加性效应控制。性状相关分析表明，大多数成对性状的各项相关系数为正值，且多以加性遗传相关为主。黄平俊等（2010）认为，烤烟株高、茎围和节距主要受显性效应控制。

（3）花器官的遗传

花色的遗传：普通烟草的花冠颜色一般表现为粉红色、红色，或者白色。以往关于花色遗传的研究结论不一致。多数试验结果认为，粉红色花冠是由两对显性互补基因相互作用的结果，缺少其中任何一对基因都会表现为白色花冠；而由正常红花的烤烟品种诱变产生的白花突变品种如"白花205"的白花性状由一对隐性基因所控制（佟道儒，1997）。

花形态的遗传：烟草的花冠形状有管笛形、缢喉形和漏斗形等。决定这些性状遗传的是一个复等位基因群，管笛形性状对缢喉形和漏斗形性状表现为显性，缢喉形对漏斗形表现为显性。即用管笛形花冠的品种同缢喉形或者漏斗形花冠的品种杂交，其 F_1 代的花冠表现为管笛形；而用缢喉形花冠品种与漏斗形花冠品种杂交，其 F_1 代的花冠则表现为缢喉形。

第5节 烟草的基因组学

烟草基因组学是对烟草基因结构和功能进行分析的一门学科，包括以全基因组测序为目标的结构基因组学和以基因功能鉴定为目标的功能基因组学两个方面。烟草基因组学主要是以烟草基因组的序列结构研究为出发点，系统地开展转录组学、功能基因组学、代谢组学和蛋白组学研究，建立我国烟草基因组学理论体系和技术平台，着重于大规模新基因的鉴定、表达、功能分析和潜在应用价值的探索，推动烟草遗传育种和品种改良。

1 烟草基因组测序计划

普通烟草是林烟草和绒毛状烟草种间杂交后染色体加倍而产生的。绒毛状烟草和林烟草均为二倍体（2n=24），栽培种普通烟草为四倍体（2n=48）。烟草具有非常大的基因组，二倍体烟草基因组大小约为23亿碱基对（2 300 Mb），四倍体烟草基因组大小约为45亿碱基对（4 500 Mb），是人类基因组的1.5倍。作为典型的大植物基因组，烟草基因组中高含量的重复序列给烟草基因组的组装、拼接造成了很大困难。

2002年底，美国投入1 760万美元启动烟草基因组测序计划（Tobacco Genome Initiative，简称TGI）。由于当时测序技术和成本的限制，采用Orion Genomics公司的甲基过滤法筛除高度重复的非编码区，只针对基因富集区片段构建文库进行测序，仅获得烟草基因组覆盖度约10%的序列信息，获得90%以上的基因标签。欧洲烟草基因组计划进行了EST测序，获得了近5.6万条EST序列信息。

随着新一代测序技术和组装技术的快速发展，对烟草全基因组进行测序成为可能。我国于2010年12月启动"烟草基因组计划重大专项"，采用solexa测序技术和BAC to BAC的策略，开展栽培烟草及其两个二倍体亲本林烟草和绒毛状烟草的基因组测序。至2015年，我国的"烟草基因组计划重大专项"在结构基因组学和功能基因组学领域均取得了重大进展：完成栽培烟草、林烟草和绒毛状烟草3张高质量物理图谱的绘制，建立了烟草饱和突变体库和筛选平台，制作完成烟草全基因组基因芯片，建立了中国烟草基因组数据库和生物信息学平台，构建了世界上密度最高的烤烟连锁图谱，开展了主要栽培品种和核心种质资源的基因组差异分析、重要突变基因定位克隆和烟草代谢组学研究。建立的功能基因组研究平台已经广泛应用到烟草功能基因组研究和烟草分子标记辅助育种中。

烟草基因组测序完成之后，烟草基因组学研究的重点将从结构基因组学转向功能基因组学。在烟草基因组数据的基础上，发掘与烟草重要经济性状密切相关的关键基因，对其功能、调控方式和作用机理等进行深入研究，开展烟草遗传育种素材创新和分子育种。

2 烟草的结构基因组学

（1）绒毛状烟草和林烟草基因组序列图谱

Sierro等（2013和2014）利用第二代测序技术通过全基因组鸟枪法WGS分别获得3个二倍体野

生烟草，即绒毛状烟草、林烟草和耳状烟草的基因组草图。绒毛状烟草和林烟草基因组序列组装重叠群（contig）的 N50 达到 80 kb 左右，基因组覆盖度达到 71.6% 和 82.9%。烟草基因组序列中重复序列达到 70% 以上，同时对萜类物质和烟碱代谢、重金属转运途径进行了分析。由于第二代测序技术的限制，基因组序列的组装长度有待进一步提高。我国采用 WGS 结合 BAC to BAC 的策略进行联合组装，大幅度提高了图谱的质量和精度。WGS 测序产生高质量测序数据 250.2× 和 270.3×；同时完成 13.5× 和 12.2× 的 BAC 文库构建，5.4× 和 5.6× 的 BAC 上机文库构建，测序数据量为 885 Gb 和 971.9 Gb，覆盖基因组 367.2× 和 400.0×（国家烟草专卖局，2011）。绒毛状烟草和林烟草基因组图谱 contig N50 分别达到 38.4 kb 和 38.2 kb，scaffold N50 分别达到 1 766.3 kb 和 1 003.9 kb。对两个烟草基因组进行结构特征和注释进化分析，绒毛状烟草和林烟草重复序列在基因组中的比例高达 74.16% 和 75.02%，注释分别获得 33 233 个和 42 264 个基因。对林烟草与绒毛状烟草及拟南芥（*Arabidopsis thaliana*）、水稻（*Oryza sativa*）、番茄（*Lycopersicon esculentum*）等几个物种进行了基因家族聚类分析，用单拷贝基因家族构建了物种发育树。

（2）栽培烟草基因组序列图谱

Sierro 等（2014）采用 WGS 方法对 3 个普通烟草（"K326"、"TN90" 和 "BX"）进行测序，得到的 3 个普通烟草品种基因组草图的基因组覆盖度超过 80%，与番茄和马铃薯（*Solanum tuberosum*）基因组进行了比较，同时对烟草 TMV 和 PVY 抗性基因的起源进行了分析。我国对栽培烟草 "红花大金元" 品种的基因组测序，采用的是与二倍体野生烟草类似的测序策略。采用全基因组鸟枪法测序策略，构建了 39 个不同插入片段的文库，测序总数据量达到 1 979.5 Gb，覆盖基因组 439.9×。构建 BAC 文库覆盖基因组 13.8×，挑选 206 976 个克隆，

覆盖基因组 6.72× 的 BAC 进行上机文库的构建及测序，测序总数据量达到了 2 482.0 Gb。结合 WGS 和 BAC 文库的测序数据，完成栽培烟草的精细图组装。图谱 contig N50 长度为 41.5 kb，scaffold N50 长度为 1 615 kb，基因组组装大小为 4.41 Gb。重复序列占全基因组的 75.19%，预测基因总数为 71 761 个。结合光学图谱和遗传图谱，将栽培烟草基因组 91% 的数据挂载至物理图谱，这将更有利于开展后续的功能基因组研究，特别是基因的定位克隆。

（3）烟草基因组差异分析

任学良（2013）对 100 年来中国和美国育成的具有明确系谱关系的主要栽培烟草品种进行了基因组测序。共获得了 4 853.7 Gb 的高质量数据，平均每份材料 133.4 Gb，平均覆盖 29.1 倍。获得 3 334 065 和 297 781 个高质量 SNP（单核苷酸多态性）和 Indel（插入缺失）位点，基因组密度分别为 0.074% ～ 0.143% 和 0.006 6% ～ 0.018 5%，低于番茄的 SNP 密度（0.194% ～ 0.265%）。对 SNP 和 Indel 的位点注释发现，有 150 076 个 SNP/Indel 位于 19 874 个基因内，占检测总 SNP/Indel 的 2.3%。Ka/Ks（非同义 SNP 数与同义 SNP 数的比值）为 1.6，表明遗传群体基因受到强烈正选择。绘制了含有 26 727 个单倍型块、覆盖基因组 46.6% 的栽培烟草单倍体型草图。总共找到 879 个高变异区段，虽然大小只有 190 Mb，却包含 100 多万个 SNP 位点，解释了约 66% 的群体遗传多样性。通过 FST 检验，一共找到 1 635 个表现出群体差异的区段，包含了 4 098 个预测基因，其中有 3 659 个来自上述的 190 Mb 区域（占总发现基因的 64.1%）。这些基因中有 1 604 个存在有益等位突变，其中约 400 个与物质代谢相关，350 个与逆境、病虫害抗性相关，深入研究和不断选择这些基因对烟草育种具有重要意义。

3 烟草的功能基因组学

我国烟草基因组计划实施 5 年来，已经逐步建

立了烟草功能基因组学研究的技术平台，如生物信息分析平台、突变体库研究平台、代谢组学研究平台、基因芯片研究平台、定位克隆平台等；在重要性状的基因功能研究方面也取得了较大进展，如抗病、抗逆、发育、品质等功能基因的研究已逐渐深入。

(1) 烟草基因组数据库和生物信息分析平台

烟草基因组计划产生了大量的基因组相关序列数据，为此专门构建了中国烟草基因组数据库 (http://218.28.140.17/)，为功能基因组研究提供数据和技术支持。该数据库储存了中国烟草基因组计划所产生的绒毛状烟草、林烟草和普通烟草的全基因组序列图谱的所有原始数据，以及基因注释结果；同时，还存储了国际上对普通烟草进行 GSS 测序和对本塞姆氏烟草基因组测序所产生的数据，总数据量超过 20 T。数据库整合了 Blast、GBrowse、ClustalW、CAP3、Primer3、InterProScan、EMBOSS 等生物信息分析工具，能够实现序列的相似性比较、基因组数据的浏览、多序列的比对、序列的组装拼接等功能。基于图形界面可方便地对绒毛状烟草、林烟草和普通烟草的预测基因集、注释结果及芯片数据进行检索和查询。整合了烟草核心种质重测序、烟草连锁图谱、烟草代谢组学等数据，形成统一的生物信息学分析平台，包括 186 张 Tiling（覆瓦式）和 857 张 WT（whole transcript，全转录本）芯片数据，2012 年和 2013 年 542 个鲜烟叶样品的代谢组测试数据，42 个烟草品种的 SNP 数据，5 张烟草遗传图谱，以及栽培烟草、林烟草、绒毛状烟草和本塞姆氏烟草的 39 个 RNA-Seq 的测序数据。

(2) 烟草遗传图谱构建及抗病基因定位

Bindler 等（2011）利用美国烟草基因组测序数据开发了 5 119 对 SSR 引物，构建了一张包含 2 317 个 SSR 标记和 2 363 个位点的高密度遗传图谱。Tong 等（2012b）以"红花大金元"和"Hicks Broad Leaf"为亲本的 207 个株系的烤烟 DH 群体，构建出含 611 个标记、由 24 个连锁群组成的烤烟遗传连锁图，覆盖全基因组长度约 1 882.12 cM，标记间平均距离为 3.08 cM。Lu 等（2013）整合 717 个 SNP 和 238 个 DArT 标记，获得了含 1 566 个标记、由 24 个连锁群组成的烤烟遗传连锁图。同时，以耳状烟草和绒毛状烟草为材料构建出含 843 个标记、由 12 个连锁群组成的野生烟草遗传图谱，覆盖全基因组长度为 1 434.68 cM（国家烟草专卖局，2013a）。

以感黑胫病品种"红花大金元"和抗黑胫病种质"RBST"的 BC_1 代群体，构建出含 3 059 个标记（562 个 SSR 标记和 2 497 个 SNP 标记）、由 24 个连锁群组成的烤烟遗传连锁图，覆盖全基因组长度为 2 602.66 cM，将抗黑胫病基因 Ph 定位在标记 PT52634 和 PT52800 之间约 10.66 cM 范围内（国家烟草专卖局，2013b）。进一步将抗黑胫病基因 Ph 精确定位在标记 TM10401 和 PT52634 间的 0.191 cM 范围内。以感黄瓜花叶病品种"NC82"和抗黄瓜花叶病品种"台烟 8 号"构建的 BC_1 代（"NC82"/"台烟 8 号"//"NC82"）群体，获得了由 11 个连锁群组成、含 38 个 SSR 标记的遗传连锁图，在 10 号连锁群上检测到一个 QTL。以感赤星病品种"长脖黄"和抗赤星病品种"净叶黄"构建的 F_2 代（"长脖黄"×"净叶黄"）群体，获得了含 181 个 SSR 标记、24 个连锁群的遗传连锁图，覆盖长度为 2 022 cM，在 3 个连锁群上检测到 3 个与赤星病抗性相关的 QTL。这 3 个 QTL 解释了双亲病情指数差值的 86% 左右（Tong 等，2012a）。

(3) 表达谱和基因组芯片研究

采用 cap-trapper、SMART 和 CloneMiner 等方法，构建了"红花大金元"、"净叶黄"、"小黄金 1025"等普通烟草及绒毛状烟草、林烟草等野生烟草幼苗期、旺长期、成熟期的叶片、腋芽、花、腺毛等组织器官的全长 cDNA 文库、均一化文库及病毒抗性差减杂交文库 32 个（蔡刘体等，2011；龚达平等，2012；曾建斌等，2012）。采用新一代高通量测序技术，对绒毛状烟草、林烟草和普通烟草的 40 多个组织进行转录组测序，每个组织测序量超过 10 Gb，并对基因表达注释、基因差异表达、差异基因的表达模式聚类、差异表达基因 GO 功能富集、差异表达基因 Pathway 显著富集、基因结构优化、鉴定基因可变剪接和新转录本预测及注释等进行了分析。

2013 ～ 2014 年，基于我国烟草全基因组测序及转录组测序结果，设计制作了一套包含 2 190 855 个基因探针集的烟草全基因组覆瓦式（Tiling）基因芯片，包括 36 728 个与绒毛状烟草和林烟草高度同源基因、38 406 个非高度同源基因和 18 966 个普通烟草基因（国家烟草专卖局，2013c）。采用"红花大金元"苗期、大田前期、大田中期、大田后期及不打顶生长期的 912 个不同组织的烟草样本，完成了栽培烟草全基因组的标准表达图谱，为挖掘与重要农艺性状及经济性状相关的功能基因提供重要数据基础。

（4）烟草代谢组学研究平台

从基本方法、基础数据和基本代谢规律 3 个方面开展烟草代谢组学研究，建立了具有国际先进水平的烟草鲜烟叶代谢组学研究分析平台。建立了 12 项烟草代谢组学分析方法，包括 7 项靶向代谢组学分析方法和 6 项非靶向代谢组学分析方法，涉及烟草的主要初生和次生代谢物的分析检测。对烟草鲜叶检测发现超过 1 000 种代谢物，其中代谢物结构准确确认的 500 种，涵盖了烟草的主要初生和次生代谢产物，以及与香型、抗逆相关的主要代谢途径。获得了 4 200 个样本测试的烟草代谢组基础数据。建立了基于 web 技术的存储、浏览、查询和下载的烟草代谢组学数据库，并整合多个代谢组学数据分析平台，提供可视化分析工具。对烟草香型相关的代谢组学研究，初步得到了与香型相关的差异代谢物，并分析了可能的成因。

（撰稿：龚达平，杨爱国，陈爱国；定稿：孙玉合）

参考文献

[1] 蔡刘体，胡重怡，张永春，等．烤烟品种"南江3号"均一化全长 cDNA 文库构建 [J]．生物技术，2011, 21(2): 45 ～ 47.

[2] 陈小翠，代帅帅，张兴伟，等．烤烟 CMV 抗性的主基因＋多基因混合遗传模型分析 [J]．植物遗传资源学报，2014, 15(6): 1278 ～ 1286.

[3] 陈学平，王彦亭．烟草育种学 [M]．合肥：中国科学技术大学出版社，2002: 26 ～ 36.

[4] 代帅帅，任民，蒋彩虹，等．烟草骨干亲本主要病毒病抗性鉴定及遗传多样性分析 [J]．中国农业科学，2015, 48(6): 1228 ～ 1239.

[5] 范江，刘勇，童治军，等．烤烟品种"Oxford207"青枯病抗性的遗传分析与分子标记初选 [J]．中国农学通报，2013, 29(34): 50 ～ 55.

[6] 范静苑，王元英，蒋彩虹，等．烟草 CMV 抗性鉴定及抗性基因的 SSR 标记研究 [J]．分子植物育种，2009, 7(2): 355 ～ 379.

[7] 高亭亭．"Beinhart1000-1"抗烟草赤星病和黑胫病基因的 QTL 定位 [D]．北京：中国农业科学院，2014.

[8] 龚达平，解敏敏，孙玉合．烟草叶片全长 cDNA 文库构建及 EST 序列分析 [J]．中国农业科学，2012, 45(9): 1696 ～ 1702.

[9] 郭永峰，石金开，孔凡玉，等．烟草赤星病抗性因素遗传的双列分析 [J]．中国烟草科学，2000, 21(4): 17 ～ 20.

[10] 郭永峰，朱贤朝，石金开，等．烟草对赤星病田间抗性的遗传研究 [J]．中国烟草科学，1998, 19(3): 1 ～ 6.

[11] 国家烟草专卖局．绒毛状烟草和林烟草全基因组序列图谱完成 [EB/OL]. 2011. http://www.tobacco.gov.cn/html/30/3004/ 3893491_n.html.

[12] 国家烟草专卖局．我国烟草分子标记遗传连锁图谱持续保持国际领先地位 [EB/OL]. 2013a. http://www.tobacco.gov.cn/html/54/ 4259457_

n.html.

[13] 国家烟草专卖局 . 烟草基因组计划重大专项实现对烟草重要抗病基因精确定位 [EB/OL]. 2013b. http://www. tobacco.gov.cn/html/54/4259481_ n.html.

[14] 国家烟草专卖局 . 全球第一套烟草全基因组基因芯片制作完成 [EB/OL]. 2013c. http://www.tobacco.gov. cn/html/54/4258837_ n.html.

[15] 郝贤伟 , 徐秀红 , 许家来 , 等 . 烤烟耐烤性的遗传效应 [J]. 中国农业科学 , 2012, 45(23): 4939 ~ 4946.

[16] 黄平俊 , 欧阳花 , 易建华 , 等 . 烤烟主要农艺性状的遗传研究 [J]. 种子 , 2010, 29(10): 15 ~ 19.

[17] 李虎林 , 安金花 , 朴世领 , 等 . 烟草叶片中全氮含量及生物碱含量的遗传分析 [J]. 延边大学农学学报 , 2005, 27(4): 254 ~ 257.

[18] 李伟 . 烟草叶面腺毛密度和分泌物量的变异与遗传特性 [D]. 郑州 : 河南农业大学 , 2004.

[19] 李治国 , 肖炳光 , 于海芹 , 等 . 两个烟草品种对黑胫病抗性的遗传分析 [J]. 云南农业大学学报 , 2009, 24(6): 799 ~ 803.

[20] 刘彩云 . 普通烟草中的白肋型烟草叶色性状遗传及其质体色素差异性研究 [D]. 北京 : 中国农业科学院 , 2011.

[21] 牟建英 , 钱玉梅 , 张兴伟 , 等 . 烟草白粉病抗性基因的遗传分析 [J]. 植物遗传资源学报 , 2013, 14(4): 668 ~ 672.

[22] 倪超 , 徐秀红 , 张兴伟 , 等 . 烤烟品种易烤性相关性状的主基因 + 多基因遗传分析 [J]. 中国烟草科学 , 2011, 32(1): 1 ~ 4.

[23] 牛佩兰 , 佟道儒 . 烟草几个主要农艺性状的基因效应分析 [J]. 中国烟草 , 1989, (1): 7 ~ 10.

[24] 祁建民 , 梁景霞 , 陈美霞 , 等 . 应用 ISSR 与 SRAP 分析烟草种质资源遗传多样性及遗传演化关系 [J]. 作物学报 , 2012, 38(8): 1425 ~ 1434.

[25] 任学良 . 烟草基因组计划进展篇 : 5. 栽培烟草主要推广品种基因组差异分析 [J]. 中国烟草科学 , 2013, 34(5): 119 ~ 120.

[26] 史宏志 , 官春云 . 烟草腺毛分泌物的化学成分及遗传 [J]. 作物研究 , 1995, 9(3): 46 ~ 49.

[27] 宋瑞芳 . 烟草抗 CMV 生理生化与抗性遗传初步研究 [D]. 郑州 : 河南农业大学 , 2008.

[28] 孙学永 , 王新胜 , 张丽娜 , 等 . 烟草青枯病抗性的遗传分析 [J]. 中国农学通报 , 2013, 29(34): 56 ~ 60.

[29] 佟道儒 . 烟草育种学 [M]. 北京 : 中国农业出版社 , 1997.

[30] 王伯毅 . 烤烟叶片遗传规律的研究 [J]. 贵州农业科学 , 1980, (4): 9 ~ 13.

[31] 王传义 . 不同烤烟品种烘烤特性研究 [D]. 北京 : 中国农业科学院 , 2008.

[32] 王素琴 , 李杨立 , 刘凤兰 , 等 . "净叶黄"抗赤星病遗传规律的测定 [J]. 烟草科技 , 1995, (1): 30 ~ 32.

[33] 王彦亭 , 司龙亭 . 烟草白肋型与正常绿叶型之间叶绿体性状差异的遗传研究 [J]. 山东农业大学学报 , 1986, 7(1): 11 ~ 24.

[34] 文轲 , 张志明 , 任民 , 等 . 烤烟 CMV 抗性基因 QTL 定位 [J]. 中国烟草科学 , 2013, 34(3): 55 ~ 59.

[35] 肖炳光 . 烤烟农艺性状和烟叶化学成分的遗传分析 [D]. 杭州 : 浙江大学 , 2005.

[36] 肖炳光 , 卢秀萍 , 焦芳蝉 , 等 . 烤烟几种化学成分的 QTL 初步分析 [J]. 作物学报 , 2008, 34(10): 1762 ~ 1769.

[37] 肖炳光 , 朱军 , 卢秀萍 , 等 . 烤烟主

要几种化学成分的遗传分析 [J]. 作物学报 , 2005, 31(12): 1557 ~ 1561.

[38] 解芬 , 肖炳光 , 高玉龙 , 等 . 烟草品种 Coker176 和 Ti245 抗 TMV 的遗传分析 [J]. 云南农业大学学报 , 2010, 25(2): 170 ~ 172.

[39] 许石剑 , 肖炳光 , 高玉龙 , 等 . 烟草 Ti245 抗烟草花叶病毒的遗传分析及抗性基因定位 [J]. 湖南农业大学学报 (自然科学版), 2011, 37(2): 123 ~ 126.

[40] 杨铁钊 . 烟草育种学 [M]. 北京 : 中国农业出版社 , 2003.

[41] 杨友才 , 周清明 , 朱列书 . 烟草品种青枯病抗病性及抗性遗传研究 [J]. 湖南农业大学学报 (自然科学版), 2005, 31(4): 381 ~ 383.

[42] 杨跃 , 王毅 , 尹天水 . 烤烟常用亲本农艺性状的配合力分析 [J]. 云南农业大学学报 , 2003, 18(3): 264 ~ 269.

[43] 曾建斌 , 陈顺辉 , 陈华 , 等 . 烟草优质品种叶片全长 cDNA 文库的构建和质量分析 [J]. 中国烟草学报 , 2012, 18(1): 85 ~ 91.

[44] 张洁霞 . 抗烟草黑胫病分子标记的筛选及抗性遗传规律的研究 [D]. 长沙 : 湖南农业大学 , 2009.

[45] 张兴伟 , 王志德 , 牟建民 , 等 . 烤烟叶绿素含量遗传分析 [J]. 中国烟草学报 , 2011, 17(3): 48 ~ 52.

[46] 张玉 , 蒋彩虹 , 冯莉 , 等 . 3 个烤烟品系对 TMV 抗性的遗传规律分析 [J]. 植物遗传资源学报 , 2013, 14(5): 971 ~ 974.

[47] Aoki S, Ito M. Molecular phylogeny of *Nicotiana* (Solanaceae) based on the nucleotide sequence of the *matK* gene[J]. Plant Biol, 2000, 2(3): 316 ~ 324.

[48] Barrera R, Wrensman E A. Trichome type, density and distribution on the leaves of certain tobacco varieties and hybrids[J]. Tob Sci, 1966, 10: 157 ~ 161.

[49] Bindler G, Plieske J, Bakaher N, et al. A high density genetic map of tobacco (*Nicotiana tabacum* L.) obtained from large scale microsatellite marker development[J]. Theor Appl Genet, 2011, 123(2): 219 ~ 230.

[50] Chaplin J F, Graham T W. Brown spot resistance in *Nicotiana tabacum*[J]. Tob Sci, 1963, 7: 59 ~ 62.

[51] Chase M W, Knapp S, Cox A V, et al. Molecular systematics, GISH and the origin of hybrid taxa in *Nicotiana* (Solanaceae) [J]. Ann Bot, 2003, 92(1): 107 ~ 127.

[52] Clarkson J J, Kelly L J, Leitch A R, et al. Nuclear glutamine synthetase evolution in *Nicotiana*: phylogenetics and the origins of allotetraploid and homoploid (diploid) hybrids[J]. Mol Phylogenet Evol, 2010, 55(1): 99 ~ 112.

[53] Clarkson J J, Knapp S, Garcia V F, et al. Phylogenetic relationships in *Nicotiana* (Solanaceae) inferred from multiple plastid DNA regions[J]. Mol Phylogenet Evol, 2004, 33(1): 75 ~ 90.

[54] Coussirat J C, Schiltz P, Reid W W, et al. Diterpenes in *Nicotiana tabacum*. I. Inheritance of the production of (Z)-abienol and of cembratriene-diols[J]. Annales du Tabac, 1983, 2(18): 101 ~ 105.

[55] Duan H, Richael C, Rommens C. Over expression of the wild potato *eIF4E-1* variant *Eva1* elicits *Potato virus Y* resistance in plants silenced for native *eIF4E-1*[J].Transgenic Res, 2012, 21(5): 929 ~ 938.

[56] Gooding G V, Wernsman E A, Rufty R C. Reaction of *Nicotiana tabacum* L. cultivar Havana 307 to potato virus Y, tobacco vein mottling virus, tobacco etch virus and peronospora tabacina[J]. Tob Sci, 1985, 29: 32 ~ 35.

[57] Goodspeed T H. The genus *Nicotiana*[M]. Chronica Botanicaco Co, 1954.

[58] Gwynn G R, Severson R F, Jackson D M, et al. Inheritance of sucrose esters containing β -methylvoleric acid in tobacco[J]. Tob Sci, 1985, 29: 79 ~ 81.

[59] Holmes F O. Inheritance of resistance to tobacco mosaic disease in tobacco[J]. Phytopathology, 1938, 28(8): 553 ~ 561.

[60] Japan Tobacco Inc. The genus *Nicotiana* illustrated [M]. Tokyo: Japan Tobacco Inc, 1994.

[61] Johnson A W, Stverson R F, Hudson J, et al. Tobacco leaf trichomes and their exudates[J]. Tob Sci, 1985, 29: 67 ~ 72.

[62] Knapp S, Chase M W, Clarkson J J. Nomenclatural changes and a new sectional classification in *Nicotiana* (Solanaceae)[J]. Taxon, 2004, 53(1): 73 ~ 82.

[63] Lu X P, Gui Y J, Xiao B G, et al. Development of DArT markers for a linkage map of flue-cured tobacco[J]. Chinese Sci Bull, 2013, 58(6): 641 ~ 648.

[64] Merxmüller H, Buttler K P. *Nicotiana* in der Afrikanischen namib-ein pflanzengeographisches und phylogenetisches Rätsel[J]. Mitt Bot Staatssamml München, 1975, 12: 91 ~ 104.

[65] Purdie R W, Symon D E, Haegi L. Solanaceae[J]. Flora of Australia, 1982, 29: 1 ~ 208.

[66] Sierro N, Battey J N, Ouadi S, et al. Reference genomes and transcriptomes of *Nicotiana sylvestris* and *Nicotiana tomentosiformis*[J]. Genome Biol, 2013, 14(6): R60.

[67] Sierro N, Battey J N, Ouadi S, et al. The tobacco genome sequence and its comparison with those of tomato and potato[J]. Nat Commun, 2014, 5: 3833.

[68] Tong Z, Jiao T, Wang F, et al. Mapping of quantitative trait loci conferring resistance to brown spot in flue-cured tobacco (*Nicotiana tabacum* L.)[J]. Plant Breed, 2012a, 131(3): 335 ~ 339.

[69] Tong Z, Yang Z, Chen X, et al. Large-scale development of microsatellite markers in *Nicotiana tabacum* and construction of a genetic map of flue-cured tobacco[J]. Plant Breed, 2012b, 131(5): 674 ~ 680.

[70] Valleau W D. Breeding tobacco for disease resistance[J]. Economic Bot, 1952, 6(1): 69 ~ 102.

[71] Whitham S, Dinesh-Kumar S P, Choi D, et al. The product of the tobacco mosaic virus resistance gene *N*: similarity to toll and the interleukin-1 receptor[J]. Cell, 1994, 78(6): 1101 ~ 1115.

第 2 章

植物突变体研究概况

基因组学的研究可分为两方面：以基因组测序为目标的结构基因组学和以功能鉴定为目标的功能基因组学（后基因组学）。结构基因组学是基因组学研究的早期阶段，着重进行基因作图、序列分析，以研究基因组成、定位的科学（龚达平，2010）。基因组精细图谱完成后，获得编码基因，基因组学研究从结构基因组时代跨入功能基因组时代。功能基因组学研究是以明确基因组中全部基因功能，揭示植物生长发育、代谢、环境应答互作等的分子网络为目标，利用结构基因组学丰富的信息资源，发展和应用新的实验手段，通过在基因组或系统水平上全面分析基因的功能，使得生物学研究从对单一基因或蛋白质的研究转向对多个基因或蛋白质同时进行系统的研究（李凤霞，2010）。功能基因组学代表着基因组分析的新阶段，以高通量的实验方法结合大规模的统计计算为主要特征。研究内容包括基因组发现、基因表达分析及突变检测。在结构基因组学工作完成后，突变体（mutant）创制与鉴定是后基因组时代功能基因组学研究不可缺少的重要组成部分。

保持性状的相对稳定遗传是生命的主旋律，但只有发生变异才可能有物种的进化。在生物学特别是遗传学中，突变体是来自于或起因于突变事件的物种或新遗传性状，其中在该物种的基因 DNA 或染色体上碱基对序列发生了变化。尽管并不是所有突变都有明显的表型效应，但"mutant"一词的普通用法一般仅用于明显突变。以前人们也使用"sport"一词指非正常样本或材料。突变体不应该混淆于形态建成中由于错误引起的发育异常；在这些异常发育中，物种的 DNA 不变，并且这种异常是不能遗传的，如连体双胞胎。

创制并鉴定突变体是研究植物基因功能最有效的途径。突变体研究是生物学的一个主要部分；通过解析基因突变所产生的效应，有可能确定该基因的正常功能（Konopka 和 Benzer，1971）。在模式植物拟南芥中，利用突变体已经鉴定了 2 400 个基因，约占基因组中蛋白编码序列的 9%（Lloyd 和 Meinke，2012）；在模式植物水稻中，通过突变体也有 1 400 多个基因得到了鉴定（Yang 等，2013）。通过人工诱变，创制、鉴定和利用突变体也是作物改良的重要途径，在过去 70 多年中，释放的作物品种来自于突变的超过 2 500 个（Parry 等，2009）。

第 1 节　基因突变与突变体

1　基因突变

性状（character；trait）可以从亲代传给子代的现象称为遗传。目前，已知地球上现存的生命主要以 DNA 作为遗传物质。亲代与子代之间，以及子代个体之间性状表现存在差异的现象称为变异。遗传可以保持性状和物种的相对稳定，而变异可以产生新性状，只有变异才可能有物种的进化和新品种的选育。可遗传的变异包括几种不同的形式：基因重组（gene recombination）、染色体畸变（chromosome aberration）和基因突变（gene mutation）。基因重组是指由于 DNA 片段的交换和重新组合形成新 DNA 的过程。染色体畸变包括染色体数目的变化和结构的改变，染色体数目变化的结果是形成多倍体，染色体结构改变的结果是形成缺失、重复、倒位和异位等。基因重组只是原有基因之间相互位置的变动，不是基因本身发生质的变化；而染色体畸变和基因突变是遗传物质发生了质的变化。广义的突变包括染色体畸变，狭义的突变专指基因突变。

基因突变是指染色体上某一基因位点内部发生了化学性质的变化。突变一词是由荷兰的 De Vris 首先提出来的。根据对月见草的研究，他把在月见草中发现的基因型（genotype）的改变称为突变，并于 1901～1903 年发表了"突变学说"。基因突变是生物进化的源泉。野生型基因通过突变成为突变基因（mutant gene）。基因突变为遗传学研究提供了突变型（即突变体），为育种工作提供了素材，所以基因突变具有科学研究的理论意义和生产应用的实际意义。

（1）基因突变的种类

根据碱基变化情况，基因突变可分为碱基置换突变（base substitution mutation）和移码突变（frame shift mutation）两大类。无论是碱基置换突变还是移码突变，都能使多肽链中氨基酸组成或顺序发生改变，进而影响蛋白质或酶的生物功能，使机体的表型（phenotype）出现异常。碱基置换突变对多肽链中氨基酸序列的影响包括下列几种类型：同义突变（same sense mutation）、错义突变（missense mutation）、无义突变（nonsense mutation）和终止密码突变（terminator codon mutation）。

碱基置换突变：指 DNA 分子中一个碱基对被另一个不同的碱基对取代所引起的突变，也称为点突变。点突变分转换和颠换两种形式。如果一种嘌呤被另一种嘌呤取代或一种嘧啶被另一种嘧啶取代则称为转换（transition）。嘌呤取代嘧啶或嘧啶取代

嘌呤的突变则称为颠换（transversion）。由于 DNA 分子中有 4 种碱基，故可能出现 4 种转换和 8 种颠换。在自然发生的突变中，转换多于颠换。碱基对的转换可由碱基类似物的掺入造成，也可由一些化学诱变剂（mutagen）或射线诱变所致。

移码突变：指 DNA 片段中某一位点插入或缺失一个或几个（非 3 或 3 的倍数）碱基对时造成插入或缺失位点以后的一系列编码顺序发生错位的一种突变。它可引起该位点以后的遗传信息都出现异常。发生了移码突变的基因在表达时可使组成多肽链的氨基酸序列发生改变，从而严重影响蛋白质或酶的结构与功能。

缺失突变：指因为较长片段的 DNA 的缺失而发生的突变。缺失突变（deletion mutation）缺失的范围如果包括两个基因，那么就好像两个基因同时发生突变，因此又称为多位点突变。由缺失造成的突变不会发生回复突变。所以，严格地讲，缺失应属于染色体畸变。

插入突变：指一个基因的 DNA 中因为插入一段外来的 DNA 使其结构被破坏而导致的突变。插入突变（insertion mutation）插入的 DNA 分子可以通过切离而失去，准确的切离可以使突变基因回复成为野生型基因。

同义突变：碱基置换后，虽然某个密码子变成了另一个密码子，但由于密码子的简并性，因而改变前、后密码子所编码的氨基酸不变，故实际上不会发生突变效应。同义突变约占碱基置换突变总数的 25%。

错义突变：指碱基对的置换使 mRNA 的某个密码子变成编码另一种氨基酸的密码子的突变。错义突变可导致机体内某种蛋白质或酶在结构及功能上发生异常，从而引起疾病或异常。

无义突变：指某个编码氨基酸的密码突变为终止密码，导致多肽链合成提前终止，产生没有生物活性的多肽片段。这种突变在多数情况下会影响蛋白质或酶的功能。

终止密码突变：指基因中一个终止密码突变为编码某个氨基酸的密码的突变。由于肽链合成直到下一个终止密码出现才停止，因而合成了过长的多肽链，故也称延长突变。

正向突变：指由原始的野生型基因经过突变成为突变基因的过程。最普遍的突变类型为正向突变（forward mutation）。

回复突变：指突变基因通过再次突变而成为原来野生型基因的过程。就一个基因而言，回复突变（back mutation）频率通常要比正向突变频率低。有的突变基因完全不会发生回复突变，这样的基因被认为是由于原来的基因发生缺失造成的。

（2）基因突变率

基因突变频率（简称突变率，mutation rate）指在一定时间内、特定的条件下，突变个体数占观察总个体数的比例。基因突变率有以下几个特点。

突变率很低：虽然基因突变在自然界广泛存在，从病毒、细菌到人类都有自然突变的发生，但自然突变率是很低的。据估计，在高等类型生物里，基因的突变率是 1×10^{-4} 到 1×10^{-8}，即在 10 万到 1 亿个配子里，有一个基因发生突变。细菌的突变率是 1×10^{-4} 到 1×10^{-10}，即 1 万到 1 万亿个细菌可以看到一个突变型。人工诱变（mutagenesis）的突变率可超自然突变的突变率几百倍甚至上千倍，为人工创造变异开辟了广阔的途径。

突变率相对稳定：在一定条件下，不同生物及同一生物的不同基因的突变率是不同的，但相对稳定。

突变率是有变化的：突变率会受到生物体内生理生化状态以及外界环境条件的影响而发生变化，其中以年龄和温度的影响较为明显。如种子老化或储存时间过长，突变率会增加。

（3）基因突变的特征

突变的重演性和可逆性：同一突变可以在同种生物的不同个体间多次发生称为重演性。当 A → a 时称为正向突变，则 a → A 为反向突变或叫回复突变。因此，突变过程如同有机体内进行的许多生物化学过程一样是可逆的。正向突变和反向突变的频率通常是不一样的。一般来说，正向突变的频率高于反向突变。突变可逆性的事实表明，基因突变一般不是由于基因物质的丧失，而主要是由于组成基因的物质发生了化学变化。基因突变的可逆性也是基因突变区别于其他变异，如基因重组和染色体畸变的特点之一，如缺失突变就无法发生回复突变。

突变的多方向性和复等位基因：基因突变的方向是不定的，可以多方向发生。例如，基因 A 可以突变为 a，也可以突变为 a_1、a_2、a_3……，对于 A 来说它们都是隐性基因，同时 a_1、a_2、a_3……之间的生理功能与性状表现又各不相同，这就是突变的多方向性。具有对应关系的基因是位于同一个基因位点上的，这些位于同一位点上的各个等位基因称复等位基因。复等位基因存在于同一生物类型的不同个体中。复等位基因广泛地存在于生物界。

突变的有害性和有利性：大量的观察表明，绝大多数的基因突变都会给生物带来不利的影响，如生活力下降、育性降低等。可以说，突变的有害性是生物界较普遍的现象。这种现象以自然选择的观点是容易理解的。因为任何一种生物的基因型都是历史上长期自然选择的结果。因此，它的基因型，无论从内部结构、生理生化状态，还是从外部形态上说，对外界环境条件都具有较适应的意义，达到了一定的平衡状态。而基因突变破坏了这种内部的协调性，打破了旧有的平衡状态，因而给生物带来不利的影响。极端的有害突变可导致有机体死亡，例如人类中的血友病、植物的白化苗等。大多数的致死突变为隐性致死，但也有少数为显性致死。显性致死突变在杂合状态下即可死亡。

有些基因仅仅控制一些次要性状，它们即使发生突变，也不会影响生物的正常生理活动，因而仍能保持正常的生活力和繁殖力，被自然选择保留下来。这类突变称为中性突变。也有少数突变是有利的，如抗病性、早熟性、抗倒伏性等有利性状可以通过突变获得。

突变的有利性和有害性有时也是相对的。例如，雄性不育突变对于植物生长、发育及繁衍是有害的。但人们可利用可遗传的雄性不育突变在生产上培育不育系，进而利用不育系生产杂交种子，为增加农作物产量、改进品质、增加抗性和适应性提供优异种源。因而雄性不育突变在植物育种上具有重要的应用价值。

突变的平行性：亲缘相近的物种经常发生相似的基因突变，这种突变称为突变的平行性。例如，禾本科植物中水稻、小麦（*Triticum aestivum*）、玉米（*Zea mays*）和高粱（*Sorghum bicolor*）等都具有相似的变异性状，如籽粒颜色上都有白粒、红粒和紫粒等突变，这说明近缘物种的许多性状在基因突变上具有平行性。因此，当了解一个物种的一系列类型时，常可预见到其近缘种和属也会存在相似的类型。突变的平行现象对于研究物种间的亲缘关系、物种进化和人工的定向诱变都具有一定的意义。

2　突变体

在遗传分析中，为了获得某一组分的功能，而将其敲除形成的个体称为突变体；而突变后的基因则称突变基因。突变体往往具有与野生型不同的突变表型（mutant phenotype）。这样就为缺失组分的功能提供了有益的信息。同样，现在将含有某一组分过表达的个体也称为突变体。

（1）突变体的表型特征

突变体按其表型特征可以分为以下几种类型。

形态突变型（morphological mutation）：泛指造成外部表现型改变的突变型。因为这类突变可在外观上看到，所以又称可见突变（visible mutation）。

致死突变型（lethal mutation）：能造成个体死亡或生活力明显下降的突变型。在这类突变类型中，隐性致死较为常见。

条件致死突变型（conditional lethal mutation）：在一定条件下表现致死而在另外条件下能成活的突变型。

生化突变型（biochemical mutation）：没有形态效应，但导致某种特定生化功能改变的突变型。

事实上，以上突变类型相互之间是有交叉的。几乎所有突变都是生化突变。

Kuromori 等（2009）提出，根据测定方法不同，可以将植物突变表型分为三类。第一类是通过物理测定方法获得的表型，包括通过形态观察获得的肉眼可见（宏观）表型（macroscopic phenotype）和通过机械（如采用显微镜在细胞水平上）观测获得的微观表型（microscopic phenotype）。第二类是通过对代谢物组分的化学测定获得的生化表型（biochemical phenotype）。第三类是在不同生长或胁迫条件下通过生物学测定获得的条件表型（conditional phenotype）。宏观表型属于可见表型（visible phenotype），而微观表型、生化表型和条件表型都属于非可见表型（non-visible phenotype）。某一植物在各种不同条件下和不同发育阶段中的所有突变表型就构成了该植物的突变表型组（phenome），可在基因组水平上对其进行系统的突变表型组学（phenomics）研究。

（2）突变性状的显性和隐性

基因有显性基因和隐性基因，性状有显性性状和隐性性状；显性基因控制显性性状，隐性基因控制隐性性状。同理，突变也有显性突变（dominant mutation）和隐性突变（recessive mutation）。显性突变指产生显性遗传效应的基因突变，隐性突变指产生隐性遗传效应的基因突变。由显性基因突变成隐性基因叫隐性突变，由隐性基因突变成显性基因叫显性突变。基因突变导致原来的基因变成了它的等位基因，而且是不定向的，即一个基因可朝着不同的方向发生突变：可以是显性突变，也可以是隐性突变，但绝大多数为隐性突变。

基因突变是独立发生的，即一对等位基因通常是其中之一发生突变，很少两个同时突变。任何基因发生突变，不管是自然的还是诱发的，不一定立刻就表现出来。不同突变的表现规律不一样。突变性状表现的早迟和纯化稳定的速度因显性和隐性而有所不同，又与繁殖方式和授粉方式有关。在自交情况下，显性突变表现得早而纯合得慢，隐性突变表现得迟而纯合得快。如图 2-1 所示，显性突变性状在突变第一代就得以表现，在突变第二代就能够纯合，但要到突变第三代才能检出纯合突变体。而隐性突变性状虽然在突变第一代不表现，但到突变第二代时，隐性突变性状既能表现又能纯合，同时也能检出隐性纯合突变体。自花授粉植物只要通过自交繁殖，突变性状就会分离出来；而异花授粉植物则与动物相似，突变性状的分离需要若干世代才能完成。

（3）突变体的大突变和微突变

基因突变引起性状变异的程度是不相同的。有些突变体的突变效应表现明显，容易识别，称之为大突变。控制质量性状的基因突变大多属于大突变。有些突变体的突变效应表现微小，较难察觉，称之为微突变。控制数量性状的基因突变大多属于微突变。

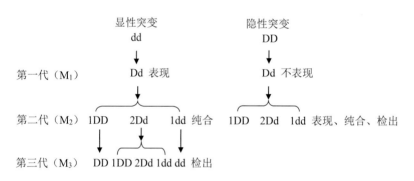

图 2-1 显性突变和隐性突变的表现、纯合及检出

第2节 植物突变体研究方法

1 植物突变体创制

突变按其发生的原因可以分为自发（然）突变（spontaneous mutation）和诱发突变（induced mutation）。自发突变指在没有特殊的诱导条件下，由外界环境条件的自然作用或者由生物体内的生理和生化变化而发生的突变，但突变率较低，一般不超过 0.1%。烟草超大型突变体（陈刚等，2006）就是通过自发突变获得的。诱发突变指在专门的诱变因素（又称诱变剂）影响下发生的突变，具有较高的突变率，可达 3% 左右。但这两类突变的表现形式是没有严格区别的。植物大量突变体的创制主要

依靠诱发突变，主要的诱变方法有物理诱变、化学诱变和生物诱变。

（1）物理诱变

常用的物理诱变（physical mutagenesis）方法主要包括 X 射线、γ 射线、紫外线、α 和 β 粒子、质子和快中子等，还有近年来使用的航天技术。物理诱变有利于产生功能完全缺失的突变体，尤其适用于多个家族基因串联排列的基因家族功能缺失突变体的创建。曹雪芸等（2000）分别用 X 射线和 γ 射线处理"原冬 6 号"、"京冬 8 号"和"北京 411"等 3 个冬小麦种子，在后代中得到了矮丛、育性、穗型、芒性、穗长、株高、生育期等多种突变类型。夏璐等（1997）通过分析 γ 射线诱导形成的质粒突变体的 *lac Z* 基因序列发现，碱基变异类型主要是颠换，且变异位点的分布不是随机的。目前关于利用物理诱变创建烟草突变体的报道尚少。通过对搭载"神舟三号"飞行返回后的烟草种子进行筛选，"春雷 3 号"有一个突变株系可能是高抗坏血酸含量的变异类型（郑少清等，2004）；K346 的突变体 *T-cldf* 具有明显的皱叶特性（Cai 等，2007）。

（2）化学诱变

化学诱变（chemical mutagenesis）是用化学诱变剂处理植物材料以诱发突变。化学诱变剂的种类较多，目前常用的化学诱变剂多为烷化剂，如甲基磺酸乙酯（ethyl methane sulfonate，EMS）。EMS 主要诱发点突变，可能导致无义突变、错义突变和沉默突变（silent mutation）。沉默突变不会导致任何变异。在拟南芥中，EMS 主要导致碱基从 C 到 T 的改变，从而导致 C/G 到 T/A 的转换突变，大约 5% 的突变是无义突变，65% 是错义突变，30% 是沉默突变（McCallum 等，2000a）。EMS 诱变可在基因组上产生多个突变位点，突变均匀分布于整个基因组中且不呈现明显的"热点"。因此，EMS 诱变有利于等位基因突变体的获得，只需较小的突变群体（mutagenized population）便可获得饱和的突变体库（图 2-2）。陈忠明等（2004）利用 EMS 处理水稻"93-11"，构建了包含 271 个家系的突变体库。Lee 和 Lee（2002）已在水稻上获得 14 000 个 EMS 突变群体。魏玉昌和

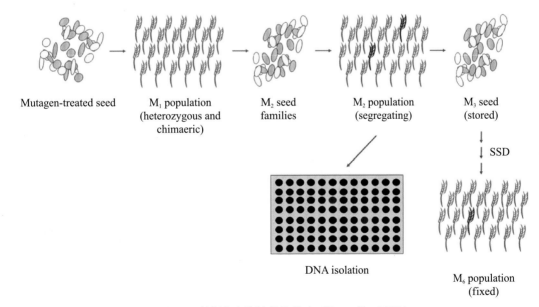

Mutagen-treated seed　→　M₁ population (heterozygous and chimaeric)　→　M₂ seed families　→　M₂ population (segregating)　→　M₃ seed (stored)

DNA isolation

SSD

M₆ population (fixed)

图 2-2　创制突变体的总体策略（Parry 等，2009）

植物种子必须暴露于足量的诱变剂下以确保高水平的突变而不影响生活力和育性；对于二倍体种来说，如果要获得饱和的基因组覆盖度，那么 M₁ 群体要大得多。通过单粒传法（single-seed descent，SSD）自交产生 M₂ 及其相应的后代；到 M₆ 代时，约 97% 的突变会纯合；同时通过分离，所有的突变大约一半会丢失

杜连恩（1999）用不同浓度的化学诱变剂 EMS 处理大豆（*Glycine max*）合子，M₂ 出现的突变类型较多，比较明显的有晚熟、黄化、矮化、半不孕等类型。中国农业科学院烟草研究所采用 5 个烤烟品种作试验材料，获得烤烟的适宜 EMS 处理浓度为 0.35%～0.52%（王军伟，2011；王军伟等，2011）。陈廷俊（1997）利用 0.3% 的 EMS 处理"Burley18"单倍体烟苗心叶，筛选得到抗 CMV 的突变体；Rama Devi 等（2001）利用 EMS 处理烟草悬浮细胞，筛选得到具有铝毒害抗性的细胞系；Julio 等（2008）利用烟草 EMS 突变体获得低烟碱品种。通过 TILLING（targeting induced local lesions in genomes，定向诱导基因组局部突变）技术（McCallum 等，2000b），可高通量地分析突变位点，获得突变基因序列。近年来，中国农业科学院烟草研究所牵头并联合 10 余家烟草科研单位，以适宜的 EMS 浓度处理四倍体普通烟草品种"中烟 100"、"红花大金元"和"翠碧一号"，以及二倍体林烟草，获得 M₂ 群

体达 11 万之多，对烟草抗病、抗逆、优质、发育、形态等性状进行了大量筛选，鉴定获得一批具有重要性状的烟草突变体。

（3）生物诱变

生物诱变是利用一段可移动的 DNA 序列（T-DNA、转座子或逆转座子）插入到基因组序列中，从而产生带有这段 DNA 序列标签的突变体，所以又称为插入标签突变体（图 2-3）。T-DNA 插入标签法产生的是功能缺失突变体。对于较多功能冗余的基因及那些植物生存所必需、缺失会引起致死效应和功能丧失的基因，以及一些无表型的基因来说，功能缺失型突变往往表现出不足。但通过构建功能获得型突变体来研究基因功能就显得非常有效，因而基因捕捉（gene traps）和激活标签法（activation tagging）等技术应运而生。基因捕捉是基于报告基因（如 *GUS*、*GFP* 等）的表达形态来鉴定新基因，包括增强子捕捉（enhancer trap）、启动子捕捉（promoter

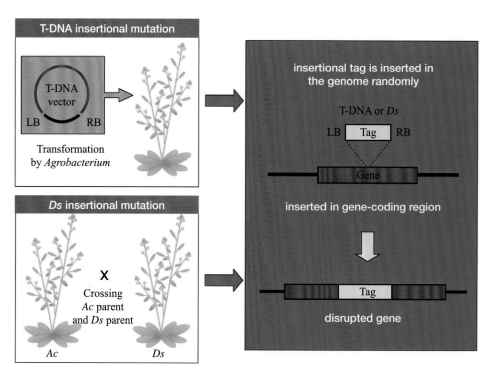

图 2-3 通过 T-DNA 或 *Ds* 转座子创制插入突变体的流程（Kuromori 等，2009）

为了创制 T-DNA 插入突变体，要采用带有 T-DNA 载体的农杆菌转化植物，T-DNA 载体在基因组内是随机插入的。为了创制 *Ds* 插入突变体，将 *Ds* 亲本与 *Ac* 亲本杂交，*Ds* 转座子在下一代就会插入到植物基因组中。当标签插入到基因编码区内，该基因将被破坏并失去功能

trap）和基因捕捉（gene trap）（Springer，2000）。

T-DNA 激活标签技术，利用包含有 4 拷贝串联的花椰菜花叶病毒 35S（CaMV 35S）增强子的 T-DNA，随机插入基因组中，激活插入位点近端的基因，从而产生显性功能获得型突变（图 2-4）。激活标签法获得的过表达突变体为显性突变，突变体表型在 T_1 代即可直接观察到，弥补了传统方法构建隐性突变体的不足。还有基于相关技术进行的烟草全基因组过量表达和 EST-RNA 干涉突变体的创建（刘晓蓓等，2010）。通过 TAIL-PCR（热不对称交错 PCR）（Liu 和 Whittier，1995；Singer 和 Burke，2003）或 PCR-walking（PCR 步移）（Siebert 等，1995；Balzergue 等，2001），可获得突变位点序列，确定突变基因。Samuelsen 等（1997）报道的烟草温度依赖型突变体就是利用 T-DNA 插入诱导获得的。中国农业科学院烟草研究所与生物技术研究所联合，以"红花大金元"为材料，以 pSKI015 为 T-DNA 载体，创制了近 10 万份普通烟

草 T-DNA 激活标签突变体（T_1），并筛选与鉴定了一批具有重要突变性状的突变体（Liu 等，2015）。

基因编辑是一项旨在对基因组进行定点修饰与突变的新技术，可以节约大量的时间和成本，目前主要有人工核酸酶介导的锌指核酸酶（zinc finger nuclease，ZFN）技术（Klug，2010）、转录激活子样效应物核酸酶（transcription activator-like effector nuclease，TALEN）技术（Miller 等，2011）和 RNA 引导的 CRISPR-Cas 核酸酶（CRISPR-Cas RGNs）技术（Jinek 等，2012）。这些技术都可以特异地识别靶位点，对其单链或双链进行准确切割后，由细胞内源性的修复机制来完成对靶标基因的敲除和替换。Li 等（2013）成功利用 CRISPR/Cas9 系统在烟草中实现基因组定点编辑，在烟草原生质体中瞬时表达产生的突变效率为 38.5%；而利用农杆菌注射方法瞬时转化烟草时突变效率为 1.8% ~ 2.4%（Nekrasov 等，2013）。以侧枝相关的独脚金内酯转运基因 NtPDR6 和叶绿素合成基因——八氢番茄红

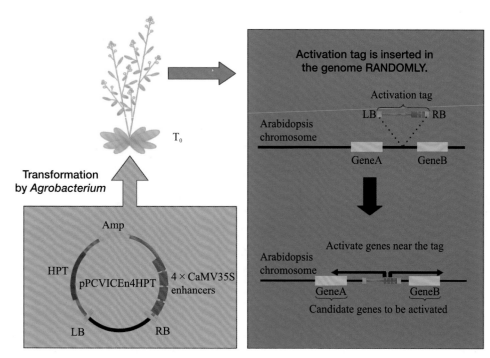

图 2-4　T-DNA 激活标签突变体的创制流程（Kuromori 等，2009）

为了创制 T-DNA 激活标签突变体，通过农杆菌转化拟南芥植株。农杆菌带有激活标签载体 pPCVICEn4HPT，载体含有 T-DNA 以及 4 个串联的 CaMV 35S 增强子、T-DNA 的左边（LB）和右边（RB）序列、氨苄青霉素抗性基因（Amp）、潮霉素抗性基因（HPT）。获得 T_0 转化植株，激活标签随机插入到基因组内。在有表型的突变体中，转录增强子激活插入 T-DNA 附近的基因。本图中，基因 A 和基因 B 就是候选的被激活基因

素脱氢酶 *NtPDS* 为例，CRISPR/Cas9 系统也是一个靶向突变烟草基因组的有用工具，瞬时表达 CRISPR/Cas9 产生的突变效率为 16.2% ~ 20.3%，转化植株突变体效率达到 81.8% 和 87.5%（Gao 等，2015）。

2 植物突变体筛选

突变是不定向的，只有选择是定向的。应首先针对目标突变性状建立筛选方法，筛选方法应具备高通量、快速、简易等特点，并结合所诱变植（作）物的研究方向和产业需求进行大量筛选。大量筛选是指所筛选的突变群体（二代）数量要尽可能大，而选择标准可适当放宽，以利于快速获得最多、最好的变异。例如，通过在低钾培养基上对 80 000 株拟南芥 M$_2$ 代幼苗进行筛选，共获得 539 株（筛选效率为 0.67%）可能的钾营养突变体（李皓东，2005）。依据相关的原则，建立了 18 种以上的烟草突变体筛选方法，它们可以分为以下 5 类。

（1）突变序列筛选

通过 TILLING 方法，可在烟草 EMS 诱变群体中筛选已知序列基因的点突变（李凤霞，2012）。通过 TAIL-PCR、PCR-walking 等方法，可在烟草 T-DNA 激活标签插入突变群体中筛选激活标签所插入位点的侧翼序列（崔萌萌，2012）。通过烟碱合成途径中关键基因的表达分析筛选不同烟碱含量的烟草突变体，也可归于突变序列筛选范畴。

（2）正筛选

正筛选是指对正常生长的烟草进行有毒（害）的物质（化学成分）或病原菌（毒素）处理，从而使烟草野生型不能正常生长而烟草突变体可以正常生长的选择体系。包括烟草抗病毒病、青枯病和蚜虫（接种病毒、细菌和蚜虫），抗黑胫病和赤星病（加入毒素）（申莉莉，2012；孙丽萍，2013）、烟草抗干旱（加入 PEG，polyethylene glycol，聚乙二醇）（李廷春和杨华应，2012）、烟草乙烯（不）敏感（加入 ACC，l-aminocyclopropane-1-carboxylic acid，氨基环丙烷羧酸）突变体的筛选。

（3）负筛选

负筛选是指在烟草生长过程中，不加入或减少其正常生长所必需的某种物质（化学成分），从而使烟草野生型不能正常生长而烟草突变体可以正常生长的选择体系。包括烟草抗干旱（不加水或少加水）（李廷春和杨华应，2012）、烟草耐低钾（不加钾或少加钾）（王倩，2012）突变体的筛选。

（4）形态表型筛选

在正常生长环境条件下，筛选具有各种形态表型的突变体，包括高产、少（无）腋芽、叶片早衰、优异株型等有利突变体筛选，以及株高矮化、叶片畸形、多分枝（多腋芽）、叶片晚衰、花器官异常、不育等不利突变体的筛选。另外也包括在烟草青枯病、黑胫病发病严重的自然病圃进行的烟草抗青枯病、抗黑胫病突变体的筛选。

（5）非形态表型筛选

在正常生长环境条件下，利用特殊的嗅觉或装置（如显微镜等）筛选各种非形态表型的突变体，包括烟草香气、腺毛等突变体的筛选。

5 年来，共进行了 6 万多份"中烟 100"、"红花大金元"、"翠碧一号"EMS 和 2 万多份"红花大金元"T-DNA 激活标签插入烟草突变分离株系，约 120 万单株的田间和室内突变体筛选工作。经过对众多目标性状的筛选，获得优质、抗病、抗逆、形态表型等烟草突变体 6 000 多个。

3 植物突变体鉴定

对所筛选的植物各种突变体，就突变性状遗传稳定性、突变率、观测值、遗传规律、突变基因及功能互补进行全面分析，最终鉴定植物突变体。植物突变体的最终鉴定是一个需要多年时间的长期工作。

(1) 突变性状遗传稳定性分析

经诱发而产生的变异是否属于真实的基因突变，首先需要进行突变性状遗传稳定性分析。在诱变处理材料的后代中（在 EMS 诱变处理中，一般从突变性状分离的 M_2 代开始），一旦发现与原始亲本不同的变异体（在突变性状遗传稳定性分析之前，与原始亲本不同的材料尚不能称之为突变体，暂称之为变异体），就需要鉴定它是否真实遗传。变异有可遗传的变异与不可遗传的变异。由基因本身发生某些化学变化而引起的变异是可遗传的；而由环境条件导致的变异是不可遗传的，如种植环境的边行优势、营养条件等。为了探明变异体是否为基因突变的结果，需要将其与未变异的原始材料在环境条件一致的前提下种植比较。若变异体与原始材料的表现相似，即原来的变异消失了，说明它不是可遗传的变异；反之，若变异体与原始材料不同，说明它是由基因突变导致的可遗传的变异。对所筛选的变异体要经过 2 年或多年自交和再筛选，剔除环境影响和差异不明显株系，获得可遗传的突变体（王峰等，2011）。

从突变第三代开始即进入了突变体鉴定世代。在每一鉴定世代，前一世代的突变性状会呈现以下 6 种可能的遗传与分离变化（表 2-1）（陈庆华，1982）。第一种变化是突变株系中 100% 的个体完全遗传上一代的原突变性状，这种变化称之为稳定遗传。第二种变化是突变株系中分离出具有原突变性状和原始材料的个体，其中 75% 以上个体具有原突变性状的情况，称之为基本稳定遗传。第三种变化是突变株系中除了分离出具有原突变性状和原始材料的个体以外，还分离出具有其他新变异性状（一个或多个）的个体。第二种变化和第三种变化均属于原变异分离。第四种变化是突变株系中分离出具有原始材料和另一个（或多个）新变异性状的个体，而没有原突变性状的个体。第五种变化是突变株系中既没有原突变性状个体，也没有原始材料个体，但却分离出完全是新变异性状（一个或多个）的个体。第四种变化和第五种变化均属于新变异分离。第六种变化是突变株系中没有出现任何变异性状的个体，而完全为原始材料的个体，这种变化称之为无变异。随着突变世代的升高，在所鉴定的株系中，稳定遗传所占比例会越来越高，无变异所占比例会越来越低。

(2) 突变率测定

突变率的测定一般是根据突变二代（M_2）出现的突变个体数占观察总个体数的比例来估算的，称之为单株突变率；而突变第二代出现的突变株系数占观察总株系数的比例称之为株系突变率。一般情况下，株系突变率要高于单株突变率，而单株突变率更能准确地体现某一性状的突变比例。如果没有特别说明，通常的突变率就是指单株突变率。

表 2-1　"中烟 100" EMS 诱变形态突变性状 M_3 代遗传分离类型例证

M_2 代单株突变性状	M_3 代系统编号	M_3 代株数				突变变化类型	突变遗传分离类型
		株系	原突变	新突变	原品种		
花色深红	11ZE3000036	18	18	0	0	第一种	稳定遗传
有叶柄	11ZE3002626	19	12	0	7	第二种	原变异分离
花色白色	11ZE3011672	16	10	2（螺旋株）	4	第三种	原变异分离
腋芽多	11ZE3007186	18	0	5（有叶柄）	13	第四种	新变异分离
主茎多分枝	11ZE3010876	15	0	15（株高较矮）	0	第五种	新变异分离
叶柄极长	11ZE3011566	19	0	0	19	第六种	无变异

在突变第二代估算的突变率往往偏高，因为从突变第三代（M_3）开始的突变性状遗传稳定性分析后发现，在突变第二代观察的突变个体中，有些个体的突变是不能遗传的，即不是真正意义上的突变体。所以，准确的突变率从突变第三代开始才能计算出来，且突变世代越高，计算的突变率越准确，直到去除所有不能遗传的突变后，才能获得真正的突变率。当然，由于突变体鉴定是个耗时耗力且非常复杂的过程，在没有深入鉴定之前，为了比较不同诱变方法、不同诱变材料、不同突变性状之间的突变率，也可以采用突变二代的变异来估算突变率。

（3）突变性状观测

与野生型（对照、原始材料或原始亲本）比较，对突变性状进行详细描述、测定；必要时，设置重复，进行测定值的差异显著性分析。烟草突变性状测定值可包括株高、叶片大小、分枝（腋芽）数量等农艺性状，以及烟叶产量、化学成分（烟碱、钾、致香物质）含量等产量与品质性状。需要时，还要进行细胞学观察（常玉花等，2010）。

（4）突变性状遗传规律分析

以野生型为父本，性状稳定的突变体为母本，进行杂交。种植 F_1 代并观测表型，确定显隐性突变。种植 F_2 代并观测表型，统计野生型和突变型植株数量，进行差异显著性分析，确定突变基因数目（单基因、两基因、多基因、数量性状基因等）。就 F_2 代群体数量而言，拟南芥为 200 株（常玉花等，2010），水稻为 500～800 株（王峰等，2011），烟草由于植株高大，可采用 100～200 株。例如，让矮秆突变体植株与原始亲本杂交，若 F_1 代表现高秆，F_2 代中高秆∶矮秆为 3∶1，说明矮秆突变是隐性单基因突变；若 F_1 代表现矮秆，F_2 代中矮秆∶高秆为 3∶1，说明矮秆突变是显性单基因突变。质量性状突变体大多是由一对（单）隐性核基因控制的，符合孟德尔遗传分离规律。

（5）突变基因克隆

获得突变体后，可利用正向遗传学或反向遗传学方法克隆突变基因。正向遗传学是一种从突变体到基因的过程，即首先寻找具有某种生物学特征的突变体，然后克隆引起该突变表型的基因。通过正筛选、负筛选、形态表型筛选获得的遗传规律明确的突变体可采用正向遗传学方法克隆突变基因；多采用图位克隆（又称定位克隆）的方法，但需要建立一个遗传分离群体（F、DH、BC、RI 等），同时要有与目标基因紧密连锁的分子标记，通过遗传作图、筛选基因组文库、染色体步移等获得基因（常玉花等，2010；许永汉等，2010）。通过构建 BC_1F_1 代群体，可以将控制普通烟草白茎突变性状的两个隐性基因转化为两个独立的单基因分别进行定位和克隆（图 2-5）（Wu 等，2014；吴清章，2014）。反向遗传学则是根据基因型研究突变表型，即首先找到目的基因，进而观察对应突变体的表型。通过突变序列筛选获得的突变体可采用反向遗传学方法克隆突变基因。先筛选突变位点或侧翼序列，再分析突变的（或被激活的）基因，最后进行突变基因与表型的共分离试验（代晓霞，2009）。

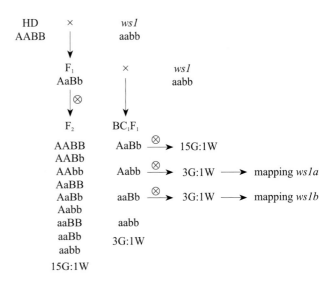

图 2-5 "红花大金元"（HD）与白茎突变体（ws1）杂交群体的基因型与表型分离（Wu 等，2014）

a 和 b 分别表示突变基因 ws1a 和 ws1b；G 和 W 分别表示绿茎和白茎

（6）突变基因功能互补验证

确定突变基因后，应将野生型的等位基因转入突变体中进行过表达，检查突变体的突变性状恢复情况（党磊，2009）；同时（或）将野生型的等位基因敲除（RNA 干涉），观察基因敲除后的性状是否与突变体变异性状一致，最终确定某一性状的突变体。还可进行突变性状基因上下游调控因子及关系的更深入研究，以明确该基因所参与的信号转导途径（Xu 等，2006）。

通过对烟草各种性状突变体至少 2 年以上的鉴定，5 年来共鉴定获得优质、抗病、抗逆、形态表型等烟草突变体 700 多个，这些突变体尚需要深入鉴定与相关基因功能解析。

4 植物突变体利用

总体来说，可以从两大方面利用植物突变体：一方面利用突变体研究基因功能，另一方面利用突变体进行作物改良和新品种培育。

（1）利用突变体研究基因功能

研究植物基因功能的最直接的方法之一就是鉴定突变体。植物某个突变体就是某一组分或基因被失活或被激活的个体。该个体都会具有不同程度的突变表型；将该组分或基因与突变表型进行关联，就能确定其功能。

拟南芥和水稻是两个主要模式植物。它们的基因组已经测序完成，在全世界不同国家已经构建了数量众多的拟南芥和水稻突变体，并已解析和鉴定许多基因的功能。以拟南芥为材料，创制了大量的 T-DNA 或转座子插入突变体，许多插入位点已知并可提供公众索取。最普通的就是由美国加州萨克生物研究学院（Salk Institute）创制的拟南芥 T-DNA 插入突变体，在基因组中具有 15 万个插入位点信息；加之美国、欧洲各国、日本及其他国家的研究单位所创制的在一起，插入位点信息超过 38 万个（Kuromori 等，2009）。利用具有表型的功能丧失

（loss-of-function）突变体，已经鉴定了 2 400 个拟南芥基因，约占基因组中蛋白编码序列的 9%（Lloyd 和 Meinke，2012）。以水稻为材料，也创制了大量的 T-DNA 或转座子插入突变体，突变体及其插入位点的数量可以与拟南芥的相媲美（Krishnan 等，2009），插入位点信息已超过 30 万个，超过 1 400 多个基因得到了鉴定（Yang 等，2013）。

在拟南芥和水稻中，许多基因的功能解析都是从突变体鉴定开始的。中国农业大学武维华院士等通过对拟南芥一个低钾敏感 EMS 突变体鉴定，图位克隆获得其单碱基突变基因，其野生型基因编码一蛋白激酶 CIPK23。CIPK23 可正向调控植物细胞自土壤溶液中吸收钾的主要执行者即钾离子通道 AKTl 的活性，而 CIPK23 的上游受两种钙信号感受器 CBLl 和 CBL9 的正向调控（Xu 等，2006）。该项研究结果在认知植物钾吸收利用的分子调控机理方面有重要理论科学意义，也可能在利用分子技术改良植物钾营养性状方面有潜在应用价值。中国科学院李家洋院士等通过对水稻单分蘖突变体进行鉴定，解析了其野生型基因 MOC1 调控分蘖的分子机理，发现 MOC1 编码一个植物特异的转录因子；MOC1 控制分蘖芽的起始和生长等过程，是调控分蘖芽生长发育的主控因子（Li 等，2003）。MOC1 的发现和功能分析是单子叶植物分枝机理研究领域的重大突破，引起了国内外学术界的广泛关注。北京大学瞿礼嘉教授等通过对拟南芥一个 T-DNA 激活标签插入突变体鉴定发现，一个多药和有毒化合物排出（multidrug and toxic compound extrusion，MATE）基因的激活可导致莲座叶生长加快、早花、侧根数目增多、侧枝增多等多种表型，并且植株体内的生长素浓度降低，因此 MATE 家族基因可通过调节生长素水平调控植物株型建成（Li 等，2014）。

（2）利用突变体进行作物改良和新品种培育

通过人工诱变，创制、鉴定和利用突变体是作

物改良的重要途径。在过去 70 多年中，释放的作物品种来自于突变的超过 2 500 个，其中水稻 534 个、小麦 205 个、玉米 71 个（Parry 等，2009）。人为地采用各种诱变因素，诱发植物有机体产生遗传性的变异，并经过人工选择、鉴定、培育植物新品种的途径就是植物诱变育种。从突变体库中筛选多样化、有价值的重要性状突变体，如抗旱、抗病、抗虫、特异香型等，可以为作物育种提供丰富的遗传资源和中间材料，甚至能直接从突变体中选育出新的优良品系（种）（蔡刘体等，2008）。王万军等（2003）筛选的对 CMV 具有较好抗性的烟草突变体 Ea201 可作为抗病育种的中间材料。白肋烟就是从烟草突变体直接选育成烟草品种的典型例子。尽管实践证明这种作物改良的方法非常成功，但也存在一些限制因素。例如，鉴定少数几个具有新表型的突变体，需要建立很大的突变群体；再例如，在许多植物中，由于基因复制和多倍性关系而存在遗传冗余性，因而许多植物突变是检测不到效应的。

通过诱发突变可以改良某些品种的缺陷性状，而这些品种的其他方面无显著变化。当然，改良某些由单基因控制的性状效果会更大。例如，"红花大金元"是我国自主选育的优良烟草品种，但易感黑胫病。因此，通过 EMS 等化学诱变剂处理"红花大金元"，并结合抗黑胫病筛选及鉴定，有望获得既保持原有的基本性状又抗黑胫病的"红花大金元"新品系，同时其产量和品质会由于抗病性状的改良而得以进一步提高。

采用生物、物理及化学诱变创制的突变体用于作物改良的效果是不一样的（Parry 等，2009）。生物诱变方法用于作物改良存在以下不足：一是许多作物目前都受到转基因的监管限制；二是载体构建及转化都很耗费时间；三是 T-DNA 或转座子插入方法很可能造成基因功能的完全失活，而不是产生部分功能丧失的等位系列突变，因此不会产生适于作物改良的突变强度范围；四是插入位点在基因组内的分布不是随机的（Zhang 等，2007），因此覆盖全基因组达到饱和突变的插入突变体数量是惊人的。相对于生物诱变，物理或化学诱变具有许多优点：诱变剂可在全基因组内产生随机突变；在所有靶基因内产生大量的突变；单个植株可能含有大量的不同突变；突变群体规模不会太大。另外，芯片转录组分析表明，物理诱变比生物诱变的基因表达模式变化更大（Batista 等，2008）。但物理诱变剂常常会产生大规模的 DNA 缺失和染色体结构变化。这些大规模的染色体结构变化通常会出现严重的无法预期的结果。因此，物理诱变只是在提高重组事件的数量和打破不良连锁的情况下才是非常有价值的。相比之下，化学诱变剂常常只影响单个碱基对，通常情况下这是育种人员最感兴趣的，所以化学诱变突变体是最适于作物改良的。当然，通过航天飞船搭载的太空诱变也是适合作物改良的，只是这种诱变率偏低，改良效果有限。

突变体用于作物改良，按其利用方式可分为直接利用和间接利用两种情况。突变体的直接利用主要针对简单的有利基因突变；而突变体的间接利用则包括多效基因突变、密切连锁的基因突变、雄性不育性，以及突变体在杂交育种中的其他各种利用。在自交作物中，对简单的有利基因突变，一般均可通过选优提纯和扩大繁殖而直接利用。当然，由于基因的表现与环境关系密切，在直接利用中也要经过多点鉴定和区域试验，以确定其最适宜的栽培地区；同时研究和采用最适宜的配套栽培技术。

随着研究和实践的发展，人们越来越深刻地认识到，诱发突变更为深远的价值在于创制不可取代的基础突变材料。这对仅靠自然的遗传变异和选择所形成的种质资源是有力的补充，将大大扩充植物的变异性，为杂交育种工作提供某些极为珍贵的性状，但这些性状在自然条件下可能不具有任何优势，如雄性不育性。因此，将具有优良性状或特异性状的突变体与其他亲本杂交，从杂交后代中选育出具有优良性状的新品种。这种突变体在作物改良中的间接利用可能更为重要。

5　生物信息学在植物突变体研究中的应用

生物信息学在基因组测序、组装、注释中发挥着重要的作用，尤其是随着高通量测序技术的发展，对生物信息分析提出了更大的挑战。在植物突变体研究中，生物信息学同样发挥着关键的作用。

(1) T-DNA 插入突变体侧翼序列分析

拟南芥和水稻等模式植物的实践证明，基因组测序工作完成后，利用 T-DNA 插入突变体的反向遗传学技术成为研究基因功能的重要手段。T-DNA 插入突变技术中，关键是 T-DNA 如何整合到受体基因组中。因此，鉴定分析 T-DNA 插入位点的侧翼序列是建立插入突变体库后的首要任务。通过侧翼序列与基因组序列比对，确定插入位点在基因组中的具体位置和分布特征。多个研究表明，T-DNA 插入基因组不是一个随机的过程，T-DNA 偏好整合于染色体中基因丰富、转录活性高的区域。在染色体上分布频率并不均匀，在着丝点附近低、末端高 (An 等，2005；Schneeberger 等，2005；Jeong 等，2006)。基于插入位点附近的基因序列注释信息，可进一步进行基因分离和功能研究。

(2) 突变基因的定位研究

对于自发突变、化学或物理诱变造成的突变体，需要进行突变基因的定位克隆。该方法首先需要开发大量的分子标记，如 SSR、SNP 等。各种植物测序计划，特别是 EST 测序、转录组测序、基因组测序以及重测序等，为利用生物信息学手段开发分子标记提供了大量有益的信息。利用计算机程序，可以快速开发 SSR、SNP、Indel 和 SV 标记。特别是最近几年高通量测序技术的发展，大大降低了标记开发的成本和时间。对于复杂基因组植物，利用酶切位点相关 DNA 测序 (restriction-site associated DNA sequencing，RAD-seq) 技术进行简化基因组测序，可以在短时间内构建高密度的 SNP 遗传图谱 (Baird 等，2008)。

传统的定位克隆方法难度较大，通过新一代高通量测序技术结合信息分析，可以快速和准确地得到突变体的基因组信息，有利于突变位点的初定位和鉴定。Cuperus 等 (2010) 将 EMS 诱导的 Col-0 型拟南芥隐性突变体与 Ler 型野生拟南芥构建了 F_2 代群体，鉴定出 93 个突变体纯合系，并进行高通量测序。经生物信息学分析，在 2 号染色体上发现一个 SNP 峰，进一步的研究在该区域找到了目标突变位点。

突变体基因表达差异的分析也是确定候选突变基因的重要手段。SSH 差减文库的构建、EST 测序以及差异蛋白质组学分析，在突变基因的鉴定中都发挥了重要作用。基于基因芯片技术和高通量测序的基因表达谱研究，也加快了突变基因的鉴定。这些研究方法都需要对大规模的数据进行信息分析。Siminszky 等 (2005) 利用基因芯片分析差异表达基因，发现了烟草中烟碱 (尼古丁) 转化为降烟碱的突变基因 *CYP82E4*。

第3节 模式植物突变体研究概况

近年来，继拟南芥基因组测序完成之后，水稻、杨树（*Populus*）、番木瓜（*Carica papaya*）、葡萄（*Vitis vinifera*）、玉米、番茄、马铃薯等多种植物基因组测序相继完成。功能基因组学已是后基因组时代的重点研究内容。构建饱和的基因突变群体，通过突变体分析鉴定基因功能是最直接、最有效的基因功能研究的方法之一。目前，在拟南芥、水稻等模式植物中突变体研究取得了重大的进展，推动了整个植物科学的发展和作物改良。

1 拟南芥突变体研究

拟南芥是十字花科植物，因其植株矮小、生长周期短、繁殖系数高、基因组小、易于人工诱变及遗传转化等生物学特性，成为植物生物学研究中的模式植物。拟南芥的形态特征分明，使得拟南芥的突变表型易于观察，为突变体筛选提供了便利。拟南芥是典型的自交繁殖植物，易于保持遗传稳定性。同时，可以方便地进行人工杂交，利于遗传研究；拟南芥的另一个优点是易于转化，只需要将拟南芥花序在农杆菌溶液中浸泡即可实现转化。这种转化方法不需要组织培养和再生植株的过程，操作简便、转化效率较高，为建立饱和的突变体库提供了便利。

（1）T-DNA 插入突变

拟南芥基因组较小，由 5 对染色体组成，约125 Mb。国际拟南芥基因组合作联盟于 2000 年完成基因组测序，这是第一个实现全序列分析的植物基因组（The Arabidopsis Genome Initiative，2000）。拟南芥包含 3 万多个基因，大量基因的功能仅仅是预测功能，需要大规模创建功能缺失的突变体来进行基因功能研究。由于在植物中同源重组和 RNAi 技术的应用受到限制，以及图位克隆的难度大，T-DNA 插入是构建拟南芥突变体库的主要方法。Alonso 等（2003）构建了约 150 000 个 T-DNA 转化株系，平均每个株系 1.5 个插入，估计包含了 225 000 个独立的插入。对 127 706 个株系产生的 88 122 个插入位点的侧翼序列进行了分析，这些插入突变位点覆盖了拟南芥全部基因的 74%。插入位点在染色体上并不是随机分布的，具有插入热区。插入位点的密度与基因密度紧密相关，在染色体的着丝点附近分布较少，在两端基因富集区密度较高。Qin 等（2003）使用激活标签载体构建了 45 000 个 T-DNA 插入系，对 1 194 个插入位点分析表明，1 010 个位点插入或靠近基因位置，其中一半的基因功能未知。张健等（2005）利用一个化学诱导激活启动子 / 增强子的 T-DNA 载体（XVE 载体）构建了一个包含 40 000 余个独立转化株系的拟南芥（Col-0 生态型）突变体库。

目前，多个研究机构构建的拟南芥 T-DNA 插入突变体库已经接近饱和（http://signal.s alk.edu/Source/AtTOME_Data_Source.html），包含了共计 452 065 个插入，标记了 33 602 个预测基因（TAIRv10）中的 30 990 个，但是小于 1 kb 的突变基因目前还难以被插入标记到。研究人员建立了专门的突变体资源数据库，以供检索这些突变体的表型和侧翼序列以及相关基因信息，方便了突变体的获取和交流。其中，美国俄亥俄州立大学的拟南芥生物资源中心（ABRC）和英国诺丁汉大学的拟南芥中心（NASC）是两个较大的拟南芥突变体资源提供中心。

（2）TILLING 技术鉴定点突变

TILLING 是一种高通量、低成本、规模化、高效筛选化学诱变剂 EMS 诱发产生点突变的技术（McCallum 等，2000a 和 b）。TILLING 是由美国 Fred Hutchinson 癌症研究中心 Steven Henikoff 领导的研究小组发展起来的一种全新的反向遗传学研究方法。CEL I 酶和双色红外荧光检测技术的运用，使其成为一个低成本、高通量的筛选突变基因的技术平台（Colbert 等，2001；Till 等，2003）。北美实验室借助高通量的 TILLING 技术，启动了拟南芥 TILLING 项目（Arabidopsis TILLING Project，ATP），在 ATP 项目组内部已经实现了材料、DNA 样品及突变信息的充分共享。该项目在立项的第一年里就为拟南芥研究者们提供了超过 100 个基因上的 1 000 多个突变位点。Till 等（2003）利用 6 台能够自动加样的 LI-COR 凝胶分析系统，每 8 小时进行两轮筛选，从而可以达到对约 10 000 株拟南芥进行检测，每天筛选 3 个基因的水平。只需要 6 912 个拟南芥突变单株，就能够用一对引物筛选出期望的突变基因（Till 等，2003）。如果使用多对引物筛选一个基因，1 000 个突变株即可达到要求（McCallum 等，2000b）。研究人员可根据筛选到的突变植株编号，在拟南芥生物资源中心的种子库中得到相应突变株的种子，进一步进行表型鉴定和功能研究。

（3）新一代测序技术鉴定点突变

最近，新一代高通量大规模平行测序技术在快速和准确地鉴定突变体中得到应用。对于枯草杆菌和酿酒酵母等基因组较小、复杂程度较低的低等生物，直接对突变体基因组进行深度测序、检测差异位点，可以找到对应突变表型的位点。在化学诱变剂产生成千上万的突变位点情况下，可以利用回交策略降低突变位点数量。Ashelford 等（2011）对一个拟南芥突变体 ebi-1 的回交系进行基因组重测序，成功鉴定出 1 个在 AtNFXL-2 基因中引起 ebi-1 突变表型的 SNP 位点。全基因组测序数据在混池中进行作图和候选基因鉴定的方法在拟南芥中率先得到应用。Schneeberger 等（2009）构建了由 EMS 诱导的隐性生长缺陷型突变株和参考基因组材料 Col-0 为亲本的 F2 代作图群体，混合测序比对后，将突变基因定位于第 4 号染色体上一个很小的区间。Cuperus 等（2010）成功地将突变基因定位在第 2 号染色体上一个候选区间。

（4）基因组编辑技术实现定点敲除

利用基因组编辑技术可以创制目标基因的定点敲除，这项技术在拟南芥植物中率先取得了成功。Lloyd 等（2005）首先利用锌指核酸酶（ZFNs）在拟南芥中对人工设计的靶序列进行了定点修饰。随后，用 ZFNs 对拟南芥的 ADH1（ALCOHOL DEHYDROGENASE 1）、TT4（TRANSPARENT TESTA 4）和 ABI 4（ABSISCIC ACID INSENSITIVE 4）等基因实现了定点敲除（Osakabe 等，2010；Zhang 等，2010）。ZFNs 常常表现高频率的脱靶效应，逐渐被新发展起来的 TALEN 和 CRISPR/Cas9 系统所取代。TALEN 在拟南芥原生质体中实现了内源靶基因敲除，证明其在植物细胞中的适用性（Cermak 等，2011）。2013 年 CRISPR/Cas 技术在拟南芥中成功实现了基因组定点编辑的操作，拟南芥原生质体中瞬时表达 CRISPR/Cas9，产生的突变效率达到 5.6%（Li 等，2013）。

无论是 T-DNA 插入、转座子插入，还是 TILLING 技术、高通量测序技术、基因组编辑技术等，都是拟南芥功能基因组研究的高效工具。拟南芥作为模式植物，将来会获得每一基因的突变体材料，深入认识每一个基因的功能，极大地促进其他作物的研究和改良。

2 水稻突变体研究

水稻是世界上一半人口的主要粮食来源，也是研究禾本科的模式植物，同时也是第一个完成基因组测序的作物。突变体作为水稻功能基因组学研究的重要材料，对于水稻基因功能的研究起重要的作用。国际水稻功能基因组协会（IRFGC）联合 10 个国家的 18 个研究机构制定了利用反向遗传学途径产生突变体资源的策略（Hirochika 等，2004；

McNally 等，2006），力争 2020 年完成揭示水稻所有基因功能的目标（Zhang 等，2008）。

（1）插入突变

水稻的插入突变主要利用 *Ac/Ds* 标签系、T-DNA 插入系，以及 *Tos17* 插入系。这些插入系已经广泛用于突变体的分离和鉴定。水稻以农杆菌为介导的转化体系已经非常成熟。从 20 世纪 90 年代末开始，中国、韩国、法国、美国等多个国家的研究机构利用 T-DNA 插入建立起了突变体库（表 2-2）。

表 2-2 水稻突变体资源数据库

突变体库	突变材料	突变方法	网站及联系邮箱
POSTECH RISD	Dongjin Hwayoung Kitaake	T-DNA (ET, AT), *Tos17*	http://www.postech.ac.kr/life/pfg/risd/ (sookan@khu.ac.kr)
RMD	Zhonghua 11 Zhonghua 15 Nipponbare	T-DNA (ET), *Tos17*	http://rmd.ncpgr.cn/ (rmd_order@mail.hzau.edu.cn)
Zhejiang University	Zhonghua 11 Nipponbare	T-DNA	http://www.genomics.zju.edu.cn/ricetdna.html (pwu@zju.edu.cn)
TRIM	Tainung 67	T-DNA (AT)	http://trim.sinica.edu.tw (bohsing@gate.sinica.ed.tw)
Oryza Tag Line (OTL)	Nipponbare	T-DNA (ET) (+*Ds*), *Tos17*	http://oryzatagline.cirad.fr/ (emmanuel.guiderdoni@cirad.fr)
SHIP	Zhonghua 11	T-DNA (ET)	http://ship.plantsignal.cn/index.do (ship@sibs.ac.cn)
NIAS (RTIM)	Nipponbare	*Tos17*	http://tos.nias.affrc.go.jp (hirohiko@nias.affrc.go.jp)
RDA-Genebank	Dongjin	*AC/Ds* (GT), *Tos17*	http://genebank.rda.go.kr/dstag
SIRO	Nipponbare	*Ac/Ds* (GT/ET)	http://www.csiro.au/science/Rice-Functional-Genomics-Project (narayana.upadhyaya@csiro.au)
EU-OSTID	Nipponbare	*Ac/Ds* (ET)	http://orygenesdb.cirad.fr/ (emmanuel.guiderdoni@cirad.fr)
Sundaresan Lab	Nipponbare	*Ac/Ds* (GT, AT), *Spm/dSpm*	http://www-plb.ucdavis.edu/Labs/sundar/ (sundar@ucdavis.edu)
NRIMD	Dongjin	*Ac/Ds* (GT)	http://www.niab.go.kr/RDS/ (cdhan@nongae.gsnu.ac.kr)
IR64 deletion	IR64	Fast neutron, γ-Ray, DEB, EMS	http://www.iris.irri.org/cgibin/MutantHome.pl (H.Leung@cgiar.org)
UC Davis TILLING	Nipponbare	SA, MNU	http://tilling.ucdavis.edu/ (lcomai@ucdavis.edu)
RiceFOX	Arabidopsis	Rice full-length cDNA	http://ricefox.psc.riken.jp/

注：AT, activating tag; ET, enhancer trap; GT, gene trap。

由组织培养激活的水稻内源性反转座子 *Tos17* 成功地应用到水稻插入突变体库的构建中。*Tos17* 诱变具有很多优点（Hirochika，2001），其插入位点的侧翼区域容易确定；在基因编码区的插入频率是非编码区的 3 倍；再生系可以在田间种植，种子不受转基因条款的制约。Hirochika（2001）利用 *Tos17* 已构建成 32 000 个水稻再生系，包含有 256 000 个插入位点。2 个来自玉米的转座子 *Ac/Ds*（Chin 等，1999；Greco 等，2003；Kolesnik 等，2004；van Enckevort 等，2005）和 *En/Spm-dSpm*（Greco 等，2004；Kumar 等，2005）广泛应用于水稻的突变体库构建中。此外，基因捕获和激活标签技术也应用于水稻中。

Wang 等（2013）对 RiceGE/SIGnAL 数据库中的 246 566 个独立的插入标记进行了分析（http://natural.salk.edu/database/RiceGE/），总共 211 470 条唯一序列，包括 154 391 条 T-DNA FSTs、39 100 条 *Tos17* FSTs 和 17 979 条 *Ds/dSpm* FSTs。144 141 个唯一插入（68.16%）位于基因区域，包括基因上下游 500 bp 以及 5′ UTR 和 3′ UTR。*Tos17* 更倾向于插入外显子和内含子，T-DNA 偏好于插入 5′ 和 3′ UTR。在水稻 57 624 个基因中，34 858 个基因（60.49%）至少包含一个插入。在 41 415 个非转座元件相关基因中，23 572（57%）个基因在基因区有标签。水稻突变体资源包括超过 675 000 份插入系，302 999 份具有插入标签侧翼序列。理论上饱和突变体库需要构建 587 345 个插入系，目前侧翼序列的分离还远远没有达到鉴定每一个基因的要求，还需要鉴定更多的侧翼序列。

（2）化学和物理诱导突变

20 世纪 90 年代起，许多研究机构建立了 EMS 诱导突变数据库（表 2-2）。γ 和 X 射线是辐射诱变突变体的主要方法，快中子诱导缺失突变也被用于鉴定和分离水稻基因（Li 等，2002）。国际原子能机构（IAEA）建立起辐射诱变突变体数据库（http://mvgs.iaea.org/），国际水稻研究所（IRRI）建立了以化学和辐射诱导 IR64 的突变系（http://www.iris.irri.org）。另外，对化学和物理诱导的突变体库的研究也开发出了许多高通量筛选技术和方法，如 TILLING、突变体测序等。对籼稻品种 IR64 的 EMS 突变群体的 10 个基因进行 TILLING 分析，鉴定了发生在两个基因上的突变（Wu 等，2005）。

（撰稿：刘贯山，龚达平，戴培刚；定稿：杨爱国）

参考文献

[1] 蔡刘体，郑少清，胡重怡，等.烟草突变体库及其在功能基因组学研究中的应用[J].中国烟草科学，2008,29(6): 27 ~ 31.

[2] 曹雪芸，施巾帼，唐掌雄，等.同步辐射（软 X 射线）对冬小麦的诱变效应及机理研究 I.同步辐射的辐射生物学效应[J].核农学报，2000,14(4): 193 ~ 199.

[3] 常玉花，周鹊，杨仲南，等.拟南芥雄性不育突变体 *ms1142* 的遗传定位与功能分析[J].植物学报，2010,45(4): 404 ~ 410.

[4] 陈刚，赵宇玮，贾敬芬，等.超大型烟草突变株的生理生化特征和分子生物学鉴定[J].植物生理与分子生物学学报，2006,32(1): 24 ~ 30.

[5] 陈庆华.突变体的选择和利用（三）[J].辽宁农业科学，1982,(6): 51 ~ 55.

[6] 陈廷俊.烟草抗 CMV 细胞突变系筛选系统的研究[J].植物保护学报，1997,24(4): 317 ~ 320.

[7] 陈忠明，王秀娥，赵彦，等.水稻93-11 EMS诱导突变体的分离与鉴定[J].分子植物育种，2004,2(3): 331 ~ 335.

[8] 崔萌萌. 烟草突变体筛选与鉴定方法篇：6. 烟草 T-DNA 激活标签突变体侧翼序列筛选与鉴定 [J]. 中国烟草科学, 2012, 33(6): 109 ~ 111.

[9] 党磊. OsTUA2 对水稻侧根原基发育的功能研究 [D]. 杭州: 浙江大学, 2009.

[10] 代晓霞. 水稻 T-DNA 插入突变体库侧翼序列的分离和 OsBC1L 家族基因的功能研究 [D]. 武汉: 华中农业大学, 2009.

[11] 龚达平. 烟草基因组知识篇：4. 结构基因组学 [J]. 中国烟草科学, 2010, 31(4): 82 ~ 83.

[12] 李凤霞. 烟草基因组知识篇：5. 功能基因组学 [J]. 中国烟草科学, 2010, 31(5): 90 ~ 91.

[13] 李凤霞. 烟草突变体筛选与鉴定方法篇：3. 烟草突变体的 TILLING 筛选与功能鉴定 [J]. 中国烟草科学, 2012, 33(3): 107 ~ 108.

[14] 李皓东. 拟南芥钾营养突变体的筛选和低钾敏感基因 LKS1 的功能与分子调控机制研究 [D]. 北京: 中国农业大学, 2005.

[15] 李廷春, 杨华应. 烟草突变体筛选与鉴定方法篇：4. 烟草抗干旱突变体筛选与鉴定 [J]. 中国烟草科学, 2012, 33(4): 106 ~ 107.

[16] 刘晓蓓, 吴赓, 张芊, 等. 烟草突变体库的创建策略及其应用 [J]. 中国农业科技导报, 2010, 12(6): 28 ~ 35.

[17] 申莉莉. 烟草突变体筛选与鉴定方法篇：2. 烟草抗主要病虫害突变体的筛选与鉴定 [J]. 中国烟草科学, 2012, 33(2): 102 ~ 103.

[18] 孙丽萍. 烟草突变体抗赤星病快速高通量筛选鉴定方法研究 [D]. 北京: 中国农业科学院, 2013.

[19] 王峰, 徐飚, 杨正林, 等. EMS 诱变水稻矮生资源的鉴定评价 [J]. 核

农学报, 2011, 25(2): 197 ~ 201.

[20] 王军伟. 烟草突变体库创建及筛选体系建立 [D]. 北京: 中国农业科学院, 2011.

[21] 王军伟, 蒋彩虹, 宋志美, 等. 甲基磺酸乙酯对烤烟种子发芽率的处理效应 [J]. 中国烟草科学, 2011, 32(3): 17 ~ 20, 27.

[22] 王倩. 烟草突变体筛选与鉴定方法篇：5. 烟草耐低钾突变体的筛选与鉴定 [J]. 中国烟草科学, 2012, 33(5): 113 ~ 115.

[23] 王万军, 曹建军, 王文芳, 等. 烟草抗 CMV 突变体的抗病性分析 [J]. 西北植物学报, 2003, 23(10): 1776 ~ 1779.

[24] 魏玉昌, 杜连恩. EMS 诱发大豆合子突变效果的研究 [J]. 中国油料作物, 1999, 21(3): 34 ~ 37.

[25] 吴清章. 一个烟草白茎突变体的鉴定与遗传分析 [D]. 北京: 中国农业学院, 2014.

[26] 夏璐, 丘冠英, 杜海彪. γ 射线诱导质粒 pGEM-3ZF(−)DNA lacZ 基因突变的序列分析 [J]. 生物物理学报, 1997, 13(3): 482 ~ 488.

[27] 许永汉, 彭建斐, 邓敏娟, 等. 水稻无叶枕基因克隆及应用研究 [J]. 核农学报, 2010, 24(3): 436 ~ 441.

[28] 郑少清, 叶定勇, 杨俊. 航天条件对烟草几个性状变异的影响 [J]. 中国烟草科学, 2004, 25(1): 1 ~ 4.

[29] 张健, 徐金相, 孔英珍, 等. 化学诱导激活型拟南芥突变体库的构建及分析 [J]. 遗传学报, 2005, 32(10): 1082 ~ 1088.

[30] Alonso J M, Stepanova A N, Leisse T J, et al. Genome-wide insertional mutagenesis of *Arabidopsis thaliana*[J]. Science, 2003, 301(5633): 653 ~ 657.

[31] An G, Lee S, Kim S H, et al. Molecular genetics using T-DNA in rice. Plant Cell Physiol[J]. 2005, 46(1): 14 ~ 22.

[32] Ashelford K, Eriksson M E, Allen C M, et al. Full genome re-sequencing reveals a novel circadian clock mutation in *Arabidopsis*[J]. Genome Biol, 2011, 12(3): R28.

[33] Baird N A, Etter P D, Atwood T S, et al. Rapid SNP discovery and genetic mapping using sequenced RAD markers[J]. PLoS One, 2008, 3(10): e3376.

[34] Balzergue S, Dubreucq B, Chauvin S, et al. Improved PCR-walking for large-scale isolation of plant T-DNA borders[J]. BioTechniques, 2001, 30(3): 496 ~ 498.

[35] Batista R, Saibo N, Lourenco T, et al. Microarray analysis reveal that plant mutagenesis may induce more transcriptomic changes than transgene insertion[J]. Proc Natl Acad Sci USA, 2008, 105(9): 3640 ~ 3645.

[36] Cai L T, Zheng S Q, Huang X L. A crinkly leaf and delay flowering mutant of tobacco obtained from recoverable satellite-flown seeds[J]. Adv Space Res, 2007, 40(11): 1689 ~ 1693.

[37] Cermak T, Doyle E L, Christian M, et al. Efficient design and assembly of custom TALEN and other TAL effector-based constructs for DNA targeting[J]. Nucleic Acids Res, 2011, 39(12): e82.

[38] Chin H G, Choe M S, Lee S H, et al. Molecular analysis of rice plants harboring an *Ac/Ds* transposable element-mediated gene trapping system[J]. Plant J, 1999, 19(5): 615 ~ 623.

[39] Colbert T, Till B J, Rachel T, et al. High-throughput screening for induced point mutation[J]. Plant Physiol, 2001, 126(2): 480 ~ 484.

[40] Cuperus J T, Montgomery T A, Fahlgren N, et al. Identification of MIR390a precursor processing-defective mutants in *Arabidopsis* by direct genome sequencing[J]. Proc Natl Acad Sci USA, 2010, 107(1): 466 ~ 471.

[41] Gao J P, Wang G H, Ma S Y, et al. CRISPR/Cas9-mediated targeted mutagenesis in *Nicotiana tabacum*[J]. Plant Mol Biol, 2015, 87(1 ~ 2): 99 ~ 110.

[42] Greco R, Ouwerkerk P B, De Kam R J, et al. Transpositional behaviour of an *Ac/Ds* system for reverse genetics in rice[J].

Theor Appl Genet, 2003, 108(1): 10 ~ 24.

[43] Greco R, Ouwerkerk P B, Taal A J, et al. Transcription and somatic transposition of the maize *En/Spm* transposon system in rice[J]. Mol Genet Genomics, 2004, 270(6): 514 ~ 523.

[44] Hirochika H. Contribution of the *Tos17* retrotransposon to rice functional genomics[J]. Curr Opin Plant Biol, 2001, 4(2): 118 ~ 122.

[45] Hirochika H, Guiderdoni E, An G, et al. Rice mutant resources for gene discovery[J]. Plant Mol Biol, 2004, 54(3): 325 ~ 334.

[46] Jeong D H, An S, Park S, et al. Generation of a flanking sequence-tag database for activation-tagging lines in japonica rice[J]. Plant J, 2006, 45(1): 123 ~ 132.

[47] Jinek M, Chylinski K, Fonfara I, et al. A programmable dual-RNA-guided DNA endonuclease in adaptive bacterial immunity[J]. Science, 2012, 337(6096): 816 ~ 821.

[48] Julio E, Laporte F, Reis S, et al. Reducing the content of nornicotine in tobacco via targeted mutation breeding[J]. Mol Breed, 2008, 21(3): 369 ~ 381.

[49] Klug A. The discovery of zinc fingers and their development for practical applications in gene regulation and manipulation[J]. Quat Rev Biophys, 2010, 43(1): 1 ~ 21.

[50] Kolesnik T, Szeverenyi I, Bachmann D, et al. Establishing an efficient *Ac/Ds* tagging system in rice: large-scale analysis of *Ds* flanking sequences[J]. Plant J, 2004, 37(2): 301 ~ 314.

[51] Konopka R J, Benzer S. Clock mutants of *Drosophila melanogaster*[J]. Proc Natl Acad Sci USA, 1971, 68(9): 2112 ~ 2116.

[52] Krishnan A, Guiderdoni E, An G, et al. Mutant resources in rice for functional genomics of the grasses[J]. Plant Physiol, 2009, 149(1): 165 ~ 170.

[53] Kumar C S, Wing R A, Sundaresan V. Efficient insertional mutagenesis in rice using the maize *En/Spm* elements[J]. Plant J, 2005, 44(5): 879 ~ 892.

[54] Kuromori T, Takahashi S, Kondou Y, et al. Phenome analysis in plant species using loss-of-function and gain-of-function mutants[J]. Plant Cell Physiol, 2009, 50(7): 1215 ~ 1231.

[55] Lee J H, Lee S Y. Selection of stable mutants from cultured rice anthers treated with ethyl methane sulfonic acid[J]. Plant Cell Tiss Org, 2002, 71(2): 165 ~ 171.

[56] Li J F, Norville J E, Aach J, et al. Multiplex and homologous recombination-mediated genome editing in *Arabidopsis* and *Nicotiana benthamiana* using guide RNA and Cas9[J]. Nat Biotechnol, 2013, 31(8): 688 ~ 691.

[57] Li R, Li J, Li S, et al. *ADP1* affects plant architecture by regulating local auxin biosynthesis[J]. PLoS Genet, 2014, 10(1): e1003954.

[58] Li X, Lassner M, Zhang Y. Deleteagene: a fast neutron deletion mutagenesis-based gene knockout system for plants[J]. Comp Funct Genomics, 2002, 3(2): 158 ~ 160.

[59] Li X, Qian Q, Fu Z, et al. Control of tillering in rice[J]. Nature, 2003, 422(6932): 618 ~ 621.

[60] Liu F, Gong D, Zhang Q, et al. High-throughput generation of an activation-tagged mutant library for functional genomic analyses in tobacco[J]. Planta, 2015, 241(3): 629 ~ 640.

[61] Liu Y G, Whittier R F. Thermal asymmetric interlaced PCR: automatable amplification and sequencing of insert end fragments from P1 and YAC clones for chromosome walking[J]. Genomics, 1995, 25(3): 674 ~ 681.

[62] Lloyd A, Plaisier C L, Carroll D, et al. Targeted mutagenesis using zinc-finger nucleases in *Arabidopsis*[J]. Proc Natl Acad Sci USA, 2005, 102(6): 2232 ~ 2237.

[63] Lloyd J, Meinke D. A comprehensive dataset of genes with a loss-of-function mutant phenotype in *Arabidopsis*[J]. Plant Physiol, 2012, 158(3): 1115 ~ 1129.

[64] McCallum C M, Comai L, Greene E A, et al. Targeted screening for induced mutations[J]. Nat Biotechnol, 2000a, 18(4): 455 ~ 457.

[65] McCallum C M, Comai L, Greene E A, et al. Targeting induced local lesions in genomes (TILLING) for plant functional genomics[J]. Plant Physiol, 2000b, 123(2): 439 ~ 442.

[66] McNally K L, Bruskiewich R, Mackill D, et al. Sequencing multiple and diverse rice varieties. Connecting whole-genome ariation with phenotypes[J]. Plant Physiol, 2006, 141(1): 26 ~ 31.

[67] Miller J C, Tan S, Qiao G, et al. A TALE nuclease architecture for efficient genome editing[J]. Nat Biotechnol, 2011, 29(2): 143 ~ 148.

[68] Nekrasov V, Staskawicz B, Weigel D, et al. Targeted mutagenesis in the model plant *Nicotiana benthamiana* using Cas9 RNA-guided endonuclease[J]. Nat Biotechnol, 2013, 31(8): 691 ~ 693.

[69] Osakabe K, Osakabe Y, Toki S. Site-directed mutagenesis in *Arabidopsis* using custom-designed zinc finger nucleases[J]. Proc Natl Acad Sci USA, 2010, 107(26): 12034 ~ 12039.

[70] Parry M A, Madgwick P J, Bayon C, et al. Mutation discovery for crop improvement[J]. J Exp Bot, 2009, 60(10): 2817 ~ 2825.

[71] Qin G, Kang D, Dong Y, et al. Obtaining and analysis of flanking sequences from T-DNA transformants of *Arabidopsis*[J]. Plant Sci, 2003, 165(5): 941 ~ 949.

[72] Rama Devi S, Yamamoto Y, Matsumoto H. Isolation of aluminum-tolerant cell lines of tobacco in a simple calcium medium and their responses to aluminum[J]. Physiol Plant, 2001, 112(3): 397 ~ 402.

[73] Samuelsen A I, Rickson F R, Mok D W S, et al. A temperature-dependent morphological mutant of tobacco[J]. Planta, 1997, 201(3): 303 ~ 310.

[74] Schneeberger K, Ossowski S, Lanz C, et al. SHOREmap: simultaneous mapping and mutation identification by deep sequencing[J]. Nat Methods, 2009, 6(8): 550 ~ 551.

[75] Schneeberger R G, Zhang K, Tatarinova T, et al. Agrobacterium T-DNA integration in *Arabidopsis* is correlated with DNA sequence compositions that occur frequently in gene promoter regions[J]. Funct Integr Genomics, 2005, 5(4): 240 ~ 253.

[76] Siebert P D, Chenchick C, Kellog D E, et al. An improved PCR method for walking in uncloned genomic DNA[J].

Nucleic Acids Res, 1995, 23(6): 1087 ~ 1088.

[77] Siminszky B, Gavilano L, Bowen S W, et al. Conversion of nicotine to nornicotine in *Nicotiana tabacum* is mediated by CYP82E4, a cytochrome P450 monooxygenase[J]. Proc Natl Acad Sci USA, 2005, 102(41): 14919 ~ 14924.

[78] Singer T, Burke E. High-throughput TAIL-PCR as a tool to identify DNA flanking insertions[J]. Methods Mol Biol, 2003, 236: 241 ~ 272.

[79] Springer P S. Gene traps: tools for plant development and genomics[J]. Plant Cell, 2000, 12(7): 1007 ~ 1020.

[80] The Arabidopsis Genome Initiative. Analysis of the genome sequence of the flowering plant *Arabidopsis thaliana*[J]. Nature, 2000, 408(6814): 796 ~ 815.

[81] Till B J, Reynolds S H, Greene E A, et al. Large-scale discovery of induced point mutations with high-throughput TILLING[J]. Genome Res, 2003, 13(3): 524 ~ 530.

[82] van Enckevort L J, Droc G, Piffanelli P, et al. EU-OSTID: a collection of transposon insertional mutants for functional genomics in rice[J]. Plant Mol Biol, 2005, 59(1): 99 ~ 110.

[83] Wang N, Long T, Yao W, et al. Mutant resource for the functional analysis of the rice genome[J]. Mol Plant, 2013, 6(3): 596 ~ 604.

[84] Wu J L, Wu C J, Lei C L, et al. Chemical- and irradiation-induced mutants of indica rice IR64 for forward and reverse genetics[J]. Plant Mol Biol, 2005, 59(1): 85 ~ 97.

[85] Wu Q Z, Wu X R, Zhang X F, et al. Mapping of two white stem genes in tetraploid common tobacco (*Nicotiana tabacum* L.)[J]. Mol Breed, 2014, 34(3): 1065 ~ 1074.

[86] Xu J, Li H D, Chen L Q, et al. A protein kinase, interacting with two calcineurin B-like proteins, regulates K[+] transporter AKT1 in *Arabidopsis*[J]. Cell, 2006, 125(7): 1347 ~ 1360.

[87] Yang Y, Li Y, Wu C. Genomic resources for functional analysis of the rice genome[J], Curr Opin Plant Biol, 2013, 16(2): 157 ~ 163.

[88] Zhang F, Maeder M L, Unger-Wallace E, et al. High frequency targeted mutagenesis in *Arabidopsis thaliana* using zinc finger nucleases[J]. Proc Natl Acad Sci USA, 2010, 107(26): 12028 ~ 12033.

[89] Zhang J, Guo D, Chang Y, et al. Non-random distribution of T-DNA insertions at various levels of the genome hierarchy as revealed by analyzing 13804 T-DNA flanking sequences from an enhancer-trap mutant library[J]. Plant J, 2007, 49(5): 947 ~ 959.

[90] Zhang Q, Li J, Xue Y, et al. Rice 2020: a call for an international coordinated effort in rice functional genomics[J]. Mol Plant, 2008, 1(5): 715 ~ 719.

第 3 章

烟草突变体创制

烟草突变体的创制是烟草功能基因组学研究不可缺少的重要组成部分，也是克隆和阐明烟草重要功能基因的材料基础。诱变是人为利用化学、生物或物理因素来处理种子、植株、组织、细胞或花粉等，使其基因型产生遗传变异，并通过人为诱导获得突变群体。化学诱变是用化学诱变剂如甲基磺酸乙酯 (ethyl methane sulfonate，EMS)、硫酸二乙酯等烷化剂或碱基类似物等处理植物种子、材料，以诱发遗传物质的突变，从而引起形态特征的变异 (安学丽等，2003)。生物诱变是利用一段可移动的 DNA 序列 (T-DNA、转座子或逆转座子)，通过转基因方式插入到受体基因组序列中，从而产生带有这段 DNA 序列标签的突变体。物理诱变应用较多的是辐射诱变，如用 γ 射线、β 射线、X 射线、快中子等物理因素诱发变异，其诱因是高能射线造成基因突变、染色体结构变异。

第1节 烟草突变受体材料特征

鉴于烟草不同倍性和目前生产上主要特色推广品种，选择"中烟 100"、"翠碧一号"、"红花大金元"等四倍体普通烟草烤烟品种和二倍体林烟草作为 EMS 化学诱变的受体材料；选择"红花大金元"作为 T-DNA 激活标签插入突变的受体材料。下面简要介绍这 4 个受体材料的基本特征，它们就是本书创制、筛选与鉴定获得的各类突变体的野生型对照。如果没有特别需要，在各类烟草突变体章节中就不再增设野生型对照。

1 "中烟 100" 基本特性

"中烟 100"为栽培烤烟品种，由中国农业科学院烟草研究所选育，2002 年 12 月通过全国烟草品种审定委员会审定，是我国烤烟主栽品种 (图 3-1)。植株筒形，可收烟叶 20 ～ 22 片，腰叶长 65.6 厘米，腰叶宽 30.1 厘米。叶形椭圆，叶面稍皱，叶尖渐尖，叶色绿。花枝较松散，花冠粉红色，蒴果呈卵圆形。移栽至中心花开放为 59 ～ 63 天，大田生育期为 116 天左右。田间前期长势中等，中期转强，生长整齐一致，烟叶分层落黄明显。该品种适应能力较强，适宜在西南、华中、黄淮、东南、东北等肥水条件较好的烟草产区种植。该品种高抗赤星病、黑胫病，中抗根结线虫病、气候斑点病，中感黄瓜花叶病、青枯病，感烟草普通花叶病、野火病。

2 "翠碧一号" 基本特性

"翠碧一号"为栽培烤烟品种，由福建省宁化县烟草公司于 1977 年从"401"品种系统选育而成，1982 年定名"翠碧一号"。1992 年经全国烟草品种审定委员会审定，认定为优良品种。"翠碧一号"是我国烤烟主栽品种，与"红花大金元"作为清香型特色烤烟品种的典型代表 (图 3-2)。2012 年，"三明翠碧一号烤烟"通过农业部批准审核，获国家农业部农产品地理标志保护。植株塔形，株高 95 ～ 125 厘米，可收烟叶 18 ～ 20 片，茎围和节距适中，茎围 9.5 ～ 10.5 厘米，节距 4.5 ～ 5.5 厘米，腰叶长

55～60 厘米，腰叶宽 23～28 厘米。叶形长椭圆，叶面稍皱，叶尖锐尖，叶色绿，叶缘波浪状，叶耳较大，叶脉较细，叶片厚薄适中，叶肉组织细致。花枝较密集，花冠粉红色，蒴果呈卵圆形。移栽至中心花开放为 85～95 天，大田生育期为 120～140 天。田间生长势中等，后期生长势强。烟叶成熟落黄一致。该品种在山区和平原均可种植，是我国福建省特别是三明地区的烤烟主栽品种。该品种抗逆性强，

图 3-1　"中烟 100"基本特征［照片由中国烟草遗传育种研究（北方）中心提供］

a. 单株；b. 叶片；c. 花序；d. 成熟期烟株

图 3-2　"翠碧一号"基本特征（照片由福建省烟草农业科学研究所提供）

a. 单株；b. 叶片；c. 花；d. 花序

耐寒、耐涝、耐旱、耐瘠，不易发生早花，不易倒伏，不易翻叶。"翠碧一号"感青枯病、黑胫病，较耐花叶病，抗气候斑点病，易感白粉病和叶斑病。

目前主要种植在云南、四川等清香型风格产烟区。该品种中抗 CMV，感黑胫病、青枯病、根结线虫病、TMV 和 PVY，中感赤星病，高感烟蚜。

3 "红花大金元"基本特性

"红花大金元"为栽培烤烟品种，由云南省路南县路美邑乡路美邑村烟农于 1962 年从"大金元"中选出单株，经进一步培育而成。1975 年定名为"红花大金元"，1988 年通过全国烟草品种审定委员会审定。"红花大金元"是我国烤烟主栽品种，与"翠碧一号"作为清香型特色烤烟品种的典型代表（图 3-3）。植株塔形，株高 110～130 厘米，可收烟叶 20～24 片，茎围 9～11 厘米，腰叶长 60～70 厘米，腰叶宽 25～35 厘米。叶形长椭圆，叶面较皱，叶尖渐尖，叶色绿，叶缘波浪形，叶耳大，主脉粗细中等，叶片较厚。花序密集，花冠红色，蒴果呈卵圆形。移栽至中心花开放为 55 天左右，大田生育期为 110～120 天。田间生长势较强，叶片落黄慢，耐成熟，烟叶分层落黄。该品种有一定的抗旱耐瘠薄能力，适宜在丘陵岗地推广种植，

4 林烟草基本特性

林烟草为野生烟草种，被认为是普通烟草的两个祖先种之一。林烟草是来源于阿根廷北部的野生烟，分布于海拔 500～2 300 米，生长在山间的草原及湿润的高腐殖质的沙质土壤上，由中国农业科学院烟草研究所引进（图 3-4）。一年或两年生草本，植株塔形，株高 79 厘米，茎围 3 厘米，节距 2.5 厘米，叶数 20 片，腰叶长 25 厘米，腰叶宽 10 厘米，叶形椭圆，叶尖钝尖，叶面较平滑，叶缘微波浪形，叶色深绿，无叶耳，无叶柄，主侧脉夹角大，茎叶角度大，主脉粗细中等，叶片较薄，花序密集、倒圆锥形，花冠白色，花冠比普通的栽培烟草长很多，蒴果呈卵圆形。移栽至中心花开放为 82 天，大田生育期为 100 天左右。染色体数 2n=24。该野生种感黑胫病、青枯病和根结线虫病，中感 TMV，抗角斑病、白粉病和炭疽病。

图 3-3 "红花大金元"基本特征（照片由云南省烟草农业科学研究院提供）

a. 单株；b. 叶片；c. 花序；d. 花

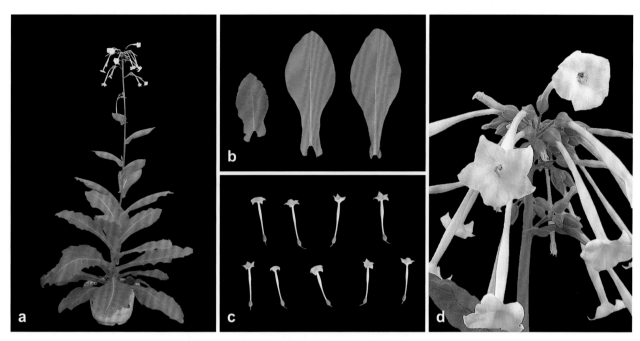

图 3-4 林烟草基本特征（照片由国家农作物种质资源平台烟草种质资源子平台提供）

a. 单株；b. 叶片；c. 花；d. 花序

第2节 化学（EMS）诱变突变体创制

1 EMS 诱变技术概述

烷化剂能使一些碱基烷基化，例如使鸟苷酸甲基化，影响 mRNA 的转录，从而使蛋白质表达紊乱，使得蛋白质重组，进而改变表型性状。EMS 是一种能改变 DNA 结构的烷化剂，主要对核酸发生作用，对修复酶的钝化也有一定的效果。它与 DNA 中的嘌呤、嘧啶发生反应，使之突变。Hake 等（1984）采用分子遗传学手段，验证了 EMS 诱导的 8 个玉米乙醇脱氢酶稳定突变体（adh）均为点突变。Burns 等（1986）报道 EMS 诱导的 184 个大肠杆菌突变都是单个碱基对改变，其中 183 个由 G：C 变为 A：T。Lebkowski 等（1986）研究表明，EMS 诱导的人类 54 个突变中有 53 个也是由 G：C 变为 A：T。这表明 EMS 诱导的突变主要是点突变。利用 EMS 诱变创制突变群体具有很多优点：成本低；诱变效果具有较高专一性，破坏性小，诱变频率高；突变性状多为显性基因控制，易于筛选；染色体畸变相对较少（朱保葛等，1997）。因此，EMS 诱变被广泛应用于作物的突变群体构建。通过 EMS 诱变，建立烟草突变体库，可望确定基因序列与功能的关系，从而促进烟草重要功能基因的克隆鉴定。

2 EMS 诱变创制烟草突变体

用 EMS 处理植物材料，普遍认为存活约一半，即半致死时，材料的突变效果最好。半致死浓度指处理后种子或植物的某一器官成活率为对照 50% 的处理浓度。一般以半致死浓度为基准，通过增加或降低试验剂量以选择适宜处理浓度。中国农业科学院烟草研究所以"中烟 100"、"红花大金元"、"K326"、"云烟 97"、"云烟 87" 等我国主栽烤烟品种为材料，研究了不同浓度的 EMS 溶液对这些品种的诱变效率。以所设计的 8 种 EMS 浓度（包括 CK）处理 5 个烤烟品种的种子，获得相应的发芽率，绘制了相对发芽率随 EMS 浓度不同的变化曲线（图 3-5）。结果表明，所有浓度的 EMS 处理对种子的发芽率均有影响，随着 EMS 浓度的升高，发芽率呈下降趋势；虽然不同品种对 EMS 的敏感性不同，但总趋势是相同的，随着 EMS 浓度的升高，（相对）发芽率直线下降。5 个烤烟品种的下降幅度不同，"K326" 下降幅度最小，"中烟 100"、"红花大金元"、"云烟 87" 次之，"云烟 97" 下降幅度最大。也就是说，5 个烤烟品种对 EMS 的敏感性由大到小依次为"云烟 97"、"云烟 87"、"红花大金元"、"中烟 100"、"K326"。当 EMS 浓度为 1.3% 时，发芽率全部为 0，说明 5 个烤烟品种的致死浓度均为 1.3%（王军伟等，2011）。由图 3-5 可以看出，5 个烤烟品种适宜的 EMS 半致死浓度为 0.5% ~ 0.7%。因此，适宜的 EMS 浓度是烤烟种子诱变需要考虑的主要因素，品种也是需要考虑的因素。

中国农业科学院烟草研究所 2011 年采用 0.6% 的 EMS 浓度诱变处理烤烟品种"中烟 100"种子。处理步骤如下：准备精选的种子 500 克，装入双面缝制不露毛边的棉布袋中，扎紧袋口放入蒸馏水中浸泡 24 小时，浸泡好的种子用滤纸吸干水分。用 2 个容量为 1 升的塑料瓶分别配制浓度为 0.6% 的 EMS 处理液 500 毫升。

将浸泡处理的种子分成两份，分别倒入 EMS 处理液中，盖好盖子，用封口膜密封，充分摇匀后放置于 26 ℃、110 g 的摇床内处理 16 小时。诱变处理结束后，将种子倒入棉布袋中，扎紧袋口，放入装有预冷的磷酸缓冲液的容器中浸泡冲洗，每隔 10 分钟更换一次缓冲液，共更换 5 次；再用蒸馏水浸泡冲洗 5 次；然后将棉布袋放在烧杯中，用流水冲洗 2 小时。将处理好的种子做发芽试验，平均发芽率为 51%。按常规方法将处理的种子播种、假植、移栽，田间观察诱变 M_1 代表型，形态突变表型非常丰富（图 3-6）。当 M_1 代烟株开花时，单株

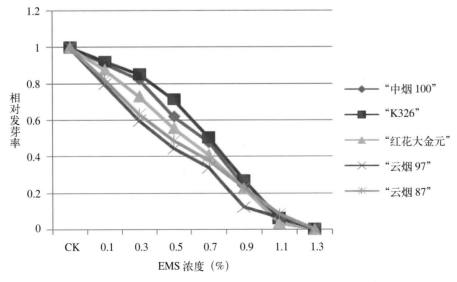

图 3-5 不同浓度 EMS 处理后 5 个烤烟品种的相对发芽率（王军伟等，2011）

图 3-6 "中烟 100" EMS 诱变 M₁ 代典型形态表型

a. "中烟 100" 对照；b. 叶色白化；c. 叶片球形；d. 叶柄极长；e. 叶缘内卷；f. 株高矮化；
g. 螺旋株；h. 主茎多分枝；i. 腋芽多；j. 茎叶夹角小；k. 花冠畸形

套袋自交（图 3-7），收获 M₂ 代种子；共获得 "中烟 100" EMS 诱变 M₂ 代种子近 10 万份。2011 年采用浓度为 0.6% 的 EMS 处理 "红花大金元" 种子，收获近 3 000 份 M₂ 代种子；2012 年采用浓度为 0.3% 的 EMS 处理二倍体林烟草种子，收获 1 万多份 M₂ 代种子；2013 年采用浓度为 0.8% 的 EMS 处理 "翠碧一号"种子，收获近 8 000 份 M$_2$ 代种子。因此，累计获得烟草不同品种（种）EMS 诱变的 M$_2$ 代种子近 12 万份，并实现了在低温、干燥条件下的长期保存（具体见第 13 章第 1 节）。

对 EMS 诱变的烟草突变 M$_2$ 代进行各种类型突变性状的筛选与鉴定。除了优质、抗病、抗逆等突变性状以外，重点对外观形态突变表型类型及其突变率进行了详细的调查和分析（具体见第 4 章），并筛选与鉴定获得众多不同形态表型的突变体（具体见第 5 章和第 6 章）。通过 EMS 诱变后观测的各种突变表型（特别是典型的叶色白化和株高矮化）的丰富性、性状突变率的合理性以及鉴定获得的突变体的多样性来看，所采用的 EMS 浓度是合适的，创制的烟草 EMS 突变体是有效、可用的。

图 3-7 "中烟 100" EMS 诱变 M$_1$ 代单株套袋

第3节　T-DNA 激活标签插入突变体创制

1 T-DNA 激活标签技术概述

激活标签技术（activation tagging）是将增强子或强启动子随机插入植物基因组，使增强子或强启动子插入位点上下游的基因得到过量表达，从而产生显性的功能获得型突变（gain-of-function mutation）。因此，激活标签技术能够研究存在功能冗余及致死效应基因的功能，尤其可以在突变为杂合的状态下进行研究。

Walden 等（1994）首次提出了激活标签技术，并将其应用于拟南芥发育调控基因的克隆和功能研究。他们在双元载体的 T-DNA 右边界区域附近嵌入了一个来自花椰菜花叶病毒 35S 启动子增强子单元构成的四聚体，通过农杆菌感染的方法，将这个 T-DNA 载体随机插入到植物的基因组中。因其增强子的作用，引起位于插入位点附近基因的过量表达，并导致突变表型的产生。通过对插入位点附近基因的表达分析，筛选出与突变表型对应的过量表达基因，进而达到对该基因实施功能鉴定和分子克隆的目的。此后，用这一技术成功地克隆了细胞分裂素信号转导调控因子 CKI1（Kakimoto，1996）。而后大规模拟南芥激活标签突变体的创制和筛选研究，更进一步地证明了大部分激活标签突变体的突变表型是由 T-DNA 插入位点附近基因的过量表达而引起的。目前这项技术已经成功应用于水稻（Wan 等，2009）、百脉根（*Lotus japonicus*）（Imaizumi 等，2005）、番茄（Mathews 等，2003）、烟草（Liu 等，2015）、杨树（Busov 等，2003）和矮牵牛（*Petunic hybrida*）（Zubko 等，2002）等多种植物，并鉴定出诸多与植物生长发育（Kardailsky 等，1999；van der Graaff 等，2000；Zuo 等，2002；Nakazawa 等，2003；Woodward 等，2005；Xu 等，2005）、胁迫应答（Koiwa 等，2006；Yu 等，2008；Aboul-Soud 等，2009）、代谢（Borevitz 等，2000；van der Fits 等，2001）、激素途径（Li 等，2001 和 2002；Zubko 等，2002；Busov 等，2003；Schomburg 等，2003；Sun 等，2003；Mora-Garcia 等，2004；Zhou 等，2004；Yuan 等，2007；Guo 等，2010；Kang 等，2010）等相关的功能基因。

激活标签载体最早由 Hayashi 等于 1992 年构建，pPCVICEn4HPT 以潮霉素抗性基因作为选择标记。而后，Weigel 等（2000）发展了两种新的载体，即 pSKI015 和 pSKI074。如图 3-8 所示，pSKI074 采用卡那霉素的抗性基因（*NptII*），主要针对在人工培养基中对转基因幼苗进行筛选；pSKI015 则采用了除草剂的抗性基因（*Bar*）作为筛选标记基因，因此可以方便地对种植在土壤中的植物进行转化体筛选。此外，有文献报道的激活标签载体还有 pGA2715、pER38，以及近几年新开发的 pBASTA-AT2 等（Jeong 等，2002；Wan 等，2009；Gou 和 Li，2012）。据研究报道，增强子激活 T-DNA 插入位点侧翼基因的范围视不同激活标签载体和基因组的差异而有所不同（表 3-1）。

表 3-1 激活标签技术在不同物种突变体库创制中的应用

作者 （年代）	数量	载体	形态表型	百分比	激活距离 （检测范围）	物种
Weigel (2000)	25 000	pSKI015 pSKI074	23	0.1%	0.4 ~ 3.6 kb	拟南芥
Nakazawa (2003)	55 000	pPCVICEn4HPT	1 262（T_1）	2.3%	0.7 ~ 8.2 kb	拟南芥
Jeong (2002)	47 000	pGA2715	9/3 290	0.27%	最大 10.7 kb	水稻
Wan (2009)	50 000	pER38	400	T1 2.1% T2 6.4%	1.1 ~ 4.0 kb	水稻
Liu (2015)	100 000	pSKI015	57/6 000（T_1） 311/4 105（T_2）	T1 0.95% T2 7.57%	最大 13.1 kb	烟草

2 T-DNA 激活标签插入创制烟草突变体

普通烟草为异源四倍体，基因组大小约 45 亿碱基对，利用激活标签技术可以进行大规模激活标签突变体库的创制。突变体的创制主要通过农杆菌介导的叶盘转化策略，对烤烟品种"红花大金元"的幼叶进行遗传转化。鉴于除草剂适用于后期转基因植株的田间筛选，在烟草突变体创制过程中，选用了激活标签载体 pSKI015。该载体的右边界含有 4 个重复的花椰菜花叶病毒 35S 启动转录增强子（CaMV 35S enhancer）。研究表明，多拷贝的增强子序列容易在 -4 ℃ 和农杆菌继代中丢失。所以，转有激活标签载体的农杆菌种必须在 -80 ℃ 保存

并在每次继代培养后进行载体的鉴定。烟草的遗传转化采用常规农杆菌侵染植物的转化流程。从农杆菌侵染、共培养、三次不同选择压力下的继代培养，到最后的生根壮苗培养，大体需要 2 个月左右的时间。相关培养基组成见表 3-2，烟草遗传转化及植株再生过程见图 3-9（刘峰等，2012；Liu 等，2015）。

经过组织培养、温室大棚育苗、移栽、大田烟株生长，田间观察激活标签 T_0 代表型，形态突变表型比较丰富（图 3-10）。当 T_0 代烟株开花时，单株套袋自交（图 3-11），收获 T_1 代种子。共获得"红花大金元"激活标签插入 T_1 代种子近 10 万份，并实现了在低温、干燥条件下的长期保存（具体见第 13 章第 1 节）。

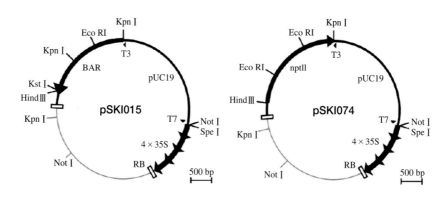

图 3-8 激活标签载体 pSKI015 和 pSKI074 结构示意（Weigel 等，2000）

表 3-2　烟草遗传转化使用的培养基配方

培养基	组　成
种子萌发培养基	MS 基本培养基，0 克蔗糖，5 克 Phytagel，pH 5.8
幼苗生长培养基	1/2 MS 基本培养基，0.5 克 MES，30 克蔗糖，2.5 克 Phytagel，pH 5.8
MS_0 液体培养基	MS 基本培养基，30 克蔗糖
共培养培养基	MS 基本培养基，0.5 克 MES，1 毫克 6-BA，0.1 毫克 IAA，30 克蔗糖，2.5 克 Phytagel，pH 5.8
第一轮筛选培养基	MS 基本培养基，0.5 克 MES，1 毫克 6-BA，0.1 毫克 IAA，150 毫克 Timentin，3 毫克 Basta，30 克蔗糖，2.5 克 Phytagel，pH 5.8
第二轮筛选培养基	MS 基本培养基，0.5 克 MES，0.5 毫克 6-BA，0.05 毫克 IAA，150 毫克 Timentin，5 毫克 Basta，30 克蔗糖，2.5 克 Phytagel，pH 5.8
第三轮筛选培养基	MS 基本培养基，0.5 克 MES，0.2 毫克 6-BA，0.02 毫克 IAA，100 毫克 Timentin，10 毫克 Basta，30 克蔗糖，2.5 克 Phytagel，pH 5.8
生根培养基	MS 基本培养基，0.5 克 MES，100 毫克 Timentin，40 毫克 Basta，30 克蔗糖，2.5 克 Phytagel，pH 5.8

图 3-9　烟草遗传转化过程（Liu 等，2015）

a. 黑暗条件下烟草叶盘和农杆菌共培养；b. 第一轮筛选过后叶盘边缘出现黄色芽；c. 光照条件下黄色的芽变成绿色；

d. 芽连带部分的叶片转移到第二轮筛选培养基上；e. 单个嫩芽转移到第三轮筛选培养基上；f. 小苗在生根培养基上生根和生长；

g. 再生植物转移到温室；h. 转基因幼苗移栽到大田

图 3–10 "红花大金元"激活标签插入 T₀ 代典型形态表型

a. 叶色白化；b. 株高较高、节间距小；c. 叶片宽大；d. 叶面皱；e. 叶形细长；f. 早花

图 3–11 "红花大金元"激活标签插入 T₀ 代单株套袋

图 3-12 在 T₁ 和 T₂ 代具有相同表型的典型显性突变体（Liu 等，2015）

a₁ 从左到右依次为野生型植株的下部叶、中部叶和上部叶；

a₂ 到 a₅，从左到右依次为 T₂ 代显性突变体的下部叶、中部叶和上部叶；

a₂ 为革质化即叶面蜡质；a₃ 为螺旋叶；a₄ 为有叶柄突变；a₅ 为叶脉紊乱；

b. 为早花突变体（右）和野生型对照（左）；c. 为多分枝突变体（右）和野生型对照（左）；

d. 为茎叶夹角极小突变体（右）和野生型对照（左）

在拟南芥的研究中，Weigel 等（2000）通过筛选了近 2.5 万份突变株系，发现了 23 份表型明显变化的显性突变，其突变率为 0.1%。Ichikawa 等（2003）对 55 431 份 T_1 代拟南芥激活标签库进行筛选，总计 1 262 个株系呈现表型的变化，表型突变率为 2.3%；从 1 262 份具有突变表型的 T_1 代中选择 177 个株系继续 T_2 代表型观察，发现 29 个株系表型与 T_1 代一样，并呈现出显性和半显性的表型。Wan 等（2009）利用激活标签技术创制了 5 万份的水稻突变体库，在 T_0 代筛选到 400 份显性突变体，T_1 代表型发生改变的突变体占比为 6.4%。在拟南芥和水稻激活标签突变体库中的表型突变范围比较广泛，以拟南芥为例，在其表型的研究中发现了叶色、叶片大小、叶柄长短、叶形、株高、花期、育性、分枝、花性状等比较明显的突变表型（Ichikawa

等，2003）。

对烟草激活标签插入 T_1 代进行各种类型突变性状的筛选与鉴定，重点对形态突变表型种类及其突变率进行了详细的调查和分析（具体见第 4 章），并筛选与鉴定获得众多不同形态表型的突变体（图 3-12；具体见第 7 章）。同时，通过对烟草激活标签侧翼序列分析、插入位点与表型性状的共分离分析、插入位点附近基因的表达分析，以及相应基因的过表达分析，获得包括多药及有毒化合物排除（MATE）基因、C_2H_2 型锌指蛋白转录因子基因在内的多个烟草基因的激活标签突变体（具体见第 7 章）。通过激活标签插入后观测的各种突变表型的丰富性、性状突变率的合理性、鉴定获得突变体的多样性，以及获得的激活基因来看，所创制的烟草激活标签突变群体是有效、可用的。

第4节 航天空间环境突变体创制

1 航天空间环境诱变技术概述

航天诱变育种又称"空间诱变育种"。它是将农作物种子或供试诱变材料搭乘返回式卫星或宇宙飞船，送到距地球 200～400 千米的太空，利用空间宇宙射线的强辐射，在高真空、微重力和交变磁场等特殊环境中进行诱变处理，使供试的农作物种子和材料产生有利变异，返回地面试种后继续采用常规育种技术，从中选育出农作物新品种（毕宏文等，1999；李金国，1999；徐建龙等，1999）。因此，航天诱变育种技术是将航天技术、生物技术和农作物育种技术相结合发展起来的一项育种

技术。其诱变机理包括微重力假说和太空辐射假说。微重力假说认为，当植物进入空间环境后，重力极大地降低，这使植物失去了在静止状态下的向地性生长反应，因而导致对重力的感受、转换、传输、反应发生变化，产生直接效应和间接效应（庞伯良等，2004；赵一洲等，2013）。太空辐射假说认为，宇宙辐射是造成生物系统遗传物质发生变异的重要原因之一。当植物种子被宇宙射线中的高能重粒子（HZE）击中后，会出现更多的多重染色体畸变，植株异常发育率增加，而且 HZE 击中的部位不同，畸变情况也不同。其中，根尖分生组织和下胚轴细胞被击中时，畸变率最高（Maluszynski

等，2000；刘永柱等，2013）。太空诱变育种可以充分利用太空的独特环境条件，创造出地面难以模拟的条件，进而使诱变材料产生罕见的变异，创造出新的种质资源。相对于自然变异来说，航天诱变后植物遗传性状变异更加丰富，而且育种周期相对缩短，育种效率较常规育种大大提高。

我国空间生命科学试验始于20世纪60年代，1964～1966年，我国先后发射了5枚生物探测火箭，通过对小白鼠、狗及其他生物样品的试验，为我国空间生物科学研究迈出了具有历史意义的第一步。到了1987年，我国首次利用高空气球搭载甜椒品种"龙椒2号"，得到了单果重250克以上、同时增产120%的新品种，拉开了太空诱变育种的序幕。与此同时，首次利用FSW-O返回式卫星搭载植物种子、低等植物藻类、昆虫卵和微生物菌种。从搭载的供试材料中获得了大量的变异体，随即引起科学界的广泛兴趣和关注。我国航天事业的不断发展，也为太空诱变育种的深入研究创造了有利条件。20余年来，我国多次利用高空气球、返回式卫星、神舟飞船等搭载的方式完成了300多项空间搭载试验（王雁等，2002），获得了大量的有益变异体。先后搭载过水稻（邢金鹏等，1995；王彩莲等，1998；李金国等，2001a）、小麦、谷子（*Setaria italica*）、大豆、玉米（李社荣等，1998；李金国等，2002）、高粱（李金国等，2001b）、马铃薯等粮食作物；辣椒（*Capsicum annuum*）（邓立平等，1995；刘敏等，1999）、番茄（韩东等，1996；李金国等，1999a）、西兰花（*Brassica oleracea*）（李金国等，1999b）、石刁柏（*Asparagus officinalis*）（徐继等，1997）、黄瓜（*Cucumis sativus*）、茄子（*Solanum melongena*）、豇豆（*Vigna unguiculata*）、甘蓝（*Brassica oleracea*）、山莓（*Rubus corchorifolius*）等蔬菜水果作物；油菜（*Brassica campestris*）（刘泽和赵仁渠，2000）、大豆（王瑞珍等，2001）、绿豆（*Vigna radiata*）（邱芳等，1998）、芝麻（*Sesamum indicum*）（张秀荣等，2003）、核桃（*Juglans regia*）等油料作物；大枣（*Fructus jujubae*）、桂花（*Osmanthus fragrans*）、棉花（*Gossypium* spp.）、红麻（*Hibiscus cannabinus*）、孜然（*Cuminum cyminum*）、牧草（徐云远等，1996）、甜菜（*Beta vulgaris*）等其他农作物；香菇（*Lentinus edodes*）（边银丙等，2001）、藻类（胡章立和刘永定，1997；刘志恒等，1997）等真菌及微生物；兰花（*Cymbidium* spp.）、油松（*Pinus tabulaeformis*）、三色堇（*Viola tricolor*）、菊花（*Dendranthema morifolium*）、矮牵牛、鸡冠花（*Celosia cristata*）、一串红（*Salvia splendens*）、白莲（*Nelumbo nucifera*）、龙葵（*Solanum nigrum*）、灵芝（*Ganoderma lucidum*）（Qi等，2003）等观赏植物与药用植物，共6 000多份种质材料，1 000多个作物品种送上太空。选育出了一大批综合性状良好，同时具有市场竞争力的农作物新品种。

2 航天空间环境诱变创制烟草突变体

1992年，中国农业科学院烟草研究所首次从搭载的5个烟草品种材料中选育出白花突变株，并开展了相关的遗传研究，积累了相关研究经验。2006年又通过"实践八号"育种卫星搭载了10个烤烟品种（表3-3）。这些品种均是我国主栽品种或特色品种，希望通过航天空间诱变有针对性地改良这些品种在生产利用过程中的缺陷。

在获得空间诱变处理的种子后，需要结合相应的技术方法开展农艺性状、经济性状、抗病性能、成熟特性等鉴定分析，以获得性状改良的优异突变体材料。空间诱变突变体的筛选可以与化学诱变、生物诱变等突变体筛选方法相结合，包括外观形态学鉴定，主要是根据诱变植株与对照植株的性状差异来筛选突变体，可鉴定的性状有植物学性状、农艺性状、经济性状、抗性、成熟烘烤特性等；细胞学鉴定，主要观察突变植株的染色体变化情况，包括观察鉴定染色体的数量和结构变化情况；生理生化鉴定，主要通过检测诱变植株体内的叶绿素含量、蛋白质含量、同工酶及过氧化物酶活性等代

表 3-3 "实践八号"育种卫星搭载的烤烟品种材料

品种名称	品种特性	改良目标性状
"红花大金元"	长势强，品质佳，耐成熟但不易烘烤	烤性、抗病性
"翠碧一号"	长势强，抗逆，不易烘烤，抗病性差	烤性、抗病性
"中烟 100"	适应性广，易烤，抗病性好	香气量、抗病性
"中烟 98"	适应性广，易烤，抗病性好	香气量、抗病性
"NC82"	优质，抗逆性差，易烤但抗病性差	适应能力、抗病性
"NC89"	落黄好，易烤	刺激性、抗病性
"RG17"	长势强，落黄好，易烤	抗病性
"G80"	品质好，易烤，抗逆性较差	抗病、抗逆性
"云烟 85"	品质好，易烤，适应性广，抗病性较差	抗病性
"中烟 14"	生长势强，抗逆性强，抗病性强	香气量、耐肥性

谢物质含量，或者通过检测烤后烟叶的化学成分含量（烟碱、钾离子等）、致香物质成分等方面来筛选鉴定突变体；分子生物学鉴定，主要利用生物技术（SNP、SSR 等分子标记技术，以及 TILLING 技术等）快速高效地从分子水平对突变体进行早期鉴定。

经过多年多世代的筛选与鉴定，已经获得一批变异类型多样的突变材料，主要表现为株型变异、叶形变异、节距变异、叶数增加、茎叶夹角变异、香气增加、抗病性增强等（图 3-13）。对"中烟 100"进行空间诱变后，获得株型、叶形变异稳定株系 TH643、TH644、TH653；株型、叶形变异较大，田间综合表现较好株系 TH312、TH313、TH314；多叶型变异、节距小、平均叶数在 25 片左右，同时叶变尖、窄，叶脉变粗等株系 TH307、

TH308、TH309、TH310。对"云烟 85"进行空间诱变后，获得叶形变异明显、叶面皱株系 TH629、TH630。对"中烟 14"进行空间诱变后，获得叶变窄、叶组织发生变化株系 TH206；香气量增加株系 TH209。对"翠碧一号"进行空间诱变后，获得香气变异株系 TH237、TH606、TH607、TH621。对"NC89"进行空间诱变后，获得香气变异株系 TH264、TH646、TH652。对"红花大金元"进行空间诱变后，获得对黑胫病、青枯病的田间抗性增强变异株系 TH447。这些空间诱变突变体的获得，在一定程度上创新和丰富了烟草种质资源。这些新种质，部分可作为烤烟育种的中间材料使用，部分材料实现了对供试品种的目标性状改良，有望在烟叶生产中替代原有品种。

图 3-13　部分空间诱变烟草突变体

a. "中烟 100" 对照；b. TH307（"中烟 100" 航天诱变）；c. TH308（"中烟 100" 航天诱变）；

d. "NC89" 对照；e.TH646（"NC89" 航天诱变）；f. TH652（"NC89" 航天诱变）

（撰稿：张芊，蒋彩虹，张玉，吴金霞，徐建华；定稿：杨爱国，刘贯山）

参考文献

[1] 安学丽，蔡一林，王久光，等．化学诱变及其在农作物育种上应用[J]．核农学报，2003，17(3)：239～242.

[2] 毕宏文，邓立平，张宏．蔬菜空间诱变育种研究概述和展望[J]．北方园艺，1999，(1)：13～14.

[3] 边银丙，翁曼丽，孙勇，等．香菇菌丝体太空诱变效应研究 II. 太空环境对香菇同工酶和子实体性状的影响[J]．食用菌学报，2001，8(3)：6～10.

[4] 邓立平，郭亚华，杨晓辉，等．利用空间条件探讨番茄青椒的遗传变异初报[J]．哈尔滨师范大学自然科学学报，1995，11(3)：85～89.

[5] 韩东，李金国，梁红健，等．利用RAPD分子标记检测空间飞行诱导的番茄DNA突变[J]．航天医学与医学工程，1996，9(6)：412～416.

[6] 胡章立，刘永定．藻类空间生物学效应机制研究[J]．空间科学学报，1997(S1)：24～34.

[7] 李金国．蔬菜航天诱变育种[J]．中国蔬菜，1999，(1)：44～51.

[8] 李金国，李敏，王培生，等．番茄种子宇宙飞行后的过氧化物同工酶及RAPD分析[J]．园艺学报，1999a，26(1)：33～36.

[9] 李金国，李源祥，华育坚，等．利用搭载卫星水稻干种子选育出"赣早籼47号"的研究[J]．航天医学与医学工程，2001a，14(4)：286～290.

[10] 李金国，刘根齐，张健，等．高粱种子搭载返回式卫星的诱变研究[J]．航天医学与医学工程，2001b，14(1)：57～59.

[11] 李金国，潘光堂，曹墨菊，等．卫星搭载玉米雄性不育突变系的遗传稳定性研究[J]．航天医学与医学工程，2002，15(1)：51～54.

[12] 李金国，王培生，张健，等．中国农作物航空航天诱变育种的进展及其前景[J]．航天医学与医学工程，1999b，12(6)：464～468.

[13] 李社荣，刘雅楠，刘敏，等．玉米空间诱变效应及其应用的研究 I. 空间条件对玉米叶片超微结构的影响[J]．核农学报，1998，12(5)：274～280.

[14] 刘峰，刘贯山，张芊，等．烟草激活标签突变体库的创制和突变表型的初步鉴定[J]．生物技术通报，2012，(10)：180～185.

[15] 刘敏，李金国，王亚林，等．卫星搭载的甜椒87-2过氧化物同工酶检测和RAPD分子检测初报[J]．核农学报，1999，13(5)：291～294.

[16] 刘永柱，许立超，郭涛，等．2个三系杂交稻保持系航天诱变效应的研究[J]．华南农业大学学报，2013，34(3)：292～299.

[17] 刘泽，赵仁渠．空间条件对油菜诱变效果的研究——突变类型的观察与筛选[J]．中国油料作物学报，2000，22(4)：6～8.

[18] 刘志恒，何秉旺，宋幼新，等．几种微生物空间生物学效应研究[J]．空间科学学报，1997，17(S1)：82～89.

[19] 庞伯良，彭选明，朱校奇，等．航天诱变与辐射诱变相结合选育水稻新品种[J]．核农学报，2004，18(4)：284～285.

[20] 邱芳，李金国，翁曼丽，等．空间诱变绿豆长荚型突变系的分子生物学分析[J]．中国农业科学，1998，31(6)：38～42.

[21] 王彩莲，慎玫，陈秋方，等．空间环境对水稻的细胞学效应研究[J]．核农学报，1998，12(5)：269～273.

[22] 王军伟，蒋彩虹，宋志美，等．甲基磺酸乙酯对烤烟种子发芽率的处理效应[J]．中国烟草科学，2011，32(3)：17～20，27.

[23] 王瑞珍，程春明，胡水秀，等．春大豆空间诱变性状变异研究初报[J]．江西农业学报，2001，13(4)：62～64.

[24] 王雁，李潞滨，韩蕾．空间诱变技术及其在我国花卉育种上的应用[J]．林业科学研究，2002，15(2)：229～234.

[25] 邢金鹏，陈受宜，朱立煌，等．水稻种子经卫星搭载后大粒型突变系的分子生物学分析[J]．航天医学与医学工程，1995，8(2)：109～112.

[26] 徐继，闫田，赵琦，等．空间环境对石刁柏幼苗向性生长及代谢过程的影响[J]．生物物理学报，1997，13(4)：660～664.

[27] 徐建龙，林贻滋，奚永安．空间条件诱发水稻突变体[J]．浙江农业学报，1999，11(2)：63～66.

[28] 徐云远，贾敬芬，牛炳韬．空间条件对3种豆科牧草的影响[J]．空间科学学报，1996(S1)：136～141.

[29] 张秀荣，李培武，程勇，等．航芝1号芝麻新品种的选育及配套栽培技术[J]．中国油料作物学报，2003，25(3)：34～37.

[30] 赵一洲, 李正茂, 刘福才, 等. 粳稻盐粳 188 航天诱变 SP₂ 代的性状变异与选择 [J]. 江苏农业科学, 2013, 41(6): 58 ~ 61.

[31] 朱保葛, 路子显, 耿玉轩, 等. 烷化剂 EMS 诱发花生性状变异的效果及高产突变系的选育 [J]. 中国农业科学, 1997, 30 (6): 87 ~ 89.

[32] Aboul-Soud M A, Chen X, Kang J G, et al. Activation tagging of *ADR2* conveys a spreading lesion phenotype and resistance to biotrophic pathogens[J]. New Phytol, 2009, 183(4): 1163 ~ 1175.

[33] Borevitz J O, Xia Y, Blount J, et al. Activation tagging identifies a conserved MYB regulator of phenylpropanoid biosynthesis[J]. Plant Cell, 2000, 12(12): 2383 ~ 2394.

[34] Burns P A, Allen F L, Glickman B W, et al. DNA sequence analysis of mutagenicity and site specificity of ethyl methane sulfonate in Uvr⁺ and UvrB⁻ strains of *Escherichia coli*[J]. Genetics, 1986, 113(4): 811 ~ 819.

[35] Busov V B, Meilan R, Pearce D W, et al. Activation tagging of a dominant gibberellin catabolism gene (*GA 2-oxidase*) from poplar that regulates tree stature[J]. Plant Physiol, 2003, 132(3): 1283 ~ 1291.

[36] Gou X, Li J. Activation tagging[J]. Methods Mol Biol, 2012, 876: 117 ~ 133.

[37] Guo Z, Fujioka S, Blancaflor E B, et al. TCP1 modulates brassinosteroid biosynthesis by regulating the expression of the key biosynthetic gene *DWARF4* in *Arabidopsis thaliana*[J]. Plant Cell, 2010, 22(4): 1161 ~ 1173.

[38] Hake S, Taylor W C, Freeling M, et al. Molecular analysis of genetically stable mutants of the maize *Adh1* gene[J]. Mol Gen Genet, 1984, 194(1): 42 ~ 48.

[39] Hayashi H, Czaja I, Lubenow H, et al. Activation of a plant gene by T-DNA tagging: auxin-independent growth in vitro[J]. Science, 1992, 258(5086): 1350 ~ 1353.

[40] Ichikawa T, Nakazawa M, Kawashima M, et al. Sequence database of 1172 T-DNA insertion sites in *Arabidopsis* activation tagging lines that showed phenotypes in T1 generation[J]. Plant J, 2003, 36(3): 421 ~ 429.

[41] Imaizumi R, Sato S, Kameya N, et al. Activation tagging approach in a model legume, *Lotus japonicus*[J]. J Plant Res, 2005, 118(6): 391 ~ 399.

[42] Jeong D H, An S, Kang H G, et al. T-DNA insertional mutagenesis for activation tagging in rice[J]. Plant Physiol, 2002, 130(4): 1636 ~ 1644.

[43] Kakimoto T. CKI1, a histidine kinase homolog implicated in cytokinin signal transduction[J]. Science, 1996, 274(5289): 982 ~ 985.

[44] Kang B, Wang H, Nam K H, et al. Activation-tagged suppressors of a weak brassinosteroid receptor mutant[J]. Mol Plant, 2010, 3(1): 260 ~ 268.

[45] Kardailsky I, Shukla V K, Ahn J H, et al. Activation tagging of the floral inducer FT[J]. Science, 1999, 286(5446): 1962 ~ 1965.

[46] Koiwa H, Bressan R A, Hasegawa P M. Identification of plant stress-responsive determinants in *Arabidopsis* by large-scale forward genetic screens[J]. J Exp Bot, 2006, 57(5): 1119 ~ 1128.

[47] Lebkowski J S, Miller J H, Calos M P. Determination of DNA sequence changes induced by ethyl methane sulfonate in human cells, using a shuttle vector system [J]. Mol Cell Biol, 1986, 6(5): 1838 ~ 1842.

[48] Li J, Lease K A, Tax F E, et al. BRS1, a serine carboxypeptidase, regulates BRI1 signaling in *Arabidopsis thaliana*[J]. Proc Natl Acad Sci USA, 2001, 98(10): 5916 ~ 5921.

[49] Li J, Wen J, Lease K A, et al. BAK1, an *Arabidopsis* LRR receptor-like protein kinase, interacts with BRI1 and modulates brassinosteroid signaling[J]. Cell, 2002, 110(2): 213 ~ 222.

[50] Liu F, Gong D, Zhang Q, et al. High-throughput generation of an activation-tagged mutant library for functional genomic analyses in tobacco[J]. Planta, 2015, 241(3): 629 ~ 640.

[51] Maluszynski M, Nichterlein K, van Zanten, et al. Officially released mutant varieties. The FAO/IAEA Database[J]. Mut Breed Rev, 2000, 12: 1 ~ 12.

[52] Mathews H, Clendennen S K, Caldwell C G, et al. Activation tagging in tomato identifies a transcriptional regulator of anthocyanin biosynthesis, modification, and transport[J]. Plant Cell, 2003, 15(8): 1689 ~ 1703.

[53] Mora-Garcia S, Vert G, Yin Y, et al. Nuclear protein phosphatases with Kelch-repeat domains modulate the response to brassinosteroids in *Arabidopsis*[J]. Genes Dev, 2004, 18(4): 448 ~ 460.

[54] Nakazawa M, Ichikawa T, Ishikawa A, et al. Activation tagging, a novel tool to dissect the functions of a gene family[J]. Plant J, 2003, 34(5): 741 ~ 750.

[55] Qi J J, Ma R C, Chen XD, et al. Analysis of genetic variation in *Ganoderma lucidum* after space flight[J]. Ads Space Res, 2003, 31(6): 1617 ~ 1622.

[56] Schomburg F M, Bizzell C M, Lee D J, et al. Overexpression of a novel class of gibberellin 2-oxidases decreases gibberellin levels and creates dwarf plants[J]. Plant Cell, 2003, 15(1): 151 ~ 163.

[57] Sun J, Niu Q W, Tarkowski P, et al. The *Arabidopsis AtIPT8/PGA22* gene encodes an isopentenyl transferase that is involved in de novo cytokinin biosynthesis[J]. Plant Physiol, 2003, 131(1): 167 ~ 176.

[58] van der Fits L, Hilliou F, Memelink J. T-DNA activation tagging as a tool to isolate regulators of a metabolic pathway from a genetically non-tractable plant species[J]. Transgenic Res, 2001, 10(6): 513 ~ 521.

[59] van der Graaff E, Dulk-Ras A D, Hooykaas P J, et al. Activation tagging of the *LEAFY PETIOLE* gene affects leaf petiole development in *Arabidopsis thaliana*[J]. Development, 2000, 127(22): 4971 ~ 4980.

[60] Walden R, Fritze K, Hayashi H, et al. Activation tagging: a means of isolating genes implicated as playing a role in plant growth and development[J]. Plant Mol Biol, 1994, 26(5): 1521 ~ 1528.

[61] Wan S, Wu J, Zhang Z, et al. Activation tagging, an efficient tool for functional analysis of the rice genome[J]. Plant Mol Biol, 2009, 69(1 ~ 2): 69 ~ 80.

[62] Weigel D, Ahn J H, Blazquez M A, et al. Activation tagging in *Arabidopsis*[J]. Plant Physiol, 2000, 122(4): 1003 ~ 1013.

[63] Woodward C, Bemis S M, Hill E J, et al. Interaction of auxin and ERECTA in elaborating Arabidopsis inflorescence architecture revealed by the activation tagging of a new member of the YUCCA family putative flavin monooxygenases[J]. Plant Physiol, 2005, 139(1): 192 ~ 203.

[64] Xu Y Y, Wang X M, Li J, et al. Activation of the *WUS* gene induces ectopic initiation of floral meristems on mature stem surface in *Arabidopsis*

thaliana[J]. Plant Mol Biol, 2005, 57(6): 773 ~ 784.

[65] Yu H, Chen X, Hong Y Y, et al. Activated expression of an *Arabidopsis* HD-START protein confers drought tolerance with improved root system and reduced stomatal density[J]. Plant Cell, 2008, 20(4): 1134 ~ 1151.

[66] Yuan T, Fujioka S, Takatsuto S, et al. *BEN1*, a gene encoding a dihydroflavonol 4-reductase (DFR)-like protein, regulates the levels of brassinosteroids in *Arabidopsis thaliana*[J]. Plant J, 2007, 51(2): 220 ~ 233.

[67] Zhou A, Wang H, Walker J C, et al.

BRL1, a leucine-rich repeat receptor-like protein kinase, is functionally redundant with BRI1 in regulating *Arabidopsis* brassinosteroid signaling[J]. Plant J, 2004, 40(3): 399 ~ 409.

[68] Zubko E, Adams C J, Machaekova I, et al. Activation tagging identifies a gene from *Petunia hybrida* responsible for the production of active cytokinins in plants[J]. Plant J, 2002, 29(6): 797 ~ 808.

[69] Zuo J, Niu Q W, Frugis G, et al. The *WUSCHEL* gene promotes vegetative-to-embryonic transition in *Arabidopsis*[J]. Plant J, 2002, 30(3): 349 ~ 359.

第4章

烟草形态突变表型

具有丰富遗传多样性的种质资源是植物遗传育种和功能基因组学研究的物质基础。几千年来，世界各地的人们通过对自发突变的不断积累与选择，成功驯化了目前绝大多数农作物，也造就了种内丰富的遗传多样性（Doebley 等，2006）。然而，自发突变的频率太低，短时间内无法产生大量的遗传变异。随着科技的进步，X 射线、EMS（甲基磺酸乙酯）等理化诱变技术，以及转座子、T-DNA 插入等分子生物学技术，逐渐成为人工创造饱和突变体库的主要技术方法（蔡刘体等，2008）。目前，在模式植物拟南芥和主要农作物如小麦、玉米、水稻、番茄中均已建立了多种不同类型的突变体库（Feldmann，1991；Berna 等，1999；安学丽等，2003；Menda 等，2004；陈忠明等，2004；Wu 等，2005；Kuromori 等，2006；Chern 等，2007；Miyao 等，2007；Settles 等，2007；赵天祥等，2009；徐艳花等，2010），并从中鉴定了大量表型各异的突变体，部分突变体还与作物的株型和产量等性状密切相关，如水稻单分蘖突变体 moc1 和大穗突变体

lp1 等（Li 等，2003；Li 等，2011）。围绕这些突变体开展的相关研究极大地促进了现代遗传育种和功能基因组学的发展。

烟草是世界范围内重要的经济作物，但由于现代烟草品种的遗传基础十分狭窄（常爱霞等，2013），烟草产业的发展受到极大的制约。随着我国烟草基因组计划的推进，烟草基因组全序列正获得全面的解析。在这种形势下，为促进烟草遗传育种和功能基因组学的发展，以更好地服务于产业的健康发展，创建烟草饱和突变体库的要求已十分迫切。

结合烟草自身的特点，采用诱变效率高且容易操作的 EMS 诱变技术和 T-DNA 激活标签插入技术，以国内种植面积较大又各具特色的 3 个普通烟草品种和一个野生烟草为受体，尝试创建烟草饱和突变体库。通过对较易观察的形态表型进行鉴定与统计，分析突变性状的突变率和遗传规律，由此获得人工创建烟草突变体的一般规律与有效方法，从而推动烟草遗传育种和功能基因组学的开展。

第 1 节 烟草形态突变表型种类

利用 EMS 化学诱变和 T-DNA 激活标签插入两种方法对 4 个受体烟草（其中 3 个为栽培烟草品种，分别为北方烟草产区优势品种"中烟 100"、云南烟草产区优势品种"红花大金元"、福建烟草产区优势品种"翠碧一号"，另外 1 个为野生烟草林

烟草）进行了突变体创建，从突变当代（M_1 和 T_0）植株收获突变二代（M_2 和 T_1）种子，获得了"中烟 100"EMS 诱变突变体库、"红花大金元"EMS 诱变突变体库、"翠碧一号"EMS 诱变突变体库、林烟草 EMS 诱变突变体库和"红花大金元"T-DNA

激活标签插入突变体库。从中随机选取部分种子种植成突变二代（M_2 和 T_1）株系，在整个生育期内对形态突变表型进行观察与统计，选取突变单株自交后继续种植成突变三代（M_3 和 T_2），继续进行形态突变表型的观察与统计，直至突变五代（M_5 和 T_4）。对各个突变体库在突变二代至五代中筛选与鉴定的所有形态突变表型进行了归类、描述与分析。

1 "中烟 100" EMS 诱变形态突变表型种类

"中烟 100" EMS 诱变形态突变表型十分丰富，达 95 种。依据这些突变表型的相似与关联程度的不同，将它们划分为 19 类，以字母 A ~ S 分别表示（表 4-1）。

表 4-1 "中烟 100" EMS 诱变形态突变表型分类

序号	一类	二类
A	生长势	生长势强、生长势弱
B	叶色	叶色白化、叶色黄化、叶色浅黄、叶色浅绿、叶色深绿
C	叶形与叶片大小	叶形披针形、叶形细长、叶形较细长、叶形细小、叶片较小、叶片小、叶形长形、叶形圆形、叶片宽大
D	叶面	叶面细致、叶面粗糙、叶面平滑、叶面较平滑、叶面较皱、叶面皱、叶面凹陷、叶面蜡质化、叶面油亮、叶面革质化、叶面腺毛多
E	叶脉	叶脉粗大、主脉发白、主脉分叉、叶脉紊乱
F	叶片数量与厚度	叶数多、叶数少、叶片薄、叶片厚
G	叶柄	有叶柄、叶柄细长、叶柄极长
H	叶缘与叶尖	叶缘波浪形、叶缘内卷、叶缘外卷、叶缘焦枯、叶尖扭曲、叶尖急尖、叶尖钝形、叶尖焦枯
I	叶片衰老	叶片早衰、叶片晚衰、叶片落黄集中
J	株高	株高矮化、株高较矮、株高较高、株高很高
K	株型与长相	螺旋株、株型塔形、似晾晒烟、似香料烟、似白肋烟、长相好
L	主茎、分枝与腋芽	主茎粗、主茎细、主茎有分枝、主茎多分枝、主茎白色、主茎易倒伏、腋芽很多、腋芽多、腋芽少、腋芽很少
M	茎叶夹角	茎叶夹角小、茎叶夹角大、叶片下垂
N	节间距	节间距很小、节间距小、节间距较大、节间距大
O	花期	早花、晚花、不开花
P	花形态	花冠畸形、雄蕊变花瓣、柱头高、穗状花序
Q	花色	花色白色、花色淡红、花色深红
R	育性	生长点退化、生长点坏死、育性低、不育
S	病虫反应	感花叶病、感黑胫病、感气候斑、感烟蚜、有虫孔
合计	19	95

A 生长势突变类型

该类型包括 2 种突变表型。

A₁ 生长势强：指在大田前期如团棵期和旺长期，突变体起身、拔节的速度较快，与对照相比十分明显，后期则差异逐渐消失（图 4-1a）。

A₂ 生长势弱：指在整个生长周期内，突变体发育速度都显著落后于对照（图 4-1b）。

B 叶色突变类型

该类型包括 5 种突变表型。

B₁ 叶色白化：指健康叶片在营养生长期局部或全部呈现白色。叶色白化存在多种表现形式，如半片叶整体呈现均匀的白色（图 4-2a），白化以单一片状分布在半叶片上（图 4-2b），白化以点片复合形式分布在整片叶上（图 4-2c、d），白化以点状分布在整片叶上（图 4-2e、f）。

B₂ 叶色黄化：指健康叶片在营养生长期局部或全部呈现黄色。叶色黄化也存在多种表现形式，如整片叶呈现均匀的黄色（图 4-3a），整片叶除叶脉保持绿色外全部呈现均匀的黄色（图 4-3b），整片叶大部分呈现均匀的黄色（图 4-3c），黄色以点状分布于整片叶上（图 4-3d）。

B₃ 叶色浅黄：指健康叶片在营养生长期整体呈现均匀的浅黄色（图 4-4a）。

B₄ 叶色浅绿：指健康叶片在营养生长期整体呈现均匀的浅绿色（图 4-4b）。

B₅ 叶色深绿：指健康叶片在营养生长期整体呈现均匀的深绿色（图 4-4c）。

图 4-1 生长势突变表型

a. 生长势强 11ZE223212(2013)；b. 生长势弱 11ZE202547(2012)

注：11ZE223212 和 11ZE202547 表示系统编号（具体见第 13 章第 1 节）；2013 和 2012 表示观测的年份（下同）

图 4-2 叶色白化突变表型

a. 半片叶整体白化 11ZE203344(2012)；b. 半片叶局部白化 11ZE223401(2013)；c. 整片叶点片复合白化 (1) 11ZE224051(2013)；
d. 整片叶点片复合白化 (2) 11ZE201214(2012)；e. 整片叶点状白化 (1) 11ZE201987(2012)；f. 整片叶点状白化 (2) 11ZE268589(2012)

图 4-3 叶色黄化突变表型

a. 整片叶黄化 11ZE268042(2012)；b. 整片叶（叶脉除外）黄化 11ZE269190(2012)；

c. 整片叶大部分黄化 11ZE201997(2012)；d. 整片叶点状黄化 11ZE205919 (2012)

图 4-4 其他叶色突变表型

a. 叶色浅黄 11ZE201381(2012)；b. 叶色浅绿 11ZE268971(2012)；c. 叶色深绿 11ZE204212(2012)

C 叶形与叶片大小突变类型

该类型包括 9 种突变表型。

C_1 叶形披针形：指发育成熟叶片的长度未发生明显改变，宽度急剧变小，长宽比极大（图 4-5a）。

C_2 叶形细长：指发育成熟叶片的宽度仅比 C_1 略大，其他未发生显著变化（图 4-5b）。

C_3 叶形较细长：指发育成熟叶片的宽度仅比 C_2 略大，其他未发生显著变化（图 4-5c）。

C_4 叶形细小：指发育成熟叶片的长度和宽度均显著变小。

C_5 叶片较小：指发育成熟叶片的长度和宽度仅比 C_4 略大。

C_6 叶片小：指发育成熟叶片的长度和宽度仅比 C_5 略大。

C_7 叶形长形：指发育成熟叶片的长度未发生明显改变，宽度略变小（图 4-5d）。

图 4-5 叶形与叶片大小突变表型

a. 叶形披针形 11ZE203491(2012)；b. 叶形细长 11ZE268663(2012)；c. 叶形较细长 11ZE224021(2013)；
d. 叶形长形 11ZE204378(2012)；e. 叶形圆形 11ZE204146(2012)；f. 叶片宽大 11ZE201895(2012)

C_8 叶形圆形：指发育成熟叶片的长度和宽度无显著差别（图 4-5e）。

C_9 叶片宽大：指发育成熟叶片的长度和宽度均显著变大（图 4-5f）。

D 叶面突变类型

该类型包括 11 种突变表型。

D_1 叶面细致：指发育成熟叶片的叶脉纤细，支撑力不够，叶肉组织较为细腻、柔软（图 4-6a）。

D_2 叶面粗糙：指发育成熟叶片的叶肉组织较为粗糙，有摩擦感。

D_3 叶面平滑：指发育成熟的叶片非常平整，表面十分平滑（图 4-6b）。

D_4 叶面较平滑：指叶片平整度略低于 D_3（图 4-6c）。

D_5 叶面较皱：指发育成熟叶片的表面布满凸起、沟壑，不够平整（图 4-6d）。

D_6 叶面皱：指发育成熟叶片的表面平整度低于 D_5（图 4-6e）。

D_7 叶面凹陷：指发育成熟叶片的主脉两侧的半片叶整体向上翘起，使整片叶呈现出二面角的形状（图 4-6f）。

D_8 叶面蜡质化：指发育成熟叶片的表面被一层蜡状物覆盖（图 4-7a）。

D_9 叶面油亮：指发育成熟叶片的表面被一层油状物覆盖，在强光照射下可反光（图 4-7b）。

D_{10} 叶面革质化：指发育成熟叶片的表面变硬，

图 4-6　叶面突变表型 1

a. 叶面细致 11ZE204159(2012)；b. 叶面平滑 11ZE268700(2012)；c. 叶面较平滑 11ZE203298(2012)；
d. 叶面较皱 11ZE203629(2012)；e. 叶面皱 11ZE203772(2012)；f. 叶面凹陷 13ZE3231312(2014)

有明显的角质层（图 4-7c）。

D₁₁ 叶面腺毛多：指发育成熟叶片的表面腺毛的数量显著增多（图 4-7d）。

E 叶脉

该类型包括 4 种突变表型。

E₁ 叶脉粗大：指发育成熟叶片的主脉粗壮（图 4-8a）。

E₂ 主脉发白：指发育成熟叶片的主脉变白，而叶肉组织仍保持绿色（图 4-8b）。

E₃ 主脉分叉：指叶片在发育过程中，主叶脉在中部以下分为两支，各自形成叶片上半部（图 4-8c）。

图 4-7　叶面突变表型 2

a. 叶面蜡质化 11ZE202096(2012)；b. 叶面油亮 11ZE223218(2013)；c. 叶面革质化 11ZE223419(2013)；d. 叶面腺毛多 11ZE203098(2012)

图 4-8　叶脉突变表型

a. 叶脉粗大 11ZE202826(2012)；b. 主脉发白 11ZE203893(2012)；c. 主脉分叉 13ZE3233612(2014)；d. 叶脉紊乱 11ZE223770(2013)

E₄ 叶脉紊乱：指支脉的发育模式混乱，常表现为多条支脉的基部紧紧相邻（图 4-8d）。

F 叶片数量与厚度突变类型

该类型包括 4 种突变表型。

F₁ 叶数多：指发育定型烟株的叶片数量显著多于对照（图 4-9a）。

F₂ 叶数少：指发育定型烟株的叶片数量显著少于对照（图 4-9b）。

F₃ 叶片薄：指发育成熟叶片的厚度明显低于对照。

F₄ 叶片厚：指发育成熟叶片的厚度明显高于对照，并伴有粗糙厚实的手感（图 4-9c）。

G 叶柄突变类型

该类型包括 3 种突变表型。

G₁ 有叶柄：指发育成熟叶片的基部退化，露出一段 2 厘米左右的主叶脉（图 4-10a）。

G₂ 叶柄细长：指发育成熟叶片的基部退化较多，裸露的主叶脉较长（图 4-10b）。

G₃ 叶柄极长：指发育成熟的叶片绝大部分或全部退化，仅以针状主叶脉的形式存在（图 4-10c）。

H 叶缘与叶尖突变类型

该类型包括 8 种突变表型。

H₁ 叶缘波浪形：指发育成熟叶片的边缘不平滑，呈起伏状，形似波浪。

H₂ 叶缘内卷：指发育成熟叶片的边缘向上作 90°~180° 的大幅卷曲（图 4-11a）。

H₃ 叶缘外卷：指发育成熟的叶片整体向下弯曲，使叶片呈锅盖状（图 4-11b）。

H₄ 叶缘焦枯：指发育成熟叶片的边缘提前衰老，呈枯萎状。

H₅ 叶尖扭曲：指发育成熟叶片的叶尖部以主叶脉为轴扭曲，幅度一般不超过 90°（图 4-11c）。

H₆ 叶尖急尖：指发育成熟叶片的顶部在主叶脉垂直方向急剧收缩，叶尖呈较小的锐角状（图 4-11d）。

H₇ 叶尖钝形：指发育成熟叶片的叶尖部角度较大，呈钝角状。

H₈ 叶尖焦枯：指发育成熟叶片的叶尖部提前衰老，呈枯萎状（图 4-11e）。

图 4-9 叶片数量与厚度突变表型

a. 叶数多 11ZE223433(2013)；b. 叶数少 11ZE268385(2012)；c. 叶片厚 11ZE268474(2012)

图 4-10　叶柄突变表型

a. 有叶柄 11ZE3005581(2012)；b. 叶柄细长 11ZE3000347(2012)；c. 叶柄极长 11ZE201615(2012)

图 4-11　叶缘与叶尖突变表型

a. 叶缘内卷 11ZE201647(2012)；b. 叶缘外卷 11ZE204258(2012)；

c. 叶尖扭曲 11ZE224178(2013)；d. 叶尖急尖 11ZE3000047(2012)；e. 叶尖焦枯 14ZE42437811(2015)

I 叶片衰老突变类型

该类型包括 3 种突变表型。

I_1 叶片早衰：指叶片衰老速度比对照快，叶片和茎秆较早呈现黄色（图 4-12a）。

I_2 叶片晚衰：指叶片持绿时间较对照长，进入衰老状态较慢（图 4-12b）。

I_3 叶片落黄集中：指烟株上叶片的衰老时间大体一致，不再按下-中-上的顺序分层衰老（图 4-12c）。

J 株高突变类型

该类型包括 4 种突变表型。

J_1 株高矮化：指株高低于对照的一半以上，叶片簇生，主茎没有拔节现象，株高一般低于 0.5 米（图 4-13a）。

图 4-12 叶片衰老突变表型

a. 叶片早衰 11ZE223591(2013)；b. 叶片晚衰 11ZE202803(2012)；c. 叶片落黄集中 14ZE42317411(2015)

图 4-13 株高突变表型

a. 株高矮化 11ZE269185(2012)；b. 株高较矮 11ZE203366(2012)；c. 株高较高 11ZE203264(2012)；d. 株高很高 11ZE203206(2012)

J₂ 株高较矮：指株高约为对照的一半，呈半矮秆状态，株高一般低于 1 米（图 4-13b）。

J₃ 株高较高：指株高显著高于对照，株高一般 2 米以上（图 4-13c）。

J₄ 株高很高：指株高极显著高于对照，株高一般接近 3 米（图 4-13d）。

K 株型与长相突变类型

该类型包括 6 种突变表型。

K₁ 螺旋株：指叶片整体或部分呈螺旋状。螺旋株有多种表现形式，如全部叶片呈逆时针螺旋状（图 4-14a、b）；全部叶片呈顺时针螺旋状（图 4-14c、d）；同一烟株上，部分叶片呈顺时针螺旋状，部分叶片呈逆时针螺旋状（图 4-14e）；同一烟株上，仅上部或下部叶片螺旋，其余叶片不螺旋（图 4-14f）。

K₂ 株型塔形：指烟株整体呈下粗上细的形状。

K₃ 似晾晒烟：烟株整体与晾晒烟相似，叶片不易落黄（图 4-15a）。

K₄ 似香料烟：指烟株整体与香料烟相似，叶片小而浓绿（图 4-15b）。

K₅ 似白肋烟：指烟株整体与白肋烟相似，叶片和茎秆较早进入成熟状态（图 4-15c）。

K₆ 长相好：指烟株株型整体优于对照（图 4-15d）。

图 4-14　螺旋株突变表型

a. 逆时针螺旋株 (1) 11ZE203982(2012)；b. 逆时针螺旋株 (2) 11ZE204158(2012)；c. 顺时针螺旋株 (1) 11ZE201980(2012)；
d. 顺时针螺旋株 (2) 11ZE224299(2013)；e. 顺、逆时针混合螺旋株 11ZE223702(2013)；f. 上部叶片螺旋株 11ZE224830(2014)

图 4-15 株型与长相突变表型

a. 似晾晒烟 12ZE40000341(2013)；b. 似香料烟 11ZE3001626(2012)；
c. 似白肋烟 11ZE203472(2012)；d. 长相好 11ZE205437(2012)

L 主茎、分枝与腋芽突变类型

该类型包括 10 种突变表型。

L₁ 主茎粗：指主茎在发育定型后基部直径较大（图 4-16a）。

L₂ 主茎细：指主茎在发育定型后基部直径较小。

L₃ 主茎有分枝：指主茎基部在现蕾之前，即顶端优势丧失之前就已经着生一个分枝（图 4-16b）。

L₄ 主茎多分枝：指主茎基部在现蕾之前，即顶端优势丧失之前就已经着生两个以上分枝（图 4-16c）。

L₅ 主茎白色：指主茎在衰老之前基部以上表皮呈白色（图 4-16d）。

L₆ 主茎易倒伏：指烟株抗倒伏能力差，大风过后易折断（图 4-16e）。

L₇ 腋芽很多：指烟株在现蕾之前，即顶端优势丧失之前就已经着生很多腋芽（图 4-17a）。

L₈ 腋芽多：指烟株在现蕾之前已经着生很多腋芽，但较 L₇ 略少（图 4-17b）。

L₉ 腋芽少：指烟株在开花结果之后，即顶端优势丧失之后仍然很少着生腋芽（图 4-17c）。

L₁₀ 腋芽很少：指烟株在开花结果之后，即顶端优势丧失之后仍然很少着生腋芽，但较 L₉ 更少。

图 4-16　主茎与分枝突变表型

a. 主茎粗 11ZE205976(2012)；b. 主茎有分枝 11ZE268988(2012)；
c. 主茎多分枝 11ZE201364(2012)；d. 主茎白色 11ZE223591(2013)；e. 主茎易倒伏 14ZE42327731(2015)

M 茎叶夹角突变类型

该类型包括 3 种突变表型。

M₁ 茎叶夹角小：指烟株在旺长期中部叶与主茎的夹角较小（图 4-18a）。

M₂ 茎叶夹角大：指烟株在旺长期中部叶与主茎的夹角较大（图 4-18b）。

M₃ 叶片下垂：指烟株在旺长期中部叶下垂（图 4-18c）。

图 4-17 腋芽突变表型

a. 腋芽很多 11ZE202027(2012)；b. 腋芽多 11ZE268017(2012)；c. 腋芽少 11ZE223914(2013)

图 4-18 茎叶夹角突变表型

a. 茎叶夹角小 11ZE204369(2012)；b. 茎叶夹角大 11ZE223868(2013)；c. 叶片下垂 11ZE202239(2012)

N 节间距突变类型

该类型包括 4 种突变表型。

N_1 节间距很小：指烟株在现蕾之后，上下相邻的叶片之间，即节间距离很小（图 4-19a）。

N_2 节间距小：指烟株在现蕾之后，上下相邻的叶片之间，即节间距离较小，但较 N_1 略大。

N_3 节间距较大：指烟株在现蕾之后，上下相邻的叶片之间，即节间距离较大（图 4-19b）。

N_4 节间距大：指烟株在现蕾之后，上下相邻的叶片之间，即节间距离很大，较 N_3 更大（图 4-19c）。

O 花期突变类型

该类型包括 3 种突变表型。

O_1 早花：指烟株在团棵期或旺长期即已经现蕾，开花时间显著早于对照（图 4-20a、b）。

O_2 晚花：指烟株在盛花期或成熟期才开始现蕾，开花时间显著晚于对照（图 4-20c、d）。

O_3 不开花：指烟株在整个生育期内都不现蕾、不开花。

P 花形态突变类型

该类型包括 4 种突变表型。

P_1 花冠畸形：指未开花的花冠呈现部分或全部开裂状，雄蕊及柱头露出（图 4-21a、b）。

P_2 雄蕊变花瓣：指部分雄蕊顶端呈花瓣状（图 4-21c）。

P_3 柱头高：指发育定型的花的柱头显著高于雄蕊（图 4-21d）。

P_4 穗状花序：指单位空间内着生在花序轴上的花较多，密度较大（图 4-21e）。

Q 花色突变类型

该类型包括 3 种突变表型。

Q_1 花色白色：指花冠颜色为纯白色（图 4-22a）。

Q_2 花色淡红：指花冠颜色略红，但依然不如对照的颜色红（图 4-22b）。

Q_3 花色深红：指花冠颜色为深红至紫黑色，显著红于对照（图 4-22c）。

图 4-19 节间距突变表型

a. 节间距很小 11ZE203622(2012)；b. 节间距较大 11ZE268123(2012)；c. 节间距大 11ZE223206(2013)

图 4-20 花期突变表型

a. 早花 (1) 11ZE224772(2014)；b. 早花 (2) 11ZE269023(2012)；c. 晚花 (1) 11ZE201800(2012)；
d. 晚花 (2) 11ZE223791(2013)

图 4-21　花形态突变表型

a. 花冠畸形 (1) 11ZE202007(2012)；b. 花冠畸形 (2) 11ZE268162(2012)；

c. 雄蕊变花瓣 11ZE223479(2013)；d. 柱头高 11ZE203066(2012)；e. 穗状花序 11ZE205775(2012)

图 4-22 花色突变表型

a. 花色白色 11ZE223495(2013)；b. 花色淡红 11ZE203257(2012)；c. 花色深红 11ZE223013(2013)

R 育性突变类型

该类型包括 4 种突变表型。

R_1 生长点退化：指茎尖分生组织在现蕾之前由于非外界因素的影响而退化，顶端优势丧失，造成烟株顶部以上分枝较多（图 4-23a）。

R_2 生长点坏死：指茎尖分生组织在现蕾之前由于非外界因素的影响而凋萎，烟株一般无法进行生殖生长（图 4-23b）。

R_3 育性低：指烟株果实成熟后仅能收到少量种子，大多数果实一般在授粉后早期即脱落（图 4-23c）。

R_4 不育：指烟株果实成熟后不能收到种子，果实发育差，果实一般在授粉后早期即全部脱落。不育表型一般是由于花器官畸形，如花冠开裂、柱头高、雄蕊变花瓣等原因导致授粉不成功而造成的（图 4-23d）。

S 病虫反应突变类型

该类型包括 5 种突变表型。

S_1 感花叶病：指在未人工接种的条件下，大田自然生长的烟株易感普通烟草花叶病毒（TMV）或黄瓜花叶病毒（CMV）（图 4-24a）。

S_2 感黑胫病：指在未人工接种的条件下，大田自然生长的烟株易感黑胫病（图 4-24b）。

S_3 感气候斑：指烟草叶片容易由于天气变化，如低温、阴雨等导致气候斑的发生（图 4-24c）。

S_4 感烟蚜：指在未人工接种的条件下，大田自然生长的烟株叶片或果实易遭烟蚜吸食，且烟蚜密度较大（图 4-24d）。

S_5 有虫孔：指在未人工接种的条件下，大田自然生长的烟株叶片或果实易遭烟青虫取食，造成明显虫孔（图 4-24e）。

图 4-23　育性突变表型

a. 生长点退化 11ZE223181(2013)；b. 生长点坏死 11ZE223752(2013)；c. 育性低 11ZE205669(2012)；d. 不育 11ZE202735(2012)

图 4-24　病虫反应突变表型

a. 感花叶病 11ZE202083(2012)；b. 感黑胫病 11ZE223075(2013)；c. 感气候斑 11ZE268288(2012)；
d. 感烟蚜 08ZE200012(2011)；e. 有虫孔 11ZE268245(2012)

2 "红花大金元"
EMS 诱变形态突变表型种类

"红花大金元" EMS 诱变形态突变表型较丰富，但全部包含在 "中烟 100" 19 类 95 种 EMS 诱变形态突变表型中。下面列出了 12 种典型的形态突变表型：B_1 叶色白化 （图 4-25a）、B_4 叶色浅绿 （图 4-25b）、B_5 叶色深绿 （图 4-25c）、C_1 叶形披针形 （图 4-25d）、D_3 叶面平滑 （图 4-25e）、I_1 叶片早衰 （图 4-25f）、J_1 株高矮化 （图 4-26a）、J_3 株高较高 （图 4-26b）、L_4 主茎多分枝 （图 4-26c）、O_1 早花 （图 4-26d）、R_1 生长点退化 （图 4-26e）、S_1 感花叶病 （图 4-26f）。

图 4-25 "红花大金元" EMS 诱变叶片形态表型

a. 叶色白化 11HE201113(2012)；b. 叶色浅绿 11HE201259(2012)；c. 叶色深绿 11HE201012(2012)；d. 叶形披针形 11HE201362(2012)；
e. 叶面平滑 11HE201080(2012)；f. 叶片早衰 11HE201780(2012)

图 4-26 "红花大金元" EMS 诱变其他形态表型

a. 株高矮化 11HE201644(2012)；b. 株高较高 11HE201081(2012)；c. 主茎多分枝 11HE201088(2012)；
d. 早花 11HE201274(2012)；e. 生长点退化 11HE201466(2012)；f. 感花叶病 11HE201004(2012)

3 "翠碧一号"
EMS 诱变形态突变表型种类

"翠碧一号" EMS 诱变形态突变表型非常丰富，但绝大多数包含在"中烟 100" 19 类 95 种 EMS 诱变形态突变表型中。下面列出了 27 种典型的形态突变表型：B_1 叶色白化（图 4-27a）、B_3 叶色浅黄（图 4-27b）、B_5 叶色深绿（图 4-27c）、C_1 叶形披针形（图 4-27d）、C_2 叶形细长（图 4-27e）、C_8 叶形圆形（图 4-27f）、D_3 叶面平滑（图 4-28a）、D_6 叶面皱（图 4-28b）、D_9 叶面油亮（图 4-28c）、D_{10} 叶面革质化（图 4-28d）、E_4 叶脉紊乱（图 4-28e）、H_3 叶缘外卷（图 4-28f）、J_1 株高矮化（图 4-29a）、J_4 株高很高（图 4-29b）、K_1 螺旋株（图 4-29c）、K_6 长相好（图 4-29d）、L_4 主茎多分枝（图 4-29e）、L_5 主茎白色（图 4-29f）、L_8 腋芽多（图 4-29g）、L_9 腋芽少（图 4-29h）、M_1 茎叶夹角小（图 4-29i）、N_2 节间距小（图 4-30a）、P_1 花冠畸形（图 4-30b）、Q_1 花色白色（图 4-30c）、S_3 感气候斑（图 4-31a）、S_6 感青枯病（图 4-31b）、S_7 抗青枯病（图 4-31c）。其中，感青枯病和抗青枯病为 2 种新鉴定的突变表型。

图 4-27 "翠碧一号" EMS 诱变叶片形态表型 1

a. 叶色白化 13CE201029(2014)；b. 叶色浅黄 13CE201180(2014)；c. 叶色深绿 13CE200024(2014)；
d. 叶形披针形 13CE200548(2014)；e. 叶形细长 13CE200032(2014)；f. 叶形圆形 13CE200082(2014)

图 4-28 "翠碧一号" EMS 诱变叶片形态表型 2

a. 叶面平滑 13CE200869(2014)；b. 叶面皱 13CE201558(2014)；c. 叶面油亮 13CE201635(2014)；
d. 叶面革质化 13CE200087(2014)；e. 叶脉紊乱 13CE200221(2014)；f. 叶缘外卷 13CE200019(2014)

图 4-29 "翠碧一号" EMS 诱变其他形态表型 1

a. 株高矮化 13CE200806(2014)；b. 株高很高 13CE201663(2014)；c. (半) 螺旋株 13CE201787(2014)；d. 长相好 13CE200023(2014)；

e. 主茎多分枝 13CE200650(2014)；f. 主茎白色 13CE201082(2014)；g. 腋芽多 13CE200270(2014)；

h. 腋芽少 13CE200450(2014)；i. 茎叶夹角小 13CE200927(2014)

图 4-30 "翠碧一号" EMS 诱变其他形态表型 2

a. 节间距小 13CE201014(2014)；b. 花冠畸形 13CE200031(2014)；c. 花色白色 13CE200219(2014)

图 4-31 "翠碧一号" EMS 诱变病虫反应突变表型

a. 感气候斑 13CE201094(2014)；b. 感青枯病 13CE200057(2014)；c. 抗青枯病 13CE200061(2014)

4 林烟草
EMS 诱变形态突变表型种类

林烟草 EMS 诱变形态突变表型种类较少，且全部包含在 19 类 95 种 "中烟 100" EMS 诱变形态突变表型中。下面列出了 10 种典型的形态突变表型：C_2 叶形细长（图 4-32a）、D_6 叶面皱（图 4-32b）、D_{10} 叶面革质化（图 4-32c）、F_1 叶数多（图 4-32d）、G_3 叶柄极长（图 4-32e）、H_3 叶缘外卷（图 4-32f）、J_1 株高矮化（图 4-33a）、L_8 腋芽多（图 4-33b）、O_1 早花（图 4-33c）、R_3 育性低（图 4-33d）。

图 4-32 林烟草 EMS 诱变叶片形态表型

a. 叶形细长 12LE203285(2013)；b. 叶面皱 12LE203251(2013)；c. 叶面革质化 12LE203194(2013)；

d. 叶数多（丛生）12LE203255(2013)；e. 叶柄极长 12LE203292(2013)；f. 叶缘外卷 12LE203265(2013)

图 4-33 林烟草 EMS 诱变其他形态表型

a. 株高矮化 12LE203012(2013)；b. 腋芽多 12LE203246(2013)；

c. 早花 12LE203074(2013)；d. 育性低 12LE203300(2013)

5 "红花大金元" T-DNA 激活标签插入形态突变表型种类

"红花大金元" T-DNA 激活标签插入形态突变表型种类较丰富，但全部包含在 19 类 95 种 "中烟 100" EMS 诱变形态突变表型中。下面列出了 19 种典型的形态突变表型：A_1 生长势强（图 4-34a）、B_1 叶色白化（图 4-34b）、B_4 叶色浅绿（图 4-34c）、D_3 叶面平滑（图 4-34d）、D_6 叶面皱（图 4-34e）、D_{10} 叶面革质化（图 4-35a）、F_2 叶数少（图 4-35b）、F_4 叶片厚（图 4-35c）、H_3 叶缘外卷（图 4-35d）、J_1 株高矮化（图 4-36a）、J_4 株高很高（图 4-36b）、L_8 腋芽多（图 4-36c）、M_1 茎叶夹角小（图 4-36d）、N_2 节间距小（图 4-37a）、N_4 节间距大（图 4-37b）、O_1 早花（图 4-37c）、P_1 花冠畸形（图 4-37d）、R_1 生长点坏死（图 4-37e）、S_1 感花叶病（图 4-37f）。

在上述以 "中烟 100" 为代表的 19 类 95 种 EMS 诱变形态突变表型中，依据其所涉及的器官分类，只与叶片相关的突变表型有 8 类（B 叶色、C 叶形与叶片大小、D 叶面、E 叶脉、F 叶片数量与厚度、G 叶柄、H 叶缘与叶尖、I 叶片衰老）47 种，只与茎杆相关的突变表型有 2 类（J 株高、L 主茎）14 种，只与花相关的突变表型有 4 类（O 花期、P 花形态、Q 花色、R 育性）12 种（其中生长点退化和生长点坏死除外），三大类相关突变表型的数量依次降低。在其他来源的部分典型的形态突变表型中也发现了类似规律，如在 "翠碧一号" EMS 诱变形态突变表型中，相关数量依次是 5 类 12 种、2 类 6 种、2 类 2 种；在 "红花大金元" T-DNA 激活标签插入形态突变表型类型中，相关数量依次是 4 类 8 种、2 类 3 种、2 类 2 种。由此可见，只与叶片相关的突变表型在种类上和数量上都占据了绝对优

图 4-34 "红花大金元" T-DNA 激活标签插入叶片形态突变表型 1

a. 生长势强 10HT1003701(2011)；b. 叶色白化 11HT1009654(2012)；c. 叶色浅绿 10HT1003753(2011)；
d. 叶面平滑 11HT1011790(2012)；e. 叶面皱 11HT1012281(2012)

图 4-35 "红花大金元" T-DNA 激活标签插入叶片形态突变表型 2

a. 叶面革质化 10HT1006858(2011)；b. 叶数少 10HT1003766(2011)；c. 叶片厚 11HT1009517(2012)；

d. 叶缘外卷 11HT1013008(2012)

图 4-36 "红花大金元" T-DNA 激活标签插入其他形态突变表型 1

a. 株高矮化 11HT20064488(2012)；b.株高很高 11HT1011717(2012)；c. 腋芽多 11HT1013145(2012)；
d. 茎叶夹角小 11HT1010166(2012)

势，充分表明了叶片无论是在生物学上还是在农业生产上都是烟草最重要的器官。

除上述三大类突变表型之外，另有少量的突变表型涉及 2 个以上的器官，如茎叶夹角（M）和节间距（N）2 类 7 种突变表型涉及叶片和茎杆两个器官；生长点退化（R_1）和生长点坏死（R_2）2 种突变表型与茎尖分生组织相关，涉及叶片、茎杆和花 3 个器官；生长势（A）和株型与长相（K）2 类

8 种突变表型与整个植株的地上部相关。此外，在正常的栽培条件下，自然发生的生物胁迫也是突变体筛选的重要途径，如在中国北方烟草产区发生频率较高的烟草花叶病和黑胫病，在中国南方烟草产区发生频率较高的黑胫病、青枯病和气候斑等。这本身也说明，烟草形态突变表型的层次很多，涉及烟草生长发育的方方面面。

图 4-37 "红花大金元" T-DNA 激活标签插入其他形态突变表型 2

a. 节间距小 10HT1004282（2011）；b. 节间距大 10HT1005845(2011)；c. 早花 10HT1003030(2011)；

d. 花冠畸形 11HT1013183(2012)；e. 生长点坏死 10HT1003701(2011)；f. 感花叶病 10HT1002560(2011)

第 2 节 烟草形态表型的突变率

依据烟草的生长发育特点，人为地将烟草的生育期依次划分为团棵期、旺长期、现蕾期、盛花期和成熟期（打顶后）5 个时期。在这 5 个时期内，对人工创制的 3 个栽培烟草品种（"中烟 100"、"红花大金元"、"翠碧一号"）和 1 个野生烟草（林烟草）的突变二代群体（M_2、T_1）进行了形态表型的调查和突变率的统计。除"翠碧一号"突变群体在福建三明种植之外，其余突变群体均在山东潍坊和青岛种植。

1 "中烟 100" M_2 代主要形态表型与突变率

2012 年共调查"中烟 100" M_2 代株系 4 502 个，单株 55 065 株，其中突变株系 2 453 个，突变率为 54.49%；突变单株 7 657 株，突变率为 13.91%。表 4-2 中列出 32 个主要突变表型，其中突变率较高的表型有不育、叶面皱、叶色深绿、主茎有分枝、株高较高、育性低、叶形细长等。

表 4-2 "中烟 100" M_2 代各形态表型突变率（2012 年）

序号	突变表型	突变株系		突变单株	
		数目	突变率（%）	数目	突变率（%）
1	不育	440	9.77	743	1.35
2	叶面皱	208	4.62	1 008	1.83
3	叶色深绿	151	3.35	559	1.02
4	主茎有分枝	134	2.98	231	0.42
5	株高较高	128	2.84	365	0.66
6	育性低	108	2.40	228	0.41
7	叶形细长	101	2.24	340	0.62
8	株高较矮	82	1.82	386	0.70
9	长相好	81	1.80	527	0.96
10	生长点退化	81	1.80	134	0.24
11	早花	78	1.73	204	0.37
12	螺旋株	69	1.53	212	0.38
13	叶柄极长	68	1.51	159	0.29
14	叶缘外卷	59	1.31	231	0.42

（续表）

序号	突变表型	突变株系		突变单株	
		数目	突变率（%）	数目	突变率（%）
15	节间距小	56	1.24	184	0.33
16	株高矮化	51	1.13	151	0.27
17	主茎多分枝	51	1.13	82	0.15
18	花色深红	48	1.07	98	0.18
19	叶面平滑	44	0.98	113	0.21
20	叶形披针形	39	0.87	124	0.23
21	叶色浅绿	34	0.76	92	0.17
22	晚花	29	0.64	156	0.28
23	叶色白化	28	0.62	48	0.09
24	茎叶夹角小	26	0.58	126	0.23
25	腋芽多	24	0.53	56	0.10
26	叶片宽大	23	0.51	75	0.14
27	叶片早衰	22	0.49	312	0.57
28	生长势强	21	0.47	119	0.22
29	株高很高	18	0.40	77	0.14
30	叶尖扭曲	14	0.31	84	0.15
31	叶面较皱	9	0.20	52	0.09
32	叶数多	8	0.18	50	0.09
33	其他	120	2.67	331	0.60
	合计	2 453	54.49	7 657	13.91

2013 年共调查"中烟 100" M_2 代株系 1 011 个，单株 14 466 株，其中突变株系 586 个，突变率为 57.96%；突变单株 2 876 株，突变率为 19.88%。表 4-3 中列出 35 个主要突变表型，其中突变率较高的表型有晚花、腋芽多、叶面皱、育性低、叶色浅绿、叶形较细长、叶色深红、叶片早衰等。

表 4-3 "中烟 100" M_2 代各形态表型突变率（2013 年）

序号	突变表型	突变株系		突变单株	
		数目	突变率（%）	数目	突变率（%）
1	晚花	76	7.52	696	4.81
2	腋芽多	56	5.54	141	0.97
3	叶面皱	40	3.96	242	1.67
4	育性低	38	3.76	152	1.05
5	叶色浅绿	38	3.76	148	1.02
6	叶形较细长	30	2.97	180	1.24

（续表）

序号	突变表型	突变株系		突变单株	
		数目	突变率（%）	数目	突变率（%）
7	叶色深绿	25	2.47	156	1.08
8	叶片早衰	24	2.37	106	0.73
9	株高较矮	16	1.58	110	0.76
10	螺旋株	15	1.48	96	0.66
11	节间距小	14	1.38	84	0.58
12	主茎有分枝	13	1.29	23	0.16
13	叶缘外卷	12	1.19	42	0.29
14	株高较高	11	1.09	45	0.31
15	主茎粗	10	0.99	28	0.19
16	叶脉紊乱	9	0.89	34	0.24
17	长相好	9	0.89	21	0.15
18	叶面平滑	8	0.79	55	0.38
19	花冠畸形	8	0.79	14	0.10
20	叶尖扭曲	7	0.69	45	0.31
21	茎叶夹角小	6	0.59	39	0.27
22	叶形长形	6	0.59	31	0.21
23	花色深红	6	0.59	25	0.17
24	叶片宽大	6	0.59	20	0.14
25	有叶柄	6	0.59	18	0.12
26	叶片早衰	5	0.49	34	0.24
27	叶色浅绿	5	0.49	27	0.19
28	叶片厚	4	0.40	32	0.22
29	叶色白化	4	0.40	24	0.17
30	生长点退化	4	0.40	10	0.07
31	生长势强	3	0.30	38	0.26
32	叶形细长	2	0.20	26	0.18
33	节间距大	2	0.20	13	0.09
34	花色淡红	2	0.20	12	0.08
35	叶面细致	1	0.10	15	0.10
36	其他	65	6.43	94	0.65
	合计	586	57.96	2 876	19.88

2 "红花大金元" M$_2$ 代主要形态表型与突变率

2013 年共调查"红花大金元" M$_2$ 代株系 862 个，单株 12 380 株，其中突变株系 246 个，突变率为 28.54%；突变单株 670 株，突变率为 5.41%。表 4-4 中列出 20 个主要突变表型，其中突变率较高的表型有主茎有分枝、不育、株高较矮、株高矮化、叶形披针形、主茎多分枝等。

表 4-4 "红花大金元" M$_2$ 代各形态表型突变率（2013 年）

序号	突变表型	突变株系		突变单株	
		数目	突变率（%）	数目	突变率（%）
1	主茎有分枝	64	7.42	101	0.82
2	不育	27	3.13	54	0.44
3	株高较矮	25	2.90	131	1.06
4	株高矮化	13	1.51	34	0.27
5	叶形披针形	11	1.28	28	0.23
6	主茎多分枝	11	1.28	19	0.15
7	叶片宽大	8	0.93	30	0.24
8	叶柄极长	8	0.93	29	0.23
9	叶色浅绿	8	0.93	17	0.14
10	叶面皱	7	0.81	23	0.19
11	节间距小	7	0.81	11	0.09
12	螺旋株	6	0.70	29	0.23
13	叶缘外卷	5	0.58	31	0.25
14	生长势强	5	0.58	22	0.18
15	叶色深绿	5	0.58	10	0.08
16	株高较高	4	0.46	13	0.11
17	叶色白化	4	0.46	8	0.06
18	叶面较皱	2	0.23	13	0.11
19	茎叶夹角小	2	0.23	8	0.06
20	腋芽多	1	0.12	8	0.06
21	其他	23	2.67	51	0.41
	合计	246	28.54	670	5.41

3 "翠碧一号" M$_2$ 代主要形态表型与突变率

2014 年共调查"翠碧一号" M$_2$ 代株系 1 258 个，单株 22 555 株，其中突变株系 313 个，突变率为 24.88%；突变单株 2 630 株，突变率为 11.66%。表 4-5 列出了 23 个主要突变表型，其中突变率较高的表型有株高矮化、晚花、叶色黄化、叶形细长等。

表 4-5 "翠碧一号" M$_2$ 代各形态表型突变率（2014 年）

序号	突变表型	突变株系		突变单株	
		数目	突变率（%）	数目	突变率（%）
1	株高矮化	62	4.93	500	2.22
2	晚花	37	2.94	534	2.37
3	叶色黄化	25	1.99	58	0.26
4	叶形细长	16	1.27	108	0.48
5	叶形细小	13	1.03	124	0.55
6	叶色白化	13	1.03	79	0.35
7	早花	12	0.95	114	0.51
8	株高较高	10	0.79	130	0.58
9	腋芽多	10	0.79	20	0.09
10	株高较矮	9	0.72	90	0.40
11	叶色深绿	8	0.64	86	0.38
12	叶柄极长	8	0.64	36	0.16
13	叶面革质化	8	0.64	32	0.14
14	叶色浅绿	7	0.56	109	0.48
15	螺旋株	7	0.56	76	0.34
16	叶面皱	7	0.56	55	0.24
17	花色白色	7	0.56	32	0.14
18	茎叶夹角小	6	0.48	66	0.29
19	叶片小	5	0.40	39	0.17
20	叶面蜡质化	5	0.40	15	0.07
21	花色深红	4	0.32	37	0.16
22	节间距大	4	0.32	26	0.12
23	有叶柄	4	0.32	19	0.08
24	其他	26	2.07	245	1.09
	合计	313	24.88	2 630	11.66

4 林烟草 M_2 代主要形态表型与突变率

2012 年共调查林烟草 M_2 代株系 142 个,单株 2 018 株,其中突变株系 33 个,突变率为 23.24%;突变单株 45 株,突变率为 2.21%。表 4-6 中列出了 6 个主要突变表型,其中突变率较高的表型有叶色浅绿、叶缘外卷等。

2013 年共调查林烟草 M_2 代株系 204 个,单株 2 695 株,其中突变株系 42 个,突变率为 20.59%;突变单株 169 株,突变率为 6.27%。表 4-7 中列出了 15 个主要突变表型,其中突变率较高的表型有早花、叶面皱等。

表 4-6 林烟草 M_2 代各形态表型突变率 (2012 年)

序号	突变表型	突变株系		突变单株	
		数目	突变率 (%)	数目	突变率 (%)
1	叶色浅绿	14	9.86	23	1.13
2	叶缘外卷	9	6.34	10	0.49
3	叶色深绿	4	2.82	5	0.25
4	株高较矮	3	2.11	3	0.15
5	叶形细长	2	1.41	3	0.15
6	叶柄极长	1	0.70	1	0.05
	合计	33	23.24	45	2.21

表 4-7 林烟草 M_2 代各形态表型突变率 (2013 年)

序号	突变表型	突变株系		突变单株	
		数目	突变率 (%)	数目	突变率 (%)
1	早花	15	7.35	33	1.22
2	叶面皱	8	3.92	31	1.15
3	腋芽多	4	1.96	20	0.74
4	花冠畸形	2	0.98	21	0.78
5	叶片宽大	2	0.98	11	0.41
6	感气候斑	2	0.98	7	0.26
7	株高矮化	1	0.49	9	0.33
8	叶脉紊乱	1	0.49	9	0.33
9	叶柄极长	1	0.49	8	0.30
10	叶形细长	1	0.49	6	0.22

序号	突变表型	突变株系		突变单株	
		数目	突变率（%）	数目	突变率（%）
11	螺旋株	1	0.49	4	0.15
12	叶缘外卷	1	0.49	3	0.11
13	叶面粗糙	1	0.49	3	0.11
14	生长势弱	1	0.49	2	0.07
15	叶色浅绿	1	0.49	2	0.07
	合计	42	20.59	169	6.27

5 "红花大金元" T_1 代主要形态表型与突变率

2013 年共调查"红花大金元"激活标签插入 T_1 代株系 2 053 个，单株 26 689 株，其中突变株系 200 个，突变率为 9.74%；突变单株 517 株，突变率为 1.94%。表 4-8 中列出了 23 种主要突变表型，其中突变率较高的表型有腋芽多、叶面平滑、晚花、叶面皱、早花等。

2014 年共调查"红花大金元"T-DNA 激活标签插入 T_1 代株系 2 930 个，单株 38 090 株，其中突变株系 228 个，突变率为 7.78%；突变单株 750 株，突变率为 1.97%。表 4-9 列出了 24 种主要突变表型，其中突变率较高的表型有腋芽多、叶形细长、株高较矮、株高较高、节间距小等。

从对不同栽培烟草品种（"中烟 100"、"红花大金元"、"翠碧一号"）和野生烟草（林烟草）突变二代群体（M_2、T_1）中形态突变表型的调查可以看出，EMS 和 T-DNA 激活标签均可使受体烟草产生丰富的表型变异，因而皆是构建烟草突变体库的有效手段。

不过，EMS 突变群体的突变率显然大大超过了 T-DNA 激活标签插入突变群体的突变率。以"红花大金元"为例，其 EMS 诱变 M_2 代突变株系和突变单株的突变率分别为 28.54% 和 5.41%，而其 T-DNA 激活标签插入 T_1 代突变株系和突变单株的突变率在连续两年的调查中分别维持在 7.78% ～ 9.74% 和 1.94% ～ 1.97%。究其原因，主要可能是普通烟草庞大的基因组和大量的重复序列导致 T-DNA 标签插入在基因富集区的概率降低，因而拉低了突变率。这在另一方面也说明，通过 T-DNA 标签构建烟草饱和突变体库要付出比小基因组植物如水稻和拟南芥等大得多的努力，间接表明利用 EMS 诱变才是烟草等大基因组植物构建饱和突变体库的高效方法。

不同品种 EMS 处理的 M_2 代各形态表型株系和单株突变率存在明显差异。"中烟 100" M_2 代突变株系和突变单株的突变率连续两年分别维持在 54.49% ～ 57.96% 和 13.91% ～ 19.88%；"红花大金元" M_2 代突变株系和突变单株的突变率分别为 28.54% 和 5.41%；"翠碧一号" M_2 代突变株系和突变单株的突变率分别为 24.88% 和 11.66%；林烟草 M_2 代突变株系和突变单株的突变率连续两年分别维持在 20.59% ～ 23.24% 和 2.21% ～ 6.27%。其中，"中烟 100" M_2 代突变株系和突变单株的突变率皆较高，显著超过了同样经 EMS 处理的普通小麦（徐艳花等，2010）、水稻（陈忠明等，2004）、玉米（安学丽等，2003）的突变率。其他 3 个受体烟草突变株系的突变率中等，但突变单株的突变率

表 4-8 "红花大金元" T-DNA 激活标签插入 T₁ 代各形态表型突变率 (2013 年)

序号	突变表型	突变株系		突变单株	
		数目	突变率（%）	数目	突变率（%）
1	腋芽多	26	1.27	44	0.16
2	叶面平滑	23	1.12	165	0.62
3	晚花	22	1.07	50	0.19
4	叶面皱	20	0.97	22	0.08
5	早花	15	0.73	45	0.17
6	叶色深绿	10	0.49	18	0.07
7	节间距大	9	0.44	9	0.03
8	叶色浅绿	8	0.39	16	0.06
9	株高较矮	7	0.34	7	0.03
10	叶形长形	7	0.34	7	0.03
11	叶片宽大	7	0.34	11	0.04
12	株高较高	5	0.24	5	0.02
13	节间距小	5	0.24	5	0.02
14	感烟蚜	5	0.24	7	0.03
15	叶色浅黄	5	0.24	44	0.16
16	叶脉紊乱	4	0.19	4	0.01
17	花色淡红	3	0.15	3	0.01
18	感花叶病	3	0.15	31	0.12
19	花色深红	2	0.10	2	0.01
20	茎叶夹角小	1	0.05	1	0.00
21	茎叶夹角大	1	0.05	8	0.03
22	生长势强	1	0.05	1	0.00
23	生长势弱	1	0.05	1	0.00
24	其他	10	0.49	11	0.04
	合计	200	9.74	517	1.94

表 4-9　"红花大金元" T-DNA 激活标签插入 T₁ 代各形态表型突变率（2014 年）

序号	突变表型	突变株系		突变单株	
		数目	突变率（%）	数目	突变率（%）
1	腋芽多	46	1.57	90	0.24
2	叶形细长	28	0.96	108	0.28
3	株高较矮	21	0.72	58	0.15
4	株高较高	17	0.58	26	0.07
5	节间距小	16	0.55	107	0.28
6	有虫孔	14	0.48	18	0.05
7	叶色深绿	13	0.44	37	0.10
8	叶色浅绿	11	0.38	84	0.22
9	生长势强	11	0.38	24	0.06
10	茎叶夹角小	6	0.20	27	0.07
11	晚花	6	0.20	25	0.07
12	生长势弱	5	0.17	6	0.02
13	叶面平滑	4	0.14	21	0.06
14	早花	4	0.14	17	0.04
15	节间距大	3	0.10	28	0.07
16	感花叶病	3	0.10	14	0.04
17	花色白色	2	0.07	15	0.04
18	叶面皱	2	0.07	2	0.01
19	育性低	2	0.07	2	0.01
20	花色浅红	1	0.03	11	0.03
21	叶片宽大	1	0.03	8	0.02
22	螺旋株	1	0.03	5	0.01
23	花色深红	1	0.03	2	0.01
24	茎叶夹角大	1	0.03	2	0.01
25	其他	9	0.31	13	0.03
合计		228	7.78	750	1.97

差别较大，其中"翠碧一号"突变单株的突变率较高，而"红花大金元"和林烟草突变单株的突变率较低。由于"中烟 100"、"翠碧一号"和"红花大金元"分别是北方烟草产区、福建烟草产区和云南烟草产区的优势品种，而前两者都种植在最适宜其生长的区域内，因此推测，"红花大金元"突变单株的突变率较低可能是由于北方烟草产区不适合其生长，其形态表型表现不够充分所致。至于林烟草，其为普通烟草的祖先种之一，导致其突变单株突变率较低的原因，除了突变群体的数量较少，因而调查可能不够全面之外，更多的可能是其生长习性迥异于普通烟草，形态表型类型不多。这些结果表明，在用 EMS 等诱变方法创建突变群体时，应优先考虑利用最适宜当地种植的受体品种。

同一受体品种不同年份的各形态突变表型的突变率虽然高低不同，但绝大多数形态突变表型或其相近表型可重复出现。以"中烟 100" M_2 代为例，2012 年所独有的突变表型只有 2 种（叶形畸形、叶数多），占全部突变表型数量的 6.25%；2013 年所独有的突变表型只有 6 种（叶脉紊乱、叶片厚、主茎粗、有叶柄、叶面细致、花冠畸形），占全部突变表型数量的 16.67%。同样，对"翠碧一号"M_2 代突变群体的调查也仅发现了 1 种独有的突变表型（叶面蜡质化），占全部突变表型的 4.35%。此外，在"红花大金元"T-DNA 激活标签插入 T_1 代中，2013 年所独有的突变表型只有 3 种（感烟蚜、叶色浅黄、叶脉紊乱），占全部突变表型数量的 13.04%；2014 年所独有的突变表型只有 4 种（有虫孔、花色白、育性低、螺旋株），占全部突变表型数量的 16.67%。这些结果表明，在给定大小的突变群体内，各形态突变表型的出现有一定的饱和度。对形态突变表型的筛选，重复次数越多，获得新突变表型的概率越低。因此，在筛选突变体库的时候，要综合考虑投入与产出比。

值得注意的是，在不少的突变单株上都观察到了复合突变表型的出现，这在 EMS 诱变的突变群体中更为常见。例如，叶面皱与叶色深绿往往同时出现，螺旋株与株高较矮往往同时出现。然而，大量突变表型的出现也表现为随机组合。这表明，前者可能是一因多效导致的，而后者则可能是由不相关的突变引起的。这些表象背后更详细的原因还需要借助具体的遗传分析来阐明。

第3节 烟草形态突变表型的遗传与分离

只有稳定的突变体才能更好地用于功能基因组学研究和遗传育种工作，因而突变表型的遗传稳定性是评价突变体库质量的重要指标。为分析烟草突变表型的遗传稳定性，以获得的"中烟 100"EMS 诱变 M_2 代形态表型突变体和"红花大金元"T-DNA 激活标签插入 T_1 代形态表型突变体为材料，进行了连续三代的表型调查与统计（$M_3 \sim M_5$，$T_2 \sim T_4$），对烟草形态突变表型的遗传与分离进行了分析。

根据对突变表型的统计分析，各突变世代株系皆可以分为以下 6 类。①原突变稳定：指仍保持上一代突变表型且不再分离的株系。②原突变分离：指仍保持上一代突变表型但还在分离的株系。③原突变 + 新突变：指仍保持上一代突变表型，同时又出现新突变表型的株系。④新突变分离：指上一代突变表型消失，但同时又出现新突变表型且正在分离的株系。⑤新突变稳定：指上一代突变表型消失，但同时又出现新突变表型且不再分离的株系。⑥无突变：指上一代突变表型消失，且恢复到对照表型的株系。

1 "中烟 100" EMS 诱变形态表型的遗传与分离

2012 ～ 2014 年，在已获得的"中烟 100" M_2 代突变体中，选取 143 份 M_3 代株系种植并调查形态突变表型，自交收获种子后又选取 152 份 M_4 代株系种植并调查形态突变表型，自交收获种子后又继续选取 47 份 M_5 代株系种植，开展对形态突变表型遗传和分离特性的追踪研究。各类突变株系的数量及占总调查株系数量的百分比见表 4-10。

表 4-10 "中烟 100" EMS 诱变 $M_3 \sim M_5$ 代株系形态表型遗传与分离

突变世代	株系数量	原突变稳定		原突变分离		原突变 + 新突变		新突变分离		新突变稳定		无突变	
		数目	%	数目	%	数目	%	数目	%	数目	%	数目	%
M_3	143	31	21.68	51	35.66	19	13.29	16	11.19	6	4.19	20	13.99
M_4	152	44	28.95	46	30.26	39	25.66	5	3.29	6	3.95	12	7.89
M_5	47	40	85.10	5	10.64	0	0.00	1	2.13	0	0.00	1	2.13

2 "红花大金元" T-DNA 激活标签插入形态表型的遗传与分离

2012 ～ 2014 年，在已获得的"红花大金元" T-DNA 激活标签插入 T_1 代突变体中，选取 120 份 T_2 代株系种植并调查形态突变表型，自交收获种子后又选取 120 份 T_3 代株系种植并调查形态突变表型，自交收获种子后又继续选取 75 份 T_4 代株系种植，开展对形态突变表型遗传和分离特性的追踪研究。

各类突变株系的数量及占总调查株系数量的百分比见表 4-11。

从"中烟 100" EMS 突变体和"红花大金元" T-DNA 激活标签插入突变体的形态表型在高世代的遗传与分离情况可以看出，随世代的增加，突变表型稳定遗传的比例显著提高，而新突变表型和无突变表型出现的比例显著降低。因此，高代自交不失为一种经济、高效的快速稳定突变表型的方法。根据上述数据得到的经验，EMS 突变体一般到

表 4-11 "红花大金元" T-DNA 激活标签插入 $T_2 \sim T_4$ 代株系形态表型遗传与分离

突变世代	株系数量	原突变稳定		原突变分离		原突变 + 新突变		新突变分离		新突变稳定		无突变	
		数目	%	数目	%	数目	%	数目	%	数目	%	数目	%
T_2	120	13	10.83	14	11.67	34	28.33	13	10.83	3	2.50	43	35.84
T_3	120	22	18.33	21	17.50	21	17.50	16	13.33	6	5.00	34	28.34
T_4	75	46	61.33	29	38.67	0	0.00	0	0.00	0	0.00	0	0.00

M₅ 代即可稳定遗传，T-DNA 激活标签突变体一般到 T₄ 代即可稳定遗传，无须再增加自交代数。

另外注意到，在突变三代和突变四代中（M₃、M₄ 和 T₂、T₃）依然分离出了较高比例的新突变表型（28.67%、32.90% 和 41.67%、35.83%）。这表明，这两个世代依然是突变体筛选的重要世代，因此对突变表型的筛选不应只放在突变二代（M₂ 和 T₁）。

表型即性状的表现型，是遗传因素和环境因素共同作用的结果。从上述数据可以明显看出环境因素对表型的影响，如"中烟 100" EMS 突变体原突变表型在 M₃ 代和 M₄ 代出现的比率分别只有 70.63% 和 84.87%，而"红花大金元" T-DNA 激活标签插入突变体原突变表型在 T₂ 代和 T₃ 代出现的比率分别只有 50.83% 和 53.33%。因此，对首次得到的突变体进行表型的重复鉴定是非常有必要的。可以在对表型进行遗传分析之前排除环境因素的影响。

（撰稿：吴新儒，王大伟，晁江涛，程崖芝；定稿：刘贯山，王倩）

参考文献

[1] 安学丽，蔡一林，王久光，等. 甲基磺酸乙酯（EMS）对玉米自交系诱变效应的研究 [J]. 玉米科学，2003, 11(3): 74 ~ 75, 84.

[2] 蔡刘体，郑少清，胡重怡，等. 烟草突变体库及其在功能基因组研究中的应用 [J]. 中国烟草科学，2008, 29(6): 27 ~ 31.

[3] 常爱霞，贾兴华，冯全福，等. 我国主要烤烟品种的亲源系谱分析及育种工作建议 [J]. 中国烟草科学，2013, 34(1): 1 ~ 6.

[4] 陈忠明，王秀娥，赵彦，等. 水稻 93-11 EMS 诱导突变体的分离与鉴定 [J]. 分子植物育种，2004, 2(3): 331 ~ 335.

[5] 徐艳花，陈锋，董中东，等. EMS 诱变的普通小麦豫农 201 突变体库的构建与初步分析 [J]. 麦类作物学报，2010, 30(4): 625 ~ 629.

[6] 赵天祥，孔秀英，周荣华，等. EMS 诱变六倍体小麦"偃展 4110"的形态突变体鉴定与分析 [J]. 中国农业科学，2009, 42(3): 755 ~ 764.

[7] Berna G, Robles P, Micol J L. A mutational analysis of leaf morphogenesis in *Arabidopsis thaliana*[J]. Genetics, 1999, 152(2): 729 ~ 742.

[8] Chern C G, Fan M J, Yu S M, et al. A rice phenomics study-phenotype scoring and seed propagation of a T-DNA insertion-induced rice mutant population[J]. Plant Mol Biol, 2007, 65(4): 427 ~ 438.

[9] Doebley J F, Gaut B S, Smith B D. The molecular genetics of crop domestication[J]. Cell, 2006, 127(7): 1309 ~ 1321.

[10] Feldmann K A. T-DNA insertion mutagenesis in *Arabidopsis*: mutational spectrum[J]. Plant J, 1991, 1(1): 71 ~ 82.

[11] Kuromori T, Wada T, Kamiya A, et al. A trial of phenome analysis using 4000 *Ds*-insertional mutants in gene-coding regions of *Arabidopsis*[J]. Plant J, 2006, 47(4): 640 ~ 651.

[12] Li M, Tang D, Wang K, et al. Mutations in the F-box gene *LARGER PANICLE* improve the panicle architecture and enhance the grain yield in rice[J]. Plant Biotechnol J, 2011, 9(9): 1002 ~ 1013.

[13] Li X, Qian Q, Fu Z, et al. Control of tillering in rice[J]. Nature, 2003, 422(6392): 618 ~ 621.

[14] Menda N, Semel Y, Peled D, et al. *In silico* screening of a saturated mutation library of tomato[J]. Plant J, 2004, 38(5): 861 ~ 872.

[15] Miyao A, Iwasaki Y, Kitano H, et al. A large-scale collection of phenotypic data describing an insertional mutant population to facilitate functional analysis of rice genes[J]. Plant Mol Biol, 2007, 63(5): 625 ~ 635.

[16] Settles A M, Holding D R, Tan B C, et al. Sequence-indexed mutations in maize using the UniformMu transposon-tagging population[J]. BMC Genomics, 2007, 8(4): 116.

[17] Wu J L, Wu C J, Lei C L, et al. Chemical-and irradiation-induced mutants of indica rice IR64 for forward and reverse genetics[J]. Plant Mol Biol, 2005, 59(1): 85 ~ 97.

第5章

烟草叶片形态表型突变体

随着中国烟草基因组计划对普通烟草的两个祖先种绒毛状烟草和林烟草全基因组序列图谱的绘制完成，以及栽培烟草"红花大金元"全基因组序列图谱、物理图谱的成功绘制，中国烟草基因组计划重大专项完成了结构基因组学的预定研究目标（江一舟和张敬一，2014）。烟草基因组学的研究进入功能基因组学研究阶段（曹祥金等，2014）。烟草饱和的基因突变群体是分析鉴定烟草基因功能的最有效、最直接的材料，化学诱变剂 EMS（甲基磺酸乙酯）可以在短时间内构建大量点突变群体（江树业，2003）。烟草以收获叶片来获得其经济价值和社会效益。烟草种子经 EMS 处理后种植，田间筛选并鉴定获得叶色、叶形、叶片大小、叶面、叶片数量、叶片厚度、叶柄等叶片形态表型突变体，可以为进一步研究烟草叶片发育、叶片数量、叶片大小等形成机制，以及选育烟草优良新品种提供良好的材料基础。

已有的研究表明，利用 EMS 诱变产生的植物叶片形态突变表型极为丰富。早在 1999 年，Berna 等通过 EMS 处理拟南芥，先后对 8 批次处理的叶部形态建成的突变体 M_2 代进行表型观察，获得圆形叶、畸形叶、叶缘卷曲、直立叶等 15 个叶片形态突变表型。在大麦（*Hordeum vulgare*）田间观测的 13 种 EMS 形态表型突变体中，存在叶色、叶形、叶片大小、叶片数量等 4 种叶片形态表型（Caldwell 等，2004）。在番茄田间观测的 48 种 EMS 和快中子形态表型突变体中，存在圆形叶、紫色叶、黄色叶、白色叶等 12 种叶片形态表型（Menda 等，2004）。在高粱田间观测的 31 种 EMS 形态表型突变体 M_3 代中，存在窄叶、直立叶、宽叶、杂色叶等 18 种叶片形态表型（Xin 等，2008）。在小麦田间观测的 29 种 EMS 形态表型突变体中，存在白化苗、红绿叶、条纹叶、卷曲叶等 14 种叶片形态表型（赵天祥等，2009）。在大豆田间观测的 27 种 EMS 形态表型突变体中，存在叶色白化、窄叶、多叶等 7 种叶片形态表型（Tsuda 等，2015）。

拟南芥和水稻等作物的研究已证明，EMS 诱变叶片形态表型突变体在阐明基因功能方面具有重要作用。水稻叶色突变体 *stripe1-2*（*st1-2*）和 *stripe1-3*（*st1-3*）来自 EMS 诱变的籼稻"9311"，这两个突变体的突变基因编码核糖核苷酸还原酶 1（ribonucleotide reductase 1，RNRS1）的小亚基，它们是温度敏感和叶绿素生物合成所必需的（Chen 等，2015）。烟草 EMS 诱变叶片形态表型突变体在烟草基因功能研究中也将发挥重要的作用。

本章介绍了通过 EMS 诱变的普通烟草品种"中烟 100"和"红花大金元"叶片形态表型突变体的筛选鉴定方法、过程，以及鉴定获得的相关表型突变体。

第1节 筛选与鉴定方法

1 筛选方法

在大田生产种植条件下的烟草 EMS 突变二代 (M$_2$) 株系中，通过研究人员的田间观察，筛选与对照不同的叶片形态表型变异的突变体（刘贯山，2012）。

(1) 筛选时期

通过观察，烟草 EMS 突变二代幼苗阶段的叶片形态变异很少，绝大多数都出现在移栽后大田期的成株（烟株）上。理论上，大田期的各个阶段均应进行叶片形态突变表型筛选，考虑到实际操作的可行性以及叶片形态突变表型的持续性等因素，选择 3 个时期进行叶片形态突变表型筛选。第一个时期为团棵期，一般在移栽后 30 天左右。该阶段的突变表型并不多，主要为大田前期容易出现的叶片形态突变表型，诸如叶色白化和黄化等。第二个时期为现蕾期或初花期，一般在移栽后 60 天左右。该阶段是筛选叶片形态突变表型的主要时期，大部分叶片形态突变表型已经出现。第三个时期为盛花期或果实成熟期，一般在移栽后 90～110 天。该阶段出现的叶片形态变异表型也较少，主要是一些叶片衰老相关突变表型，包括叶片早衰、叶片晚衰、叶片落黄集中等。

(2) 筛选性状

以"中烟 100" EMS 诱变为例，通过观察与分析，叶片形态突变表型包括叶色、叶形与叶片大小、叶面、叶脉、叶片数量与厚度、叶柄、叶缘与叶尖、叶片衰老等 8 个一类突变表型，以及相应细化的 47 个二类突变表型（具体见第 4 章的第 1 节）。其中，少数突变表型如叶面细致、叶面绒毛多、叶数多、叶片宽大、叶片厚、叶片落黄集中等有利于烟叶质量和产量的提高，属于烟叶生产有利突变表型。这些具有有利突变表型的材料经过鉴定和回交改良，可成为烟草重要的种质资源、育种亲本，甚至烟草新品系（种）。多数叶片形态突变表型属于烟叶生产不利性状，特别是叶色白化、叶柄极长、叶形披针形、叶片早衰等。这些具有不利突变表型的材料虽然不能直接利用，但可成为烟草重要的种质资源，通过深入鉴定后可获得相关突变基因，能够阐明相应的生物学问题。对叶面皱、叶面蜡质化、叶面油亮、叶面革质化等不利突变表型的深入鉴定和突变基因解析，可揭示烟叶质量相关性状的形成机制。

(3) 筛选程序

首先，在 3 个重要时期筛选与对照不同的叶片形态突变表型单株，挂上吊牌标记。

其次，在现蕾期或初花期，对突变单株套袋自交。如果突变单株不育，视其不育情况和突变性状的重要程度，采用不同的方法将突变性状保留下来。一般情况下，当突变单株雄性不育时，可以用对照株的花粉予以授粉；当突变单株雌性不育时，可以用突变株的花粉给对照株授粉；当突变单株既雄性不育又雌性不育时，可以用无性繁殖的方式保留突变表型。

最后，在种子成熟期，收获突变株或突变杂交株种子，形成突变三代（M$_3$），用于后续鉴定。

2 鉴定方法

对筛选获得的烟草某一叶片形态表型突变材料，从 M$_3$ 代开始，针对突变表型遗传稳定性、观测值、遗传规律、突变基因克隆及功能互补验证等方面进行全面分析，最终鉴定该表型突变体（刘贯山，2012）（具体参见第 2 章第 2 节）。考虑到烟草叶面腺毛在烟叶质量中的重要作用，将其相关突变表型的筛选与鉴定内容独立成章（具体参见第 9 章第 4 节）；考虑到叶片衰老在烟草发育中的重要性，将其相关突变表型的筛选与鉴定内容独立成章（具体参见第 8 章第 2 节）。

从 M$_3$ 代开始，根据某一叶片形态突变表型在各个世代中的遗传与分离规律分析，确定该突变体或突变性状的遗传稳定性。依据分析结果，叶片形态突变表型在 M$_3$ 代及更高世代中主要有以下 6 种遗传类型：原变异稳定遗传、原变异分离、原变异及新变异分离、新变异稳定遗传、新变异分离和无变异（具体见第 2 章第 2 节和第 4 章第 3 节）。在上述 6 种遗传类型中，原变异稳定遗传、新变异稳定遗传突变体都是表型稳定遗传突变体；而在原变异分离、原变异及新变异分离、新变异分离突变体中，突变个体数占株系个体数达到 75% 以上的称为基本稳定遗传突变体。M$_3$ 代的表型稳定遗传和基本稳定遗传突变体都可视为经过鉴定的突变体；鉴定世代越高，突变表型越准确。

第 2 节 筛选与鉴定过程

在中国农业科学院烟草研究所诸城试验基地，2011 ~ 2014 年进行了大规模的普通烟草品种"中烟 100"和"红花大金元"叶片形态表型 EMS 诱变突变体的筛选；2012 ~ 2015 年对筛选的突变体进行了形态表型鉴定。筛选时，每个株系种植 15 株；鉴定时，每个株系种植 30 株。田间种植密度和管理按正常烤烟生产进行，不打顶不抹杈。在团棵期、现蕾期或初花期、盛花期或果实成熟期 3 个时期对突变群体进行性状调查，对具有突变表型的突变体挂牌标记、拍照和套袋收种。5 年来，种植"中烟 100"和"红花大金元"叶片形态表型 EMS 突变群体总面积约 7 公顷，从 7 831 个 M$_2$ 株系约 10 万个单株中，共筛选获得各类叶片形态表型突变体 987 个（表 5-1），并据此鉴定获得叶片形态表型突变体 181 个（表 5-2）。

1 筛选过程

（1）2011 年度筛选情况

2011 年种植"中烟 100"EMS 突变群体 M$_2$ 代株系共计 1 147 个，采用托盘育苗，于 1 月 24 日播种，3 月 24 日假植，4 月 28 日移栽。调查 957 个株系，共计 10 497 株。调查结果表明，在突变群体中共筛选获得 53 个叶片形态表型突变单株，主要有叶柄极长、叶色深绿、叶面平滑等，各叶片形态表型的单株总突变率为 0.51%（表 5-1）。

（2）2012 年度筛选情况

2012 年种植"中烟 100"和"红花大金元"EMS 突变群体 M_2 代株系共计 6 000 个，采用托盘育苗，于 2 月 16～18 日播种，4 月 9～13 日假植，5 月 22～26 日移栽。调查"中烟 100"4 502 个株系，共计 55 065 株；调查"红花大金元"862 个株系，共计 12 380 株。调查结果表明，在"中烟 100"突变群体中共筛选获得 583 个叶片形态表型突变单株，主要有叶面皱、叶色深绿、叶缘外卷等，各叶片形态表型的单株总突变率为 1.06%；在"红花大金元"突变群体中共筛选获得 63 个叶片形态表型突变单株，主要有叶缘外卷、叶形细长、叶色浅绿等，各叶片形态表型的单株总突变率为 0.51%。在"中烟 100"和"红花大金元"67 445 株 M_2 代突变群体中，共筛选获得叶片形态表型突变单株 646 个，各叶片形态表型的单株总突变率为 0.96%（表 5-1）。

（3）2013 年度筛选情况

2013 年种植"中烟 100"EMS 突变群体 M_2 代株系共计 1 010 个，采用托盘育苗，于 2 月 28 日播种，4 月 8～10 日假植，4 月 28 日移栽。调查 1 010 个株系，共计 14 466 株。调查结果表明，在突变群体中共筛选获得 237 个叶片形态表型突变单

株，主要有叶面皱、叶色深绿、叶形细长等，各叶片形态表型的单株总突变率为 1.64%（表 5-1）。

（4）2014 年度筛选情况

2014 年种植"中烟 100"EMS 突变群体 M_2 代株系共计 500 个，采用托盘育苗，于 2 月 28 日播种，4 月 8 日假植，5 月 22～23 日移栽。调查 500 个株系，共计 7 500 株。调查结果表明，在突变群体中共筛选获得 51 个叶片形态表型突变单株，主要有叶面皱、叶形细长、叶面平滑等，各叶片形态表型的单株总突变率为 0.68%（表 5-1）。

2 鉴定过程

（1）2012 年度鉴定情况

2012 年种植 EMS 诱变"中烟 100"M_3 代叶片形态表型株系 61 个。经过鉴定，获得稳定遗传 M_2 代突变表型的突变体 13 个，获得基本稳定遗传 M_2 代突变表型的突变体 4 个（表 5-2）。这些稳定遗传的突变表型涉及叶色深绿（3 个）、叶形披针形（1 个）、叶面皱（6 个）、叶面平滑（1 个）、叶面细致（1 个）、叶缘内卷（1 个）；基本稳定遗传的突变表型涉及叶色深绿（1 个）、叶色浅绿（1 个）、叶形细长（2 个）。

表 5-1 "中烟 100"和"红花大金元"叶片
形态表型 EMS 突变体筛选

年度	M_2 代		突变率 (%)
	调查株数	收种突变株数	
2011	10 497	53	0.51
2012	67 445	646	0.96
2013	14 466	237	1.64
2014	7 500	51	0.68
合计	99 908	987	0.99

注：此处的突变率是指收获种子的突变单株数占总调查株数的比率。因此，比第 4 章第 2 节的突变率低得多。

表 5-2 "中烟 100"和"红花大金元"叶片
形态表型 EMS 突变体鉴定

年度	M_3 代株系数		M_4 代株系数		M_5 代株系数		M_6 代株系数	
	调查	稳定	调查	稳定	调查	稳定	调查	稳定
2012	61	17						
2013	48	6	29	3				
2014	167	40	21	4	15	2		
2015	50	24	97	62	14	10	16	13
合计	326	87	147	69	29	12	16	13

注：稳定株系数包括稳定遗传和基本稳定遗传的株系数。

（2）2013 年度鉴定情况

2013 年种植 EMS 诱变"中烟 100"M_3 代叶片形态表型株系 22 个，"红花大金元"M_3 代叶片形态表型株系 26 个。经过鉴定，获得稳定遗传 M_2 代突变表型的突变体 5 个，获得基本稳定遗传 M_2 代突变表型的突变体 1 个（表 5-2）。这些稳定遗传的突变表型涉及叶片宽大（3 个）、叶形圆形（1 个）、叶面皱（1 个）；基本稳定遗传的突变表型涉及叶色黄化（1 个）。

2013 年种植 EMS 诱变"中烟 100"M_4 代叶片形态表型株系 29 个。经过鉴定，获得稳定遗传 M_3 代突变表型的突变体 3 个（表 5-2）。这些稳定遗传的突变表型涉及叶色深绿（1 个）、叶形圆形（1 个）、叶面皱（1 个）。

（3）2014 年度鉴定情况

2014 年种植 EMS 诱变"中烟 100"M_3 代叶片形态表型株系 167 个。经过鉴定，获得稳定遗传 M_2 代突变表型的突变体 37 个，获得基本稳定遗传 M_2 代突变表型的突变体 3 个（表 5-2）。这些稳定遗传的突变表型涉及叶色深绿（2 个）、叶色浅绿（3 个）、叶形细长（14 个）、叶片宽大（1 个）、叶面皱（11 个）、叶面凹陷（4 个）、叶面油亮（1 个）、叶缘外卷（1 个）；基本稳定遗传的突变表型涉及叶形细长（2 个）、叶尖扭曲（1 个）。

2014 年种植 EMS 诱变"中烟 100"M_4 代叶片形态表型株系 14 个，"红花大金元"M_4 代叶片形态表型株系 7 个。经过鉴定，获得稳定遗传 M_3 代突变表型的突变体 3 个，获得基本稳定遗传 M_3 代突变表型的突变体 1 个（表 5-2）。这些稳定遗传的突变表型涉及叶形细长（1 个）、叶面皱（2 个）；基本稳定遗传的突变表型涉及叶形细长（1 个）。

2014 年种植 EMS 诱变"中烟 100"M_5 代叶片形态表型株系 15 个。经过鉴定，获得稳定遗传 M_4 代突变表型的突变体 2 个（表 5-2）。这些稳定遗传的突变表型涉及叶面平滑（1 个）、叶柄细长（1 个）。

（4）2015 年度鉴定情况

2015 年种植 EMS 诱变"中烟 100"M_3 代叶片形态表型株系 50 个。经过鉴定，获得稳定遗传 M_2 代突变表型的突变体 22 个，获得基本稳定遗传 M_2 代突变表型的突变体 2 个（表 5-2）。这些稳定遗传的突变表型涉及叶形细长（7 个）、叶片宽大（2 个）、叶面皱（7 个）、叶面平滑（2 个）、叶面细致（1 个）、叶片厚（1 个）、叶缘外卷（2 个）；基本稳定遗传的突变表型涉及叶形细长（1 个）、叶面皱（1 个）。

2015 年种植 EMS 诱变"中烟 100"M_4 代叶片形态表型株系 97 个。经过鉴定，获得稳定遗传 M_3 代突变表型的突变体 62 个（表 5-2）。这些稳定遗传的突变表型涉及叶色深绿（4 个）、叶色浅绿（7 个）、叶色白化（1 个）、叶色黄化（1 个）、叶色浅黄（1 个）、叶形细长（4 个）、叶片宽大（5 个）、叶面皱（15 个）、叶面凹陷（1 个）、叶面平滑（2 个）、叶面细致（5 个）、叶脉紊乱（4 个）、叶面革质化（2 个）、叶片厚（2 个）、叶柄极长（1 个）、叶尖扭曲（5 个）、叶缘外卷（2 个）。

2015 年种植 EMS 诱变"中烟 100"M_5 代叶片形态表型株系 11 个，"红花大金元"M_5 代叶片形态表型株系 3 个。经过鉴定，获得稳定遗传 M_4 代突变表型的突变体 7 个，获得基本稳定遗传 M_4 代突变表型的突变体 3 个（表 5-2）。这些稳定遗传的突变表型涉及叶形细长（2 个）、叶片宽大（1 个）、叶面皱（2 个）、叶缘外卷（2 个）；基本稳定遗传的突变表型涉及叶色深绿（1 个）、叶形细长（1 个）、叶尖扭曲（1 个）。

2015 年种植 EMS 诱变"中烟 100"M_6 代叶片形态表型株系 16 个。经过鉴定，获得稳定遗传 M_5 代突变表型的突变体 12 个，获得基本稳定遗传 M_5 代突变表型的突变体 1 个（表 5-2）。这些稳定遗传的突变表型涉及叶色深绿（2 个）、叶形细长（4 个）、叶面皱（4 个）、叶面平滑（1 个）、叶片厚（1 个）；基本稳定遗传的突变表型涉及叶柄极长（1 个）。

第3节　鉴定的烟草叶片形态表型突变体

2012～2015 年田间鉴定获得"中烟 100"和"红花大金元"叶片形态表型 EMS 诱变突变体 181 个，其中突变表型稳定遗传的 169 个，突变表型基本稳定遗传的 12 个；"中烟 100"突变体 176 个，"红花大金元"突变体 5 个。这些叶片形态表型包括 6 大类：叶色、叶形与叶片大小、叶面、叶片数量与厚度、叶柄、叶缘与叶尖。许多突变体具有多个叶片形态的复合表型，或者多个叶片形态与其他形态的复合表型。

1　叶色突变体

鉴定获得"中烟 100"和"红花大金元"叶色突变体 29 个，包括叶色深绿突变体 14 个（其中突变性状稳定遗传的 13 个，基本稳定遗传的 1 个）、叶色浅绿突变体 11 个（其中突变性状稳定遗传的 10 个，基本稳定遗传的 1 个）、叶色白化突变体 1 个（突变性状稳定遗传）、叶色黄化突变体 2 个（其中突变性状稳定遗传的 1 个，基本稳定遗传的 1 个）、叶色浅黄突变体 1 个（突变性状稳定遗传）。

（1）叶色深绿突变体

叶色深绿、叶面皱、节间距小突变体 1：M_6 系统编号（系统编号的设置参见第 13 章第 1 节，下同）为 14ZE6000011111，2015 年田间编号为 MZ6-23，M_6 株系全部单株叶色深绿、叶面皱、节间距小（图 5-1a），性状遗传类型为 1（突变性状在 M_3 代及更高世代的遗传类型包括 6 种，具体参见第 2 章

第 2 节，下同）。M_5 系统编号为 13ZE500001111，2014 年田间编号为 MZ5-31，M_5 株系全部单株叶色深绿，性状遗传类型为 1。M_4 系统编号为 12ZE40000111，2013 年田间编号为 MZ4-052，M_4 株系全部单株叶色深绿（图 5-1b），性状遗传类型为 5。M_3 系统编号为 11ZE3000011，2012 年田间编号为 MZE3-085，M_3 株系全部单株节间距小、叶面皱、茎叶夹角小（图 5-1c），性状遗传类型为 1。M_2 单株突变性状为节间距小、叶面皱。

叶色深绿突变体 2：M_3 系统编号为 11ZE3000707，2012 年田间编号为 MZE3-048，M_3 株系全部单株叶色深绿，性状遗传类型为 1。M_2 单株突变性状为叶色深绿、株高较高。

叶色深绿、花色深红、株高较高突变体 3：M_4 系统编号为 12ZE40029564，2013 年田间编号为 MZ4-078，M_4 株系全部单株叶色深绿、花色深红、株高较高（图 5-2a），性状遗传类型为 1。M_3 系统编号为 11ZE3002956，2012 年田间编号为 MZE3-132，M_3 株系全部单株叶色深绿、似晾晒烟（图 5-2b、c），性状遗传类型为 1。M_2 单株突变性状为叶色深绿、似晾晒烟。

叶色深绿、有叶柄突变体 4：M_6 系统编号为 14ZE6002957311，2015 年田间编号为 MZ6-15，M_6 株系全部单株叶色深绿、有叶柄（图 5-3a、b），性状遗传类型为 1。M_5 系统编号为 13ZE500295731，2014 年田间编号为 MZ5-33，M_5 株系全部单株叶色深绿、有叶柄（图 5-3c），性状遗传类型为 1。

图 5-1 叶色深绿、叶面皱、节间距小突变体 1

a. MZ6-23(2015) 株系；b. MZ4-052(2013) 株系；c. MZE3-085(2012) 株系

注：野生型对照的基本形态特征参见第 3 章第 1 节（下同）

图 5-2 叶色深绿、花色深红、株高较高突变体 3

a. MZ4-078(2013) 株系；b. MZE3-132(2012) 株系；c. MZE3-132(2012) 叶片

M$_4$ 系统编号为 12ZE40029573，2013 年田间编号为 MZ4-089，M$_4$ 株系全部单株叶色深绿、有叶柄（图 5-3d），性状遗传类型为 1。M$_3$ 系统编号为 11ZE3002957，2012 年田间编号为 MZE3-161，M$_3$ 株系全部单株叶色深绿、有叶柄，性状遗传类型为 1。M$_2$ 单株突变性状为叶色深绿、株高较高。通过对 2013 年的 MZ4-089 与"中烟 100"（野生型对照）构建的 F$_2$ 代群体的遗传分析表明，该突变体有叶

图 5-3　叶色深绿、有叶柄突变体 4

a. MZ6-15(2015) 株系；b. MZ6-15(2015) 叶片；c. MZ5-33(2014) 株系；d. MZ4-089(2013) 株系

柄突变性状是由显性单基因控制的。

叶色深绿突变体 5：M_3 系统编号为 11ZE3003 811，2012 年田间编号为 MZE3-151，M_3 株系全部单株叶色深绿，性状遗传类型为 1。M_2 单株突变性状为叶色深绿、株高较高。

叶色深绿突变体 6：M_3 系统编号为 11ZE3006 761，2012 年田间编号为 MZE3-249，M_3 株系全部单株叶色深绿。M_2 单株突变性状为鸟氨酸脱羧酶 TILLING 突变体。

叶色深绿、叶面皱突变体 7：M_4 系统编号为 14ZE42373321，2015 年田间编号为 MZ4-282，M_4 株系全部单株叶色深绿、叶面皱，性状遗传类型为 1。M_3 系统编号为 13ZE3237332，2014 年田间编号为 MZ3-318，M_3 株系全部单株叶面皱、叶色深绿，性状遗传类型为 1。M_2 单株突变性状为叶面皱、叶色深绿。

叶色深绿突变体 8：M_4 系统编号为 14ZE42395 722，2015 年田间编号为 MZ4-324，M_4 株系全部单株叶色深绿（图 5-4a），性状遗传类型为 1。M_3 系统编号为 13ZE3239572，2014 年田间编号为 MZ3-

047，M_3 株系 57% 单株叶色深绿、叶面皱（图 5-4b、c），性状遗传类型为 4。M_2 单株突变性状为长相好。

叶色深绿、茎叶夹角小突变体 9：M_4 系统编号为 14ZE42406421，2015 年田间编号为 MZ4-165，M_4 株系全部单株叶色深绿、茎叶夹角小（图 5-5），性状遗传类型为 5。M_3 系统编号为 13ZE3240642，2014 年田间编号为 MZ3-117，M_3 株系全部单株为螺旋株，性状遗传类型为 1。M_2 单株突变性状为螺旋株。

叶色深绿突变体 10：M_3 系统编号为 13ZE3241 082，2014 年田间编号为 MZ3-368，M_3 株系全部单株叶色深绿，性状遗传类型为 1。M_2 单株突变性状为叶色深绿。

叶色深绿突变体 11：M_3 系统编号为 13ZE3241 401，2014 年田间编号为 MZ3-377，M_3 株系全部单株叶色深绿，性状遗传类型为 1。M_2 单株突变性状为叶色深绿。

叶色深绿、叶片宽大、萨姆逊香突变体 12：M_4 系统编号为 14ZE42417923，2015 年田间编号为 MZ4-023，M_4 株系全部单株叶色深绿、叶片宽大、82% 单株萨姆逊香，性状遗传类型为 1。M_3 系统

图 5-4 叶色深绿突变体 8

a. MZ4-324(2015) 叶片；b. MZ3-047(2014) 株系；c. MZ3-047(2014) 叶片

图 5-5 叶色深绿、茎叶夹角小突变体 9

a. MZ4-165(2015) 株系；b. MZ4-165(2015) 单株；c. MZ4-165(2015) 叶片和茎叶夹角

编号为 13ZE3241792，2014 年田间编号为 MZ3-222，M_3 株系 47% 单株萨姆逊香、7% 单株叶色深绿，性状遗传类型为 3。M_2 单株突变性状为萨姆逊香。

叶色深绿突变体 13：M_5 系统编号为 14HE501228 211，2015 年田间编号为 MH5-11，M_5 株系全部单株叶色深绿（图 5-6a），性状遗传类型为 1。M_4 系统编号为 13HE40122821，2014 年田间编号为

图 5-6　叶色深绿突变体 13

a. MH5-11(2015) 株系；b. MH4-11(2014) 单株；c. MH4-11(2014) 叶片

MH4-11，M_4 株系全部单株叶色深绿（图 5-6b、c），性状遗传类型为 1。M_3 系统编号为 12HE3012282，2013 年田间编号为 MH3-46，M_3 株系全部单株叶色深绿，性状遗传类型为 5。M_2 单株突变性状为叶形细长。

叶色深绿突变体 14：M_3 系统编号为 11ZE3003941，2012 年田间编号为 MZE3-158，M_3 株系 88% 单株叶色深绿，性状遗传类型为 2。M_2 单株突变性状为叶色深绿。

（2）叶色浅绿突变体

叶色浅绿突变体 1：M_4 系统编号为 14ZE4230965 2，2015 年田间编号为 MZ4-094，M_4 株系全部单株叶色浅绿（图 5-7a、b），性状遗传类型为 5。M_3 系统编号为 13ZE3230965，2014 年田间编号为 MZ3-182，M_3 株系全部单株茎叶夹角小（图 5-7c），性状遗传类型为 5。M_2 单株突变性状为晚花、长相好。

叶色浅绿突变体 2：M_4 系统编号为 14ZE42326 311，2015 年田间编号为 MZ4-170，M_4 株系全部单株叶色浅绿（图 5-8a、b），性状遗传类型为 1。M_3 系统编号为 13ZE3232631，2014 年田间编号为 MZ3-348，M_3 株系 62% 单株为叶色浅绿、螺旋株（图 5-8c），性状遗传类型为 3。M_2 单株突变性状为叶色浅绿。

叶色浅绿、株高较矮、螺旋株突变体 3：M_4 系统编号为 14ZE42329711，2015 年田间编号为 MZ4-316，M_4 株系全部单株叶色浅绿、株高较矮、螺旋株，性状遗传类型为 1。M_3 系统编号为 13ZE3232971，2014 年田间编号为 MZ3-360，M_3

图 5-7 叶色浅绿突变体 1

a. MZ4-094(2015) 株系；b. MZ4-094(2015) 单株；c. MZ3-182(2014) 株系

图 5-8 叶色浅绿突变体 2

a. MZ4-170(2015) 株系；b. MZ4-170(2015) 叶片；c. MZ3-348(2014) 株系

株系全部单株叶色浅绿、株高较矮，性状遗传类型为 1。M$_2$ 单株突变性状为叶色浅绿、株高较矮。

　　叶色浅绿突变体 4：M$_4$ 系统编号为 14ZE42337 722，2015 年田间编号为 MZ4-321，M$_4$ 株系全部

单株叶色浅绿，性状遗传类型为 1。M$_3$ 系统编号为 13ZE3233772，2014 年田间编号为 MZ3-247，M$_3$ 株系 67% 单株叶色浅绿，性状遗传类型为 2。M$_2$ 单株突变性状为（新生叶）叶色浅绿。

叶色浅绿、叶形细长突变体 5：M₃ 系统编号为 13ZE3235151，2014 年田间编号为 MZ3-358，M₃ 株系全部单株叶色浅绿、叶形细长，性状遗传类型为 1。M₂ 单株突变性状为叶色浅绿、叶形细长。

叶色浅绿突变体 6：M₄ 系统编号为 14ZE42363 521，2015 年田间编号为 MZ4-323，M₄ 株系全部单株叶色浅绿，性状遗传类型为 1。M₃ 系统编号为 13ZE3236352，2014 年田间编号为 MZ3-353，M₃ 株系全部单株叶色浅绿，性状遗传类型为 1。M₂ 单株突变性状为叶色浅绿。

叶色浅绿突变体 7：M₄ 系统编号为 14ZE42367 011，2015 年田间编号为 MZ4-322，M₄ 株系全部单株叶色浅绿（图 5-9a），性状遗传类型为 1。M₃ 系统编号为 13ZE3236701，2014 年田间编号为 MZ3-356，M₃ 株系全部单株叶色浅绿（图 5-9b），性状遗传类型为 1。M₂ 单株突变性状为叶色浅绿。

叶色浅绿突变体 8：M₃ 系统编号为 13ZE3239 191，2014 年田间编号为 MZ3-359，M₃ 株系全部单株叶色浅绿，性状遗传类型为 1。M₂ 单株突变性状为叶色浅绿、叶缘波浪形。

叶色浅绿突变体 9：M₃ 系统编号为 13ZE3239 371，2014 年田间编号为 MZ3-357，M₃ 株系全部单株叶色浅绿，性状遗传类型为 1。M₂ 单株突变性状为叶色浅绿。

叶色浅绿突变体 10：M₄ 系统编号为 14ZE42397 912，2015 年田间编号为 MZ4-022，M₄ 株系全部单株叶色浅绿，性状遗传类型为 5。M₃ 系统编号为

13ZE3239791，2014 年田间编号为 MZ3-211，M₃ 株系 50% 单株萨姆逊香、7% 单株叶色深绿，性状遗传类型为 4。M₂ 单株突变性状为清香。

叶色浅绿突变体 11：M₃ 系统编号为 11ZE3007 186，2012 年田间编号为 MZE3-204，M₃ 株系 78% 单株叶色浅绿，性状遗传类型为 4。M₂ 单株突变性状为腋芽多、株高较高。

（3）叶色白化突变体

叶色白化突变体 1：M₄ 系统编号为 14ZE42314 321，2015 年田间编号为 MZ4-319，M₄ 株系全部单株叶色白化（图 5-10a、b、c、d），性状遗传类型为 1。M₃ 系统编号为 13ZE3231432，2014 年田间编号为 MZ3-324，M₃ 株系 79% 单株叶色白化、叶面皱（图 5-10e、f、g、h），性状遗传类型为 2。M₂ 单株突变性状为叶色白化。通过对 2014 年的 MZ3-324 与"中烟 100"（野生型对照）构建的 F₂ 代群体的遗传分析表明，该突变体叶色白化突变性状是由隐性单基因控制的。

图 5-9　叶色浅绿突变体 7

a. MZ4-322(2015) 株系；b. MZ3-356(2014) 株系

图 5-10 叶色白化突变体 1

a. MZ4-319(2015) 前期株系；b. MZ4-319(2015) 前期叶片；c. MZ4-319(2015) 后期株系；d. MZ4-319(2015) 后期叶片；
e. MZ3-324(2014) 前期株系；f. MZ3-324(2014) 前期叶片；g. MZ3-324(2014) 后期株系；h. MZ3-324(2014) 后期叶片

(4) 叶色黄化突变体

叶色黄化突变体 1：M$_4$ 系统编号为 14ZE42435 711，2015 年田间编号为 MZ4–320，M$_4$ 株系全部单株叶色黄化，性状遗传类型为 1 （图 5–11a、b）。M$_3$ 系统编号为 13ZE3243571，2014 年田间编号为 MZ3–337，M$_3$ 株系 8% 单株叶色黄化，性状遗传类型为 2。M$_2$ 单株突变性状为叶色黄化。

叶色黄化突变体 2：M$_3$ 系统编号为 12HE3011 621，2013 年田间编号为 MH3–36，M$_3$ 株系 94% 单株叶色黄化 （图 5–11c），性状遗传类型为 2。M$_2$ 单株突变性状为叶色黄化。

图 5–11　叶色黄化突变体 1 和 2

a. MZ4–320(2015) 株系；b. MZ4–320(2015) 单株；c. MH3–36(2013) 株系

(5) 叶色浅黄突变体

叶色浅黄突变体 1：M$_4$ 系统编号为 14ZE42398 731，2015 年田间编号为 MZ4–314，M$_4$ 株系全部单株叶色浅黄，性状遗传类型为 1 （图 5–12）。M$_3$ 系统编号为 13ZE3239873，2014 年田间编号为 MZ3–344，M$_3$ 株系 82% 单株叶色浅黄，性状遗传类型为 2。M$_2$ 单株突变性状为叶色浅黄。

2 叶形与叶片大小突变体

鉴定获得 "中烟 100" 和 "红花大金元" 叶形与叶片大小突变体 54 个，包括叶形细长突变体 39 个 （其中突变性状稳定遗传的 33 个，基本稳定遗传的 6 个）、叶片宽大突变体 12 个 （突变性状稳定遗传）、叶形圆形突变体 2 个 （突变性状稳定遗传）、叶形披针形突变体 1 个 （突变性状稳定遗传）。

(1) 叶形细长突变体

叶形细长突变体 1：M$_6$ 系统编号为 14ZE6000046 111，2015 年田间编号为 MZ6–29，M$_6$ 株系全部单株叶形细长 （图 5–13a），性状遗传类型为 1。M$_5$ 系统编号为 13ZE500004611，2014 年田间编号为 MZ5–48，M$_5$ 株系全部单株叶形细长，性状遗传类型为 1。M$_4$ 系统编号为 12ZE40000461，2013 年田间编号为 MZ4–001，M$_4$ 株系全部单株叶形细长、株高较高、生长势强（图 5-13b），性状遗传类型为 1。M$_3$ 系统编号为 11ZE3000046，2012 年田间编号为 MZE3-001，M$_3$ 株系全部单株叶形细长、株高很高（图 5-13c），性状遗传类型为 5。M$_2$ 单

株突变性状为萨姆逊香。

叶形细长突变体 2：M$_6$ 系统编号为 14ZE6003951112，2015 年田间编号为 MZ6-08，M$_6$ 株系全部单株叶形细长（图 5-14a），性状遗传类型为 1。M$_5$

图 5-12 叶色浅黄突变体 1

a. MZ4-314(2015) 株系；b. MZ4-314(2015) 单株；c. MZ4-314(2015) 叶片

图 5-13 叶形细长突变体 1

a. MZ6-29(2015) 株系；b. MZ4-001(2013) 株系；c. MZE3-001(2012) 株系

图 5-14 叶形细长突变体 2

a. MZ6-08(2015) 株系；b. MZ4-054(2013) 株系；c. MZE3-245(2012) 株系

系统编号为 13ZE500395111，2014 年田间编号为 MZ5-05，M_5 株系全部单株叶形细长、茎叶夹角小、性状遗传类型为 1。M_4 系统编号为 12ZE40039511，2013 年田间编号为 MZ4-054，M_4 株系全部单株叶形细长、茎叶夹角小（图 5-14b），性状遗传类型为 1。M_3 系统编号为 11ZE3003951，2012 年田间编号为 MZE3-245，M_3 株系全部单株叶形细长、茎叶夹角小（图 5-14c）。M_2 单株突变性状为鸟氨酸脱羧酶 TILLING 突变体。

叶形细长、叶色深绿突变体 3：M_6 系统编号为 14ZE6005967211，2015 年田间编号为 MZ6-30，M_6 株系全部单株叶形细长、叶色深绿（图 5-15a），性状遗传类型为 1。M_5 系统编号为 13ZE500596721，2014 年田间编号为 MZ5-29，M_5 株系全部单株叶形细长、叶色深绿，性状遗传类型为 1。M_4 系统编号为 12ZE40059672，2013 年田间编号为 MZ4-033，M_4 株系全部单株叶形细长、叶色深绿（图 5-15b），性状遗传类型为 5。M_3 系统编号为 11ZE3005967，2012 年田间编号为 MZE3-202，M_3 株系 80% 单株株高较矮（图 5-15c），性状遗传类型为 4。M_2 单

株突变性状为主茎多分枝。

叶形细长、叶面皱突变体 4：M_6 系统编号为 14ZE6010121232，2015 年田间编号为 MZ6-22，M_6 株系全部单株叶形细长、叶面皱（图 5-16a），性状遗传类型为 1。M_5 系统编号为 13ZE501012123，2014 年田间编号为 MZ5-28，M_5 株系全部单株叶形细长、叶面皱、叶色深绿，性状遗传类型为 1。M_4 系统编号为 12ZE40101212，2013 年田间编号为 MZ4-047，M_4 株系全部单株叶形细长、叶面皱、叶色深绿（图 5-16b），性状遗传类型为 1。M_3 系统编号为 11ZE3010121，2012 年田间编号为 MZE3-267，M_3 株系 77% 单株叶形细长、株高较矮（图 5-16c）。M_2 单株突变性状为苯丙氨酸解氨酶 TILLING 突变体。

叶形细长、晚花突变体 5：M_4 系统编号为 13ZE40167221，2014 年田间编号为 MZ4-12，M_4 株系全部单株叶形细长、晚花，性状遗传类型为 5。M_3 系统编号为 12ZE3016722，2013 年田间编号为 MZ3-130，M_3 株系全部单株叶片宽大，性状遗传类型为 1。M_2 单株突变性状为叶片宽大、生长势强。

图 5-15 叶形细长、叶色深绿突变体 3

a. MZ6-30(2015) 株系；b. MZ4-033(2013) 株系；c. MZE3-202(2012) 单株

图 5-16 叶形细长、叶面皱突变体 4

a. MZ6-22(2015) 株系；b. MZ4-047(2013) 株系；c. MZE3-267(2012) 株系

叶形细长突变体 6：M_5 系统编号为 14ZE502737 311，2015 年田间编号为 MZ5-14，M_5 株系全部单株叶形细长（图 5-17a），性状遗传类型为 5。M_4 系统编号为 13ZE40273731，2014 年田间编号为 MZ4-22，M_4 株系全部单株茎叶夹角小，性状遗传类型为 5。M_3 系统编号为 12ZE3027373，2013 年田间编号为 MZ3-191，M_3 株系全部单株腋芽多（图 5-17b），性状遗传类型为 1。M_2 单株突变性状

图 5-17　叶形细长突变体 6

a. MZ5-14(2015) 株系；b. MZ3-191(2013) 株系

为腋芽多。

　　叶形细长、晚花突变体 7：M₃ 系统编号为13ZE3231161，2014 年田间编号为 MZ3-403，M₃株系全部单株叶形细长、80% 单株晚花，性状遗传

类型为 1。M₂ 单株突变性状为叶形细长、晚花。

　　叶形细长突变体 8：M₃ 系统编号为 13ZE3231491，2014 年田间编号为 MZ3-400，M₃ 株系全部单株叶形细长，性状遗传类型为1。M₂ 单株突变性状为叶形细长。

　　叶形细长突变体 9：M₃ 系统编号为 13ZE3231662，2014 年田间编号为 MZ3-401，M₃ 株系全部单株叶形细长，性状遗传类型为1。M₂ 单株突变性状为叶形细长。

　　叶形细长突变体 10：M₃ 系统编号为 13ZE3231891，2014 年田间编号为 MZ3-291，M₃ 株系全部单株叶形细长，性状遗传类型为 1。M₂ 单株突变性状为叶形细长、叶面平滑。

　　叶形细长突变体 11：M₄ 系统编号为14ZE42323311，2015 年田间编号为 MZ4-287，M₄ 株系全部单株叶形细长、叶面皱（图 5-18），性状遗传类型

图 5-18　叶形细长突变体 11

a. MZ4-287(2015) 株系；b. MZ4-287(2015) 单株；c. MZ4-287(2015) 叶片

为 1。M$_3$ 系统编号为 13ZE3232331，2014 年田间编号为 MZ3-311，M$_3$ 株系全部单株叶面皱，性状遗传类型为 1。M$_2$ 单株突变性状为叶面皱。

叶形细长突变体 12：M$_4$ 系统编号为 14ZE42337021，2015 年田间编号为 MZ4-326，M$_4$ 株系全部单株叶形细长，性状遗传类型为 1。M$_3$ 系统编号为 13ZE3233702，2014 年田间编号为 MZ3-079，M$_3$ 株系全部单株叶形细长，性状遗传类型为 1。M$_2$ 单株突变性状为叶形细长。

叶形细长突变体 13：M$_4$ 系统编号为 14ZE42337711，2015 年田间编号为 MZ4-329，M$_4$ 株系全部单株叶形细长，性状遗传类型为 1。M$_3$ 系统编号为 13ZE3233771，2014 年田间编号为 MZ3-391，M$_3$

株系全部单株叶形细长，性状遗传类型为 1。M$_2$ 单株突变性状为叶形细长。

叶形细长、叶色深绿突变体 14：M$_3$ 系统编号为 13ZE3234502，2014 年田间编号为 MZ3-407，M$_3$ 株系全部单株叶形细长、叶色深绿，性状遗传类型为 1。M$_2$ 单株突变性状为叶形细长、叶色深绿。

叶形细长突变体 15：M$_4$ 系统编号为 14ZE42354221，2015 年田间编号为 MZ4-330，M$_4$ 株系全部单株叶形细长（图 5-19），性状遗传类型为 1。M$_3$ 系统编号为 13ZE3235422，2014 年田间编号为 MZ3-392，M$_3$ 株系全部单株叶形细长，性状遗传类型为 1。M$_2$ 单株突变性状为叶形细长。

图 5-19 叶形细长突变体 15

a. MZ4-330(2015) 株系；b. MZ4-330(2015) 单株；c. MZ4-330(2015) 叶片

叶形细长突变体 16：M$_3$ 系统编号为 13ZE3236182，2014 年田间编号为 MZ3-387，M$_3$ 株系全部单株叶形细长，性状遗传类型为 1。M$_2$ 单株突变性状为叶形细长。

叶形细长、柱头高、育性低突变体 17：M$_3$ 系统编号为 13ZE3237212，2014 年田间编号为 MZ3-393，M$_3$ 株系全部单株叶形细长、柱头高、育性低，性状遗传类型为 1。M$_2$ 单株突变性状为叶形细长。

叶形细长、茎叶夹角小突变体 18：M$_3$ 系统编号为 13ZE3240211，2014 年田间编号为 MZ3-402，

M₃ 株系全部单株叶形细长、茎叶夹角小，性状遗传类型为 1。M₂ 单株突变性状为叶形细长、茎叶夹角小。

叶形细长突变体 19：M₃ 系统编号为 13ZE3240 492，2014 年田间编号为 MZ3-394，M₃ 株系全部单株叶形细长，性状遗传类型为 1。M₂ 单株突变性状为叶形细长。

叶形细长突变体 20：M₃ 系统编号为 13ZE3240 532，2014 年田间编号为 MZ3-395，M₃ 株系全部单株叶形细长，性状遗传类型为 1。M₂ 单株突变性状为叶形细长。

叶形细长突变体 21：M₃ 系统编号为 13ZE3241 252，2014 年田间编号为 MZ3-397，M₃ 株系全部单株叶形细长，性状遗传类型为 1。M₂ 单株突变性状为叶形细长。

叶形细长、叶面凹陷突变体 22：M₃ 系统编号为 13ZE3242223，2014 年田间编号为 MZ3-271，M₃ 株系全部单株叶形细长、叶面凹陷（图 5-20），性状遗传类型为 1。M₂ 单株突变性状为叶形细长、主茎粗。

叶形细长突变体 23：M₃ 系统编号为 13ZE3243 422，2014 年田间编号为 MZ3-404，M₃ 株系全部单株叶形细长，性状遗传类型为 1。M₂ 单株突变性状为叶形细长、叶尖扭曲。

叶形细长突变体 24：M₃ 系统编号为 13ZE3243 822，2014 年田间编号为 MZ3-267，M₃ 株系全部单株叶形细长，性状遗传类型为 1。M₂ 单株突变性状为叶形细长。

叶形细长、叶面皱突变体 25：M₃ 系统编号为 14ZE3244563，2015 年田间编号为 MZ3-162，M₃

图 5-20　叶形细长、叶面凹陷突变体 22

a. MZ3-271(2014) 株系；b. MZ3-271(2014) 单株；c. MZ3-271(2014) 叶片

株系全部单株叶形细长、叶面皱（图 5-21），性状遗传类型为 1。M$_2$ 单株突变性状为叶形细长、叶面皱。

叶形细长突变体 26：M$_3$ 系统编号为 14ZE3245411，2015 年田间编号为 MZ3-150，M$_3$ 株系全部单株叶形细长，性状遗传类型为 1。M$_2$ 单株突变性状为叶形细长。

叶形细长突变体 27：M$_3$ 系统编号为 14ZE3246282，2015 年田间编号为 MZ3-156，M$_3$ 株系全部单株叶形细长（图 5-22），性状遗传类型为 1。M$_2$ 单株突变性状为叶形细长、腋芽多、株高较高。

叶形细长突变体 28：M$_3$ 系统编号为 14ZE3246861，2015 年田间编号为 MZ3-151，M$_3$ 株系全部单株叶形细长，性状遗传类型为 1。M$_2$ 单株突变性状为叶形细长。

叶形细长、叶面革质化、育性低、株高较矮突变体 29：M$_3$ 系统编号为 14ZE3247791，2015 年田间编号为 MZ3-157，M$_3$ 株系全部单株叶形细长、叶面革质化、育性低、株高较矮（图 5-23），性状遗传类型为 1。M$_2$ 单株突变性状为叶形细长、叶面革质化。

叶形细长突变体 30：M$_3$ 系统编号为 14ZE3248 302，2015 年田间编号为 MZ3-159，M$_3$ 株系全部单株叶形细长，性状遗传类型为 1。M$_2$ 单株突变性状为叶形细长、螺旋株。

图 5-21 **叶形细长、叶面皱突变体 25**

a. MZ3-162(2015) 株系；b. MZ3-162(2015) 叶片

图 5-22 **叶形细长突变体 27**

a. MZ3-156(2015) 株系；b. MZ3-156(2015) 叶片

叶形细长突变体 31：M$_3$ 系统编号为 14ZE3248 591，2015 年田间编号为 MZ3-126，M$_3$ 株系全部单株叶形细长，性状遗传类型为 5。M$_2$ 单株突变性状为叶形细小、叶面平滑。

图 5-23 叶形细长、叶面革质化、育性低、株高较矮突变体 29

a. MZ3-157(2015) 株系；b. MZ3-157(2015) 花序；c. MZ3-157(2015) 叶片

图 5-24 叶形细长突变体 32

a. MZ5-25(2015) 株系；b. MZ3-200(2013) 株系；c. MZ3-200(2013) 叶片

叶形细长突变体 32：M_5 系统编号为 14ZE569099 111，2015 年田间编号为 MZ5-25，M5 株系全部单株叶形细长（图 5-24a），性状遗传类型为 1。M_4 系统编号为 13ZE46909911，2014 年田间编号为 MZ4-21，M_4 株系全部单株叶形细长，性状遗传类型为 1。M_3 系统编号为 12ZE3690991，2013 年田间编号为 MZ3-200，M_3 株系 87% 单株叶形细长、腋芽少（图 5-24b、c），性状遗传类型为 3。M_2 单株突变性状为叶形细长、生长点坏死。

叶形细长突变体 33：M$_5$ 系统编号为 14HE501049 211，2015 年田间编号为 MH5-10，M$_5$ 株系全部单株叶形细长（图 5-25a、b），性状遗传类型为 1。M$_4$ 系统编号为 13HE40104921，2014 年田间编号为 MH4-06，M$_4$ 株系全部单株叶形细长，性状遗传类型为 1。M$_3$ 系统编号为 12HE3010492，2013 年田间编号为 MH3-45，M$_3$ 株系全部单株叶形细长（图 5-25c），性状遗传类型为 1。M$_2$ 单株突变性状为叶形细长。

叶形细长突变体 34：M$_3$ 系统编号为 11ZE3004 731，2012 年田间编号为 MZE3-246，M$_3$ 株系 94% 单株叶形细长。M$_2$ 单株突变性状为鸟氨酸脱羧酶 TILLING 突变体。

叶形细长突变体 35：M$_3$ 系统编号为 11ZE3005 391，2012 年田间编号为 MZE3-248，M$_3$ 株系 80% 单株叶形细长。M$_2$ 单株突变性状为鸟氨酸脱羧酶 TILLING 突变体。

叶形细长、晚花突变体 36：M$_4$ 系统编号为 13ZE40120321，2014 年田间编号为 MZ4-13，M$_4$ 株系 89% 单株叶形细长、晚花，性状遗传类型为 4。M$_3$ 系统编号为 12ZE3012032，2013 年田间编号为 MZ3-143，M$_3$ 株系全部单株叶片宽大，性状遗传类型为 5。M$_2$ 单株突变性状为早花。

叶形细长突变体 37：M$_3$ 系统编号为 13ZE3230 082，2014 年田间编号为 MZ3-389，M$_3$ 株系 75% 单株叶形细长，性状遗传类型为 2。M$_2$ 单株突变性状为叶形细长。

叶形细长突变体 38：M$_3$ 系统编号为 13ZE3235 221，2014 年田间编号为 MZ3-405，M$_3$ 株系 89% 单株叶形细长，性状遗传类型为 2。M$_2$ 单株突变性状为叶形细长、叶面革质化。

叶形细长突变体 39：M$_3$ 系统编号为 14ZE3248 551，2015 年田间编号为 MZ3-154，M$_3$ 株系 83% 单株叶形细长（图 5-26），性状遗传类型为 2。M$_2$ 单株突变性状为叶形细长。

（2）叶片宽大突变体

叶片宽大突变体 1：M$_3$ 系统编号为 12ZE3012 072，2013 年田间编号为 MZ3-128，M$_3$ 株系全部

图 5-25 叶形细长突变体 33

a. MH5-10(2015) 株系；b. MH5-10(2015) 单株和叶片；c. MH3-45(2013) 株系

图 5-26　叶形细长突变体 39

a. MZ3-154(2015) 株系；b. MZ3-154(2015) 单株；c. MZ3-154(2015) 叶片

单株叶片宽大，性状遗传类型为 1。M₂ 单株突变性状为叶片宽大、叶色黄化。

叶片宽大突变体 2：M₅ 系统编号为 14ZE501321 212，2015 年田间编号为 MZ5-22，M₅ 株系全部单株叶片宽大，性状遗传类型为 1。M₃ 系统编号为 12ZE3013212，2013 年田间编号为 MZ3-144，M₃ 株系全部单株叶片宽大，性状遗传类型为 5。M₂ 单株突变性状为早花。

叶片宽大突变体 3：M₃ 系统编号为 12ZE3018952，2013 年田间编号为 MZ3-132，M₃ 株系全部单株叶片宽大，性状遗传类型为 1。M₂ 单株突变性状为叶片宽大。

叶片宽大突变体 4：M₃ 系统编号为 12ZE3030381，2013 年田间编号为 MZ3-133，M₃ 株系全部单株叶片宽大（图 5-27），性状遗传类型为 1。M₂ 单株突变性状为叶片宽大。

叶片宽大突变体 5：M₄ 系统编号为 14ZE42304 022，2015 年田间编号为 MZ4-115，M₄ 株系全部单株叶片宽大（图 5-28），性状遗传类型为 1。

图 5-27　叶片宽大突变体 4

a. MZ3-133(2013) 株系；b. MZ3-133(2013) 单株和叶片

M₃ 系统编号为 13ZE3230402，2014 年田间编号为 MZ3-139，M₃ 株系 53% 单株叶片宽大、长相好，性状遗传类型为 4。M₂ 单株突变性状为晚花。

叶片宽大突变体 6：M₄ 系统编号为 14ZE42318 011，2015 年田间编号为 MZ4-155，M₄ 株系全部单株叶片宽大，性状遗传类型为 1。M₃ 系统编号为 13ZE3231801，2014 年田间编号为 MZ3-014，M₃ 株系全部单株叶片宽大、茎叶夹角小，性状遗传类型为 5。M₂ 单株突变性状为长相好。

叶片宽大突变体 7：M₃ 系统编号为 13ZE3232

952，2014 年田间编号为 MZ3-333，M₃ 株系全部单株叶片宽大，性状遗传类型为 1。M₂ 单株突变性状叶片宽大。

叶片宽大突变体 8：M₄ 系统编号为 14ZE424 04931，2015 年田间编号为 MZ4-020，M₄ 株系全部单株叶片宽大，性状遗传类型为 5。M₃ 系统编号为 13ZE3240493，2014 年田间编号为 MZ3-216，M₃ 株系全部单株萨姆逊香，性状遗传类型为 1。M₂ 单株突变性状为萨姆逊香。

叶片宽大、叶面凹陷、节间距小突变体 9：M₄

图 5-28 叶片宽大突变体 5

a. MZ4-115(2015) 株系；b. MZ4-115(2015) 单株；c. MZ4-115(2015) 叶片

系统编号为 14ZE42417942，2015 年田间编号为 MZ4-262，M₄ 株系全部单株叶片宽大、叶面凹陷、节间距小（图 5-29a），性状遗传类型为 1。M₃ 系统编号为 13ZE3241794，2014 年田间编号为 MZ3-056，M₃ 株系全部单株叶片宽大、叶面凹陷、节间距小（图 5-29b），性状遗传类型为 5。M₂ 单株突变性状为长相好。

叶片宽大突变体 10：M₄ 系统编号为 14ZE42432 721，2015 年田间编号为 MZ4-039，M₄ 株系全

部单株叶片宽大，性状遗传类型为 1。M₃ 系统编号为 13ZE3243272，2014 年田间编号为 MZ3-219，M₃ 株系 38% 单株怡人香、38% 单株叶片宽大，性状遗传类型为 4。M₂ 单株突变性状为萨姆逊香。

叶片宽大突变体 11：M₃ 系统编号为 14ZE324 8212，2015 年田间编号为 MZ3-148，M₃ 株系全部单株叶片宽大，性状遗传类型为 1。M₂ 单株突变性状为叶片宽大。

叶片宽大突变体 12：M₃ 系统编号为 14ZE3248831，2015 年田间编号为 MZ3-147，M₃ 株系全部单株叶片宽大，性状遗传类型为 1。M₂ 单株突变性状为叶片宽大。

（3）叶形圆形突变体

叶形圆形、叶片宽大、株高较矮、晚花突变体 1：M₄ 系统编号为 12ZE40000542，2013 年田间编号为 MZ4-083，M₄ 株系全部单株叶形圆形、80% 单株叶片宽大、株高较矮、晚花（图5-30a），性状遗传类型为 3。M₃ 系统编号为 11ZE3000054，2012年田间编号为 MZE3-121，M₃ 株系 90% 单株叶片宽大（图5-30b），性状遗传类型为 2。M₂ 单株突变性状为叶片宽大。

叶形圆形突变体 2：M₃ 系统编号为 12HE3018631，2013 年田间编号为 MH3-34，M₃ 株系全部单株叶形圆形（图 5-31），性状遗传类型为 5。M₂ 单株突变性状为叶色浅绿。

（4）叶形披针形突变体

叶形披针形、多腋芽突变体1：M₃ 系统编号为 11ZE3010723，2012 年田间编号为 MZE3-141，M₃ 株系全部单株叶形披针形、腋芽多（图5-32），性状遗传类型为 1。M₂ 单株突变性状为叶形披针形。

图 5-29　叶片宽大、叶面凹陷、节间距小突变体 9

a. MZ4-262(2015) 株系；b. MZ3-056(2014) 叶片

图 5-30　叶形圆形、叶片宽大、株高较矮、晚花突变体 1

a. MZ4-083(2013) 株系；b. MZE3-121(2012) 株系

图 5-31 叶形圆形突变体 2

a. MH3-34(2013) 单株；b. MH3-34(2013) 叶片

图 5-32 叶形披针形、多腋芽突变体 1

a. MZE3-141(2012) 前期株系；b. MZE3-141(2012) 后期株系；c. MZE3-141(2012) 叶片

3 叶面突变体

鉴定获得"中烟 100"和"红花大金元"叶面突变体 76 个，包括叶面皱突变体 50 个（其中突变性状稳定遗传的 49 个，基本稳定遗传的 1 个）、叶面凹陷突变体 5 个（突变性状稳定遗传）、叶面平滑突变体 7 个（突变性状稳定遗传）、叶面细致突变体 7 个（突变性状稳定遗传）、叶面油亮突变体 1 个（突变性状稳定遗传）、叶脉紊乱突变体 4 个（突变性状稳定遗传）、叶面革质化突变体 2 个（突变性状稳定遗传）。

（1）叶面皱突变体

叶面皱突变体 1：M_3 系统编号为 11ZE3000086，2012 年田间编号为 MZE3-113，M_3 株系全部单株叶面皱，性状遗传类型为 5。M_2 单株突变性状为花色白色。

叶面皱、螺旋株突变体 2：M_6 系统编号为 14ZE6000348211，2015 年田间编号为 MZ6-20，M_6 株系全部单株叶面皱、螺旋株（图 5-33a），性

图 5-33 叶面皱、螺旋株突变体 2

a. MZ6-20(2015) 株系；b. MZ4-021(2013) 株系；c. MZ4-021(2013) 单株；d. MZ4-021(2013) 叶片；e. MZE3-208(2012) 株系

状遗传类型为 1。M_5 系统编号为 13ZE500034821，2014 年田间编号为 MZ5-50，M_5 株系全部单株叶面皱、螺旋株，性状遗传类型为 5。M_4 系统编号为 12ZE40003482，2013 年田间编号为 MZ4-021，M_4 株系全部单株株高较矮、早花（图 5-33b、c、d），性状遗传类型为 1。M_3 系统编号为 11ZE3000348，2012 年田间编号为 MZE3-208，M_3 株系 73% 单株株高较矮、似晾晒烟、有叶柄（图 5-33e），性状遗传类型为 3。M_2 单株突变性状为株高较矮。

叶面皱、株高较矮突变体 3：M_4 系统编号为 12ZE40005072，2013 年田间编号为 MZ4-103，M_4 株系全部单株叶面皱、株高较矮，性状遗传类型为 1。M_3 系统编号为 11ZE3000507，2012 年田间编号为 MZE3-011，M_3 株系全部单株叶面皱，性状遗传类型为 5。M_2 单株突变性状为萨姆逊香。

叶面皱突变体 4：M_3 系统编号为 11ZE3000641，2012 年田间编号为 MZE3-244，M_3 株系全部单株叶面皱。M_2 单株突变性状为鸟氨酸脱羧酶 TILLING 突变体。

叶面皱突变体 5：M_6 系统编号为 14ZE6001181

211，2015 年田间编号为 MZ6-18，M_6 株系全部单株叶面皱（图 5-34a），性状遗传类型为 1。M_5 系统编号为 13ZE500118121，2014 年田间编号为 MZ5-26，M_5 株系全部单株叶面皱，性状遗传类型为 1。M_4 系统编号为 12ZE40011812，2013 年田间编号为 MZ4-105，M_4 株系全部单株叶面皱（图 5-34b、c），性状遗传类型为 1。M_3 系统编号为 11ZE3001181，2012 年田间编号为 MZE3-017，M_3 株系全部单株叶面皱，性状遗传类型为 5。M_2 单株突变性状为萨姆逊香。

叶面皱突变体 6：M_6 系统编号为 14ZE6001326111，2015 年田间编号为 MZ6-19，M_6 株系全部单株叶面皱（图 5-35a），性状遗传类型为 1。M_5 系统编号为 13ZE500132611，2014 年田间编号为 MZ5-27，M_5 株系全部单株叶面皱，性状遗传类型为 1。M_4 系统编号为 12ZE40013261，2013 年田间编号为 MZ4-106，M_4 株系全部单株叶面皱（图 5-35b、c），性状遗传类型为 1。M_3 系统编号为 11ZE3001326，2012 年田间编号为 MZE3-018，M_3 株系全部单株叶面皱，性状遗传类型为 5。M_2 单株

图 5-34 叶面皱突变体 5

a. MZ6-18(2015) 株系；b. MZ4-105(2013) 株系；c. MZ4-105(2013) 叶片

图 5-35　叶面皱突变体 6

a. MZ6-19(2015) 株系；b. MZ4-106(2013) 株系和单株；c. MZ4-106(2013) 叶片

突变性状为萨姆逊香。

叶面皱、晚花、柱头高、育性低突变体 7：M_5 系统编号为 14ZE500226611，2015 年田间编号为 MZ5-29，M_5 株系全部单株叶面皱、晚花、柱头高、育性低（图 5-36a），性状遗传类型为 1。M_4 系统编号为 13ZE40022661，2014 年田间编号为 MZ4-26，M_4 株系全部单株叶面皱、叶缘外卷，性状遗传类型为 1。M_3 系统编号为 12ZE3002266，2013 年田间编号为 MZ3-201，M_3 株系全部单株叶面皱、叶缘外卷、育性低（图 5-36b、c），性状遗传类型为 1。M_2 单株突变性状为育性低。

叶面皱、晚花、叶片早衰突变体 8：M_3 系统编号为 11ZE3003521，2012 年田间编号为 MZE3-259，M_3 株系全部单株叶面皱、晚花、叶片早衰。M_2 单株突变性状为苯丙氨酸解氨酶 TILLING 突变体。

叶面皱突变体 9：M_6 系统编号为 14ZE6005291111，2015 年田间编号为 MZ6-26，M_6 株系全部单株叶面皱，性状遗传类型为 1。M_5 系统编号为 13ZE500529111，2014 年田间编号为 MZ5-34，M_5 株系全部单株叶面皱、叶色深绿，性状遗传类型

为 1。M_4 系统编号为 12ZE40052911，2013 年田间编号为 MZ4-117，M_4 株系全部单株叶面皱、叶色深绿（图 5-37a、b），性状遗传类型为 1。M_3 系统编号为 11ZE3005291，2012 年田间编号为 MZE3-261，M_3 株系全部单株叶面皱（图 5-37c）。M_2 单株突变性状为苯丙氨酸解氨酶 TILLING 突变体。

叶面皱突变体 10：M_3 系统编号为 11ZE3010081，2012 年田间编号为 MZE3-253，M_3 株系全部单株叶面皱。M_2 单株突变性状为鸟氨酸脱羧酶 TILLING 突变体。

叶面皱突变体 11：M_3 系统编号为 11ZE3010301，2012 年田间编号为 MZE3-269，M_3 株系全部单株叶面皱。M_2 单株突变性状为苯丙氨酸解氨酶 TILLING 突变体。

叶面皱突变体 12：M_3 系统编号为 11ZE3011672，2012 年田间编号为 MZE3-112，M_3 株系全部单株叶面皱，性状遗传类型为 5。M_2 单株突变性状为花色白色。

叶面皱、株高较矮突变体 13：M_5 系统编号为 14ZE503325212，2015 年田间编号为 MZ5-17，M_5

图 5-36 叶面皱、晚花、柱头高、育性低突变体 7

a. MZ5-29(2015) 株系；b. MZ3-201(2013) 株系；c. MZ3-201(2013) 叶片

图 5-37 叶面皱突变体 9

a. MZ4-117(2013) 株系；b. MZ4-117(2013) 叶片；c. MZE3-261(2012) 株系

株系全部单株叶面皱、株高较矮，性状遗传类型为5。M_3 系统编号为 12ZE3033252，2013 年田间编号为 MZ3-154，M_3 株系 90% 单株早花，性状遗传类型为2。M_2 单株突变性状为早花。

叶面皱、螺旋株突变体 14：M_3 系统编号为 13ZE3230291，2014 年田间编号为 MZ3-310，M_3 株系全部单株叶面皱、螺旋株，性状遗传类型为1。M_2 单株突变性状为叶面皱。

叶面皱、叶缘外卷突变体 15：M₄ 系统编号为 14ZE42326711，2015 年田间编号为 MZ4-300，M₄ 株系全部单株叶面皱、叶缘外卷（图 5-38），性状遗传类型为 1。M₃ 系统编号为 13ZE3232671，2014 年田间编号为 MZ3-321，M₃ 株系全部单株叶面皱、叶缘外卷，性状遗传类型为 1。M₂ 单株突变性状为叶面皱、叶缘外卷。

叶面皱、叶面油亮、叶色深绿、育性低、螺旋株突变体 16：M₄ 系统编号为 14ZE42326812，2015 年田间编号为 MZ4-296，M₄ 株系全部单株叶面皱、叶面油亮、叶色深绿、育性低、螺旋株，性状遗传类型为 1。M₃ 系统编号为 13ZE3232681，2014 年田间编号为 MZ3-296，M₃ 株系全部单株叶面皱、叶面油亮、叶色深绿，36% 单株柱头高（图 5-39），性状遗传类型为 1。M₂ 单株突变性状为叶面皱。

叶面皱、螺旋株突变体 17：M₃ 系统编号为 13ZE3233712，2014 年田间编号为 MZ3-297，M₃ 株系全部单株叶面皱、螺旋株，性状遗传类型为 1。M₂ 单株突变性状为叶面皱。

叶面皱突变体 18：M₄ 系统编号为 14ZE42337422，2015 年田间编号为 MZ4-257，M₄ 株系全部单株叶面皱（图 5-40a、b），性状遗传类型为 1。M₃ 系统编号为 13ZE3233742，2014 年田间编号为 MZ3-487，M₃ 株系全部单株叶面皱、晚花（图 5-40c），性状遗传类型为 1。M₂ 单株突变性状为叶面皱、育性低。

叶面皱突变体 19：M₃ 系统编号为 13ZE3234261，2014 年田间编号为 MZ3-298，M₃ 株系全部单株叶面皱，性状遗传类型为 1。M₂ 单株突变性状为叶面皱。

叶面皱、叶形细长、螺旋株、叶面油亮突变体 20：M₄ 系统编号为 14ZE42344721，2015 年田间编号为 MZ4-337，M₄ 株系全部单株叶面皱、叶形细长、螺旋株、叶面油亮（图 5-41），性状遗传类型为 1。M₃ 系统编号为 13ZE3234472，2014 年田间编号为 MZ3-411，M₃ 株系全部单株叶面皱、叶形细长、螺旋株，性状遗传类型为 5。M₂ 单株突变性状为叶缘外卷。

图 5-38 叶面皱、叶缘外卷突变体 15

a. MZ4-300(2015) 株系；b. MZ4-300(2015) 单株；c. MZ4-300(2015) 叶片

图 5-39 叶面皱、叶面油亮、叶色深绿、育性低、螺旋株突变体 16

a. MZ3-296(2014) 株系；b. MZ3-296(2014) 单株；c. MZ3-296(2014) 花的柱头

图 5-40 叶面皱突变体 18

a. MZ4-257(2015) 株系；b. MZ4-257(2015) 叶片；c. MZ3-487(2014) 单株

叶面皱突变体 21：M_4 系统编号为 14ZE42346 021，2015 年田间编号为 MZ4-275，M_4 株系全部单株叶面皱，性状遗传类型为 1。M_3 系统编号为 13ZE3234602，2014 年田间编号为 MZ3-299，M_3

株系全部单株叶面皱，性状遗传类型为 1。M_2 单株突变性状为叶面皱。

叶面皱突变体 22：M_3 系统编号为 13ZE3234 911，2014 年田间编号为 MZ3-102，M_3 株系全部

图 5-41 叶面皱、叶形细长、螺旋株、叶面油亮突变体 20

a. MZ4-337(2015) 株系；b. MZ4-337(2015) 单株和叶片

单株叶面皱，性状遗传类型为 1。M₂ 单株突变性状为叶面皱、节间距小。

叶面皱、晚花突变体 23：M₃ 系统编号为 13ZE3234991，2014 年田间编号为 MZ3-433，M₃ 株系全部单株叶面皱、晚花，性状遗传类型为 5。M₂ 单株突变性状为腋芽多。

叶面皱突变体 24：M₄ 系统编号为 14ZE42351921，2015 年田间编号为 MZ4-276，M₄ 株系全部单株叶面皱（图 5-42），性状遗传类型为 1。M₃ 系统编号为 13ZE3235192，2014 年田间编号为 MZ3-300，M₃ 株系 92% 单株叶面皱，性状遗传类型为 2。M₂ 单株突变性状为叶面皱。

叶面皱突变体 25：M₄ 系统编号为 14ZE42357021，2015 年田间编号为 MZ4-292，M₄ 株系全部单株叶面皱，性状遗传类型为 1。M₃ 系统编号为 13ZE3235702，2014 年田间编号为 MZ3-315，M₃ 株系全部单株叶面皱、晚花，性状遗传类型为 1。M₂ 单株突变性状为叶面皱、晚花。

图 5-42 叶面皱突变体 24

a. MZ4-276(2015) 株系；b. MZ4-276(2015) 单株；c. MZ4-276(2015) 叶片

叶面皱、晚花突变体 26：M₃ 系统编号为 13ZE3235823，2014 年田间编号为 MZ3-436，M₃ 株系全部单株叶面皱、晚花，性状遗传类型为 5。M₂ 单株突变性状为腋芽多。

叶面皱突变体 27：M₄ 系统编号为 14ZE42358431，2015 年田间编号为 MZ4-294，M₄ 株系全部单株叶面皱，性状遗传类型为 1。M₃ 系统编号为 13ZE3235843，2014 年田间编号为 MZ3-437，M₃ 株系全部单株叶面皱、晚花，性状遗传类型为 5。M₂ 单株突变性状为腋芽多。

叶面皱、柱头高突变体 28：M₄ 系统编号为 14ZE42359111，2015 年田间编号为 MZ4-180，M₄ 株系全部单株叶面皱、柱头高（图 5-43），性状遗传类型为 1。M₃ 系统编号为 13ZE3235911，2014 年田间编号为 MZ3-323，M₃ 株系全部单株叶面皱、叶片落黄集中，性状遗传类型为 1。M₂ 单株突变性状为叶面皱、主茎白色、叶色白色。

叶面皱突变体 29：M₄ 系统编号为 14ZE42388511，2015 年田间编号为 MZ4-301，M₄ 株系全部单株叶面皱，性状遗传类型为 1。M₃ 系统编号为

13ZE3238851，2014 年田间编号为 MZ3-322，M₃ 株系 87% 单株叶面皱，性状遗传类型为 2。M₂ 单株突变性状为叶面皱。

叶面皱突变体 30：M₄ 系统编号为 14ZE42388621，2015 年田间编号为 MZ4-191，M₄ 株系全部单株叶面皱（图 5-44a），性状遗传类型为 5。M₃ 系统编号为 13ZE3238862，2014 年田间编号为 MZ3-154，M₃ 株系全部单株晚花（图 5-44b、c），性状遗传类型为 1。M₂ 单株突变性状为晚花。

叶面皱、螺旋株、茎叶夹角小突变体 31：M₃ 系统编号为 13ZE3239242，2014 年田间编号为 MZ3-441，M₃ 株系全部单株叶面皱、螺旋株、茎叶夹角小，性状遗传类型为 5。M₂ 单株突变性状为腋芽多。

叶面皱、叶色深绿突变体 32：M₄ 系统编号为 14ZE42403621，2015 年田间编号为 MZ4-297，M₄ 株系全部单株叶面皱、叶色深绿（图 5-45），性状遗传类型为 1。M₃ 系统编号为 13ZE3240362，2014 年田间编号为 MZ3-317，M₃ 株系 88% 单株叶面皱、叶色深绿，性状遗传类型为 2。M₂ 单株突变性状为叶面皱、叶色深绿。

图 5-43 叶面皱、柱头高突变体 28

a. MZ4-180(2015) 前期单株和叶片；b. MZ4-180(2015) 后期单株和叶片；c. MZ4-180(2015) 花的柱头

图 5-44 叶面皱突变体 30

a. MZ4-191(2015) 株系；b. MZ3-154(2014) 株系；c. MZ3-154(2014) 叶片

图 5-45 叶面皱、叶色深绿突变体 32

a. MZ4-297(2015) 株系；b. MZ4-297(2015) 单株；c. MZ4-297(2015) 叶片

叶面皱突变体 33：M_3 系统编号为 13ZE3240 582，2014 年田间编号为 MZ3-305，M_3 株系全部单株叶面皱，性状遗传类型为 1。M_2 单株突变性状为叶面皱。

叶面皱突变体 34：M_4 系统编号为 14ZE42411 431，2015 年田间编号为 MZ4-279，M_4 株系全部单株叶面皱（图 5-46），性状遗传类型为 1。M_3 系统编号为 13ZE3241143，2014 年田间编号为 MZ3-

图 5-46 叶面皱突变体 34

a. MZ4-279(2015) 株系；b. MZ4-279(2015) 单株；c. MZ4-279(2015) 叶片

306，M₃ 株系全部单株叶面皱，性状遗传类型为 1。M₂ 单株突变性状为叶面皱。

叶面皱突变体 35：M₃ 系统编号为 13ZE3241452，2014 年田间编号为 MZ3-121，M₃ 株系全部单株叶面皱，性状遗传类型为 1。M₂ 单株突变性状为叶面皱、螺旋株。

叶面皱突变体 36：M₃ 系统编号为 13ZE3243292，2014 年田间编号为 MZ3-308，M₃ 株系全部单株叶面皱，性状遗传类型为 1。M₂ 单株突变性状为叶面皱。

叶面皱突变体 37：M₄ 系统编号为 14ZE42435821，2015 年田间编号为 MZ4-281，M₄ 株系全部单株叶面皱（图 5-47），性状遗传类型为 1。M₃ 系统编号为 13ZE3243582，2014 年田间编号为 MZ3-316，M₃ 株系全部单株叶面皱、77% 单株晚花，性状遗传类型为 1。M₂ 单株突变性状为叶面皱、晚花。

叶面皱突变体 38：M₄ 系统编号为 14ZE42436521，2015 年田间编号为 MZ4-285，M₄ 株系全部单株叶面皱（图 5-48），性状遗传类型为 1。M₃ 系统编号为 13ZE3243652，2014 年田间编号为 MZ3-448，M₃ 株系全部单株叶面皱，性状遗传类型为 5。M₂ 单株突变性状为腋芽多。

叶面皱突变体 39：M₃ 系统编号为 13ZE3243872，2014 年田间编号为 MZ3-309，M₃ 株系全部单株叶面皱，性状遗传类型为 1。M₂ 单株突变性状为叶面皱。

叶面皱、育性低突变体 40：M₃ 系统编号为 14ZE3244373，2015 年田间编号为 MZ3-132，M₃ 株系全部单株叶面皱、育性低，性状遗传类型为 1。M₂ 单株突变性状为叶面皱。

叶面皱突变体 41：M₃ 系统编号为 14ZE3244861，2015 年田间编号为 MZ3-134，M₃ 株系全部单株叶面皱，性状遗传类型为 1。M₂ 单株突变性状为叶面皱。

叶面皱、叶色深绿、叶面油亮突变体 42：M₃ 系统编号为 14ZE3246351，2015 年田间编号为 MZ3-144，M₃ 株系全部单株叶面皱、叶色深绿、叶面油亮，性状遗传类型为 1。M₂ 单株突变性状为叶面皱、叶色深绿、叶面油亮。

图 5-47　叶面皱突变体 37

a. MZ4-281(2015) 株系；b. MZ4-281(2015) 单株；c. MZ4-281(2015) 叶片

图 5-48　叶面皱突变体 38

a. MZ4-285(2015) 株系；b. MZ4-285(2015) 单株；c. MZ4-285(2015) 叶片

叶面皱突变体 43：M_3 系统编号为 14ZE3247 522，2015 年田间编号为 MZ3-137，M_3 株系全部单株叶面皱（图 5-49），性状遗传类型为 1。M_2 单株突变性状为叶面皱。

叶面皱突变体 44：M_3 系统编号为 14ZE3247 732，2015 年田间编号为 MZ3-114，M_3 株系全部单株叶面皱，性状遗传类型为 1。M_2 单株突变性状为叶面皱、螺旋株、育性低。

图 5-49 叶面皱突变体 43

a. MZ3-137(2015) 株系；b. MZ3-137(2015) 单株；c. MZ3-137(2015) 叶片

叶面皱、叶色深绿突变体 45：M_3 系统编号为 14ZE3247941，2015 年田间编号为 MZ3-142，M_3 株系全部单株叶面皱、叶色深绿（图 5-50），性状遗传类型为 1。M_2 单株突变性状为叶面皱、叶色深绿。

叶面皱、叶色深绿、叶面油亮突变体 46：M_3 系统编号为 14ZE3247982，2015 年田间编号为 MZ3-143，M_3 株系全部单株叶面皱、叶色深绿、叶面油亮，性状遗传类型为 1。M_2 单株突变性状为叶面皱、叶色深绿、叶面油亮。

叶面皱突变体 47：M_4 系统编号为 13ZE46884311，2014 年田间编号为 MZ4-09，M_4 株系全部单株叶面皱（图 5-51a、b），性状遗传类型为 1。M_3 系统编号为 12ZE3688431，2013 年田间编号为 MZ3-126，M_3 株系全部单株叶面皱

图 5-50 叶面皱、叶色深绿突变体 45

a. MZ3-142(2015) 株系和单株；b. MZ3-142(2015) 叶片

（图 5-51c、d），性状遗传类型为 4。M_2 单株突变性状为萨姆逊香。

叶面皱突变体 48：M_4 系统编号为 13HE40172321，2014 年田间编号为 MH4-09，M_4 株系全部单

图 5-51 叶面皱突变体 47

a. MZ4-09(2014) 株系；b. MZ4-09(2014) 单株和叶片；c. MZ3-126(2013) 株系；d. MZ3-126(2013) 单株和叶片

株叶面皱（图 5-52a、b、c），性状遗传类型为 5。M₃ 系统编号为 12HE3017232，2013 年田间编号为 MH3-42，M₃ 株系全部单株叶形披针形（图 5-52d），性状遗传类型为 1。M₂ 单株突变性状为叶形披针形。

叶面皱突变体 49：M₃ 系统编号为 12HE3019702，2013 年田间编号为 MH3-41，M₃ 株系全部单株叶面皱，性状遗传类型为 1。M₂ 单株突变性状为叶面皱。

叶面皱突变体 50：M₃ 系统编号为 14ZE3245051，2015 年田间编号为 MZ3-136，M₃ 株系 86% 单株叶面皱，性状遗传类型为 1。M₂ 单株突变性状为叶面皱。

图 5-52 叶面皱突变体 48

a. MH4-09(2014) 前期株系；b. MH4-09(2014) 单株；c. MH4-09(2014) 叶片；d. MH3-42(2013) 株系

（2）叶面凹陷突变体

叶面凹陷突变体 1：M_3 系统编号为 13ZE3230501，2014 年田间编号为 MZ3-140，M_3 株系全部单株叶面凹陷，性状遗传类型为 5。M_2 单株突变性状为晚花。

叶面凹陷突变体 2：M_3 系统编号为 13ZE3231151，2014 年田间编号为 MZ3-168，M_3 株系全部单株叶面凹陷（图 5-53），性状遗传类型为 5。M_2 单株突变性状为晚花。

叶面凹陷突变体 3：M_3 系统编号为 13ZE3231231，2014 年田间编号为 MZ3-169，M_3 株系全部单株叶面凹陷，性状遗传类型为 5。M_2 单株突变性状为晚花。

叶面凹陷突变体 4：M_3 系统编号为 13ZE3231312，2014 年田间编号为 MZ3-009，M_3 株系全部单株叶面凹陷（图 5-54），性状遗传类型为 5。M_2 单株突变性状为长相好。

叶面凹陷、节间距小突变体 5：M_4 系统编号为 14ZE42417925，2015 年田间编号为 MZ4-263，M_4 株系全部单株叶面凹陷、节间距小，性状遗传类型为 1。M_3 系统编号为 13ZE3241792，2014 年田间编号为

MZ3-222，M_3 株系 93% 单株叶面凹陷、节间距小，性状遗传类型为 4。M_2 单株突变性状为萨姆逊香。

（3）叶面平滑突变体

叶面平滑、茎叶夹角小、晚花突变体 1：M_5 系统编号为 13ZE500015611，2014 年的田间编号 MZ5-25，M_5 株系全部单株叶面平滑、茎叶夹角小、晚花，性状遗传类型为 1。M_4 系统编号为 12ZE40001561，2013 年的田间编号 MZ4-053，M_4 株系全部单株叶面平滑、茎叶夹角小（图 5-55a），性状遗传类型为 1。M_3 系统编号为 11ZE3000156，2012 年的田间编号 MZE3-089，M_3 株系全部单株叶面平滑、茎叶夹角小、叶色浅绿、77% 单株螺旋株（图 5-55b、c），性状遗传类型为 1。M_2 单株突变性状为叶面平滑、茎叶夹角小、叶色浅绿。

叶面平滑、株高很高、生长势强、似晾晒烟突变体 2：M_6 系统编号为 14ZE6001776111，2015 年的田间编号 MZ6-13，M_6 株系全部单株叶面平滑、株高很高、生长势强、似晾晒烟（图 5-56a），性状遗传类型为 1。M_5 系统编号为 13ZE500177611，2014

图 5-53　叶面凹陷突变体 2

a. MZ3-168(2014) 株系；b. MZ3-168(2014) 单株；c. MZ3-168(2014) 叶片

图 5-54 叶面凹陷突变体 4

a. MZ3-009(2014) 株系；b. MZ3-009(2014) 单株；c. MZ3-009(2014) 叶片

图 5-55 叶面平滑、茎叶夹角小、晚花突变体 1

a. MZ4-053(2013) 单株和叶片；b. MZE3-089(2012) 叶片；c. MZE3-089(2012) 茎叶夹角

年的田间编号 MZ5-24，M_5 株系全部单株叶面平滑、似晾晒烟、茎叶夹角小，性状遗传类型为 1。M_4 系统编号为 12ZE40017761，2013 年的田间编号 MZ4-009，M_4 株系全部单株叶面平滑、株高较高

（图 5-56b、c），性状遗传类型为 1。M_3 系统编号为 11ZE3001776，2012 年的田间编号 MZE3-116，M_3 株系全部单株叶面平滑、株高较高，性状遗传类型为 1。M_2 单株突变性状为叶面平滑、株高较高。

图 5-56 叶面平滑、株高很高、生长势强、似晾晒烟突变体 2

a. MZ6-13(2015) 株系、单株和叶片；b. MZ4-009(2013) 单株；c. MZ4-009(2013) 叶片

　　叶面平滑突变体 3：M₃ 系统编号为 11ZE3003 526，2012 年田间编号为 MZE3-115，M₃ 株系全部单株叶面平滑，性状遗传类型为 1。M₂ 单株突变性状为叶面平滑。

　　叶面平滑突变体 4：M₄ 系统编号为 14ZE42374 521，2015 年田间编号为 MZ4-270，M₄ 株系全部单株叶面平滑（图 5-57a），性状遗传类型为 1。M₃ 系统编号为 13ZE3237452，2014 年田间编号为 MZ3-289，M₃ 株系全部单株茎叶夹角小，15% 单株叶面平滑（图 5-57b、c），性状遗传类型为 3。

图 5-57 叶面平滑突变体 4

a. MZ4-270(2015) 叶片；b. MZ3-289(2014) 株系和单株；c. MZ3-289(2014) 叶片

M_2 单株突变性状为叶面平滑。

叶面平滑突变体 5：M_4 系统编号为 14ZE42379 011，2015 年田间编号为 MZ4-269，M_4 株系全部单株叶面平滑，性状遗传类型为 1。M_3 系统编号为 13ZE3237901，2014 年田间编号为 MZ3-290，M_3 株

系 92% 单株叶面平滑，性状遗传类型为 2。M_2 单株突变性状为叶面平滑。

叶面平滑突变体 6：M_3 系统编号为 14ZE3248 611，2015 年田间编号为 MZ3-121，M_3 株系全部单株叶面平滑（图 5-58），性状遗传类型为 1。M_2

图 5-58 叶面平滑突变体 6

a. MZ3-121(2015) 株系；b. MZ3-121(2015) 单株；c. MZ3-121(2015) 叶片

单株突变性状为叶面平滑。

叶面平滑、叶片下垂突变体 7：M_3 系统编号为 14ZE3248613，2015 年田间编号为 MZ3-127，M_3 株系全部单株叶面平滑、叶片下垂，性状遗传类型为 1。M_2 单株突变性状为叶面平滑、叶片下垂。

（4）叶面细致突变体

叶面细致突变体 1：M_3 系统编号为 11ZE3001896，2012 年田间编号为 MZE3-117，M_3 株系全部单株叶面细致（图 5-59），性状遗传类型为 1。M_2 单株突变性状为叶面细致。

图 5-59 叶面细致突变体 1

a. MZE3-117(2012) 单株；b. MZE3-117(2012) 叶片

叶面细致、青香突变体 2：M₄ 系统编号为 14ZE 42337721，2015 年田间编号为 MZ4-008，M₄ 株系全部单株叶面细致、青香、叶色浅绿（图 5-60），性状遗传类型为 1。M₃ 系统编号为 13ZE3233772，2014 年田间编号为 MZ3-247，M₃ 株系 11% 单株叶面细致（如绸子样）、萨姆逊香，性状遗传类型为 4。M₂ 单株突变性状为（新生叶）叶色浅黄。

叶面细致突变体 3：M₄ 系统编号为 14ZE42354 921，2015 年田间编号为 MZ4-313，M₄ 株系全部单株叶面细致，性状遗传类型为 1。M₃ 系统编号为 13ZE3235492，2014 年田间编号为 MZ3-087，M₃ 株系 47% 单株叶面细致，性状遗传类型为 4。M₂ 单株突变性状为花冠畸形。

叶面细致突变体 4：M₄ 系统编号为 14ZE42359011，2015 年田间编号为 MZ4-325，M₄ 株系全部单株叶面细致（图 5-61），性状遗传类型为 5。M₃ 系统编号为 13ZE3235901，2014 年田间编号为 MZ3-376，M₃ 株系全部单株叶色深绿，性状遗传类型为 1。M₂ 单株突变性状为叶色深绿。

图 5-60 叶面细致、青香突变体 2

a. MZ4-008(2015) 株系；b. MZ4-008(2015) 单株和叶片

图 5-61 叶面细致突变体 4

a. MZ4-325(2015) 株系；b. MZ4-325(2015) 单株；c. MZ4-325(2015) 叶片

叶面细致突变体 5：M₄ 系统编号为 14ZE42367 613，2015 年田间编号为 MZ4-393，M₄ 株系全部单株叶面细致，性状遗传类型为 5。M₃ 系统编号为 13ZE3236761，2014 年田间编号为 MZ3-252，M₃ 株系 64% 单株主茎粗，性状遗传类型为 4。M₂ 单株突变性状为雄蕊变花瓣、育性低。

叶面细致突变体 6：M₄ 系统编号为 14ZE42387 221，2015 年田间编号为 MZ4-043，M₄ 株系全部单株叶面细致，性状遗传类型为 5。M₃ 系统编号为 13ZE3238722，2014 年田间编号为 MZ3-226，M₃ 株系 13% 单株甜香，性状遗传类型为 4。M₂ 单株突变性状为萨姆逊香。

叶面细致、叶面油亮突变体 7：M₃ 系统编号为 14ZE3246772，2015 年田间编号为 MZ3-064，M₃ 株系全部单株叶面细致、叶面油亮，性状遗传类型为 5。M₂ 单株突变性状为长相好。

（5）叶面油亮突变体

叶面油亮突变体 1：M₃ 系统编号为 13ZE3241 002，2014 年田间编号为 MZ3-190，M₃ 株系全部单株叶面油亮（图 5-62），性状遗传类型为 5。M₂ 单株突变性状为晚花。

（6）叶脉紊乱突变体

叶脉紊乱突变体 1：M₄ 系统编号为 14ZE423 08922，2015 年田间编号为 MZ4-103，M₄ 株系全部单株叶脉紊乱，性状遗传类型为 5。M₃ 系统编号为 13ZE3230892，2014 年田间编号为 MZ3-142，M₃ 株系 88% 单株晚花，性状遗传类型为 2。M₂ 单株突变性状为晚花。

叶脉紊乱突变体 2：M₄ 系统编号为 14ZE423 77021，2015 年田间编号为 MZ4-396，M₄ 株系全部单株叶脉紊乱（图 5-63a），性状遗传类型为 1。M₃ 系统编号为 13ZE3237702，2014 年田间编号为 MZ3-522，M₃ 株系 46% 单株叶脉紊乱、主茎粗（图 5-63b、c），性状遗传类型为 2。M₂ 单株突变性状为叶脉紊乱、主茎粗。

叶脉紊乱、叶尖焦枯、主脉粗大、主脉发白突变体 3：M₄ 系统编号为 14ZE42419211，2015 年田间编号为 MZ4-255，M₄ 株系全部单株叶脉紊

图 5-62 叶面油亮突变体 1

a. MZ3-190(2014) 株系；b. MZ3-190(2014) 单株；c. MZ3-190(2014) 叶片

乱、叶尖焦枯、主脉粗大、主脉发白（图 5-64），性状遗传类型为 1。M₃ 系统编号为 13ZE3241921，2014 年田间编号为 MZ3-278，M₃ 株系 60% 单株叶脉紊乱，性状遗传类型为 2。M₂ 单株突变性状

为叶脉紊乱。

叶脉紊乱突变体 4：M₄ 系统编号为 14ZE42425 911，2015 年田间编号为 MZ4-254，M₄ 株系全部单株叶脉紊乱，性状遗传类型为 1。M₃ 系统编号为

图 5-63　叶脉紊乱突变体 2

a. MZ4-396(2015) 叶片；b. MZ3-522(2014) 株系；c. MZ3-522(2014) 单株和叶片

图 5-64　叶脉紊乱、叶尖焦枯、主脉粗大、主脉发白突变体 3

a. MZ4-255(2015) 株系；b. MZ4-255(2015) 单株；c. MZ4-255(2015) 叶片

13ZE3242591，2014 年田间编号为 MZ3-277，M_3 株系 50% 单株叶脉紊乱，性状遗传类型为 2。M_2 单株突变性状为叶脉紊乱。

（7）叶面革质化突变体

叶面革质化、叶色浅绿、叶形细长、多腋芽突变体 1：M_4 系统编号为 14ZE42335011，2015 年

田间编号为 MZ4-267，M_4 株系全部单株叶面革质化、叶色浅绿、叶形细长、腋芽多（图 5-65a、b），性状遗传类型为 1。M_3 系统编号为 13ZE3233501，2014 年田间编号为 MZ3-450，M_3 株系全部单株叶面革质化（图 5-65c），性状遗传类型为 5。M_2 单株突变性状为腋芽多。

叶面革质化突变体 2：M_4 系统编号为 14ZE424

图 5-65 叶面革质化、叶色浅绿、叶形细长、多腋芽突变体 1

a. MZ4-267(2015) 株系；b. MZ4-267(2015) 单株和叶片；c. MZ3-450(2014) 单株和叶片

07321，2015 年田间编号为 MZ4-266，M_4 株系全部单株叶面革质化（图 5-66），性状遗传类型为 1。M_3 系统编号为 13ZE3240732，2014 年田间编号为 MZ3-280，M_3 株系 69% 单株叶面轻度革质化，性状遗传类型为 2。M_2 单株突变性状为叶面革质化、叶脉紊乱。

4 叶片数量与厚度突变体

鉴定获得"中烟 100"叶片数量与厚度突变体 4 个，包括叶数少突变体 1 个（突变性状稳定遗传）、叶片厚突变体 3 个（突变性状稳定遗传）。

（1）叶数少突变体

叶数少、叶色深绿突变体 1：M_6 系统编号为 14ZE6007756111，2015 年田间编号为 MZ6-27，M_6 株系全部单株叶数少、叶色深绿（图 5-67a），性状遗传类型为 1。M_5 系统编号为 13ZE500775611，2014 年田间编号为 MZ5-36，M_5 株系全部单株叶数少、腋芽多、早花，性状遗传类型为 1。M_4 系统编号为 12ZE40077561，2013 年田间编号为 MZ4-063，M_4 株系全部单株叶数少、腋芽多（图 5-67b），性状遗传类型为 1。M_3 系统编号为 11ZE3007756，2012 年田间编号为 MZE3-080，M_3 株系 83% 单株

图 5-66　叶面革质化突变体 2

a. MZ4-266(2015) 株系；b. MZ4-266(2015) 单株；c. MZ4-266(2015) 叶片

图 5-67　叶数少、叶色深绿突变体 1

a. MZ6-27(2015) 株系和叶片；b. MZ4-063(2013) 单株和叶片

叶数少、腋芽多、早花，性状遗传类型为 4。M$_2$ 单株突变性状为株高较矮。

（2）叶片厚突变体

叶片厚突变体 1：M$_4$ 系统编号为 14ZE42420931，2015 年田间编号为 MZ4-305，M$_4$ 株系全部单株叶片厚（图 5-68），性状遗传类型为 1。M$_3$ 系统编号为 13ZE3242093，2014 年田间编号为 MZ3-282，M$_3$ 株系全部单株叶片厚，性状遗传类型为 1。M$_2$ 单株突变性状为叶片厚。

叶片厚突变体 2：M$_4$ 系统编号为 14ZE42421613，2015 年田间编号为 MZ4-306，M$_4$ 株系全部单株叶片厚，性状遗传类型为 1。M$_3$ 系统编号为 13ZE3242161，2014 年田间编号为 MZ3-283，M$_3$ 株系全部单株叶片厚，性状遗传类型为 1。M$_2$ 单株突变性状为叶片厚。

叶片厚突变体 3：M$_3$ 系统编号为 14ZE3247741，2015 年田间编号为 MZ3-125，M$_3$ 株系全部单株叶片厚，性状遗传类型为 1。M$_2$ 单株突变性状为叶片厚、叶面平滑。

图 5-68 **叶片厚突变体 1**

a. MZ4-305(2015) 株系；b. MZ4-305(2015) 单株和叶片

5 叶柄突变体

鉴定获得"中烟 100"叶柄突变体 3 个，包括叶柄极长突变体 2 个（其中突变性状稳定遗传的 1 个，基本稳定遗传的 1 个）、叶柄细长突变体 1 个（突变性状稳定遗传）。

（1）叶柄极长突变体

叶柄极长、叶片早衰突变体 1：M$_4$ 系统编号为 14ZE42408331，2015 年田间编号为 MZ4-176，M$_4$ 株系全部单株叶柄极长、叶片早衰（图 5-69a、b），性状遗传类型为 1。M$_3$ 系统编号为 13ZE3240833，2014 年田间编号为 MZ3-256，M$_3$ 株系 87% 单株叶柄极长、叶片早衰（图 5-69c），性状遗传类型为 3。M₂ 单株突变性状为叶柄极长。

叶柄极长、花冠畸形、育性低突变体 2：M₆ 系统编号为 14ZE6010658111，2015 年田间编号

为 MZ6-05，M₆ 株系 80% 单株叶柄极长、花冠畸形、育性低（图 5-70a），性状遗传类型为 2。M₄ 系统编号为 12ZE40106581，2013 年田间编号为 MZ4-086，M₄ 株系 80% 单株叶柄极长、花冠

图 5-69 叶柄极长、叶片早衰突变体 1

a. MZ4-176(2015) 株系；b. MZ4-176(2015) 叶片和叶柄；c. MZ3-256(2014) 叶片和叶柄

图 5-70 叶柄极长、花冠畸形、育性低突变体 2

a. MZ6-05(2015) 株系；b. MZ4-086(2013) 单株；c. MZ4-086(2013) 叶片和叶柄；d. MZE3-146(2012) 单株和叶片

畸形、育性低（图 5-70b、c），性状遗传类型为 3。M₃ 系统编号为 11ZE3010658，2012 年田间编号为 MZE3-146，M₃ 株系 79% 单株叶柄极长（图 5-70d），性状遗传类型为 2。M₂ 单株突变性状为叶柄极长。通过对 2013 年的 MZ4-086 与"中烟 100"（野生型对照）构建的 F₂ 代群体的遗传分析表明，该突变体叶柄极长突变性状是由显性单基因控制的。

（2）叶柄细长突变体

叶柄细长、叶形细长突变体 1：M₅ 系统编号为 13ZE500034731，2014 年的田间编号 MZ5-23，M₅ 株系全部单株叶柄细长、叶形细长（图 5-71a），性状遗传类型为 1。M₄ 系统编号为 12ZE40003473，2013 年的田间编号 MZ4-085，M₄ 株系全部单株叶柄细长（图 5-71b），性状遗传类型为 1。M₃ 系统编号为 11ZE3000347，2012 年的田间编号 MZE3-148，M₃ 株系全部单株叶柄细长（图 5-71c），性状遗传类型为 1。M₂ 单株突变性状为叶柄细长。

6 叶缘与叶尖突变体

鉴定获得"中烟 100"和"红花大金元"叶缘与叶尖突变体 15 个，包括叶尖扭曲突变体 7 个（其中突变性状稳定遗传的 6 个，基本稳定遗传的 1 个）、叶缘外卷突变体 7 个（突变性状稳定遗传）、叶缘内卷突变体 1 个（突变性状稳定遗传）。

（1）叶尖扭曲突变体

叶尖扭曲、叶色浅绿突变体 1：M₄ 系统编号为 14ZE42311811，2015 年田间编号为 MZ4-247，M₄ 株系全部单株叶尖扭曲、叶色浅绿（图 5-72），性状遗传类型为 1。M₃ 系统编号为 13ZE3231181，2014 年田间编号为 MZ3-260，M₃ 株系 40% 单株叶尖扭曲，性状遗传类型为 2。M₂ 单株突变性状为叶尖扭曲。

叶尖扭曲、叶色浅绿突变体 2：M₄ 系统编号为 14ZE42369712，2015 年田间编号为 MZ4-249，M₄ 株系全部单株叶尖扭曲、叶色浅绿，性状遗传类型为 1。M₃ 系统编号为 13ZE3236971，2014 年田间编号为 MZ3-261，M₃ 株系全部单株叶尖扭曲、叶

图 5-71 叶柄细长、叶形细长突变体 1

a.MZ5-23(2014) 单株和叶片；b. MZ4-085(2013) 株系；c. MZE3-148(2012) 叶片和叶柄

图 5-72　叶尖扭曲、叶色浅绿突变体 1

a. MZ4-247(2015) 株系；b. MZ4-247(2015) 叶片和叶尖

面皱、螺旋株，性状遗传类型为 1。M_2 单株突变性状为叶尖扭曲。

叶尖扭曲、叶形细长、叶色浅绿突变体 3：M_4 系统编号为 14ZE42411721，2015 年田间编号为 MZ4-250，M_4 株系全部单株叶尖扭曲、叶形细长、叶色浅绿，性状遗传类型为 1。M_3 系统编号为 13ZE3241172，2014 年田间编号为 MZ3-258，M_3 株系 88% 单株叶尖扭曲、叶形细长，性状遗传类型为 3。M_2 单株突变性状为叶尖扭曲。

叶尖扭曲、叶色浅绿突变体 4：M_4 系统编号为 14ZE42417811，2015 年田间编号为 MZ4-248，M_4 株系全部单株叶尖扭曲、叶色浅绿（图 5-73），性状遗传类型为 1。M_3 系统编号为 13ZE3241781，2014 年田间编号为 MZ3-262，M_3 株系全部单株叶尖扭曲，性状遗传类型为 1。M_2 单株突变性状为叶尖扭曲、叶形细长、叶片小。

叶尖扭曲、茎叶夹角小突变体 5：M_4 系统编号为 14ZE42419611，2015 年田间编号为 MZ4-140，M_4 株系全部单株叶尖扭曲、茎叶夹角小，性状遗传类型为 5。M_3 系统编号为 13ZE3241961，2014 年田间编号为 MZ3-104，M_3 株系全部单株节间距小，性状遗传类型为 1。M_2 单株突变性状为节间距小、叶色深绿。

叶尖扭曲突变体 6：M_5 系统编号为 14HE501309211，2015 年田间编号为 MH5-09，M_5 株系全部单株叶尖扭曲（图 5-74a），性状遗传类型为 1。M_4 系统编号为 13HE40130921，2014 年田间编号为 MH4-05，M_4 株系全部单株叶尖扭曲（图 5-74b），性状遗传类型为 1。M_3 系统编号为 12HE3013092，2013 年田间编号为 MH3-54，M_3 株系 80% 单株叶尖扭曲（图 5-74c），性状遗传类型为 2。M_2 单株突变性状为叶尖扭曲。

叶尖扭曲突变体 7：M_3 系统编号为 13ZE3243293，2014 年田间编号为 MZ3-259，M_3 株系 80% 单株叶尖扭曲，性状遗传类型为 2。M_2 单株突变性状为叶尖扭曲、叶形细长、叶片小。

图 5-73 叶尖扭曲、叶色浅绿突变体 4

a. MZ4-248(2015) 株系；b. MZ4-248(2015) 叶片和叶尖

图 5-74 叶尖扭曲突变体 6

a. MH5-09(2015) 株系；b. MH4-05(2014) 单株和叶片；c. MH3-54(2013) 叶片和叶尖

（2）叶缘外卷突变体

叶缘外卷、螺旋株、叶色深绿突变体 1：M$_5$ 系统编号为 14ZE504037212，2015 年田间编号为 MZ5-27，M$_5$ 株系全部单株叶缘外卷、螺旋株、叶色深绿（图 5-75），性状遗传类型为 1。M$_3$ 系统编号为 12ZE3040372，2013 年田间编号为 MZ3-050，M$_3$ 株系全部单株叶缘外卷、叶面皱，性状遗传类型为 1。M$_2$ 单株突变性状为叶缘外卷。

叶缘外卷、早花、感黑胫病突变体 2：M$_4$ 系统编号为 14ZE42308031，2015 年田间编号为 MZ4-230，M$_4$ 株系全部单株叶缘外卷、早花、感黑胫病，性状遗传类型为 1。M$_3$ 系统编号为 13ZE3230803，2014 年田间编号为 MZ3-197，M$_3$ 株系全部单株叶缘外卷，69% 单株早花，性状遗传类型为 1。M$_2$ 单株突变性状为叶缘外卷、早花、叶形细长。

叶缘外卷突变体 3：M$_3$ 系统编号为 13ZE3237691，2014 年田间编号为 MZ3-414，M$_3$ 株系全部单株叶缘外卷（图 5-76），性状遗传类型为 1。M$_2$ 单株突变性状为叶缘外卷。

图 5-75 叶缘外卷、螺旋株、叶色深绿突变体 1

a. MZ5-27(2015) 株系；b. MZ5-27(2015) 叶片和叶缘

图 5-76 叶缘外卷突变体 3

a. MZ3-414(2014) 株系；b. MZ3-414(2014) 单株；c. MZ3-414(2014) 叶片和叶缘

叶缘外卷突变体 4：M₄ 系统编号为 14ZE42413 821，2015 年田间编号为 MZ4-342，M₄ 株系全部单株叶缘外卷，性状遗传类型为 1。M₃ 系统编号为 13ZE3241382，2014 年田间编号为 MZ3-415，M₃ 株系 92% 单株叶缘外卷，性状遗传类型为 2。M₂ 单株突变性状为叶缘外卷。通过对 2014 年的 MZ3-415 与"中烟 100"（野生型对照）构建的 F₂ 代群体的遗传分析表明，该突变体叶缘外卷突变性状是由隐性单基因控制的。

叶缘外卷突变体 5：M₃ 系统编号为 14ZE324 4272，2015 年田间编号为 MZ3-129，M₃ 株系全部单株叶缘外卷，性状遗传类型为 5。M₂ 单株突变性状为叶面皱。

叶缘外卷突变体 6：M₃ 系统编号为 14ZE324 8771，2015 年田间编号为 MZ3-120，M₃ 株系全部单株叶缘外卷（图 5-77），性状遗传类型为 1。M₂ 单株突变性状为叶缘外卷。

叶缘外卷、叶色深绿、螺旋株突变体 7：M₅ 系统编号为 14ZE568214311，2015 年田间编号为 MZ5-26，M₅ 株系全部单株叶缘外卷、叶色深绿、螺旋株（图 5-78a、b），性状遗传类型为 1。M₄ 系统编号为 13ZE46821431，2014 年田间编号为 MZ4-01，M₄ 株系全部单株叶缘外卷、叶色深绿、茎叶夹角小，性状遗传类型为 1。M₃ 系统编号为 12ZE3682143，2013 年田间编号为 MZ3-116，M₃ 株系全部单株叶缘外卷、叶色深绿（图 5-78c），性状遗传类型为 1。M₂ 单株突变性状为萨姆逊香、叶色深绿。

（3）叶缘内卷突变体

叶缘内卷突变体 1：M₃ 系统编号为 11ZE3000 116，2012 年田间编号为 MZE3-163，M₃ 株系全部单株叶缘内卷（图 5-79），性状遗传类型为 1。M₂ 单株突变性状为叶缘内卷。

图 5-77 叶缘外卷突变体 6

a. MZ3-120(2015) 株系；b. MZ3-120(2015) 单株；c. MZ3-120(2015) 叶片

图 5-78 叶缘外卷、叶色深绿、螺旋株突变体 7

a. MZ5-26(2015) 株系；b. MZ5-26(2015) 单株；c. MZ3-116(2013) 叶片和叶缘

图 5-79 叶缘内卷突变体 1

a. MZE3-163(2012) 单株；b. MZE3-163(2012) 叶片和叶缘；c. MZE3-163(2012) 叶缘

（撰稿：王绍美，吴新儒，晁江涛，郭承芳；定稿：刘贯山，王倩）

参考文献

[1] 曹祥金, 江一舟, 吴清海, 等. 探秘烟草基因组 · 功能基因组学研究. 东方烟草报, 2014.7.23. http://www.eastobacco.com/kjjy/ 201407/ t20140723_333315.html.

[2] 江树业. 水稻突变群体的构建及功能基因组学 [J]. 分子植物育种, 2003, 1(2): 137 ~ 150.

[3] 江一舟, 张敬一. 探秘烟草基因组 · 结构基因组学研究. 东方烟草报, 2014.7.23. http://www.eastobacco.com/ kjjy/201407/t20140723_ 333365. html.

[4] 刘贯山. 烟草突变体筛选与鉴定方法篇: 1. 烟草突变体的筛选与鉴定 [J]. 中国烟草科学, 2012, 33(1): 102 ~ 103.

[5] 赵天祥, 孔秀英, 周荣华, 等. EMS 诱变六倍体小麦"偃展 4110"的形态突变体鉴定与分析 [J]. 中国农业科学, 2009, 42(3): 755 ~ 764.

[6] Berna G, Robles P, Micol J L. A mutational analysis of leaf morphogenesis in *Arabidopsis thaliana*[J]. Genetics, 1999, 152(2): 729 ~ 742.

[7] Caldwell D G, McCallum N, Shaw P, et al. A structured mutant population for forward and reverse genetics in barley (*Hordeum vulgare* L.)[J]. Plant J, 2004, 40(1): 143 ~ 150.

[8] Chen X, Zhu L, Xin L, et al. Rice *stripe1-2* and *stripe1-3* mutants encoding the small subunit of ribonucleotide reductase are temperature sensitive and are required for chlorophyll biosynthesis[J]. PLoS One, 2015, 10(6): e0130172.

[9] Menda N, Semel Y, Peled D, et al. *In silico* screening of a saturated mutation library of tomato [J]. Plant J, 2004, 38(5): 861 ~ 872.

[10] Tsuda M, Kaga A, Anai T, et al. Construction of a high-density mutant library in soybean and development of a mutant retrieval method using amplicon sequencing[J]. BMC Genomics, 2015, 16(1): 1014.

[11] Xin Z, Wang M L, Barkley N A, et al. Applying genotyping (TILLING) and phenotyping analyses to elucidate gene function in a chemically induced sorghum mutant population[J]. BMC Plant Biol, 2008, 8: 103.

第6章

烟草其他形态表型突变体

已有的研究表明，除叶片形态以外，利用 EMS 诱变产生的植物其他形态突变表型也极为丰富。在大麦田间观测的 13 种 EMS 形态表型突变体中，存在株高、植株发育、麦穗形态、麦粒形态等 9 种其他形态表型（Caldwell 等，2004）。在番茄田间观测的 48 种 EMS 和快中子形态表型突变体中，存在株高矮小、晚花、晚熟、小果实等 36 种其他形态表型（Menda 等，2004）。在高粱田间观测的 31 种 EMS 形态表型突变体 M_3 代中，存在矮化和半矮化、多分蘖、早熟、晚花等 13 种其他形态表型（Xin 等，2008）。在小麦田间观测的 29 种 EMS 形态表型突变体中，存在矮秆、叶片早衰、单分蘖、不育等 15 种其他形态表型（赵天祥等，2009）。在大豆田间观测的 27 种 EMS 形态表型突变体中，存在株高矮化、早花、早熟、大种子等 20 种其他形态表型（Tsuda 等，2015）。

拟南芥和水稻等作物的功能基因组研究已证明，EMS 诱变的其他形态表型突变体在阐明基因功能方面具有重要作用。由 EMS 诱导抗旱水稻品种"Nagina22"获得一个矮化和分蘖增加的隐性突变体（dwarf and increased tillering 1, dit1），经过基因定位和共分离验证发现，这

个野生型基因编码类胡萝卜素裂解双加氧酶 7（carotenoid cleavage dioxygenase 7, CCD7）并且为 htd1（high tillering and dwarf 1）的等位基因。该突变体基因第六外显子有两个核苷酸 CC 到 AA 的替换，导致丝氨酸突变成终止密码子，形成一种截短蛋白，这不同于 htd1 中的氨基酸替换事件。这个新等位基因将有利于进一步解析这个基因的功能，可能会揭开涉及植物发育和株型的新信号途径（Kulkarni 等，2014）。在辣椒中利用一个早花的 EMS 突变体，通过候选基因的遗传定位和测序，鉴定得到 APETALA2（AP2）转录因子家族的一个成员 CaAP2。CaAP2 在早花突变体中被突变，可能是拟南芥中作为开花抑制因子 AP2 的直系同源基因。同时通过开花时间的 QTL 定位，验证了 CaAP2 是辣椒中控制开花时间变化的一个主要 QTL 候选基因（Borovsky 等，2015）。烟草 EMS 诱变其他形态表型突变体在烟草的基因功能研究中也将发挥重要的作用。

本章介绍通过 EMS 诱变的普通烟草品种"中烟 100"和"红花大金元"除叶片以外的其他形态表型突变体的筛选鉴定方法、过程，以及鉴定获得的相关突变体。

第1节 筛选与鉴定方法

1 筛选方法

在大田生产种植条件下的烟草 EMS 突变二代（M_2）株系中，通过研究人员的田间观察，筛选与野生型对照不同的除叶片以外的其他形态表型变异的突变体（刘贯山，2012）。

(1) 筛选时期

与叶片形态表型相似，烟草 EMS 突变二代幼苗的其他形态变异也很少，多数都出现在移栽后大田期的成株（烟株）上。选择团棵期、现蕾期或初花期、盛花期或果实成熟期对其他形态变异突变体进行筛选。团棵期的其他形态突变表型包括生长势强、早花、株高矮化、螺旋株等，这个时期筛选的其他形态突变表型并不多。现蕾期或初花期是筛选其他形态突变表型的主要时期，多数突变表型在这个时期都已经显现，包括株高、株型和长相、节间距、茎叶夹角、花色等。盛花期或果实成熟期出现的其他形态变异表型也不多，主要是花形态、育性、晚花、腋芽多等。

(2) 筛选性状

以"中烟 100" EMS 诱变为例，通过观察与分析，其他形态突变表型包括生长势、株高、株型与长相、主茎及分枝与腋芽、茎叶夹角、节间距、花期、花形态、花色、育性、病虫反应等 11 个一类突变表型，以及相应细化的 48 个二类突变表型（具

体见第 4 章第 1 节）。其中，少数突变表型如生长势强、株高较高、长相好、主茎粗、腋芽少等有利于烟叶质量和产量的提高，属于烟叶生产有利突变性状。这些具有有利突变性状的材料经过鉴定和回交改良，可成为烟草重要的种质资源、育种亲本，甚至烟草新品系（种）。多数其他形态突变表型属于烟叶生产不利性状，特别是生长势弱、早花、主茎易倒伏、各种病虫反应等。这些具有不利突变性状的材料通过深入鉴定后可以获得相关突变基因，能够阐明相应的生物学问题。对有些不利性状的深入鉴定和突变基因解析，可以揭示相关表型形成机制；例如，对烟草白茎突变体突变基因的深入解析，有助于阐明白肋烟烟叶质量的形成机制（Wu 等，2014）。

(3) 筛选程序

筛选程序与烟草叶片形态表型突变体的相同（具体见第 5 章第 1 节）。

2 鉴定方法

对筛选获得的烟草某一其他形态表型突变材料，从 M_3 代开始，针对突变性状遗传稳定性、观测值、遗传规律、突变基因克隆及功能互补验证等方面进行全面分析，最终鉴定该性状突变体（刘贯山，2012），具体参见第 2 章第 2 节。考虑到株型在烟叶产量和质量中的重要作用，将烟草优异株型突变表型的筛选与鉴定内容放在第 9 章第 5 节；考

虑到腋芽在烟草发育中的重要性，将烟草腋芽相关突变表型的筛选与鉴定内容放在第 8 章第 1 节。

从 M_3 代开始，根据某一其他形态突变表型在各个世代中的遗传与分离规律分析，确定该突变体或突变性状的遗传稳定性。与叶片形态突变性状一样，其他形态突变性状在 M_3 代及更高世代中主要有以下 6 种遗传类型：原变异稳定遗传、原变异分离、原变异及新变异分离、新变异稳定遗传、新变异分离和无变异（具体见第 2 章第 2 节、第 4 章第 3 节和第 5 章第 1 节）。

第 2 节 筛选与鉴定过程

在中国农业科学院烟草研究所诸城试验基地，2011 ~ 2014 年进行了大规模的普通烟草品种"中烟 100"和"红花大金元"叶片以外的其他形态表型 EMS 诱变突变体的筛选；2012 ~ 2015 年对筛选的突变体进行了形态表型鉴定。筛选时，每个株系种植 15 株；鉴定时，每个株系种植 30 株。田间种植密度和管理按正常烤烟生产进行，不打顶不抹杈。在团棵期、现蕾期或初花期、盛花期或果实成熟期 3 个生长时期，对突变群体进行性状调查，对具有突变表型的突变体挂牌标记、拍照和套袋收种。5 年来，种植"中烟 100"和"红花大金元"其他形态表型 EMS 突变群体总面积约 7 公顷，从 7 831 个 M_2 株系、约 10 万个单株中，共筛选获得各类其他形态表型突变体 1 237 个（表 6-1），并据此鉴定获得其他形态表型突变体 196 个（表 6-2）。

1 筛选过程

(1) 2011 年度筛选情况

2011 年种植"中烟 100"EMS 突变群体 M_2 代株系共计 1 147 个，采用托盘育苗，于 1 月 24 日播种，3 月 24 日假植，4 月 28 日移栽。调查 957 个株系，共计 10 497 株。调查结果表明，在突变群体中共筛选获得 121 个其他形态表型突变单株，主要有株高较高、主茎多分枝、株高矮化等，各其他形态表型的单株总突变率为 1.15%（表 6-1）。

(2) 2012 年度筛选情况

2012 年种植"中烟 100"和"红花大金元"EMS 突变群体 M_2 代株系共计 6 000 个，采用托盘育苗，于 2 月 16 ~ 18 日播种，4 月 9 ~ 13 日假植，5 月 22 ~ 26 日移栽。调查"中烟 100"4 502 个株系，共计 55 065 株；调查"红花大金元"862 个株系，共计 12 380 株。调查结果表明，在"中烟 100"突变群体中共筛选获得 682 个其他形态表型突变单株，主要有株高较高、主茎有分枝、育性低等，各其他形态表型的单株总突变率为 1.24%；在"红花大金元"突变群体中共筛选获得 64 个其他形态表型突变单株，主要有主茎有分枝、株高较矮、育性低等，各其他形态表型的单株总突变率为 0.52%。在"中烟 100"和"红花大金元"67 445 株 M_2 群体中，共筛选获得其他形态表型突变单株 746 个，各其他形态表型的单株总突变率为 1.11%（表 6-1）。

(3) 2013 年度筛选情况

2013 年种植"中烟 100"EMS 突变群体 M_2 代株系共计 1 010 个，采用托盘育苗，于 2 月 28 日播种，4 月 8～10 日假植，4 月 28 日移栽。调查 1 010 个株系，共计 14 466 株。调查结果表明，在突变群体中共筛选获得 321 个其他形态表型突变单株，主要有晚花、育性低、早花等，各其他形态表型的单株总突变率为 2.22%（表 6-1）。

(4) 2014 年度筛选情况

2014 年种植"中烟 100"EMS 突变群体 M_2 代株系共计 500 个，采用托盘育苗，于 2 月 28 日播种，4 月 8 日假植，5 月 22～23 日移栽。调查 500 个株系，共计 7 500 株。调查结果表明，在突变群体中共筛选获得 49 个其他形态表型突变单株，主要有早花、螺旋株、柱头高等，各其他形态表型的单株总突变率为 0.65%（表 6-1）。

2 鉴定过程

(1) 2012 年度鉴定情况

2012 年种植 EMS 诱变"中烟 100"M_3 代其他形态表型株系 154 个。经过鉴定，获得稳定遗传 M_2 代突变表型的突变体 17 个，获得基本稳定遗传 M_2 代突变表型的突变体 8 个（表 6-2）。这些稳定遗传的突变表型涉及晚花（7 个）、株高较矮（4 个）、株高较高（1 个）、花色淡红（1 个）、似晾晒烟株型（2 个）、育性低（1 个）、生长势弱（1 个）；基本稳定遗传的突变表型涉及株高较矮（6 个）、株高很高（1 个）、花色淡红（1 个）。

表 6-1　"中烟 100"和"红花大金元"其他形态表型 EMS 突变体筛选

年度	M_2 代		突变率（%）
	调查株数	收种突变株数	
2011	10 497	121	1.15
2012	67 445	746	1.11
2013	14 466	321	2.22
2014	7 500	49	0.65
合计	99 908	1 237	1.24

注：此处的突变率是指收获种子的突变单株数占总调查株数的比率，因此比第 4 章第 2 节的突变率低得多。

表 6-2　"中烟 100"和"红花大金元"其他形态表型 EMS 突变体鉴定

年度	M_3 代株系数		M_4 代株系数		M_5 代株系数		M_6 代株系数	
	调查	稳定	调查	稳定	调查	稳定	调查	稳定
2012	154	25						
2013	60	5	56	8				
2014	207	49	12	2	28	4		
2015	48	15	153	63	16	11	21	14
合计	469	94	221	73	44	15	21	14

注：稳定株系数包括稳定遗传和基本稳定遗传的株系数。

（2）2013 年度鉴定情况

2013 年种植 EMS 诱变"中烟 100"M_3 代其他形态表型株系 24 个，"红花大金元"M_3 代其他形态表型株系 36 个。经过鉴定，获得稳定遗传 M_2 代突变表型的突变体 1 个，获得基本稳定遗传 M_2 代突变表型的突变体 4 个（表 6-2）。这些稳定遗传的突变表型涉及株高较矮（1 个）；基本稳定遗传的突变表型涉及株高较矮（2 个）、花色深红（1 个）、生长势强（1 个）。

2013 年种植 EMS 诱变"中烟 100"M_4 代其他形态表型株系 56 个。经过鉴定，获得稳定遗传 M_3 代突变表型的突变体 7 个，获得基本稳定遗传 M_3 代突变表型的突变体 1 个（表 6-2）。这些稳定遗传的突变表型涉及株高较矮（1 个）、株高较高（1 个）、花色深红（1 个）、螺旋株（1 个）、似晾晒烟株型（1 个）、茎叶夹角大（1 个）、生长势强（1 个）；基本稳定遗传的突变表型涉及花色白色（1 个）。

（3）2014 年度鉴定情况

2014 年种植 EMS 诱变"中烟 100"M_3 代其他形态表型株系 207 个。经过鉴定，获得稳定遗传 M_2 代突变表型的突变体 32 个，获得基本稳定遗传 M_2 代突变表型的突变体 17 个（表 6-2）。这些稳定遗传的突变表型涉及晚花（19 个）、早花（2 个）、株高矮化（1 个）、花色深红（2 个）、螺旋株（1 个）、茎叶夹角小（2 个）、节间距大（1 个）、节间距小（2 个）、育性低（2 个）；基本稳定遗传的突变表型涉及晚花（15 个）、株高较高（1 个）、螺旋株（1 个）。

2014 年种植 EMS 诱变"中烟 100"M_4 代其他形态表型株系 4 个，"红花大金元"M_4 代其他形态表型株系 8 个。经过鉴定，获得稳定遗传 M_3 代突变表型的突变体 1 个，获得基本稳定遗传 M_3 代突变表型的突变体 1 个（表 6-2）。这些稳定遗传的突变表型涉及早花（1 个）；基本稳定遗传的突变表

型涉及茎叶夹角小（1 个）。

2014 年种植 EMS 诱变"中烟 100"M_5 代其他形态表型株系 28 个。经过鉴定，获得稳定遗传 M_4 代突变表型的突变体 4 个（表 6-2）。这些稳定遗传的突变表型涉及晚花（1 个）、株高较矮（1 个）、似晾晒烟株型（1 个）、茎叶夹角小（1 个）。

（4）2015 年度鉴定情况

2015 年种植 EMS 诱变"中烟 100"M_3 代其他形态表型株系 48 个。经过鉴定，获得稳定遗传 M_2 代突变表型的突变体 15 个（表 6-2）。这些稳定遗传的突变表型涉及早花（3 个）、株高较矮（4 个）、螺旋株（3 个）、叶片下垂（1 个）、育性低（2 个）、生长势强（1 个）、生长势弱（1 个）。

2015 年种植 EMS 诱变"中烟 100"M_4 代其他形态表型株系 153 个。经过鉴定，获得稳定遗传 M_3 代突变表型的突变体 61 个，获得基本稳定遗传 M_3 代突变表型的突变体 2 个（表 6-2）。这些稳定遗传的突变表型涉及晚花（9 个）、早花（13 个）、株高较矮（2 个）、株高较高（4 个）、花色白色（3 个）、花色深红（3 个）、螺旋株（6 个）、茎叶夹角小（7 个）、节间距大（1 个）、节间距小（4 个）、育性低（3 个）、生长势强（2 个）、主茎粗（2 个）、主茎白色（1 个）、主茎易倒伏（1 个）；基本稳定遗传的突变表型涉及茎叶夹角小（1 个）、育性低（1 个）。

2015 年种植 EMS 诱变"中烟 100"M_5 代其他形态表型株系 9 个，"红花大金元"M_5 代其他形态表型株系 7 个。经过鉴定，获得稳定遗传 M_4 代突变表型的突变体 11 个（表 6-2）。这些稳定遗传的突变表型涉及晚花（3 个）、株高较矮（2 个）、花色深红（1 个）、螺旋株（2 个）、茎叶夹角小（2 个）、主茎易倒伏（1 个）。

2015 年种植 EMS 诱变"中烟 100"M_6 代其他形态表型株系 21 个。经过鉴定，获得稳定遗传 M_5 代突变表型的突变体 14 个（表 6-2）。这些稳定遗

传的突变表型涉及株高较矮（2 个）、株高很高（1 个）、花色白色（1 个）、花色深红（2 个）、螺旋株（1 个）、似晾晒烟株型（4 个）、茎叶夹角小（1 个）、生长势强（1 个）、主茎白色（1 个）。

第3节 鉴定的烟草其他形态表型突变体

2012 ~ 2015 年田间鉴定获得普通烟草品种"中烟 100"和"红花大金元"叶片以外其他形态表型 EMS 诱变突变体 196 个，其中突变表型稳定遗传的 165 个，突变表型基本稳定遗传的 31 个；"中烟 100"突变体 186 个，"红花大金元"突变体 10 个。这些其他形态表型包括 10 大类：花期、株高、花色、株型、茎叶夹角、节间距、育性、生长势、主茎和倒伏。许多突变体具有多个其他形态的复合表型，或者多个叶片形态与其他形态的复合表型。

1 花期突变体

鉴定获得"中烟 100"和"红花大金元"花期突变体 73 个，包括晚花突变体 54 个（其中突变性状稳定遗传的 39 个，基本稳定遗传的 15 个）、早花突变体 19 个（突变性状稳定遗传）。

（1）晚花突变体

晚花突变体 1：M_3 系统编号（系统编号的设置参见第 13 章第 1 节，下同）为 11ZE3000096，2012 年田间编号为 MZE3-124，M_3 株系全部单株晚花（图 6-1a），性状遗传类型为 5（突变性状在

M_3 代及更高世代的遗传类型包括 6 种，具体参见第 2 章第 2 节，下同）。M_2 单株突变性状为叶数多。

晚花突变体 2：M_3 系统编号为 11ZE3000183，2012 年田间编号为 MZE3-171，M_3 株系全部单株晚花，性状遗传类型为 5。M_2 单株突变性状为叶片晚衰、叶片宽大、叶面平滑、叶片厚。

晚花突变体 3：M_3 系统编号为 11ZE3002153，2012 年田间编号为 MZE3-217，M_3 株系全部单株晚花（图 6-1b），性状遗传类型为 1。M_2 单株突变

图 6-1　晚花突变体 1 和 3

a. MZE3-124(2012) 株系；b. MZE3-217(2012) 株系

注：野生型对照的基本形态特征参见第 3 章第 1 节（下同）

性状为晚花。

晚花突变体 4：M₃ 系统编号为 11ZE3003164，2012 年田间编号为 MZE3-125，M₃ 株系全部单株晚花，性状遗传类型为 5。M₂ 单株突变性状为叶数多、叶片早衰。

晚花突变体 5：M₃ 系统编号为 11ZE3003252，2012 年田间编号为 MZE3-223，M₃ 株系全部单株晚花，性状遗传类型为 1。M₂ 单株突变性状为晚花。

晚花、株高较矮突变体 6：M₃ 系统编号为 11ZE3004077，2012 年田间编号为 MZE3-167，M₃ 株系全部单株晚花、株高较矮，性状遗传类型为 1。M₂ 单株突变性状为晚花。

晚花、螺旋株突变体 7：M₃ 系统编号为 11ZE3004141，2012 年田间编号为 MZE3-224，M₃ 株系全部单株晚花、80% 单株螺旋株，性状遗传类型为 1。M₂ 单株突变性状为晚花。

晚花突变体 8：M₅ 系统编号为 13ZE501013111，2014 年田间编号为 MZ5-12，M₅ 株系全部单株晚花，性状遗传类型为 1。M₄ 系统编号为 12ZE40101311，2013 年田间编号为 MZ4-164，M₄ 株系 80% 单株

晚花（图 6-2a），性状遗传类型为 2。M₃ 系统编号为 11ZE3010131，2012 年田间编号为 MZE3-238，M3 株系全部单株晚花（图 6-2b、c）。M₂ 单株突变性状为花粉发育相关蛋白 TILLING 突变体。

晚花、叶片宽大突变体 9：M₅ 系统编号为 14ZE501496253，2015 年田间编号为 MZ5-23，M₅ 株系全部单株晚花、叶片宽大（图 6-3a），性状遗传类型为 1。M₄ 系统编号为 13ZE40149625，2014 年田间编号为 MZ4-18，M₄ 株系全部单株晚花，性状遗传类型为 5。M₃ 系统编号为 12ZE3014962，2013 年田间编号为 MZ3-129，M₃ 株系全部单株叶片宽大（图 6-3b、c），性状遗传类型为 1。M₂ 单株突变性状为叶片宽大、生长势强。

晚花、株高较矮突变体 10：M₃ 系统编号为 13ZE3230402，2014 年田间编号为 MZ3-139，M₃ 株系全部单株晚花、株高较矮，性状遗传类型为 1。M₂ 单株突变性状为晚花。

晚花突变体 11：M₃ 系统编号为 13ZE3230561，2014 年田间编号为 MZ3-141，M₃ 株系全部单株晚花，性状遗传类型为 1。M₂ 单株突变性状为晚花。

图 6-2 晚花突变体 8

a. MZ4-164(2013) 株系和单株；b. MZE3-238(2012) 株系；c. MZE3-238(2012) 单株

图 6-3 晚花、叶片宽大突变体 9

a. MZ5-23(2015) 株系；b. MZ3-129(2013) 株系；c. MZ3-129(2013) 单株

晚花、叶形圆形、叶片小、叶色深绿突变体 12：M₃ 系统编号为 13ZE3232041，2014 年田间编号为 MZ3-417，M₃ 株系全部单株晚花、叶形圆形、叶片小、叶色深绿，性状遗传类型为 1。M₂ 单株突变性状为晚花。

晚花突变体 13：M₃ 系统编号为 13ZE3232771，2014 年田间编号为 MZ3-506，M₃ 株系全部单株晚花，性状遗传类型为 1。M₂ 单株突变性状为晚花、株高较矮。

晚花突变体 14：M₃ 系统编号为 13ZE3233102，2014 年田间编号为 MZ3-145，M₃ 株系全部单株晚花，性状遗传类型为 1。M₂ 单株突变性状为晚花。

晚花突变体 15：M₃ 系统编号为 13ZE3234631，2014 年田间编号为 MZ3-189，M₃ 株系全部单株晚花，性状遗传类型为 1。M₂ 单株突变性状为晚花。

晚花突变体 16：M₃ 系统编号为 13ZE3234801，2014 年田间编号为 MZ3-172，M₃ 株系全部单株晚花，性状遗传类型为 1。M₂ 单株突变性状为晚花。

晚花突变体 17：M₃ 系统编号为 13ZE3235061，2014 年田间编号为 MZ3-175，M₃ 株系全部单株晚花，性状遗传类型为 1。M₂ 单株突变性状为晚花。

晚花突变体 18：M₃ 系统编号为 13ZE3235181，2014 年田间编号为 MZ3-137，M₃ 株系全部单株晚花，性状遗传类型为 1。M₂ 单株突变性状为晚花。

晚花突变体 19：M₃ 系统编号为 13ZE3235212，2014 年田间编号为 MZ3-504，M₃ 株系全部单株晚花，性状遗传类型为 1。M₂ 单株突变性状为晚花、株高较矮。

晚花突变体 20：M₄ 系统编号为 14ZE42353211，2015 年田间编号为 MZ4-189，M₄ 株系全部单株晚花（图 6-4a），性状遗传类型为 1。M₃ 系统编号为 13ZE3235321，2014 年田间编号为 MZ3-148，M₃ 株系全部单株晚花、节间距小、螺旋株（图 6-4b、c），性状遗传类型为 1。M₂ 单株突变性状为晚花。

晚花、茎叶夹角小、叶色深绿、株高较矮突变体 21：M₄ 系统编号为 14ZE42353721，2015 年田间编号为 MZ4-214，M₄ 株系全部单株晚花、茎叶夹角小、叶色深绿、株高较矮，性状遗传类型为 1。M₃ 系统编号为 13ZE3235372，2014 年田间编号为 MZ3-505，M₃ 株系全部单株晚花、叶面皱，性状

图 6-4 晚花突变体 20

a. MZ4-189(2015) 株系；b. MZ3-148(2014) 株系；c. MZ3-148(2014) 单株

遗传类型为 1。M₂ 单株突变性状为晚花、株高较矮。

晚花、叶面皱、叶脉紊乱突变体 22：M₄ 系统编号为 14ZE 42358211，2015 年田间编号为 MZ4-190，M₄ 株系全部单株晚花、叶面皱、叶脉紊乱，性状遗传类型为 1。M₃ 系统编号为 13ZE3235821，2014 年田间编号为 MZ3-149，M₃ 株系 80% 单株晚花，性状遗传类型为 2。M₂ 单株突变性状为晚花。

晚花、叶片宽大突变体 23：M₄ 系统编号为 14ZE42362222，2015 年田间编号为 MZ4-099，M₄ 株系全部单株晚花、叶片宽大（图 6-5a），性状遗传类型为 1。M₃ 系统编号为 13ZE3236222，2014 年田间编号为 MZ3-409，M₃ 株系全部单株晚花（图 6-5b），性状遗传类型为 1。M₂ 单株突变性状为晚花、叶形圆形、株高较矮。

图 6-5 晚花、叶片宽大突变体 23

a. MZ4-099(2015) 株系；b. MZ3-409(2014) 株系

晚花突变体 24：M₃ 系统编号为 13ZE3237231，2014 年田间编号为 MZ3-241，M₃ 株系全部单株晚花，性状遗传类型为 5。M₂ 单株突变性状为萨姆逊香。

晚花、长相好突变体 25：M₃ 系统编号为 13ZE3238241，2014 年田间编号为 MZ3-165，M₃ 株系全部单株晚花、93% 单株长相好，性状遗传类型为 1。M₂ 单株突变性状为晚花。

晚花突变体 26：M₃ 系统编号为 13ZE3238491，2014 年田间编号为 MZ3-238，M₃ 株系全部单株晚花，性状遗传类型为 5。M₂ 单株突变性状为萨姆逊香。

晚花突变体 27：M₃ 系统编号为 13ZE3239541，2014 年田间编号为 MZ3-155，M₃ 株系全部单株晚花，性状遗传类型为 1。M₂ 单株突变性状为晚花。

晚花突变体 28：M₃ 系统编号为 13ZE3239851，2014 年田间编号为 MZ3-507，M₃ 株系全部单株晚花，性状遗传类型为 1。M₂ 单株突变性状为晚花、株高较矮。

晚花、螺旋株突变体 29：M₄ 系统编号为 14ZE42410512，2015 年田间编号为 MZ4-204，M₄ 株系全部单株晚花、螺旋株（图 6-6a），性状遗传类型为 1。M₃ 系统编号为 13ZE3241051，2014 年田间编号为 MZ3-186，M₃ 株系 79% 单株晚花（图 6-6b），性状遗传类型为 2。M₂ 单株突变性状为晚花、雄蕊变花瓣。

图 6-6　**晚花、螺旋株突变体 29**
a. MZ4-204(2015) 单株；b. MZ3-186(2014) 株系

图 6-7　**晚花突变体 30 和 35**
a. MZ4-209(2015) 株系；b. MZ4-196(2015) 株系

晚花突变体 30：M₄ 系统编号为 14ZE42410721，2015 年田间编号为 MZ4-209，M₄ 株系全部单株晚花、茎叶夹角小、叶片宽大（图 6-7a），性状遗传类型为 1。M₃ 系统编号为 13ZE3241072，2014 年田间编号为 MZ3-236，M₃ 株系 93% 单株晚花，性状遗传类型为 4。M₂ 单株突变性状为萨姆逊香。

晚花突变体 31：M₄ 系统编号为 14ZE42420021，2015 年田间编号为 MZ4-208，M₄ 株系全部单株晚花，性状遗传类型为 1。M₃ 系统编号为 13ZE 3242002，2014 年田间编号为 MZ3-229，M₃ 株系全部单株晚花，性状遗传类型为 5。M₂ 单株突变性状为萨姆逊香。

晚花突变体 32：M₃ 系统编号为 13ZE3242063，2014 年田间编号为 MZ3-521，M₃ 株系全部单株晚花，性状遗传类型为 1。M₂ 单株突变性状为晚花、主茎粗。

晚花突变体 33：M₃ 系统编号为 13ZE3242281，2014 年田间编号为 MZ3-159，M₃ 株系全部单株晚花，性状遗传类型为 1。M₂ 单株突变性状为晚花。

晚花突变体 34：M₃ 系统编号为 13ZE3242941，2014 年田间编号为 MZ3-508，M₃ 株系全部单株晚花，性状遗传类型为 1。M₂ 单株突变性状为晚花、株高较矮。

晚花突变体 35：M₄ 系统编号为 14ZE42431521，2015 年田间编号为 MZ4-196，M₄ 株系全部单株晚花（图 6-7b），性状遗传类型为 1。M₃ 系统编号为 13ZE3243152，2014 年田间编号为 MZ3-162，M₃ 株系 80% 单株晚花，性状遗传类型为 2。M₂ 单株突变性状为晚花。

晚花突变体 36：M₃ 系统编号为 13ZE3243531，2014 年田间编号为 MZ3-509，M₃ 株系全部单株晚花，性状遗传类型为 5。M₂ 单株突变性状为株高较矮、主茎有分枝、叶形细长。

晚花、叶尖焦枯突变体 37：M₄ 系统编号为 14ZE42437811，2015 年田间编号为 MZ4-197，M₄ 株系全部单株晚花、叶尖焦枯（图 6-8），性状遗传类型为 1。M₃ 系统编号为 13ZE3243781，2014 年田间编号为 MZ3-163，M₃ 株系 87% 单株晚花，性状遗传类型为 2。M₂ 单株突变性状为晚花。

晚花突变体 38：M₅ 系统编号为 14HE501024

图 6-8 晚花、叶尖焦枯突变体 37

a. MZ4-197(2015) 株系；b. MZ4-197(2015) 叶片

211，2015 年田间编号为 MH5-07，M_5 株系全部单株晚花，性状遗传类型为 1。M_4 系统编号为 13HE40102421，2014 年田间编号为 MH4-03，M_4 株系全部单株晚花、育性低，性状遗传类型为 1。M_3 系统编号为 12HE3010242，2013 年田间编号为 MH3-63，M_3 株系全部单株晚花，性状遗传类型为 1。M_2 单株突变性状为晚花。

晚花突变体 39：M_5 系统编号为 14HE501295111，2015 年田间编号为 MH5-08，M_5 株系全部单株晚花，性状遗传类型为 1。M_4 系统编号为 13HE40129511，2014 年田间编号为 MH4-04，M_4 株系全部单株晚花，性状遗传类型为 1。M_3 系统编号为 12HE3012951，2013 年田间编号为 MH3-64，M_3 株系全部单株晚花，性状遗传类型为 1。M_2 单株突变性状为晚花。

晚花突变体 40：M_3 系统编号为 13ZE3233562，2014 年田间编号为 MZ3-503，M_3 株系 93% 单株晚花，性状遗传类型为 2。M_2 单株突变性状为晚花、株高较矮。

晚花突变体 41：M_3 系统编号为 13ZE3234772，2014 年田间编号为 MZ3-146，M_3 株系 84% 单株晚花，性状遗传类型为 2。M_2 单株突变性状为晚花。

晚花突变体 42：M_3 系统编号为 13ZE3234811，2014 年田间编号为 MZ3-173，M_3 株系 85% 单株晚花，性状遗传类型为 2。M_2 单株突变性状为晚花。

晚花突变体 43：M_3 系统编号为 13ZE3234871，2014 年田间编号为 MZ3-147，M_3 株系 77% 单株晚花，性状遗传类型为 2。M_2 单株突变性状为晚花。

晚花突变体 44：M_3 系统编号为 13ZE3235771，2014 年田间编号为 MZ3-176，M_3 株系 86% 单株晚花，性状遗传类型为 2。M_2 单株突变性状为晚花。

晚花突变体 45：M_3 系统编号为 13ZE3236551，2014 年田间编号为 MZ3-225，M_3 株系 91% 单株晚花，性状遗传类型为 4。M_2 单株突变性状为萨姆逊香。

晚花突变体 46：M_3 系统编号为 13ZE3237202，2014 年田间编号为 MZ3-151，M_3 株系 77% 单株晚花，性状遗传类型为 2。M_2 单株突变性状为晚花。

晚花突变体 47：M_3 系统编号为 13ZE3237322，2014 年田间编号为 MZ3-486，M_3 株系 92% 单株晚花，性状遗传类型为 2。M_2 单株突变性状为晚花、育性低。

晚花突变体 48：M_3 系统编号为 13ZE3238941，2014 年田间编号为 MZ3-181，M_3 株系 85% 单株晚花，性状遗传类型为 2。M_2 单株突变性状为晚花。

晚花突变体 49：M_3 系统编号为 13ZE3238953，2014 年田间编号为 MZ3-133，M_3 株系 79% 单株晚花，性状遗传类型为 2。M_2 单株突变性状为晚花。

晚花突变体 50：M_3 系统编号为 13ZE3239622，2014 年田间编号为 MZ3-231，M_3 株系 79% 单株晚花，性状遗传类型为 4。M_2 单株突变性状为萨姆逊香。

晚花突变体 51：M_3 系统编号为 13ZE3239822，2014 年田间编号为 MZ3-167，M_3 株系 85% 单株晚花，性状遗传类型为 2。M_2 单株突变性状为晚花。

晚花突变体 52：M_3 系统编号为 13ZE3239893，2014 年田间编号为 MZ3-156，M_3 株系 94% 单株晚花，性状遗传类型为 2。M_2 单株突变性状为晚花。

晚花突变体 53：M_3 系统编号为 13ZE3240572，2014 年田间编号为 MZ3-157，M_3 株系 87% 单株晚花，性状遗传类型为 2。M_2 单株突变性状为晚花。

晚花突变体 54：M_3 系统编号为 13ZE3241142，2014 年田间编号为 MZ3-158，M_3 株系 87% 单株晚花，性状遗传类型为 2。M_2 单株突变性状为晚花。

（2）早花突变体

早花、感黑胫病突变体 1：M_4 系统编号为 14ZE42305721，2015 年田间编号为 MZ4-227，M_4 株系全部单株早花、90% 单株感黑胫病（图 6-9a、b），性状遗传类型为 1。M_3 系统编号为 13ZE3230572，2014 年田间编号为 MZ3-193，M_3 株系全部单株早花、花粉量少、萨姆逊香（图 6-9c），性状遗传类型为 1。M_2 单株突变性状为早花。

早花、生长势强、萨姆逊香突变体 2：M_4 系统

图 6-9 早花、感黑胫病突变体 1

a. MZ4-227(2015) 单株；b. MZ4-227(2015) 单株茎基部；c. MZ3-193(2014) 株系

编号为 14ZE42307311，2014 年田间编号为 MZ4-002，M₄ 株系全部单株早花、生长势强、萨姆逊香、69% 单株感黑胫病，性状遗传类型为 1。M₃ 系统编号为 13ZE3230731，2013 年田间编号为 MZ3-270，M₃ 株系 86% 单株早花，性状遗传类型为 2。M₂ 单株突变性状为早花、叶形细长、叶缘外卷、感黑胫病。

早花、叶缘外卷、感黑胫病突变体 3：M₄ 系统编号为 14ZE42307631，2015 年田间编号为 MZ4-239，M₄ 株系全部单株早花、叶缘外卷、93% 单株感黑胫病（图 6-10a、b），性状遗传类型为 1。M₃ 系统编号为 13ZE3230763，2014 年田间编号为 MZ3-203，M₃ 株系全部单株早花、叶缘外卷（图 6-10c），性状遗传类型为 1。M₂ 单株突变性状为早花、叶形细长、叶缘外卷、感黑胫病。

早花、叶缘外卷、感黑胫病突变体 4：M₄ 系统编号为 14ZE42307821，2015 年田间编号为 MZ4-234，M₄ 株系全部单株早花、叶缘外卷、感黑胫病，性状遗传类型为 1。M₃ 系统编号为 13ZE3230782，2014 年田间编号为 MZ3-205，M₃ 株系全部单株早花、叶缘外卷、13% 单株感黑胫病，性状遗传类型

为 1。M₂ 单株突变性状为早花、叶形细长、叶缘外卷、感黑胫病。

早花突变体 5：M₄ 系统编号为 14ZE42307911，2015 年田间编号为 MZ4-229，M₄ 株系全部单株早花、69% 单株感黑胫病，性状遗传类型为 1。M₃ 系统编号为 13ZE3230791，2014 年田间编号为 MZ3-196，M₃ 株系全部单株早花、叶缘外卷，性状遗传类型为 1。M₂ 单株突变性状为早花、叶形细长、叶缘外卷。

早花突变体 6：M₄ 系统编号为 14ZE42308021，2015 年田间编号为 MZ4-380，M₄ 全部单株早花，性状遗传类型为 1。M₃ 系统编号为 13ZE3230802，2014 年田间编号为 MZ3-419，M₃ 全部单株早花、茎叶夹角小、腋芽少，性状遗传类型为 5。M₂ 单株突变性状为腋芽多。

早花、叶缘外卷突变体 7：M₄ 系统编号为 14ZE42308211，2015 年田间编号为 MZ4-231，M₄ 株系全部单株早花、叶缘外卷、69% 单株感黑胫病，性状遗传类型为 1。M₃ 系统编号为 13ZE3230821，2014 年田间编号为 MZ3-199，M₃ 株系全部单株早

图 6-10　早花、叶缘外卷、感黑胫病突变体 3

a. MZ4-239(2015) 株系；b. MZ4-239(2015) 单株茎基部；c. MZ3-203(2014) 株系

花、叶缘外卷，性状遗传类型为 1。M_2 单株突变性状为早花、叶形细长、叶缘外卷。

　　早花、叶缘外卷突变体 8：M_4 系统编号为 14ZE42308321，2015 年田间编号为 MZ4-236，M_4 株系全部单株早花、叶缘外卷、64% 单株感黑胫病（图 6-11a、b），性状遗传类型为 1。M_3 系统编号为 13ZE3230832，2014 年田间编号为 MZ3-207，M_3 株系全部单株早花、叶缘外卷、33% 单株感黑胫病（图 6-11c），性状遗传类型为 1。M_2 单株突变性状为早花、叶形细长、叶缘外卷。

　　早花、叶缘外卷、感黑胫病突变体 9：M_4 系统编号为 14ZE42308421，2015 年田间编号 MZ4-237，M_4 株系全部单株早花、叶缘外卷、79% 单株感黑胫病，性状遗传类型为 1。M_3 系统编号为 13ZE3230842，2014 年田间编号 MZ3-208，M_3 株系全部单株早花、叶缘外卷、81% 单株萨姆逊香，性状遗传类型为 1。M_2 单株突变性状为早花、叶形细长、叶缘外卷。

　　早花、叶缘外卷突变体 10：M_4 系统编号为 14ZE42308611，2015 年田间编号为 MZ4-240，M_4 株系全部单株早花、叶缘外卷、69% 单株有叶柄（图 6-12a），性状遗传类型为 1。M_3 系统编号为 13ZE3230861，2014 年田间编号为 MZ3-209，M_3 株系全部单株早花、40% 单株叶缘外卷、20% 单株有叶柄（图 6-12b、c），性状遗传类型为 1。M_2 单株突变性状为早花、叶缘外卷、叶形细长。

　　早花、叶缘外卷、感黑胫病突变体 11：M_4 系统编号为 14ZE42308721，2015 年田间编号为 MZ4-232，M_4 株系全部单株早花、叶缘外卷、感黑胫病，性状遗传类型为 1。M_3 系统编号为 13ZE3230872，2014 年田间编号为 MZ3-200，M_3 株系全部单株早花、叶缘外卷，性状遗传类型为 1。M_2 单株突变性状为早花、叶形细长、叶缘外卷。

　　早花、叶缘外卷、感黑胫病突变体 12：M_4 系统编号为 14ZE42308821，2015 年田间编号为 MZ4-233，M_3 株系全部单株早花、叶缘外卷、85% 单株感黑胫病，性状遗传类型为 1。M_3 系统编号为 13ZE3230882，2014 年田间编号为 MZ3-201，M_3 株系全部单株早花、叶缘外卷、萨姆逊香，性状遗传类型为 1。M_2 单株突变性状为早花、叶形细

图 6-11 早花、叶缘外卷突变体 8

a. MZ4-236(2015) 株系；b. MZ4-236(2015) 果实；c. MZ3-207(2014) 株系

图 6-12 早花、叶缘外卷突变体 10

a. MZ4-240(2015) 株系；b. MZ3-209(2014) 株系；c. MZ3-209(2014) 单株、花序和叶片

长、叶缘外卷。

早花、叶缘外卷、感黑胫病突变体 13：M_4 系统编号为 14ZE42309021，2015 年田间编号为 MZ4-235，M_4 株系全部单株早花、叶缘外卷、

83% 单株感黑胫病，性状遗传类型为 1。M_3 系统编号为 13ZE3230902，2014 年田间编号为 MZ3-206，M_3 株系全部单株早花、叶缘外卷、86% 单株萨姆逊香、36% 单株感黑胫病，性状遗传类型为 1。M_2

单株突变性状为早花、叶形细长、叶缘外卷、感黑胫病。

早花、叶缘外卷、萨姆逊香突变体 14：M_3 系统编号为 13ZE3230935，2014 年田间编号为 MZ3-202，M_3 株系全部单株早花、叶缘外卷（图 6-13），性状遗传类型为 1。M_2 单株突变性状为早花、叶形细长、叶缘外卷。

早花、茎叶夹角小、萨姆逊香突变体 15：M_3 系统编号为 13ZE3232231，2014 年田间编号为 MZ3-195，M_3 株系全部单株早花、茎叶夹角小、萨姆逊香，性状遗传类型为 1。M_2 单株突变性状为早花、茎叶夹角小、叶形细长。

早花、叶缘外卷突变体 16：M_4 系统编号为 14ZE42352721，2015 年田间编号为 MZ4-241，M_4 株系全部单株早花、叶缘外卷，性状遗传类型为 1。M_3 系统编号为 13ZE3235272，2014 年田间编号为 MZ3-194，M_3 株系全部单株早花，性状遗传类型为 1。M_2 单株突变性状为早花。

早花突变体 17：M_3 系统编号为 14ZE3248331，2015 年田间编号为 MZ3-181，M_3 株系全部单株早花，性状遗传类型为 1。M_2 单株突变性状为早花。

早花突变体 18：M_3 系统编号为 14ZE3248461，2015 年田间编号为 MZ3-182，M_3 株系全部单株早花，性状遗传类型为 1。M_2 单株突变性状为早花。

早花突变体 19：M_3 系统编号为 14ZE3248801，2015 年田间编号为 MZ3-192，M_3 株系全部单株早花，性状遗传类型为 1。M_2 单株突变性状为早花。

2 株高突变体

鉴定获得"中烟 100"和"红花大金元"株高突变体 35 个，包括株高矮化突变体 1 个（突变性状

图 6-13 早花、叶缘外卷、萨姆逊香突变体 14

a. MZ3-202(2014) 株系；b. MZ3-202(2014) 单株、花序和叶片

稳定遗传）、株高较矮突变体 25 个（其中突变性状稳定遗传的 17 个，基本稳定遗传的 8 个）、株高较高突变体 7 个（其中突变性状稳定遗传的 6 个，基本稳定遗传的 1 个）、株高很高突变体 2 个（其中突变性状稳定遗传的 1 个，基本稳定遗传的 1 个）。

（1）株高矮化突变体

株高矮化突变体 1：M_3 系统编号为 13ZE3243121，2014 年田间编号为 MZ3-331，M_3 株系全部单株株高矮化，性状遗传类型为 5。M_2 单株突变性状为叶片宽大。

（2）株高较矮突变体

株高较矮、叶脉紊乱突变体 1：M_6 系统编号为 14ZE6000126111，2015 年田间编号为 MZ6-39，M_6 株系全部单株株高较矮、叶脉紊乱（图 6-14a），性状遗传类型为 1。M_5 系统编号为 13ZE500012611，2014 年田间编号为 MZ5-51，M_5 株系全部单株株高较矮、叶面皱（图 6-14b），性状遗传类型为 1。M_4 系统编号为 12ZE40001261，2013 年田间编号

为 MZ4-014，M$_4$ 株系全部单株株高较矮、叶面皱（图 6-14c），性状遗传类型为 1。M$_3$ 系统编号为 11ZE3000126，2012 年田间编号为 MZE3-087，M$_3$ 株系 83% 单株株高较矮、叶面皱，性状遗传类型为 4。M$_2$ 单株突变性状为节间距大、叶数较多。

株高较矮、晚花、叶片早衰突变体 2：M$_3$ 系统编号为 11ZE3000991，2012 年田间编号为 MZE3-257，M$_3$ 株系全部单株株高较矮、晚花、叶片早衰（图 6-15）。M$_2$ 单株突变性状为苯丙氨酸解氨酶 TILLING 突变体。

图 6-14 株高较矮、叶脉紊乱突变体 1

a. MZ6-39(2015) 株系；b. MZ5-51(2014) 单株；c. MZ4-014(2013) 单株

图 6-15 株高较矮、晚花、叶片早衰突变体 2

a. MZE3-257(2012) 株系；b. MZE3-257(2012) 单株；c. MZE3-257(2012) 叶片

株高较矮、晚花突变体 3：M$_5$ 系统编号为 13ZE500206141，2014 年田间编号为 MZ5-38，M$_5$ 株系全部单株株高较矮、晚花，性状遗传类型为 1。M$_4$ 系统编号为 12ZE40020614，2013 年田间编号为 MZ4-026，M$_4$ 株系全部单株株高较矮、晚花、腋芽少（图 6-16a、b），性状遗传类型为 1。M$_3$ 系统编号为 11ZE3002061，2012 年田间编号为 MZE3-216，M$_3$ 株系 86% 单株株高较矮、晚花（图 6-16c），性状遗传类型为 2。M$_2$ 单株突变性状为株高较矮。

株高较矮、少腋芽突变体 4：M$_3$ 系统编号为 11ZE3002065，2012 年田间编号为 MZE3-271，M$_3$ 株系全部单株株高较矮、腋芽少（图 6-17）。M$_2$ 单株突变性状为腋芽发育相关基因（*NtLS*）TILLING 突变体。

株高较矮、叶面皱突变体 5：M$_5$ 系统编号为 14ZE500247711，2015 年田间编号为 MZ5-30，M$_5$ 株系全部单株株高较矮、叶面皱，性状遗传类型为 1。M$_4$ 系统编号为 13ZE40024771，2014 年田间编号为 MZ4-27，M$_4$ 株系全部单株株高较矮、晚花，性状遗

传类型为 1。M$_3$ 系统编号为 12ZE3002477，2013 年田间编号为 MZ3-203，M$_3$ 株系全部单株株高较矮、晚花，性状遗传类型为 5。M$_2$ 单株突变性状为抗 TMV。

株高较矮、主茎多分枝、节间距小、叶色浅绿突变体 6：M$_4$ 系统编号为 12ZE40064912，2013 年田间编号为 MZ4-035，M$_4$ 株系全部单株株高较矮、主茎多分枝、节间距小、叶色浅绿（图 6-18a、b、c），性状遗传类型为 1。M$_3$ 系统编号为 11ZE3006491，2012 年田间编号为 MZE3-262，M$_3$ 株系全部单株株高较矮、主脉发白、叶色浅绿、叶片早衰、育性低（图 6-18d、e）。M$_2$ 单株突变性状为苯丙氨酸解氨酶 TILLING 突变体。

株高较矮、茎叶夹角小、节间距小突变体 7：M$_6$ 系统编号为 14ZE6007426332，2015 年田间编号为 MZ6-41，M$_6$ 株系全部单株株高较矮、茎叶夹角小、节间距小（图 6-19a），性状遗传类型为 1。M$_5$ 系统编号为 13ZE500742633，2014 年田间编号为 MZ5-49，M$_5$ 株系全部单株株高较矮、茎叶夹角小、节间距小（图 6-19b），性状遗传类型为 1。M$_4$ 系统编号为 12ZE40074263，2013 年田间编号为

图 6-16 **株高较矮、晚花突变体 3**

a. MZ4-026(2013) 株系；b. MZ4-026(2013) 单株；c. MZE3-216(2012) 株系

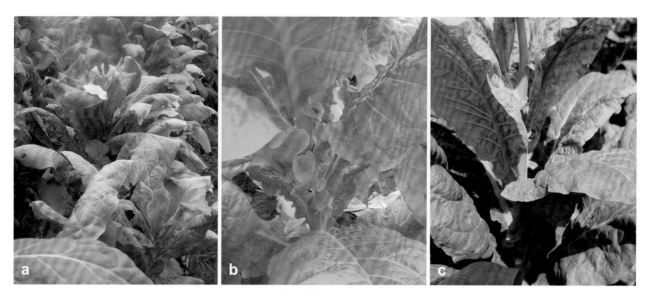

图 6-17 株高较矮、少腋芽突变体 4

a. MZE3-271(2012) 株系；b. MZE3-271(2012) 前期叶片腋部；c. MZE3-271(2012) 后期叶片腋部

图 6-18 株高较矮、主茎多分枝、节间距小、叶色浅绿突变体 6

a. MZ4-035(2013) 株系；b. MZ4-035(2013) 单株；c. MZ4-035(2013) 叶片；d. MZE3-262(2012) 株系；e. MZE3-262(2012) 单株

图 6-19　株高较矮、茎叶夹角小、节间距小突变体 7

a. MZ6-41(2015) 株系；b. MZ5-49(2014) 单株；c. MZE3-079(2012) 单株

MZ4-037，M_4 株系全部单株株高较矮、茎叶夹角小、节间距小，性状遗传类型为 1。M_3 系统编号为 11ZE3007426，2012 年田间编号为 MZE3-079，M_3 株系全部单株株高较矮、茎叶夹角小、节间距小（图 6-19c），性状遗传类型为 1。M_2 单株突变性状为株高较矮。

株高较矮、叶面皱、叶片早衰突变体 8：M_3 系统编号为 11ZE3008001，2012 年田间编号为 MZE3-265，M_3 株系全部单株株高较矮、叶面皱、叶片早衰。M_2 单株突变性状为苯丙氨酸解氨酶 TILLING 突变体。

株高较矮、晚花突变体 9：M_3 系统编号为 11ZE3010876，2012 年田间编号为 MZE3-199，M_3 株系全部单株株高较矮、晚花，性状遗传类型为 5。M_2 单株突变性状为主茎多分枝。

株高较矮、叶面皱突变体 10：M_5 系统编号为 14ZE505754111，2015 年田间编号为 MZ5-32，M_5 株系全部单株株高较矮、叶面皱，性状遗传类型为 1。M_4 系统编号为 13ZE40575411，2014 年田间编号为 MZ4-28，M_4 株系全部单株株高较矮，性状

遗传类型为 5。M_3 系统编号为 12ZE3057541，2013 年田间编号为 MZ3-195，M_3 株系 93% 单株主茎粗，性状遗传类型为 2。M_2 单株突变性状为株高较高、主茎粗、腋芽多。

株高较矮、叶片宽大突变体 11：M_4 系统编号为 14ZE42333611，2015 年田间编号为 MZ4-220，M_4 株系全部单株株高较矮、叶片宽大，性状遗传类型为 1。M_3 系统编号为 13ZE3233361，2014 年田间编号为 MZ3-138，M_3 株系全部单株株高较矮、晚花，性状遗传类型为 1。M_2 单株突变性状为晚花。

株高较矮突变体 12：M_4 系统编号为 14ZE42355411，2015 年田间编号为 MZ4-390，M_4 株系全部单株株高较矮，性状遗传类型为 5。M_3 系统编号为 13ZE3235541，2014 年田间编号为 MZ3-365，M_3 株系 53% 单株株高矮化，性状遗传类型为 4。M_2 单株突变性状为叶色深绿。

株高较矮、多腋芽、育性低突变体 13：M_3 系统编号为 14ZE3244672，2015 年田间编号为 MZ3-199，M_3 株系全部单株株高较矮、腋芽多、育性低，性状遗传类型为 1。M_2 单株突变性状为株高较矮。

株高较矮、叶片宽大突变体 14：M₃ 系统编号为 14ZE324 4692，2015 年田间编号为 MZ3-016，M₃ 株系全部单株株高较矮、叶片宽大，性状遗传类型为 5。M₂ 单株突变性状为萨姆逊香、长相好。

株高较矮、多腋芽突变体 15：M₃ 系统编号为 14ZE3244893，2015 年田间编号为 MZ3-198，M₃ 株系全部单株株高较矮、腋芽多，性状遗传类型为 5。M₂ 单株突变性状为株高矮化。

株高较矮、育性低突变体 16：M₃ 系统编号为 14ZE3247523，2015 年田间编号为 MZ3-201，M₃ 株系全部单株株高较矮、育性低（图 6-20），性状遗传类型为 1。M₂ 单株突变性状为株高较矮。

株高较矮突变体 17：M₃ 系统编号为 12HE3014312，2013 年田间编号为 MH3-25，M₃ 株系全部单株株高较矮（图 6-21），性状遗传类型为 1。M₂ 单株突变性状为株高较矮。

株高较矮、有叶柄突变体 18：M₃ 系统编号为 11ZE3000342，2012 年田间编号为 MZE3-210，M₃ 株系 89% 单株株高较矮、有叶柄（图 6-22），性状遗传类型为 2。M₂ 单株突变性状为株高较矮。

株高较矮突变体 19：M₃ 系统编号为 11ZE300 0804，2012 年田间编号为 MZE3-071，M₃ 株系 91% 单株株高较矮（图 6-23a），性状遗传类型为 4。

图 6-20 **株高较矮、育性低突变体 16**

a. MZ3-201(2015) 株系；b. MZ3-201(2015) 单株、花序和育性

图 6-21 **株高较矮突变体 17**

a. MH3-25(2013) 株系；b. MH3-25(2013) 单株

M₂ 单株突变性状为株高矮化。

株高较矮突变体 20：M₃ 系统编号为 11ZE300 5882，2012 年田间编号为 MZE3-075，M₃ 株系 85% 单株株高较矮（图 6-23b），性状遗传类型为 4。

M₂ 单株突变性状为株高矮化、晚花。

株高较矮、生长势弱突变体 21：M₃ 系统编号为 11ZE3008282，2012 年田间编号为 MZE3-081，M₃ 株系 80% 单株株高较矮、生长势弱（图 6-23c），性状遗传类型为 3。M₂ 单株突变性状为株高较矮。

株高较矮、叶数少、叶片早衰突变体 22：M₃ 系统编号为 11ZE3008284，2012 年田间编号为 MZE3-083，M₃ 株系 94% 单株株高较矮、叶数少、叶片早衰（图 6-24），性状遗传类型为 3。M₂ 单株突变性状为株高较矮。

株高较矮、晚花突变体 23：M₃ 系统编号为 11ZE3010885，2012 年田间编号为 MZE3-200，M₃ 株系 86% 单株株高较矮、晚

花，性状遗传类型为 4。M₂ 单株突变性状为主茎多分枝。

图 6-22 株高较矮、有叶柄突变体 18

a. MZE3-210(2012) 株系；b. MZE3-210(2012) 单株和叶柄

图 6-23 株高较矮突变体 19、20 和 21

a. MZE3-071(2012) 单株；b. MZE3-075(2012) 单株；c. MZE3-081(2012) 株系

图 6-24 株高较矮、叶数少、叶片早衰突变体 22

a. MZE3-083(2012) 株系；b. MZE3-083(2012) 单株；c. MZE3-083(2012) 叶片

株高较矮突变体 24：M_3 系统编号为 12ZE3688432，2013 年田间编号为 MZ3-161，M_3 株系 75% 单株株高较矮，性状遗传类型为 4。M_2 单株突变性状为早花。

株高较矮、叶柄极长突变体 25：M_3 系统编号为 12HE3013103，2013 年田间编号为 MH3-23，M_3 株系 87% 单株株高较矮、叶柄极长，性状遗传类型为 2。M_2 单株突变性状为株高较矮、叶柄极长。

(3) 株高较高突变体

株高较高突变体 1：M_4 系统编号为 12ZE40017781，2013 年田间编号为 MZ4-011，M_4 株系全部单株株高较高（图 6-25a），性状

图 6-25 株高较高突变体 1

a. MZ4-011(2013) 株系；b. MZE3-050(2012) 株系

遗传类型为 1。M₃ 系统编号为 11ZE3001778，2012 年田间编号为 MZE3-050，M₃ 株系全部单株株高较高（图 6-25b），性状遗传类型为 5。M₂ 单株突变性状为株高很高。

株高较高突变体 2：M₃ 系统编号为 11ZE3005 284，2012 年田间编号为 MZE3-059，M₃ 株系全部单株株高较高（图 6-26a），性状遗传类型为 5。M₂ 单株突变性状为株高很高。

株高较高突变体 3：M₄ 系统编号为 14ZE42338 011，2015 年田间编号为 MZ4-385，M₄ 株系全部单株株高较高，性状遗传类型为 1。M₃ 系统编号为 13ZE3233801，2014 年田间编号为 MZ3-374，M₃ 株系 6% 单株株高较高，性状遗传类型为 4。M₂ 单株突变性状为叶色深绿。

株高较高突变体 4：M₄ 系统编号为 14ZE42361 111，2015 年田间编号为 MZ4-383，M₄ 株系全部单株株高较高（图 6-26b），性状遗传类型为 1。M₃ 系统编号为 13ZE3236111，2014 年田间编号为 MZ3-178，M₃ 株系 21% 单株株高较高，性状遗传类型为 4。M₂ 单株突变性状为晚花。

株高较高突变体 5：M₄ 系统编号为 14ZE42361 311，2015 年田间编号为 MZ4-384，M₄ 株系全部单株株高较高（图 6-26c），性状遗传类型为 1。M₃ 系统编号为 13ZE3236131，2014 年田间编号为 MZ3-179，M₃ 株系 36% 单株株高较高，性状遗传类型为 4。M₂ 单株突变性状为晚花。

株高较高突变体 6：M₄ 系统编号为 14ZE42396 711，2015 年田间编号为 MZ4-386，M₄ 株系全部单株株高较高，性状遗传类型为 1。M₃ 系统编号为 13ZE3239671，2014 年田间编号为 MZ3-513，M₃ 株系 57% 单株株高较高，性状遗传类型为 2。M₂ 单株突变性状为株高较高。

株高较高突变体 7：M₃ 系统编号为 13ZE3242 582，2014 年田间编号为 MZ3-515，M₃ 株系 92% 单株株高较高，性状遗传类型为 2。M₂ 单株突变性状为株高较高。

图 6-26　株高较高突变体 2、4 和 5

a. MZE3-059(2012) 株系；b. MZ4-383(2015) 株系；c. MZ4-384(2015) 株系

（4）株高很高突变体

株高很高、生长势强突变体 1：M₆ 系统编号为 14ZE6001356111，2015 年田间编号为 MZ6-42，M₆ 株系全部单株株高很高、生长势强（图 6-27a），性状遗传类型为 5。M₄ 系统编号为 12ZE40013561，2013 年田间编号为 MZ4-007，M₄ 株系全部单株株高较高（图 6-27b），性状遗传类型为 1。M₃ 系统编号为 11ZE3001356，2012 年田间编号为 MZE3-150，M₃ 株系全部单株株高

较高、生长势强（图 6-27c），性状遗传类型为 1。M₂ 单株突变性状为株高较高。通过对 2013 年的 MZ4-007 与"中烟 100"（野生型对照）构建的 F₂ 代群体的遗传分析表明，该突变体株高很高突变性状是由显性单基因控制的。

株高很高突变体 2：M₃ 系统编号为 11ZE3003 202，2012 年田间编号为 MZE3-052，M₃ 株系 88% 单株株高很高，性状遗传类型为 4。M₂ 单株突变性状为株高较高。

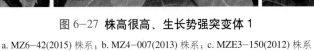

图 6-27 株高很高、生长势强突变体 1

a. MZ6-42(2015) 株系；b. MZ4-007(2013) 株系；c. MZE3-150(2012) 株系

3 花色突变体

鉴定获得"中烟 100"和"红花大金元"花色突变体 17 个，包括花色白色突变体 5 个（其中突变性状稳定遗传的 4 个，基本稳定遗传的 1 个）、花色淡红突变体 2 个（其中突变性状稳定遗传的 1 个，基本稳定遗传的 1 个）、花色深红突变体 10 个（其中突变性状稳定遗传的 9 个，基本稳定遗传的 1 个）。

（1）花色白色突变体

花色白色、叶片早衰突变体 1：M₆ 系统编号为

14ZE6011656231，2015 年田间编号为 MZ6-07，M₆ 株系全部单株花色白色、叶片早衰（图 6-28a、b），性状遗传类型为 1。M₅ 系统编号为 13ZE501165623，2014 年田间编号为 MZ5-04，M₅ 株系全部单株茎叶夹角小、花色白色，性状遗传类型为 1。M₄ 系统编号为 12ZE40116562，2013 年田间编号为 MZ4-051，M₄ 株系 88% 单株茎叶夹角小、花色白色，性状遗传类型为 2。M₃ 系统编号为 11ZE3011656，2012 年田间编号为 MZE3-111，M₃ 株系 94% 单株茎叶夹角小、花色白色、株高较矮（图 6-28c），性状遗传类型为 3。M₂ 单株突变性状为花色白色。通过对

2013 年的 MZ4-051 与"中烟 100"（野生型对照）构建的 F₂ 代群体的遗传分析表明，该突变体花色白色突变性状是由隐性单基因控制的。

花色白色突变体 2：M₄ 系统编号为 14ZE42306

421，2015 年田间编号为 MZ4-130，M₄ 株系全部单株花色白色（图 6-29a、b），性状遗传类型为 1。M₃ 系统编号为 13ZE3230642，2014 年田间编号为 MZ3-183，M₃ 株系 20% 单株花色白色（图 6-29c），

图 6-28 花色白色、叶片早衰突变体 1

a. MZ6-07(2015) 株系；b. MZ6-07(2015) 花冠；c. MZE3-111(2012) 花冠

图 6-29 花色白色突变体 2

a. MZ4-130(2015) 株系；b. MZ4-130(2015) 花冠；c. MZ3-183(2014) 花冠

性状遗传类型为 4。M₂ 单株突变性状为螺旋株。

花色白色突变体 3：M₄ 系统编号为 14ZE42307 021，2015 年田间编号为 MZ4-129，M₄ 株系全部单株花色白色（图 6-30a、b），性状遗传类型为 1。M₃ 系统编号为 13ZE3230702，2014 年田间编号为 MZ3-074，M₃ 株系 54% 单株花色白色（图 6-30c），

性状遗传类型为 4。M₂ 单株突变性状为长相好、叶片落黄集中。

花色白色突变体 4：M₄ 系统编号为 14ZE42349 531，2015 年田间编号为 MZ4-131，M₄ 株系全部单株花色白色（图 6-31a、b），性状遗传类型为 1。M₃ 系统编号为 13ZE3234953，2014 年田间编号为

图 6-30 花色白色突变体 3

a. MZ4-129(2015) 株系；b. MZ4-129(2015) 花冠；c. MZ3-074(2014) 花冠

图 6-31 花色白色突变体 4

a. MZ4-131(2015) 株系；b. MZ4-131(2015) 花冠；c. MZ3-183(2014) 花冠

MZ3-183，M₃株系 77% 单株花色白色、晚花（图 6-31c），性状遗传类型为 2。M₂单株突变性状为花色白色、晚花。

花色白色突变体 5：M₄系统编号为 12ZE40116552，2013 年田间编号为 MZ4-148，M₄株系 93% 单株花色白色，性状遗传类型为 2。M₃系统编号为 11ZE3011655，2012 年田间编号为 MZE3-233，M₃株系 67% 单株花色白色，性状遗传类型为 2。M₂单株突变性状为花色白色。通过对 2013 年的 MZ4-148 与"中烟 100"（野生型对照）构建的 F₂代群体的遗传分析表明，该突变体花色白色突变性状是由隐性单基因控制的。

（2）花色淡红突变体

花色淡红突变体 1：M₃系统编号为 11ZE3000039，2012 年田间编号为 MZE3-097，M₃株系全部单株花色淡红，性状遗传类型为 5。M₂单株突变性状为花色深红。

花色淡红突变体 2：M₃系统编号为 11ZE3000676，2012 年田间编号为 MZE3-110，M₃株系 88% 单株花色淡红，性状遗传类型为 2。M₂单株突变性状为花色淡红。

（3）花色深红突变体

花色深红、生长势强突变体 1：M₄系统编号为 12ZE40000361，2013 年田间编号为 MZ4-132，M₄株系全部单株花色深红、生长势强（图 6-32a），性状遗传类型为 1。M₃系统编号为 11ZE3000036，2012 年田间编号为 MZE3-094，M₃株系全部单株花色深红（图 6-32b、c），性状遗传类型为 1。M₂单株突变性状为花色深红。

花色深红、生长势强、叶面平滑突变体 2：M₆系统编号为 14ZE6000037111，2015 年田间编号为 MZ6-33，M₆株系全部单株花色深红、生长势强、叶面平滑，性状遗传类型为 1。M₅系统编号为 13ZE500003711，2014 年田间编号为 MZ5-40，M₅株系全部单株花色深红、生长势强、柱头高、叶缘外卷（图 6-33a），性状遗传类型为 1。M₄系统编号为 12ZE40000371，2013 年田间编号为 MZ4-133，M₄株系全部单株花色深红、生长势强（图 6-33b），性状遗传类型为 1。M₃系统编号为 11ZE3000037，2012 年田间编号为 MZE3-095，M₃

图 6-32　花色深红、生长势强突变体 1

a. MZ4-132(2013) 株系；b. MZE3-094(2012) 株系；c. MZE3-094(2012) 花冠

株系全部单株花色深红（图 6-33c），性状遗传类型为 1。M₂ 单株突变性状为花色深红。

花色深红、生长势强、叶面平滑突变体 3：M₆ 系统编号为 14ZE6000038111，2015 年田间编号为

MZ6-34，M₆ 株系全部单株花色深红、生长势强、叶面平滑（图 6-34a），性状遗传类型为 1。M₅ 系统编号为 13ZE500003811，2014 年田间编号为 MZ5-41，M₅ 株系全部单株花色深红、生长势强、叶面平滑，

图 6-33 花色深红、生长势强、叶面平滑突变体 2

a. MZ5-40(2014) 株系；b. MZ4-133(2013) 花冠；c. MZE3-095(2012) 花冠

图 6-34 花色深红、生长势强、叶面平滑突变体 3

a. MZ6-34(2015) 株系；b. MZ4-134(2013) 叶片；c. MZ4-134(2013) 花冠

性状遗传类型为 1。M₄ 系统编号为 12ZE40000381，2013 年田间编号为 MZ4-134，M₄ 株系全部单株花色深红、生长势强、叶面平滑（图 6-34b、c），性状遗传类型为 1。M₃ 系统编号为 11ZE3000038，2012 年田间编号为 MZE3-096，M₃ 株系 95% 单株花色深红，性状遗传类型为 2。M₂ 单株突变性状为花色深红。

花色深红、叶面平滑、早花、生长势强、株高较高、萨姆逊香突变体 4：M₃ 系统编号为 13ZE3230132，2014 年田间编号为 MZ3-094，M₃ 株系全部单株花色深红、叶面平滑、早花、生长势强、株高较高、萨姆逊香，性状遗传类型为 1。M₂ 单株突变性状为花色深红、叶面平滑、早花。

花色深红、叶片小、生长势强突变体 5：M₃ 系统编号为 13ZE3230133，2014 年田间编号为 MZ3-095，M₃ 株系全部单株花色深红、叶片小、生长势强，性状遗传类型为 1。M₂ 单株突变性状为花色深红、叶片小。

花色深红突变体 6：M₄ 系统编号为 14ZE42301341，2015 年田间编号为 MZ4-137，M₄ 株系全部单株花色深红（图 6-35a、b），性状遗传类型为 1。M₃

系统编号为 13ZE3230134，2014 年田间编号为 MZ3-093，M₃ 株系全部单株花色深红、叶面平滑、生长势强、萨姆逊香、节间距小（图 6-35c），性状遗传类型为 1。M₂ 单株突变性状为花色深红、叶面平滑、晚花。

花色深红、晚花突变体 7：M₄ 系统编号为 14ZE42367311，2015 年田间编号为 MZ4-136，M₄ 株系全部单株花色深红、晚花，性状遗传类型为 1。M₃ 系统编号为 13ZE3236731，2014 年田间编号为 MZ3-092，M₃ 株系 40% 单株花色深红，性状遗传类型为 2。M₂ 单株突变性状为花色深红。

花色深红、叶面平滑突变体 8：M₄ 系统编号为 14ZE42433121，2015 年田间编号为 MZ4-135，M₄ 株系全部单株花色深红、叶面平滑（图 6-36a、b），性状遗传类型为 1。M₃ 系统编号为 13ZE3243312，2014 年田间编号为 MZ3-091，M₃ 株系 87% 单株花色深红、80% 单株早花、萨姆逊香（图 6-36c），性状遗传类型为 3。M₂ 单株突变性状为花色深红。

花色深红突变体 9：M₅ 系统编号为 14HE501065111，2015 年田间编号为 MH5-01，M₅ 株系全部单株花色深红（图 6-37a），性状遗传类型为 1。M₄

图 6-35 花色深红突变体 6

a. MZ4-137(2015) 株系；b. MZ4-137(2015) 花冠；c. MZ3-093(2014) 株系

系统编号为 13HE40106511，2014 年田间编号为
MH4-01，M₄ 株系全部单株花色深红（图 6-37b），
性状遗传类型为 1。M₃ 系统编号为 12HE3010651，
2013 年田间编号为 MH3-60，M₃ 株系全部单株花
色深红（图 6-37c），性状遗传类型为 1。M₂ 单株

突变性状为花色深红。

花色深红突变体 10：M₃ 系统编号为 12HE3016
261，2013 年田间编号为 MH3-61，M₃ 株系 86%
单株花色深红，性状遗传类型为 2。M₂ 单株突变性
状为花色深红。

图 6-36 花色深红、叶面平滑突变体 8

a. MZ4-135(2015) 株系；b. MZ4-135(2015) 花冠；c. MZ3-091(2014) 株系

图 6-37 花色深红突变体 9

a. MH5-01(2015) 株系；b. MH4-01(2014) 单株；c. MH3-60(2013) 花冠

4　株型突变体

鉴定获得"中烟 100"和"红花大金元"株型突变体 22 个，包括螺旋株突变体 15 个（其中突变性状稳定遗传的 14 个，基本稳定遗传的 1 个）、似晾晒烟突变体 7 个（突变性状稳定遗传）。

（1）螺旋株突变体

螺旋株突变体 1：M_6 系统编号为 14ZE6004692111，2015 年田间编号为 MZ6-14，M_6 株系全部单株螺旋株，性状遗传类型为 1。M_5 系统编号为 13ZE500469211，2014 年田间编号为 MZ5-11，M_5 株系全部单株螺旋株（图 6-38a），性状遗传类型为 1。M_4 系统编号为 12ZE40046921，2013 年田间编号为 MZ4-127，M_4 株系 93% 单株螺旋株（图 6-38b），性状遗传类型为 2。M_3 系统编号为 11ZE3004692，2012 年田间编号为 MZE3-114，M_3 株系全部单株螺旋株（图 6-38c），性状遗传类型为 5。M_2 单株突变性状为叶面皱。通过对 2013 年的 MZ4-127 与"中烟 100"（野生型对照）构建的 F_2 代群体的遗传分析表明，该突变体螺旋株突变性状是由隐性单基因控制的。

螺旋株、叶面皱突变体 2：M_4 系统编号为 12ZE40046931，2013 年田间编号为 MZ4-115，M_4 株系全部单株螺旋株（图 6-39），性状遗传类型为 1。M_3 系统编号为 11ZE3004693，2012 年田间编号为 MZE3-042，M_3 株系全部单株螺旋株，性状遗传类型为 5。M_2 单株突变性状为甜香。

螺旋株突变体 3：M_4 系统编号为 14ZE42351711，2015 年田间编号为 MZ4-162，M_4 株系全部单株螺旋株，性状遗传类型为 1。M_3 系统编号为 13ZE3235171，2014 年田间编号为 MZ3-101，M_3 株系 30% 单株螺旋株，性状遗传类型为 2。M_2 单株突变性状为螺旋株、节间距小。

螺旋株突变体 4：M_4 系统编号为 14ZE42364611，2015 年田间编号为 MZ4-163，M_4 株系全部单株螺旋株（图 6-40a），性状遗传类型为 1。M_3 系统编号为 13ZE3236461，2014 年田间编号为 MZ3-114，M_3 株系全部单株螺旋株（图 6-40b、c），性状遗传类型为 1。M_2 单株突变性状为螺旋株。

螺旋株突变体 5：M_4 系统编号为 14ZE42370221，2015 年田间编号为 MZ4-298，M_4 株系全部

图 6-38　螺旋株突变体 1

a. MZ5-11(2014) 单株；b. MZ4-127(2013) 株系；c. MZE3-114(2012) 单株

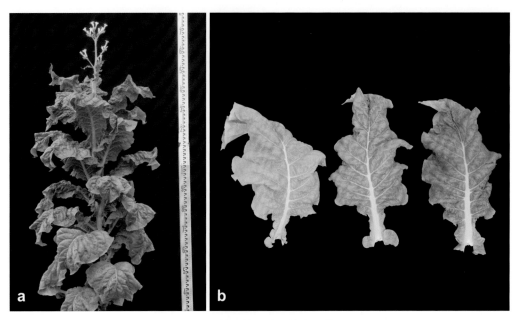

图 6-39 螺旋株、叶面皱突变体 2

a. MZ4-115(2013) 单株；b. MZ4-115(2013) 叶片

图 6-40 螺旋株突变体 4

a. MZ4-163(2015) 株系；b. MZ3-114(2014) 株系；c. MZ3-114(2014) 单株

单株螺旋株，性状遗传类型为 1。M₃ 系统编号为 13ZE3237022，2014 年田间编号为 MZ3-320，M₃ 株系 67% 单株螺旋株、叶面皱、叶色深绿，性状遗传类型为 2。M₂ 单株突变性状为螺旋株、叶面皱、

叶色深绿。

螺旋株突变体 6：M₄ 系统编号为 14ZE42385021，2015 年田间编号为 MZ4-161，M₄ 株系全部单株螺旋株，性状遗传类型为 1。M₃ 系统编号为

13ZE3238502，2014 年田间编号为 MZ3-041，M_3 株系全部单株螺旋株，性状遗传类型为 5。M_2 单株突变性状为长相好。

螺旋株突变体 7：M_3 系统编号为 13ZE3238732，2014 年田间编号为 MZ3-115，M_3 株系全部单株螺旋株，性状遗传类型为 1。M_2 单株突变性状为螺旋株。

螺旋株、叶面皱突变体 8：M_4 系统编号为 14ZE42396921，2015 年田间编号为 MZ4-169，M_4 株系全部单株螺旋株、叶面皱，性状遗传类型为 1。M_3 系统编号为 13ZE3239692，2014 年田间编号为 MZ3-303，M_3 株系全部单株螺旋株，性状遗传类型为 5。M_2 单株突变性状为叶面皱。

螺旋株突变体 9：M_4 系统编号为 14ZE42400121，2015 年田间编号为 MZ4-164，M_4 株系全部单株螺旋株（图 6-41a），性状遗传类型为 1。M_3 系统编号为 13ZE3240012，2014 年田间编号为 MZ3-116，M_3 株系 73% 单株螺旋株（图 6-41b、c），性状遗传类型为 4。M_2 单株突变性状为叶面皱。

螺旋株突变体 10：M_3 系统编号为 14ZE3244411，2015 年田间编号为 MZ3-109，M_3 株系全部单株螺旋株，性状遗传类型为 1。M_2 单株突变性状为螺旋株。

螺旋株突变体 11：M_3 系统编号为 14ZE3244451，2015 年田间编号为 MZ3-111，M_3 株系全部单株螺旋株，性状遗传类型为 1。M_2 单株突变性状为螺旋株。

螺旋株突变体 12：M_3 系统编号为 14ZE3244471，2015 年田间编号为 MZ3-112，M_3 株系全部单株螺旋株，性状遗传类型为 1。M_2 单株突变性状为螺旋株、长相好。

螺旋株、株高矮化突变体 13：M_5 系统编号为 14HE501030211，2015 年田间编号为 MH5-05，M_5 株系全部单株螺旋株、株高矮化（图 6-42a、b），性状遗传类型为 1。M_4 系统编号为 13HE40103021，2014 年田间编号为 MH4-02，M_4 株系全部单株螺旋株（图 6-42c），性状遗传类型为 5。M_3 系统编号为 12HE3010302，2013 年田间编号为 MH3-31，M_3 株系 93% 单株生长点退化，性状遗传类型为 2。M_2 单株突变性状为生长点退化。

螺旋株、株高矮化突变体 14：M_5 系统编号为

图 6-41　螺旋株突变体 9

a. MZ4-164(2015) 株系；b. MZ3-116(2014) 株系；c. MZ3-116(2014) 单株

图 6-42 螺旋株、株高矮化突变体 13

a. MH5-05(2015) 株系；b. MH5-05(2015) 单株；c. MH4-02(2014) 单株

14HE501234222，2015 年田间编号为 MH5-06，M_5 株系全部单株螺旋株、株高矮化（图 6-43a），性状遗传类型为 1。M_4 系统编号为 13HE40123422，2014 年田间编号为 MH4-13，M_4 株系全部单株螺旋株、株高较矮（图 6-43b），性状遗传类型为 1。M_3 系统编号为 12HE3012342，2013 年田间编号为 MH3-30，M_3 株系全部单株螺旋株、株高矮化（图 6-43c），性状遗传类型为 1。M_2 单株突变性状为螺

图 6-43 螺旋株、株高矮化突变体 14

a. MH5-06(2015) 株系；b. MH4-13(2014) 单株；c. MH3-30(2013) 株系

旋株、株高矮化。通过对 2013 年的 MH3-30 与"红花大金元"（野生型对照）构建的 F_2 代群体的遗传分析表明，该突变体螺旋株突变性状是由隐性单基因控制的。

螺旋株突变体 15：M_3 系统编号为 13ZE3233 621，2014 年田间编号为 MZ3-022，M_3 株系 77% 单株螺旋株，性状遗传类型为 4。M_2 单株突变性状为长相好。

(2) 似晾晒烟突变体

似晾晒烟、生长势强、株高较高突变体 1：M_6 系统编号为 14ZE6000034111，2015 年田间编号为 MZ6-12，M_6 株系全部单株似晾晒烟、生长势强、株高较高（图 6-44a），性状遗传类型为 1。M_5 系统编号为 13ZE500003411，2014 年田间编号为 MZ5-13，M_5 株系全部单株似晾晒烟、早花、叶缘外卷，性状遗传类型为 1。M_4 系统编号为 12ZE40000341，2013 年田间编号为 MZ4-057，M_4 株系 93% 单株似晾晒烟、早花（图 6-44b、c），性状遗传类型为 3。M_3 系统编号为 11ZE3000034，

2012 年田间编号为 MZE3-103，M_3 株系全部单株似晾晒烟、花色淡红、主茎多分枝，性状遗传类型为 1。M_2 单株突变性状为花色淡红。

似晾晒烟、生长势强、株高很高突变体 2：M_6 系统编号为 14ZE6000047111，2015 年田间编号为 MZ6-10，M_6 株系全部单株似晾晒烟、生长势强、株高很高（图 6-45a），性状遗传类型为 1。M_5 系统编号为 13ZE500004711，2014 年田间编号为 MZ5-06，M_5 株系全部单株似晾晒烟，性状遗传类型为 1。M_4 系统编号为 12ZE40000471，2013 年田间编号为 MZ4-068，M_4 株系全部单株似晾晒烟（图 6-45b），性状遗传类型为 1。M_3 系统编号为 11ZE3000047，2012 年田间编号为 MZE3-126，M_3 株系全部单株似晾晒烟（图 6-45c），性状遗传类型为 1。M_2 单株突变性状似晾晒烟。

似晾晒烟、生长势强突变体 3：M_6 系统编号为 14ZE6000091111，2015 年田间编号为 MZ6-36，M_6 株系全部单株似晾晒烟、生长势强，性状遗传类型为 1。M_5 系统编号为 13ZE500009111，2014 年田间编号为 MZ5-45，M_5 株系全部单株似晾晒

图 6-44 似晾晒烟、生长势强、株高较高突变体 1

a. MZ6-12(2015) 株系；b. MZ4-057(2013) 株系；c. MZ4-057(2013) 单株

烟、生长势强，性状遗传类型为 1。M_4 系统编号为 12ZE40000911，2013 年田间编号为 MZ4-072，M_4 株系全部单株似晾晒烟、生长势强，性状遗传类型为 1。M_3 系统编号为 11ZE3000091，2012 年田间编号为 MZE3-130，M_3 株系全部单株似晾晒烟，性状遗传类型为 1。M_2 单株突变性状似晾晒烟。

似晾晒烟、有叶柄突变体 4：M_5 系统编号为 13ZE500034111，2014 年田间编号为 MZ5-10，M_5 株系全部单株似晾晒烟、有叶柄，性状遗传类型为 1。M_4 系统编号为 12ZE40003411，2013 年田间编号为 MZ4-016，M_4 株系全部单株似晾晒烟、有叶柄（图 6-46），性状遗传类型为 1。M_3 系统编号为

图 6-45 似晾晒烟、生长势强、株高很高突变体 2

a. MZ6-10(2015) 株系；b. MZ4-068(2013) 株系；c. MZE3-126(2012) 株系

图 6-46 似晾晒烟、有叶柄突变体 4

a. MZ4-016(2013) 单株；b. MZ4-016(2013) 叶片

11ZE3000341，2012 年田间编号为 MZE3-209，M$_3$ 株系全部单株似晾晒烟、株高较矮，性状遗传类型为 1。M$_2$ 单株突变性状似晾晒烟。通过对 2013 年的 MZ4-016 与"中烟 100"（野生型对照）构建的 F$_2$ 代群体的遗传分析表明，该突变体有叶柄突变性状是由显性单基因控制的。

似晾晒烟突变体 5：M$_3$ 系统编号为 11ZE3001626，2012 年田间编号为 MZE3-135，M$_3$ 株系全部单株似晾晒烟，性状遗传类型为 1。M$_2$ 单株突变性状似晾晒烟、株高较高。

似晾晒烟、生长势强突变体 6：M$_6$ 系统编号为 14ZE6002084211，2015 年田间编号为 MZ6-37，M$_6$ 株系全部单株似晾晒烟、生长势强（图 6-47a），性状遗传类型为 1。M$_5$ 系统编号为 13ZE500208421，2014 年田间编号为 MZ5-46，M$_5$ 株系全部单株似晾晒烟、生长势强，性状遗传类型为 1。M$_4$ 系统编号为 12ZE40020842，2013 年田间编号为 MZ4-076，M$_4$ 株系全部单株似晾晒烟、生长势强、株高较高（图 6-47b），性状遗传类型为 1。M$_3$ 系统编号为 11ZE3002084，2012 年田间编号为 MZE3-131，M$_3$ 株系全部单株似晾晒烟、叶色浅绿（图 6-47c），性状遗传类型为 1。M$_2$ 单株突变性状似晾晒烟。

似晾晒烟突变体 7：M$_3$ 系统编号为 11ZE3003626，2012 年田间编号为 MZE3-133，M$_3$ 株系全部单株似晾晒烟，性状遗传类型为 1。M$_2$ 单株突变性状似晾晒烟。

图 6-47 似晾晒烟、生长势强突变体 6

a. MZ6-37(2015) 株系；b. MZ4-076(2013) 株系；c. MZE3-131(2012) 单株

5 茎叶夹角突变体

鉴定获得"中烟 100"和"红花大金元"茎叶夹角突变体 18 个，包括茎叶夹角小突变体 16 个（其中突变性状稳定遗传的 15 个，基本稳定遗传的 1 个）、茎叶夹角大突变体 1 个（突变性状稳定遗传）、叶片下垂突变体 1 个（突变性状稳定遗传）。

（1）茎叶夹角小突变体

茎叶夹角小突变体 1：M$_4$ 系统编号为 12ZE40017641，2013 年田间编号为 MZ4-156，M$_4$ 株系全部单株茎叶夹角小（图 6-48），性状遗传类型为 5。M$_3$ 系统编号为 11ZE3001764，2012 年田间编号为 MZE3-166，M$_3$ 株系全部单株晚花，性状遗传类型为 1。M$_2$ 单株突变性状为晚花。

茎叶夹角小突变体 2：M₅ 系统编号为 14ZE500247 611，2015 年田间编号为 MZ5-15，M₅ 株系全部单株茎叶夹角小（图 6-49a），性状遗传类型为 1。M₄ 系统编号为 13ZE40024761，2014 年田间编号为 MZ4-24，M₄ 株系全部单株茎叶夹角小（图 6-49b），性状遗传类型为 5。M₃ 系统编号为 12ZE3002476，2013 年田间编号为 MZ3-202，M₃ 株系全部单株腋芽多（图 6-49c），性状遗传类型为 5。M₂ 单株突变性状为抗 TMV。

茎叶夹角小突变体 3：M₅ 系统编号为 13ZE500407

图 6-48 茎叶夹角小突变体 1

a. MZ4-156(2013) 单株；b. MZ4-156(2013) 叶片

图 6-49 茎叶夹角小突变体 2

a. MZ5-15(2015) 株系；b. MZ4-24(2014) 株系；c. MZ3-202(2013) 株系

611，2014 年田间编号为 MZ5-02，M_5 株系全部单株茎叶夹角小，性状遗传类型为 1。M_4 系统编号为 12ZE40040761，2013 年田间编号为 MZ4-027，M_4 株系全部单株茎叶夹角小，性状遗传类型为 1。M_3 系统编号为 11ZE3004076，2012 年田间编号为 MZE3-086，M_3 株系全部单株茎叶夹角小、节间距小、株高较矮，性状遗传类型为 1。M_2 单株突变性状为节间距小。

茎叶夹角小、花色白色突变体 4：M_6 系统编号为 14ZE6009101111，2015 年田间编号为 MZ6-09，M_6 株系全部单株茎叶夹角小、花色白色（图6-50a），性状遗传类型为 1。M_5 系统编号为 13ZE500910111，2014 年田间编号为 MZ5-03，M_5 株系全部单株茎叶夹角小、花色白色（图6-50b），性状遗传类型为 1。M_4 系统编号为 12ZE40091011，2013 年田间编号为 MZ4-056，M_4 株系全部单株茎叶夹角小、花色白色，性状遗传类型为 1。M_3 系统编号为 11ZE3009101，2012 年田间编号为 MZE3-090，M_3 株系全部单株茎叶夹角小、花色白色（图6-50c），性状遗传类型为 1。M_2 单株突变性状为茎叶夹角小。

茎叶夹角小突变体 5：M_3 系统编号为 13ZE3230933，2014 年田间编号为 MZ3-005，M_3 株系全部单株茎叶夹角小，性状遗传类型为 5。M_2 单株突变性状为长相好。

茎叶夹角小、叶片宽大突变体 6：M_4 系统编号为 14ZE42310411，2015 年田间编号为 MZ4-150，M_4 株系全部单株茎叶夹角小、叶片宽大，性状遗传类型为 1。M_3 系统编号为 13ZE3231041，2014 年田间编号为 MZ3-129，M_3 株系全部单株茎叶夹角小，性状遗传类型为 5。M_2 单株突变性状为生长势强。

茎叶夹角小、叶片宽大、长相好突变体 7：M_4 系统编号为 14ZE42312811，2015 年田间编号为 MZ4-152，M_4 株系全部单株茎叶夹角小、叶片宽大、长相好，性状遗传类型为 1。M_3 系统编号为 13ZE3231281，2014 年田间编号为 MZ3-332，M_3 株系全部单株茎叶夹角小，性状遗传类型为 5。M_2 单株突变性状为叶片宽大。

茎叶夹角小、叶片宽大突变体 8：M_4 系统编号为 14ZE42338911，2015 年田间编号为 MZ4-149，M_4 株系全部单株茎叶夹角小、叶片宽大，性状遗

图 6-50　茎叶夹角小、花色白色突变体 4

a. MZ6-09(2015) 株系；b. MZ5-03(2014) 株系；c. MZE3-090(2012) 花冠

传类型为 1。M$_3$ 系统编号为 13ZE3233891，2014年田间编号为 MZ3-110，M$_3$ 株系全部单株茎叶夹角小，性状遗传类型为 1。M$_2$ 单株突变性状为茎叶夹角小。

茎叶夹角小、叶片宽大、长相好突变体 9：M$_4$ 系统编号为 14ZE42340421，2015年田间编号为 MZ4-146，M$_4$ 株系全部单株茎叶夹角小、叶片宽大、长相好（图 6-51a），性状遗传类型为 1。M$_3$ 系统编号为 13ZE3234042，2014年田间编号为 MZ3-107，M$_3$ 株系全部单株茎叶夹角小（图 6-51b、c），性状遗传类型为 1。M$_2$ 单株突变性状为茎叶夹角小。

茎叶夹角小、叶形细长突变体 10：M$_3$ 系统编号为 13ZE3235511，2014年田间编号为 MZ3-452，M$_3$ 株系全部单株茎叶夹角小、叶形细长，性状遗传类型为 5。M$_2$ 单株突变性状为腋芽多。

茎叶夹角小突变体 11：M$_4$ 系统编号为 14ZE42360622，2015年田间编号为 MZ4-145，M$_4$ 株系全部单株茎叶夹角小，性状遗传类型为 1。M$_3$ 系统编号为 13ZE3236062，2014年田间编号为 MZ3-

035，M$_3$ 株系全部单株茎叶夹角小，性状遗传类型为 5。M$_2$ 单株突变性状为长相好。

茎叶夹角小、叶片宽大、长相好突变体 12：M$_4$ 系统编号为 14ZE42370421，2015年田间编号为 MZ4-147，M$_4$ 株系全部单株茎叶夹角小、叶片宽大、长相好，性状遗传类型为 1。M$_3$ 系统编号为 13ZE3237042，2014年田间编号为 MZ3-108，M$_3$ 株系全部单株茎叶夹角小，性状遗传类型为 1。M$_2$ 单株突变性状为茎叶夹角小。

茎叶夹角小、叶片宽大、长相好突变体 13：M$_4$ 系统编号为 14ZE42372841，2015年田间编号为 MZ4-148，M$_4$ 株系全部单株茎叶夹角小、叶片宽大、长相好（图 6-52a），性状遗传类型为 1。M$_3$ 系统编号为 13ZE3237284，2014年田间编号为 MZ3-109，M$_3$ 株系全部单株茎叶夹角小（图 6-52b、c），性状遗传类型为 1。M$_2$ 单株突变性状为茎叶夹角小。

茎叶夹角小突变体 14：M$_5$ 系统编号为 14HE501548211，2015年田间编号为 MH5-03，M$_5$ 株系全部单株茎叶夹角小（图 6-53a），性状遗传类

图 6-51 茎叶夹角小、叶片宽大、长相好突变体 9

a. MZ4-146(2015) 株系；b. MZ3-107(2014) 株系；c. MZ3-107(2014) 单株和茎叶夹角

图 6-52 茎叶夹角小、叶片宽大、长相好突变体 13

a. MZ4-148(2015) 株系；b. MZ3-109(2014) 株系；c. MZ3-109(2014) 单株和茎叶夹角

图 6-53 茎叶夹角小突变体 14

a. MH5-03(2015) 株系；b. MH4-12(2014) 单株；c. MH3-09(2013) 株系

型为 1。M₄ 系统编号为 13HE40154821，2014 年田间编号为 MH4-12，M₄ 株系 86% 单株茎叶夹角小（图 6-53b），性状遗传类型为 4。M₃ 系统编号为 12HE3015482，2013 年田间编号为 MH3-09，M₃ 株系 85% 单株腋芽多（图 6-53c），性状遗传类型为 2。M₂ 单株突变性状为腋芽多、叶缘外卷。

茎叶夹角小突变体 15：M₄ 系统编号为 13HE40197011，2014 年田间编号为 MH4-08，M₄ 株系全部单株茎叶夹角小，性状遗传类型为 5。M₃ 系统编号为 12HE3019701，2013 年田间编号为 MH3-40，M₃ 株系全部单株叶面皱，性状遗传类型为 1。M₂ 单株突变性状为叶面皱。

茎叶夹角小突变体 16：M₄ 系统编号为 14ZE42339321，2015 年田间编号为 MZ4-284，M₄ 株系 77% 单株茎叶夹角小，性状遗传类型为 4。M₃ 系统编号为 13ZE3233932，2014 年田间编号为 MZ3-

410，M₃ 株系全部单株叶面皱，性状遗传类型为 5。M₂ 单株突变性状为叶缘外卷。

（2）茎叶夹角大突变体

茎叶夹角大突变体 1：M₄ 系统编号为 12ZE40029763，2013 年田间编号为 MZ4-208，M₄ 株系全部单株茎叶夹角大（图 6-54），性状遗传类型为 5。M₃ 系统编号为 11ZE3002976，2012 年田间编号为 MZ3-030，M₃ 株系 50% 单株叶面皱、叶色深绿，性状遗传类型为 3。M₂ 单株突变性状为叶面皱。

（3）叶片下垂突变体

叶片下垂突变体 1：M₃ 系统编号为 14ZE3244271，2015 年田间编号为 MZ3-128，M₃ 株系全部单株叶片下垂，性状遗传类型为 5。M₂ 单株突变性状为叶面皱。

图 6-54 茎叶夹角大突变体 1

a. MZ4-208(2013) 单株；b. MZ4-208(2013) 叶片

6　节间距突变体

鉴定获得"中烟 100"节间距突变体 8 个，包括节间距大突变体 2 个（突变性状稳定遗传）、节间距小突变体 6 个（突变性状稳定遗传）。

（1）节间距大突变体

节间距大突变体 1：M_4 系统编号为 14ZE42300421，2015 年田间编号为 MZ4−138，M_4 株系全部单株节间距大（图 6−55），性状遗传类型为 1。M_3 系统号为 13ZE3230042，2014 年田间编号为 MZ3−097，M_3 株系 7% 单株节间距大，性状遗传类型为 2。M_2 单株突变性状为节间距大。

节间距大突变体 2：M_3 系统编号为 13ZE3235361，2014 年田间编号为 MZ3−512，M_3 株系全部单株节间距大（图 6−56），性状遗传类型为 5。M_2 单株突变性状为株高较高。

（2）节间距小突变体

节间距小、叶面凹陷突变体 1：M_3 系统编号为 13ZE3231291，2014 年田间编号为 MZ3−184，M_3 株系全部单株节间距小、叶面凹陷，性状遗传类型为 1。M_2 单株突变性状为节间距小、晚花。

节间距小、株高较矮、叶片落黄集中突变体 2：M_3 系统编号

图 6−55　**节间距大突变体 1**

a. MZ4−138(2015) 株系；b. MZ4−138(2015) 单株和节间

图 6−56　**节间距大突变体 2**

a. MZ3−512(2014) 前期单株和节间；b. MZ3−512(2014) 后期单株和节间

为 13ZE3234241，2014 年田间编号为 MZ3-001、M₃ 株系全部单株节间距小、株高较矮、叶片落黄集中（图 6-57），性状遗传类型为 5。M₂ 单株突变性状为主茎白色。

节间距小、晚花突变体 3：M₄ 系统编号为 14ZE42359511，2015 年田间编号为 MZ4-142，M₄ 株系全部单株节间距小、晚花，性状遗传类型为 1。M₃ 系统编号为 13ZE3235951，2014 年田间编号为 MZ3-482，M₃ 株系全部单株节间距小、晚花，性状遗传类型为 5。M₂ 单株突变性状为育性低。

节间距小突变体 4：M₄ 系统编号为 14ZE42379622，2015 年田间编号为 MZ4-153，M₄ 株系全部单株节间距小（图 6-58a），性状遗传类型为 1。M₃ 系统编

号为 13ZE3237962，2014 年田间编号为 MZ3-040，M₃ 株系 93% 单株节间距小、茎叶夹角小（图 6-58b、c），性状遗传类型为 4。M₂ 单株突变性状

图 6-57 节间距小、株高较矮、叶片落黄集中突变体 2

a. MZ3-001(2014) 株系；b. MZ3-001(2014) 单株和叶片

图 6-58 节间距小突变体 4

a. MZ4-153(2015) 株系和单株；b. MZ3-040(2014) 株系；c. MZ3-040(2014) 单株和节间

为长相好。

节间距小、株高矮化突变体 5：M₄ 系统编号为 14ZE42409731，2015 年田间编号为 MZ4-139，

M₄ 株系全部单株节间距小、株高矮化（图 6-59），性状遗传类型为 1。M₃ 系统编号为 13ZE3240973，2014 年田间编号为 MZ3-053，M₃ 株系 14% 单株节间距小，性状遗传类型为 4。M₂ 单株突变性状为长相好。

节间距小、叶片宽大突变体 6：M₄ 系统编号为 14ZE42422321，2015 年田间编号为 MZ4-143，M₄ 株系全部单株节间距小、叶片宽大（图 6-60a），性状遗传类型为 1。M₃ 系统编号为 13ZE3242232，2014 年田间编号为 MZ3-103，M₃ 株系全部单株节间距小、叶片宽大（图 6-60b、c），性状遗传类型为 1。M₂ 单株突变性状为节间距小、叶片宽大。

图 6-59 节间距小、株高矮化突变体 5

a. MZ4-139(2015) 前期株系；b. MZ4-139 (2015) 后期单株

图 6-60 节间距小、叶片宽大突变体 6

a. MZ4-143(2015) 株系；b. MZ3-103(2014) 株系；c. MZ3-103(2014) 单株

7 育性突变体

鉴定获得"中烟 100"育性低突变体 9 个（其中突变性状稳定遗传的 8 个，基本稳定遗传的 1 个）。

育性低突变体 1：M₃ 系统编号为 11ZE3000066，2012 年田间编号为 MZE3-174，M₃ 株系全部单株育性低，性状遗传类型为 1。M₂ 单株突变性状为育性低。

育性低、柱头高突变体 2：M₃ 系统编号为 13ZE3230072，2014 年田间编号为 MZ3-466，M₃ 株系全部单株育性低、柱头高（图 6-61），性状遗传类型为 1。M₂ 单株突变性状为育性低。

育性低突变体 3：M₄ 系统编号为 14ZE42306722，2015 年田间编号为 MZ4-374，M₄ 株系全部单株育性低，性状遗传类型为 1。M₃ 系统编号为 13ZE3230672，2014 年田间编号为 MZ3-386，M₃ 株系 24% 单株育性低、柱头高，性状遗传类型为 2。M₂ 单株突变性状为育性低、柱头高、叶数少。

育性低突变体 4：M₃ 系统编号为 13ZE3232091，2014 年田间编号为 MZ3-469，M₃ 株系全部单株育性低，性状遗传类型为 1。M₂ 单株突变性状为育性低。

育性低突变体 5：M₄ 系统编号为 14ZE42352012，2015 年田间编号为 MZ4-365，M₄ 株系全部单株育性低（图 6-62a、b），性状遗传类型为 1。M₃ 系统编号为 13ZE3235201，2014 年田间编号为 MZ3-471，M₃ 株系 38% 单株育性低、柱头高（图 6-62c），性状遗传类型为 2。M₂ 单株突变性状为育性低。

育性低突变体 6：M₄ 系统编号为 14ZE42367612，2015 年田间编号为 MZ4-373，M₄ 株系全部单株育性低，性状遗传类型为 1。M₃ 系统编号为 13ZE3236761，2014 年田间编号为 MZ3-252，M₃ 株系 64% 单株育性低、柱头高，性状遗传类型为 2。M₂ 单株突变性状为育性低、雄蕊变花瓣。

育性低突变体 7：M₃ 系统编号为 14ZE3248463，2015 年田间编号为 MZ3-184，M₃ 株系全部单株育性低，性状遗传类型为 5。M₂ 单株突变性状为早花。

育性低突变体 8：M₃ 系统编号为 14ZE3248833，2015 年田间编号为 MZ3-195，M₃ 株系全部单株育

图 6-61 育性低、柱头高突变体 2

a. MZ3-466(2014) 株系；b. MZ3-466(2014) 单株；c. MZ3-466(2014) 花的柱头

性低,性状遗传类型为 5。M₂ 单株突变性状为早花。

育性低、多腋芽突变体 9:M₄ 系统编号为 14ZE42349321,2015 年田间编号为 MZ4-364,M₄ 株系 93% 单株育性低、腋芽多(图 6-63),性状

遗传类型为 3。M₃ 系统编号为 13ZE3234932,2014 年田间编号为 MZ3-470,M₃ 株系 29% 单株育性低、柱头高,性状遗传类型为 3。M₂ 单株突变性状为育性低。

图 6-62　**育性低突变体 5**

a. MZ4-365(2015) 株系;b. MZ4-365(2015) 花序和育性;c. MZ3-471(2014) 花的柱头

图 6-63　**育性低、多腋芽突变体 9**

a. MZ4-364(2015) 株系;b. MZ4-364(2015) 单株和腋芽;c. MZ4-364(2015) 花序和育性

8 生长势突变体

鉴定获得"中烟100"生长势突变体8个，包括生长势强突变体6个（突变性状稳定遗传）、生长势弱突变体2个（突变性状稳定遗传）。

（1）生长势强突变体

生长势强突变体1：M_4 系统编号为12ZE400003i1，2013年田间编号为MZ4-141，M_4 株系全部单株生长势强，性状遗传类型为5。M_3 系统编号为11ZE300003i，2012年田间编号为MZE3-109，M_3 株系93%单株花色淡红，性状遗传类型为2。M_2 单株突变性状为花色淡红。

生长势强、株高很高突变体2：M_6 系统编号为14ZE600003k211，2015年田间编号为MZ6-38，M_6 株系全部单株生长势强、株高很高，性状遗传类型为1。M_5 系统编号为13ZE500003k21，2014年田间编号为MZ5-47，M_5 株系全部单株叶片厚、生长势强，性状遗传类型为1。M_4 系统编号为12ZE400003k2，2013年田间编号为MZ4-131，M_4

株系87%单株叶片厚、生长势强，性状遗传类型为3。M_3 系统编号为11ZE300003k，2012年田间编号为MZE3-118，M_3 株系全部单株叶片厚，性状遗传类型为1。M_2 单株突变性状为叶片厚、花色淡红。

生长势强、育性低突变体3：M_3 系统编号为12ZE3021822，2013年田间编号为MZ3-099，M_3 株系全部单株生长势强、育性低，性状遗传类型为5。M_2 单株突变性状为萨姆逊香、感蚜虫。

生长势强、早花、叶缘外卷突变体4：M_4 系统编号为14ZE42307411，2015年田间编号为MZ4-377，M_4 株系全部单株生长势强、早花、叶缘外卷，性状遗传类型为1。M_3 系统编号为13ZE3230741，2014年田间编号为MZ3-083，M_3 株系全部单株生长势强、早花、萨姆逊香、叶缘外卷，性状遗传类型为1。M_2 单株突变性状为早花、叶形细长、叶缘外卷、感黑胫病。

生长势强、早花、叶面油亮、叶缘外卷突变体5：M_4 系统编号为14ZE42307521，2015年田间编号为MZ4-378，M_4 株系全部单株生长势强、早花、叶面油亮、叶缘外卷（图6-64a），性状遗传类型为

图6-64 生长势强、早花、叶面油亮、叶缘外卷突变体5

a. MZ4-378(2015)株系；b. MZ3-084(2014)株系；c. MZ3-084(2014)单株和叶片

1。M₃系统编号为13ZE3230752，2014年田间编号为MZ3-084，M₃株系全部单株生长势强、早花、萨姆逊香、叶缘外卷（图6-64b、c），性状遗传类型为1。M₂单株突变性状为早花、叶形细长、叶缘外卷、感黑胫病。

生长势强、有叶柄突变体6：M₃系统编号为14ZE3244671，2015年田间编号为MZ3-172，M₃株系全部单株生长势强、有叶柄，性状遗传类型为5。M₂单株突变性状为腋芽多。

（2）生长势弱突变体

生长势弱突变体1：M₃系统编号为11ZE3008282，2012年田间编号为MZE3-081，M₃株系全部单株生长势弱（图6-65），性状遗传类型为1。M₂单株突变性状为生长势弱。

生长势弱突变体2：M₃系统编号为14ZE3245202，2015年田间编号为MZ3-117，M₃株系全部单株生长势弱，性状遗传类型为1。M₂单株突变性状为生长势弱。

9 主茎突变体

鉴定获得"中烟100"主茎突变体4个，包括主茎粗突变体2个（突变性状稳定遗传）、主茎白色突变体2个（突变性状稳定遗传）。

（1）主茎粗突变体

主茎粗、叶片早衰突变体1：M₄系统编号为14ZE42340221，2015年田间编号为MZ4-394，M₄株系全部单株主茎粗、叶片早衰，性状遗传类型为1。M₃系统编号为13ZE3234022，2014年田间编号为MZ3-518，M₃株系42%单株主茎粗，性状遗传

图6-65 **生长势弱突变体1**

a. MZE3-081(2012)株系；b. MZE3-081(2012)单株

类型为2。M₂单株突变性状为主茎粗。

主茎粗突变体2：M₄系统编号为14ZE42367421，2015年田间编号为MZ4-392，M₄株系全部单株主茎粗，性状遗传类型为1。M₃系统编号为13ZE3236742，2014年田间编号为MZ3-082，M₃株系6%单株主茎粗，性状遗传类型为2。M₂单株突变性状为主茎粗、长相好。

（2）主茎白色突变体

主茎白色突变体1：2008～2010年创制并获得了主茎白色稳定遗传的"中烟100"EMS突变体（*ws1*）（图6-66）。遗传分析表明，该突变体主茎白色突变性状受两对独立的隐性核基因（*ws1a*和*ws1b*）控制。应用烟草SSR分子标记，在2个独立的BC₁F₂代分离群体中，分别将这2个基因定位在第5和第24连锁群的特定区间内，与最近SSR标记的遗传距离分别约为3.96和8.56 cM（厘摩）（图6-67）。根据白肋21与*ws1*相似的植株表型、相同

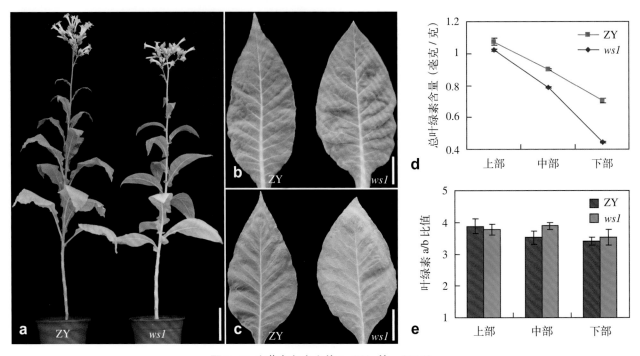

图 6-66 主茎白色突变体 1（Wu 等，2014）

a.“中烟 100”（ZY）和主茎白色突变体 1（ws1）开花期表型；b.“中烟 100”和主茎白色突变体旺长期上部叶；
c.“中烟 100”和主茎白色突变体旺长期下部叶；d.“中烟 100”和主茎白色突变体旺长期上部、中部和下部叶总叶绿素含量；
e.“中烟 100”和主茎白色突变体旺长期上部、中部和下部叶叶绿素 a/b 比值

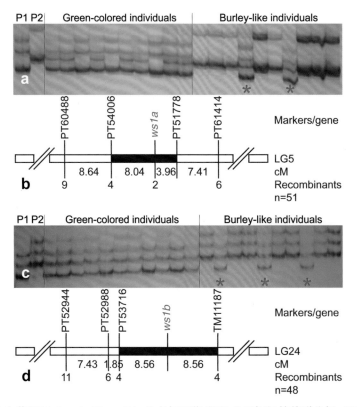

图 6-67 两个白茎基因（ws1a 和 ws1b）位点与烟草 SSR 分子标记的关联分析（Wu 等，2014）

图 6-68　主茎白色、柱头白色、叶片落黄集中突变体 2

a. MZ4-391(2015) 株系；b. MZ4-391(2015) 主茎；c. MZ4-391(2015) 花的柱头；d. MZ3-491(2014) 株系

的遗传方式以及其杂交后代的白茎表型判断，$ws1$ 的突变基因与白肋烟的突变基因应为相同的两对隐性等位基因（Wu 等，2014）。

主茎白色、柱头白色、叶片落黄集中突变体 2：M_4 系统编号为 14ZE42317411，2015 年田间编号为 MZ4-391，M_4 株系全部单株主茎白色、柱头白色、叶片落黄集中（图 6-68a、b、c），性状遗传类型为 1。M_3 系统编号为 13ZE3231741，2014 年田间编号为 MZ3-491，M_3 株系 46% 单株主茎白色（图 6-68d），性状遗传类型为 4。M_2 单株突变性状为中部叶尖白色。通过对 2014 年的 MZ3-491 与"中烟 100"（野生型对照）构建的 F_2 代群体的遗传分析表明，该突变体主茎白色突变性状是由隐性单基因控制的。

10　烟株倒伏突变体

鉴定获得"中烟 100"烟株易倒伏突变体 2 个（突变性状稳定遗传）。

烟株易倒伏、叶色浅绿、叶面平滑突变体 1：M_5 系统编号为 14ZE504037211，2015 年田间编号为 MZ5-19，M_5 株系全部单株易倒伏、叶色浅绿、叶面平滑（图 6-69），性状遗传类型为 5。M_3 系统编号为 12ZE3040372，2013 年田间编号为 MZ3-050，M_3 株系全部单株叶缘外卷、叶面皱，性状遗传类型为 1。M_2 单株突变性状为叶缘外卷。

烟株易倒伏、叶尖焦枯、叶色浅绿突变体 2：M_4 系统编号为 14ZE42327731，2015 年田间编号为 MZ4-211，M_4 株系全部单株易倒伏、叶尖焦枯、叶色浅绿，性状遗传类型为 5。M_3 系统编号为 13ZE3232773，2014 年田间编号为 MZ3-349，M_3 株系 92% 单株晚花，性状遗传类型为 4。M_2 单株突变性状叶色浅绿。

图 6-69 烟株易倒伏、叶色浅绿、叶面平滑突变体 1

MZ5-19(2015) 株系

（撰稿：王绍美，吴新儒，晁江涛；定稿：刘贯山，王倩）

参考文献

[1] 刘贯山. 烟草突变体筛选与鉴定方法篇：1. 烟草突变体的筛选与鉴定 [J]. 中国烟草科学，2012, 33(1): 102 ~ 103.

[2] 赵天祥，孔秀英，周荣华，等. EMS 诱变六倍体小麦"偃展 4110"的形态突变体鉴定与分析 [J]. 中国农业科学，2009, 42(3): 755 ~ 764.

[3] Borovsky Y, Sharma V K, Verbakel H, et al. *CaAP2* transcription factor is a candidate gene for a flowering repressor and a candidate for controlling natural variation of flowering time in *Capsicum annuum*[J]. Theor Appl Genet, 2015, 128(6): 1073 ~ 1082.

[4] Caldwell D G, McCallum N, Shaw P, et al. A structured mutant population for forward and reverse genetics in barley (*Hordeum vulgare* L.)[J]. Plant J, 2004, 40(1): 143 ~ 150.

[5] Kulkarni K P, Vishwakarma C, Sahoo S P, et al. A substitution mutation in OsCCD7 cosegregates with dwarf and increased tillering phenotype in rice[J]. J Genet, 2014, 93(2): 389 ~ 401.

[6] Menda N, Semel Y, Peled D, et al. *In silico* screening of a saturated mutation library of tomato[J]. Plant J, 2004, 38(5): 861 ~ 872.

[7] Tsuda M, Kaga A, Anai T, et al. Construction of a high-density mutant library in soybean and development

of a mutant retrieval method using amplicon sequencing[J]. BMC Genomics, 2015, 16(1): 1014.

[8] Wu Q Z, Wu X R, Zhang X F, et al. Mapping of two white stem genes in tetraploid common tobacco (*Nicotiana tabacum* L.)[J]. Mol Breed, 2014, 34(3): 1065 ~ 1074.

[9] Xin Z, Wang M L, Barkley N A, et al. Applying genotyping (TILLING) and phenotyping analyses to elucidate gene function in a chemically induced sorghum mutant population[J]. BMC Plant Biol, 2008, 8: 103.

第 **7** 章

烟草 T-DNA
激活标签插入突变体

在植物中，剖析复杂生物学过程最直接的手段之一就是进行突变体的创制与分析。利用 T-DNA 激活标签插入可以创制出功能获得型突变体。理论上，这类突变体在初级转化体中就会出现显性表型，尤其适用于两类基因的功能研究，一类是功能冗余基因（特别是在多倍体中），另一类是对植物生长发育至关重要的（包括早期胚胎和配子体发育、缺陷致死型）基因。由于普通烟草是异源四倍体，因此采用该方法创制突变体能够有效弥补 EMS 等功能缺失型突变体的不足，得到功能获得型突变体，进而完善普通烟草的功能基因研究。

在烟草 T-DNA 激活标签插入突变体创制后，需要对形态表型突变体进行筛选与鉴定。

在植物 T-DNA 激活标签插入突变体相关研究中，研究者对突变体的形态表型进行了较完善的鉴定和阐述。拟南芥 T-DNA 激活标签插入突变体中，Ahn 等（2007）在 80 650 份独立转化体中筛选得到 431 份显性遗传的发育异常突变体，包括 14 个表型类型，突变率为 0.5%。Ichikawa 等（2003）在 55 431 份独立转化株系中得到 1 262 份表型变异的突变体，分为 7 大类、37 小类，突变率为 2.28%。水稻 T-DNA 激活标签插入突变体中，Wan 等（2009）在 50 000 份独立的转基因水稻植株中获得了约 400 份显性突变体，突变率为 0.8%。另外，水稻 T-DNA 插入突变体生长发育表型分为 11 类、65 亚类（Chern 等，2007）。还有其他作物或植物的插入类型突变体，均根据自身作物的特点和应用需求进行了表型鉴定和分类（Kuromori 等，2006；Miyao 等，2007；Tadege 等，2008）。由于 EMS 突变体产生的表型变异较多，因此在烟草 T-DNA 激活标签插入突变体表型鉴定和分类上将同时参考 EMS 突变体的相关研究（Berna 等，1999；Menda 等，2004；Xin 等，2008）。

构建大量的烟草 T-DNA 激活标签插入突变体之后，还需要进一步分析插入突变体在基因序列水平上的变化与表型变化之间的对应关系。侧翼序列可以通过 TAIL-PCR 技术、FPNI-PCR 等多种方法获得。在获得烟草基因组序列信息的基础上，进一步通过对 T-DNA 插入位点侧翼序列进行生物信息学分析，预测整合位点附近的基因功能，获知该基因控制的表型信息。此外，基于烟草转基因的基因沉默和基因敲除技术也成为构建烟草突变体库和研究基因功能的重要手段。

第 1 节　形态表型突变体筛选与鉴定方法

1　筛选方法

根据烟草的生育特性和实际应用需求，重点在烟草突变分离世代（T_1 代）的团棵期、现蕾期或初花期、盛花期或果实成熟期 3 个重要生长时期对突变群体进行性状调查和筛选。团棵期主要调查叶片（包括叶片形状、叶片大小、叶面厚度、叶面平整度、叶色、叶柄、叶脉和叶缘等）、生长势、腋芽、生育期等。现蕾期或初花期主要调查叶片、茎杆（株型、株高、叶数、腋芽、茎节间和茎叶夹角等）、花器官（育性、雌雄蕊长度、花序、花形态、花色等）、生育期（早花、晚花）等。盛花期或果实成熟期则主要针对茎杆、花器官和叶片成熟（叶片早衰、叶片晚衰）等进行调查和筛选。

2　鉴定方法

（1）遗传稳定性分析

从 T_2 代开始，对形态突变表型进行遗传与分离规律分析，根据其在各个世代中的表现，来判断该突变体或突变性状的遗传稳定性。总的来说，形态突变表型在 T_2 代及更高世代中主要有 6 种遗传类型，即原变异稳定遗传、原变异分离、原变异及新变异分离、新变异稳定遗传、新变异分离和无变异（具体见第 2 章第 2 节和第 4 章第 3 节）。在上述 6 种遗传类型中，原变异稳定遗传、新变异稳定遗传突变体都是性状稳定遗传突变体；而在原变异分离、原变异及新变异分离、新变异分离突变体

中，突变个体数占株系个体数达到 75% 以上的称为基本稳定遗传突变体。T_2 代的性状稳定遗传和基本稳定遗传突变体都可视为经过鉴定的突变体；鉴定世代越高，突变性状的确定越准确。

经过形态表型鉴定的突变体还需要进一步深入鉴定，包括转基因及阳性检测、侧翼序列扩增、基因型与表型共分离等，直至激活基因的功能分析。

（2）转基因及阳性检测

获得相应的形态表型突变体之后，可先通过一定浓度的植物抗性标记，如草甘膦除草剂（Basta），对候选突变体进行抗性筛选鉴定，然后根据激活标签载体相关的特异性序列如植物筛选标记、35S 增强子等设计引物，进行转基因阳性鉴定。通过以上两方面证据初步证明突变体具有激活标签背景，即表型改变可能是由激活标签引起的（O'Malley 和 Ecker，2010）。

（3）侧翼序列扩增

一般在 T_1 代即可通过 TAIL-PCR（Liu 等，1995；Sessions 等，2002）等手段获得 T-DNA 插入突变体的侧翼序列标签（flanking sequence tags，FSTs），还可以通过 FPNI-PCR（Wang 等，2011；Liu 等，2015）进行侧翼序列扩增。根据侧翼序列在基因组中的检索结果，可以初步确定一个突变体中激活标签的插入数目、插入类型、插入位置和插入位点结构（Weigel 等，2000；O'Malley 和 Ecker，2010）。

(4) 基因型与表型的共分离

获得侧翼序列、确定插入位点之后，就需要依据插入位点上下游的基因组序列设计特异引物，对突变分离群体进行基因分型，并与突变表型进行共分离分析。在获得多个插入的情况下，尤其要首先进行基因分型，明确与突变性状实现共分离的目标插入位点。

第2节 形态表型突变体筛选与鉴定过程

在中国农业科学院烟草研究所青岛试验基地，2011 ~ 2014 年进行了大规模的普通烟草品种"红花大金元"T-DNA 激活标签插入形态表型突变体的筛选；2012 ~ 2015 年对筛选的突变体进行了鉴定。筛选时，每个株系种植 15 株；鉴定时，每个株系种植 30 株。田间种植密度和管理按正常烤烟生产进行，不打顶不抹杈。在团棵期、现蕾期或初花期、盛花期或果实成熟期 3 个生长时期对突变体进行表型调查，对具有突变表型的突变体挂牌标记、拍照和套袋收种。5 年来，共种植"红花大金元"T-DNA 激活标签插入突变体总面积 16 公顷，从 16 935 个 T_1 代株系、约 25.4 万个单株中，共筛选获得各类形态表型突变体 764 个，并据此鉴定获得突变体 56 个（表 7-1）。

表 7-1 2011 ~ 2015 年度"红花大金元"激活标签插入突变体筛选及鉴定

年度	T_1 代		T_2 代		T_3 代		T_4 代	
	材料总数	突变株系数	突变株系数	稳定株系数 [a]	突变株系数	稳定株系数	突变株系数	稳定株系数
2011	7 847	198	——	——	——	——	——	——
2012	4 105	234	176	20	——	——	——	——
2013	2 053	127	234	14	120	18	——	——
2014	2 930	205	107	12	224	10	75	9
2015	——		289	10				
合计	16 935	764	806	56	344	28	75	9
总突变率	4.51% [b]		——		——		——	
稳定突变率	——		6.95% [c]		——		——	

注：a 包括稳定遗传和基本稳定遗传的株系数；b 为突变株系数 / 材料总数；c 为稳定株系数 / 突变株系数。

1 筛选过程

(1) 2011 年度筛选情况

2011 年种植"红花大金元"激活标签插入突变群体 T_1 代材料共计 8 528 份，采用托盘育苗，于 3 月 22 日播种（实际出苗 7 847 份，出苗率为 92.0%），5 月 3 ~ 6 日假植，6 月 10 ~ 14 日移栽（实际移栽 7 847 份）。调查结果表明，在突变群体中共筛选获得 198 份形态表型变异突变体，主要集中在株高、叶面、生长势、叶形、叶色、节间距、花期等突变表型，其中株高变矮较为常见，在突变群体中，各表型的单株总突变率为 1.12%。

(2) 2012 年度筛选情况

2012 年种植"红花大金元"激活标签插入群体 T_1 代材料共 4 500 份，实际移栽 T_1 代材料 4 105 份。本年度"红花大金元" T_1 代插入群体的形态变异表型丰富，包括叶面平整度、叶色、叶形、株高、节间距、花期、茎叶夹角、育性、叶数等。筛选获得形态表型变异突变体 234 份，单株总突变率为 1.09%，株系总突变率为 7.58%。叶面平整度、叶色、叶形、花期、株高、腋芽发育等性状的变异率较高，其中叶面平整度表型变异类型较多，主要表现为叶面平滑、叶面较光滑、叶面皱、叶面较皱、叶面粗糙、叶面油亮、叶缘上卷、叶缘下卷等。

(3) 2013 年度筛选情况

2013 年种植"红花大金元"激活标签 T_1 代突变群体共 2 053 份，筛选获得 127 个突变体株系，突变单株数为 227 个。花期、叶面平整度、腋芽、叶色和株高等形态变异表型丰富，单株总突变率为 0.85%，株系总突变率为 6.19%。其中，叶面平整度、叶色、叶形、花期、株高等表型的变异率较高。

(4) 2014 年度筛选情况

2014 年种植"红花大金元"激活标签 T_1 代突变群体共 2 930 份，筛选获得 205 个突变体株系，突变单株数为 504 个。花期、叶面平整度、腋芽、叶色和株高等形态变异表型丰富，单株总突变率为 1.32%，株系总突变率为 7.00%。其中，节间距小的突变体单株所占比例最高，但株系数目所占比例偏低，表明该类型突变株系中突变单株的比重较大，即平均每个株系中有 7 个是突变表型单株。而多腋芽突变株系所占比例最高，但每个株系中平均只有 2 个突变表型单株，突变表型比重较低。另外，花色和叶色浅绿的表型突变株系平均含有 7 ~ 8 个突变表型单株。

2 鉴定过程

(1) 2012 年度鉴定情况

2012 年种植"红花大金元"激活标签插入 T_2 代材料 198 份，实际移栽 176 份。在调查中，结合 T_1 代的突变表型，对 T_2 代表现的原有表型、新表型进行详细的调查记录，并分析其遗传稳定性。经过鉴定，稳定遗传 T_1 代的表型并纯合的株系共有 10 份，基本稳定遗传 T_1 代表型的突变体有 10 份。其中，叶面突变体 3 份，包括叶面皱突变体 2 份，叶面革质化突变体 1 份；叶数突变体 2 份，均为叶数多突变体；株高突变体 5 份，均为矮化突变体；株型突变体 3 份，包括茎叶夹角小突变体 1 份，螺旋株突变体 1 份，节间距大突变体 1 份；花期突变体 7 份，均为早花突变体。

(2) 2013 年度鉴定情况

2013 年种植"红花大金元"激活标签插入 T_2 代突变株系共 234 份，T_3 代突变株系共 120 份。经过鉴定，稳定遗传 T_1 代的表型并纯合的株系共有 7 份，基本稳定遗传 T_1 代表型突变体 7 份。其中，叶色突变体 3 份，均为叶色深绿突变体；叶形突变体 3 份，包括叶片宽大突变体 2 份，叶形细长突变体 1 份；叶面突变体 2 份，均为叶面皱突变体；叶脉突变体 1 份，为叶脉粗大突变体；株高突变体 1

份，为矮化突变体；花期突变体 2 份，包括早花突变体 1 份，晚花突变体 1 份；花色突变体 2 份，包括花色白化突变体 1 份，花色深红突变体 1 份。

2012 年保持稳定遗传的 10 份 T_2 突变体中，除去 1 份没有种植，种植了 9 份对应 T_3 代，其中 6 份保持稳定遗传，3 份除了稳定遗传 T_1 代表型外，另外稳定或基本稳定遗传一个新表型。保持基本稳定遗传的 10 份 T_2 突变体中，除去 1 份没有种植，种植了 9 份对应 T_3 代，其中 7 份稳定遗传 T_2 代表型，另外 2 份仍然基本稳定遗传上代表型。

（3）2014 年度鉴定情况

2014 年种植"红花大金元"激活标签插入 T_2 代突变株系共 107 份，T_3 代突变株系共 224 份，T_4 代突变株系共 75 份。经过鉴定，稳定遗传 T_1 代的表型并纯合的株系共有 11 份，基本稳定遗传 T_1 代

表型的材料 1 份。其中，叶色突变体 7 份，包括叶色深绿突变体 3 份，叶色浅绿突变体 4 份；株高突变体 1 份，为矮化突变体；株型突变体 1 份，为节间距大突变体；花期突变体 3 份，包括早花突变体 2 份，晚花突变体 1 份。

2013 年保持稳定或基本稳定遗传的 14 份 T_2 代突变体中，除去 4 份没有种植，其余 10 份对应的 T_3 代突变体全部稳定遗传上代表型。2012 年 T_2 代突变体对应的 T_4 代突变体全部稳定遗传上代表型。

（4）2015 年度鉴定情况

2015 年种植"红花大金元"激活标签插入 T_2 代突变株系共 289 份。经过鉴定，稳定遗传 T_1 代表型并纯合的株系共有 10 株。其中，叶脉突变体 2 份，均为叶脉紊乱突变体；株高突变体 7 份，均为矮化突变体；株型突变体 1 份，为节间距小突变体。

第3节 鉴定的烟草 T-DNA 激活标签插入形态表型突变体

2012 ~ 2015 年鉴定获得"红花大金元" T-DNA 激活标签插入形态表型突变体 56 个，其中突变表型稳定遗传的 50 个，突变表型基本稳定遗传的 6 个。这些形态突变表型包括 9 类：叶色、叶形、叶面、叶脉、叶数、株高、株型、花期和花色。

1 叶色突变体

鉴定获得"红花大金元"叶色突变体 10 个，包括叶色深绿突变体 6 个（突变性状稳定遗传）、叶色浅绿突变体 4 个（突变性状稳定遗传）。

（1）叶色深绿突变体

叶色深绿、叶片宽大、叶面皱突变体 1：T_2 系统编号（系统编号的设置参见第 13 章第 1 节，下同）为 13HT20088701，2014 年田间编号为 MHT2-093，T_2 株系全部单株叶色深绿、叶片宽大、叶面皱，性状遗传类型为 1（突变性状在 T_2 代及更高世代的遗传类型包括 6 种，具体参见第 2 章第 2 节，下同）。T_1 单株突变性状为叶色深绿、叶片宽大、叶面皱。

叶色深绿、叶面皱、株高较矮突变体 2：T_3 系

统编号为 13HT301081212，2014 年田间种植编号
为 MHT3-187，T$_3$ 株系全部单株叶色深绿、叶面
皱、株高较矮，性状遗传类型为 1。T$_2$ 系统编号
为 12HT20108121，2013 年田间种植编号为 MT2-
071，T$_2$ 株系 53% 单株叶色深绿、叶面皱、株高较
矮（图 7-1），性状遗传类型为 2。T$_1$ 单株突变性状
为叶色深绿、叶面皱、株高较矮。

　　叶色深绿突变体 3：T$_2$ 系统编号为 12HT20110521，

2013 年田间编号为 MT2-074，T$_2$ 株系全部单株叶
色深绿，性状遗传类型为 1。T$_1$ 单株突变性状为叶
色深绿。

　　叶色深绿、叶片宽大突变体 4：T$_2$ 系统编号为
12HT20118471，2013 年田间种植编号为 MT2-
081，T$_2$ 株系全部单株叶色深绿、叶片宽大，性状
遗传类型为 1。T$_1$ 单株突变性状为叶色深绿、叶片
宽大。

图 7-1　叶色深绿、叶面皱、株高较矮突变体 2

a. MT2-071(2013) 株系；b. MT2-071(2013) 单株；c. MT2-071(2013) 叶片

　　叶色深绿、叶面平滑、晚花、叶片厚突变体 5：
T$_2$ 系统编号为 13HT20138501，2014 年田间种植编
号为 MHT2-049，T$_2$ 株系全部单株叶色深绿、叶面
平滑、晚花、叶片厚（图 7-2），性状遗传类型为 1。
T$_1$ 单株突变性状为叶色深绿、叶面平滑、晚花、叶
片厚。

　　叶色深绿突变体 6：T$_2$ 系统编号为 13HT20159991，
2014 年田间种植编号为 MHT2-095，T$_2$ 株系全部
单株叶色深绿（图 7-3），性状遗传类型为 1。T$_1$ 单
株突变性状为叶色深绿。

图 7-2　叶色深绿、叶面平滑、晚花、叶片厚突变体 5

a. MHT2-049(2014) 株系；b. MHT2-049(2014) 单株和叶片

（2）叶色浅绿突变体

叶色浅绿、株高较高突变体 1：T$_2$ 系统编号为 13HT20139461，2014 年田间编号为 MHT2-026，T$_2$ 株系全部单株叶色浅绿、株高较高，性状遗传类型为 1。T$_1$ 单株突变性状为叶色浅绿、株高较高。

叶色浅绿、叶片宽大、叶片薄突变体 2：T$_2$ 系统编号为 13HT20157461，2014 年田间编号为 MHT2-099，T$_2$ 株系全部单株叶色浅绿、叶片宽大、叶片薄（图 7-4），性状遗传类型为 1。T$_1$ 单株突变性状为叶色浅绿、叶片薄。

叶色浅绿、叶片宽大、叶片薄突变体 3：T$_2$ 系统编号为 13HT20158311，2014 年田间编号为 MHT2-075，T$_2$ 株系全部单株叶色浅绿、叶片宽大、叶片薄（图 7-5），性状遗传类型为 1。T$_1$ 单株突变性状为叶色宽大、叶片薄。

叶色浅绿、叶片宽大、叶片薄突变体 4：T$_2$ 系统编号为 13HT20158491，2014 年田间编号为 MHT2-101，T$_2$ 株系全部单株叶色浅绿、叶片宽大、叶片薄（图 7-6），性状遗传类型为 1。T$_1$ 单株突变性状为叶色浅绿、叶片薄。

图 7-3 叶色深绿突变体 6

a. MHT2-095(2014) 单株；b. MHT2-095(2014) 叶片

图 7-4 叶色浅绿、叶片宽大、叶片薄突变体 2

a. MHT2-099(2014) 株系；b. MHT2-099(2014) 单株和叶片

图 7-5 叶色浅绿、叶片宽大、叶片薄突变体 3

a. MHT2-075(2014) 株系；b. MHT2-075(2014) 单株和叶片

图 7-6 叶色浅绿、叶片宽大、叶片薄突变体 4

a. MHT2-101(2014) 株系；b. MHT2-101(2014) 单株和叶片

2 叶形突变体

鉴定获得"红花大金元"叶形突变体 3 个，包括叶片宽大突变体 2 个（突变性状稳定遗传）、叶形细长突变体 1 个（突变性状基本稳定遗传）。

（1）叶片宽大突变体

叶片宽大、叶面平滑突变体 1：T_3 系统编号为 13HT301162612，2014 年田间种植编号为 MHT3-320，T_3 株系全部单株叶片宽大、叶面平滑，性状遗传类型为 1。T_2 系统编号为 12HT20116261，2013 年田间种植编号为 MT2-181，T_2 株系 43% 单株叶片宽大、叶面平滑，性状遗传类型为 2。T_1 单株突变性状为叶片宽大。

叶片宽大、叶片厚、晚花突变体 2：T_3 系统编号为 13HT301175613，2014 年田间种植编号为 MHT3-255，T_3 株系全部单株叶片宽大、叶片厚、晚花，性状遗传类型为 1。T_2 系统编号为 12HT20117561，2013 年田间种植编号为 MT2-131，T_2 株系全部单株叶片宽大、叶片厚、晚花（图 7-7），性状遗传类型为 1。T_1 单株突变性状为叶片厚。

（2）叶形细长突变体

叶形细长突变体 1：T_2 系统编号为 12HT20132881，2013 年田间种植编号为 MT2-177，T_2 株系 80% 单株叶形细长，性状遗传类型为 2。T_1 单株突变性状为叶形细长。

图 7-7 叶片宽大、叶片厚、晚花突变体 2

a. MT2-131 (2013) 株系；b. MT2-131 (2013) 单株；c. MT2-131 (2013) 叶片

3 叶面突变体

鉴定获得"红花大金元"叶面突变体 5 个，包括叶面皱突变体 4 个（其中突变性状稳定遗传的 2 个，基本稳定遗传的 2 个）、叶面革质化突变体 1 个（突变性状稳定遗传）。

（1）叶面皱突变体

叶面皱突变体 1：T_3 系统编号为 13HT300296362，2014 年田间种植编号为 MHT3-183，T_3 株系全部单株叶面皱，性状遗传类型为 1。T_2 系统编号为 11HT20029636，2013 年田间种植编号为 MT2-064，T_2 株系 90% 单株叶面皱（图 7-8），性状遗传类型为 2。T$_1$ 单株突变性状为叶面皱。

叶面皱、叶缘外卷、叶色深绿突变体 2：T$_3$ 系统编号为 12HT3006806b1，2013 年田间种植编号为 MT3-102，T$_3$ 株系全部单株叶面皱、叶色深绿、叶缘外卷（图 7-9a），性状遗传类型为 1。T$_2$ 系统编号为 11HT2006806b，2012 年田间种植编号为 MHT2-055，T$_2$ 株系 73% 单株叶面皱、叶缘外卷、

叶色深绿（图 7-9b、c），性状遗传类型为 2。T$_1$ 单株突变性状为叶面皱。

叶面皱、叶缘内卷突变体 3：T$_3$ 系统编号为 12HT300680662，2013 年田间种植编号为 MT3-096，T$_3$ 株系 82% 单株叶面皱、叶缘内卷，性状遗传类型为 2。T$_2$ 系统编号为 11HT20068066，2012 年田间种植编号为 MHT2-050，T$_2$ 株系 64% 单株叶

图 7-8 叶面皱突变体 1

a. MT2-064 (2013) 团棵期株系和单株；b. MT2-064 (2013) 开花期单株；c. MT2-064 (2013) 开花期叶片

图 7-9 叶面皱、叶缘外卷、叶色深绿突变体 2

a. MT3-102(2013) 单株和叶片；b. MHT2-055(2012) 单株；c. MHT2-055(2012) 叶片

面皱、叶缘内卷（图 7-10），性状遗传类型为 2。T₁ 单株突变性状为叶面皱。

叶面皱、晚花突变体 4：T₂ 系统编号为 12HT 20128071，2013 年田间种植编号为 MT2-122，T₂ 株系 83% 单株叶面皱、晚花，性状遗传类型为 2。T₁ 单株突变性状为叶面皱、晚花。

（2）叶面革质化突变体

叶面革质化、主脉粗大、叶脉紊乱突变体 1：T₄ 系统编号为 13HT4006858623，2014 年田间种植编号为 MHT4-052，T₄ 株系全部单株叶面革质化、主脉粗大、叶脉紊乱（图 7-11a、b、c），性状遗传类型为 1。T₃ 系统编号为 12HT300685862，2013 年田间种植编号为 MT3-116，T₃ 株系全部单株叶面革

图 7-10 叶面皱、叶缘内卷突变体 3

a. MHT2-050(2012) 单株；b. MHT2-050(2012) 叶片

图 7-11 叶面革质化、主脉粗大、叶脉紊乱突变体 1

a. MHT4-052(2014) 株系；b. MHT4-052(2014) 单株；c. MHT4-052(2014) 叶片；
d. MT3-116(2013) 单株；e. MHT2-066(2012) 单株；f. MHT2-066(2012) 叶片

质化、主脉粗大、叶脉紊乱（图 7-11d），性状遗传类型为 1。T₂ 系统编号为 11HT20068586，2012 年田间种植编号为 MHT2-066，T₂ 株系全部单株叶面革质化、主脉粗大、叶脉紊乱（图 7-11e、f），性状遗传类型为 1。T₁ 单株突变性状为叶面革质化。

4 叶脉突变体

鉴定获得"红花大金元"叶脉突变体 3 个，包括主脉粗大突变体 1 个（突变性状稳定遗传）、叶脉紊乱突变体 2 个（突变性状稳定遗传）。

（1）主脉粗大突变体

主脉粗大、叶脉紊乱、叶形细长、晚花突变体 1：T₃ 系统编号为 13HT301334237，2014 年田间种植编号为 MHT3-249，T₃ 株系全部单株主脉粗大、叶脉紊乱、叶形细长、晚花（图 7-12a、b），性状遗传类型为 1。T₂ 系统编号为 12HT20133423，2013 年田间种植编号为 MT2-127，T₂ 株系全部单株主脉粗大、叶脉紊乱、叶形细长、晚花（图 7-12c），性状遗传类型为 1。T₁ 单株突变性状为叶脉紊乱、叶形细长、晚花。

图 7-12 主脉粗大、叶脉紊乱、叶形细长、晚花突变体 1

a. MHT3-249(2014) 单株；b. MHT3-249(2014) 叶片；c. MT2-127(2013) 株系

（2）叶脉紊乱突变体

叶脉紊乱、叶面皱、茎叶夹角小突变体 1：T₂ 系统编号为 14HT20166963，2015 年田间种植编号为 MHT2-172，T₂ 株系全部单株叶脉紊乱、叶面皱、茎叶夹角小，性状遗传类型为 1。T₁ 单株突变性状为叶脉紊乱、叶面皱。

叶脉紊乱、叶面皱、茎叶夹角小突变体 2：T₂ 系统编号为 14HT20167193，2015 年田间种植编号为 MHT2-126，T₂ 株系全部单株叶脉紊乱、叶面皱、茎叶夹角小（图 7-13），性状遗传类型为 1。T₁ 单株突变性状为叶脉紊乱、叶面皱。

图 7-13 叶脉紊乱、叶面皱、茎叶夹角小突变体 2

a. MHT2-126(2015) 株系和单株；b. MHT2-126(2015) 单株和叶片

5 叶数突变体

鉴定获得"红花大金元"叶数突变体 2 个，均为叶数多突变体（突变性状稳定遗传）。

叶数多、节间距小、穗状花序突变体 1：T_3 系

图 7-14 叶数多、节间距小、穗状花序突变体 1

a. MHT2-123(2012) 单株；b. MHT2-123(2012) 花序

统编号为 12HT300141462，2013 年田间种植编号为 MT3-194，T_3 株系全部单株叶数多、节间距小、穗状花序，性状遗传类型为 1。T_2 系编号为 11HT20014146，2012 年田间种植编号为 MHT2-123，T_2 株系全部单株叶数多、节间距小、穗状花序（图 7-14），性状遗传类型为 1。T_1 单株突变性状为叶数多、节间距小。

叶数多、节间距小、穗状花序突变体 2：T_4 系统编号为 13HT4002213731，2014 年田间种植编号为 MHT4-091，T_4 株系全部单株叶数多、节间距小、穗状花序，性状遗传类型为 1。T_3 系统编号为 12HT300221373，2013 年田间种植编号为 MT3-205，T_3 株系全部单株叶数多、节间距小、穗状花序（图 7-15a、b），性状遗传类型为 1。T_2 系统编号为 11HT20022137，2012 年

图 7-15 叶数多、节间距小、穗状花序突变体 2

a. MT3-205(2013) 株系；b. MT3-205(2013) 单株；c. MHT2-125(2012) 单株

田间种植编号为MHT2-125，T₂株系全部单株叶数多、节间距小、穗状花序（图7-15c），性状遗传类型为1。T₁单株突变性状为叶数多、节间距小。

6 株高突变体

鉴定获得"红花大金元"株高突变体14个，均为株高矮化突变体（其中突变性状稳定遗传的13个，基本稳定遗传的1个）。

株高矮化、节间距小、叶面平滑、早花突变体1：T₃系统编号为12HT300428271，2013年田间种植编号为MT3-038，T₃株系全部单株株高矮化、节间距小、叶面平滑、早花（图7-16a、b），性状遗传类型为1。T₂系统编号为11HT20042827，2012年田间种植编号为MHT2-026，T₂株系全部单株株高矮化、节间距小、叶面平滑、早花（图7-16c），性状遗传类型为1。T₁单株突变性状为株高矮化、节间距小、叶面平滑、早花。

株高矮化、节间距小、叶面平滑、早花突变体2：T₄系统编号为13HT4004533613，2014年田间种植编号为MHT4-118，T₄株系全部单株株高

矮化、节间距小、叶面平滑、早花，性状遗传类型为1。T₃系统编号为12HT300453361，2013年田间种植编号为MT3-269，T₃株系全部单株株高矮化、节间距小、叶面平滑、早花，性状遗传类型为1。T₂系统编号为11HT20045336，2012年田间种植编号为MHT2-162，T₂株系67%单株株高矮化、节间距小、叶面平滑、早花，性状遗传类型为2。T₁单株突变性状为株高矮化、节间距小、叶面平滑、早花。

株高矮化、节间距小、叶面平滑、早花突变体3：T₄系统编号为13HT4004938618，2014年田间种植编号为MHT4-002，T₄株系全部单株株高矮化、节间距小、叶面平滑、早花（图7-17a），性状遗传类型为1。T₃系统编号为12HT300493861，2013年田间种植编号为MT3-047，T₃株系全部单株株高矮化、节间距小、叶面平滑、早花（图7-17b），性状遗传类型为1。T₂系统编号为11HT20049386，2012年田间种植编号为MHT2-030，T₂株系90%单株株高矮化、节间距小、叶面平滑、早花（图7-17c），性状遗传类型为2。T₁单株突变性状为株高矮化、节间距小、叶面平滑、早花。

图 7-16 株高矮化、节间距小、叶面平滑、早花突变体 1

a. MT3-038(2013) 株系；b. MT3-038(2013) 单株；c. MHT2-026(2012) 单株

图 7-17 株高矮化、节间距小、叶面平滑、早花突变体 3

a. MHT4-002(2014) 单株；b. MT3-047(2013) 株系；c. MHT2-030(2012) 单株

株高矮化突变体 4：T$_3$ 系统编号为 12HT300644861，2013 年田间种植编号为 MT3-208，T$_3$ 株系全部单株株高矮化，性状遗传类型为 1。T$_2$ 系统编号为 11HT20064486，2012 年田间种植编号为 MHT2-132，T$_2$ 株系 82% 单株株高矮化（图 7-18），性状遗传类型为 2。T$_1$ 单株突变性状为株高矮化。

株高矮化、节间距小、叶面平滑、早花突变体 5：T$_2$ 系统编号为 13HT20087041，2014 年田间种植编号为 MHT2-039，T$_2$ 株系全部单株株高矮化、节间距小、叶面平滑、早花，性状遗传类型为 1。T$_1$ 单株突变性状为株高矮化、节间距小、叶面平滑、早花。

株高矮化、叶缘外卷、叶片厚突变体 6：T$_3$ 系统编号 13HT301175321，2013 年田间种植编号为 MHT3-162，T$_3$ 株系全部单株株高矮化、叶缘外卷、叶片厚，性状

遗传类型为 1。T$_2$ 系统编号为 12HT20117532，2012 年田间种植编号为 MHT2-027，T$_2$ 株系 83% 单株株高矮化、叶缘外卷、叶片厚（图 7-19），性状遗传类型为 2。T$_1$ 单株突变性状为株高矮化、叶缘外卷、叶片厚。

图 7-18 株高矮化突变体 4

a. MHT2-132(2012) 株系；b. MHT2-132(2012) 单株

图 7-19 株高矮化、叶缘外卷、叶片厚突变体 6

a. MHT2-027(2012) 株系；b. MHT2-027(2012) 单株和叶片；c. MHT2-027(2012) 叶片

株高矮化、节间距小、叶面平滑、早花突变体 7：T_2 系统编号为 14HT20160721，2015 年田间种植编号为 MHT2-065，T_2 株系全部单株株高矮化、节间距小、叶面平滑、早花，性状遗传类型为 1。T_1 单株突变性状为株高矮化、节间距小、叶面平滑、早花。

株高矮化、节间距小、叶面平滑、早花突变体 8：T_2 系统编号为 14HT20164152，2015 年田间种植编号为 MHT2-069，T_2 株系全部单株株高矮化、节间距小、叶面平滑、早花，性状遗传类型为 1。T_1 单株突变性状为株高矮化、节间距小、叶面平滑、早花。

株高矮化、节间距小、叶面平滑、早花突变体 9：T_2 系统编号为 14HT20164211，2015 年田间种植编号为 MHT2-057，T_2 株系全部单株株高矮化、节间距小、叶面平滑、早花，性状遗传类型为 1。T_1 单株突变性状为株高矮化、节间距小、叶面平滑、早花。

株高矮化、节间距小、叶面平滑、早花突变体 10：T_2 系统编号为 14HT20176933，2015 年田间种植编号为 MHT2-075，T_2 株系全部单株株高矮化、节间距小、叶面平滑、早花（图 7-20），性状遗传类型为 1。T_1 单株突变性状为株高矮化、节间距小、叶面平滑、早花。

株高矮化、节间距小、叶面平滑、早花突变体 11：T_2 系统编号为 14HT20180911，2015 年田间种植编号为 MHT2-084，T_2 株系单株株高矮化、节间距小、叶面平滑、早花，性状遗传类型为 1。T_1 单株突变性状为株高矮化、节间距小、叶面平滑、早花。

株高矮化、节间距小、叶面平滑、早花突变体 12：T_2 系统编号为 14HT20181891，2015 年田间种植编号为 MHT2-087，T_2 株系全部单株株高矮化、节间距小、叶面平滑、早花，性状遗传类型为 1。T_1 单株突变性状为株高矮化、节间距小、叶面平滑、早花。

株高矮化、节间距小、叶面平滑、早花突变体 13：T_2 系统编号为 14HT20186923，2015 年田间种植编号为 MHT2-098，T_2 株系全部单株株高矮化、节间距小、叶面平滑、早花，性状遗传类型为 1。T_1 单株突变性状为株高矮化、节间距小、叶面平滑、早花。

株高矮化、节间距小、叶面平滑、早花突变体 14：T_3 系统编号为 12HT300382861，2013 年田间种植编号为 MT3-035，T_3 株系 81% 单株株高矮化、节间距小、叶面平滑、早花（图 7-21a、b），

图 7-20　株高矮化、节间距小、叶面平滑、早花突变体 10

a. MHT2-075(2015) 株系；b. MHT2-075(2015) 单株和叶片；c. MHT2-075(2015) 节间距

图 7-21　株高矮化、节间距小、叶面平滑、早花突变体 14

a. MT3-035(2013) 株系；b. MT3-035(2013) 单株和叶片；c. MHT2-021(2012) 单株和叶片；d. MHT2-021(2012) 叶片和节间距

性状遗传类型为 2。T₂ 系统编号为 11HT20038286，2012 年田间种植编号为 MHT2-021，T₂ 株系 53% 单株株高矮化、节间距小、叶面平滑、早花（图 7-21c、d），性状遗传类型为 2。T₁ 单株突变性状为株高矮化、节间距小、叶面平滑、早花。

7 株型突变体

鉴定获得"红花大金元"株型突变体 5 个，包括茎叶夹角小突变体 1 个（突变性状稳定遗传）、螺旋株突变体 1 个（突变性状稳定遗传）、节间距大突变体 2 个（其中突变性状稳定遗传的 1 个，基本稳定遗传的 1 个）、节间距小突变体 1 个（突变性状稳定遗传）。

（1）茎叶夹角小突变体

茎叶夹角小、叶色深绿、叶面皱突变体 1：T₄ 系统编号为 13HT4006768711，2014 年田间种植编号为 MHT4-075，T₄ 株系全部单株茎叶夹角小、叶色深绿、叶面皱（图 7-22a、b），性状遗传类型为 1。T₃ 系统编号为 12HT300676871，2013 年田间种植编号为 MT3-172，T₃ 株系全部单株茎叶夹角小、叶色深绿、叶面皱（图 7-22c），性状遗传类型为 1。T₂ 系统编号为 11HT20067687，2012 年田间种植编

号为 MHT2-116，T₂ 株系 38% 单株茎叶夹角小、叶色深绿、叶面皱，性状遗传类型为 2。T₁ 单株突变性状为茎叶夹角小、叶色深绿、叶面皱。

（2）螺旋株突变体

螺旋株、叶色深绿、叶面皱突变体 1：T₄ 系统编号为 13HT4000091626，2014 年田间种植编号为 MHT4-099，T₄ 株系全部单株螺旋株、叶色深绿、叶面皱（图 7-23a、b），性状遗传类型为 1。T₃ 系统编号为 12HT300009162，2013 年田间种植编号为 MT3-229，T₃ 株系 77% 单株螺旋株、叶色深绿、叶面皱（图 7-23c、d），性状遗传类型为 2。T₂ 系统编号为 11HT20000916，2012 年田间种植编号为 MHT2-142，T₂ 株系 53% 单株螺旋株、叶色深绿、叶面皱（图 7-23e），性状遗传类型为 3。T₁ 单株突变性状为叶色深绿。

（3）节间距大突变体

节间距大、早花突变体 1：T₂ 系统编号为 13HT20089921，2014 年田间种植编号为 MHT2-043，T₂ 株系全部单株节间距大、早花，性状遗传类型为 1。T₁ 单株突变性状为节间距大、早花。

节间距大、早花突变体 2：T₂ 系统编号为 11HT

图 7-22 茎叶夹角小、叶色深绿、叶面皱突变体 1

a. MHT4-075(2014) 单株；b. MHT4-075(2014) 叶片；c. MHT3-172(2013) 株系

图 7-23　螺旋株、叶色深绿、叶面皱突变体 1

a. MHT4−099(2014) 单株；b. MHT4−099(2014) 叶片；c. MT3−229(2013) 株系；d. MT3−229(2013) 单株；e. MHT2−142(2012) 单株

20001756，2012 年田间种植编号为 MHT2−143，T_2 株系 88% 单株节间距大、早花，性状遗传类型为 2。T_1 单株突变性状为节间距大、早花。

（4）节间距小突变体

节间距小、叶色深绿、叶片厚突变体 1：T_2 系统编号为 14HT20184283，2015 年田间种植编号为 MHT2−095，T_2 株系全部单株节间距小、叶色深绿、叶片厚，性状遗传类型为 1。T_1 单株突变性状为节间距小、叶色深绿、叶片厚。

8　花期突变体

鉴定获得"红花大金元"花期突变体 12 个，包括早花突变体 10 个（突变性状稳定遗传）、晚花突变体 2 个（其中突变性状稳定遗传的 1 个，基本稳定遗传的 1 个）。

（1）早花突变体

早花、叶数少、节间距大、株高矮化、似晾晒烟突变体 1：T₃ 系统编号为 12HT300044463，2013 年田间种植编号为 MT3-190，T₃ 株系全部单株早花、叶数少、节间距大、株高矮化、似晾晒烟，性状遗传类型为 1。T₂ 系统编号为 11HT20004446，2012 年田间种植编号为 MHT2-121，T₂ 株系 17% 单株早花、叶数少、节间距大、株高矮化、似晾晒烟（图

7-24），性状遗传类型为 2。T₁ 单株突变性状为早花、叶数少、节间距大、株高矮化、似晾晒烟。

早花、叶数少、节间距大、株高矮化、有叶柄、似晾晒烟突变体 2：T₄ 系统编号为 13HT4000538633，2014 年田间种植编号为 MHT4-060，T₄ 株系全部单株早花、叶数少、节间距大、株高矮化、有叶柄、似晾晒烟（图 7-25），性状遗传类型为 1。T₃ 系统编号为 12HT300053863，2013 年田间种植编号为 MT3-129，T₃ 株系 77% 单株早花、叶数少、节间距大、株高矮化、有叶柄、似晾晒烟，性状遗传类型为 3。T₂ 系统编号为 11HT20005386，2012 年田间种植编号为 MHT2-085，T₂ 株系全部单株早花、叶数少、节间距大、株高矮化、似晾晒烟，性状遗传类型为 1。T₁ 单株突变性状为早花、叶数少、节间距大、株高矮化、似晾晒烟。

早花、叶数少、节间距大、株高矮化、似晾晒烟突变体 3：T₃ 系统编号为 12HT300376664，2013 年田间种植编号为 MT3-156，T₃ 株系全部单

图 7-24 早花、叶数少、节间距大、株高矮化、似晾晒烟突变体 1

a. MHT2-121(2012) 株系；b. MHT2-121(2012) 叶片

图 7-25 早花、叶数少、节间距大、株高矮化、有叶柄、似晾晒烟突变体 2

a. MHT4-060(2014) 株系；b. MHT4-060(2014) 单株；c. MHT4-060(2014) 叶片和叶柄

株早花、叶数少、节间距大、株高矮化、似晾晒烟，性状遗传类型为 1。T₂ 系统编号为 11HT20037666，2012 年田间种植编号为 MHT2-099，T₂ 株系全部单株早花、叶数少、节间距大、株高矮化、似晾晒烟，性状遗传类型为 1。T₁ 单株突变性状为早花、叶数少、节间距大、株高矮化、似晾晒烟。

早花、叶数少、节间距大、株高矮化、有叶柄、似晾晒烟突变体 4：T₄ 系统编号为 13HT4005024691，2014 年田间种植编号为 MHT4-023，T₄ 株系全部

单株早花、叶数少、节间距大、株高矮化、有叶柄、似晾晒烟，性状遗传类型为 1。T₃ 系统编号为 12HT300502469，2013 年田间种植编号为 MT3-076，T₃ 株系全部单株早花、叶数少、节间距大、株高矮化、有叶柄、似晾晒烟（图 7-26a、b），性状遗传类型为 1。T₂ 系统编号为 11HT20050246，2012 年田间种植编号为 MHT2-036，T₂ 株系全部单株早花、叶数少、节间距大、株高矮化、似晾晒烟（图 7-26c、d、e），性状遗传类型为 1。T₁ 单株

图 7-26　早花、叶数少、节间距大、株高矮化、有叶柄、似晾晒烟突变体 4

a. MT3-076(2013) 单株；b. MT3-076(2013) 叶片和叶柄；c. MHT2-036(2012) 单株；d. MHT2-036(2012) 叶片；e. MHT2-036(2012) 节间距

突变性状为早花、叶数少、节间距大、株高矮化、似晾晒烟。

　　早花、叶数少、节间距大、株高矮化、似晾晒烟突变体 5：T₃ 系统编号为 12HT300613864，2013 年田间种植编号为 MT3-146，T₃ 株系全部单株早花、叶数少、节间距大、株高矮化、似晾晒烟，性状遗传类型为 1。T₂ 系统编号为 11HT20061386，2012 年田间种植编号为 MHT2-094，T₂ 株系 40% 单株早花、叶数少、节间距大、株高矮化、似晾晒烟，性状遗传类型为 2。T₁ 单株突变性状为早花、叶数少、节间距大、株高矮化、似晾晒烟。

　　早花、叶数少、节间距大、花色深红突变体 6：T₂ 系统编号为 11HT20065706，2012 年田间种植编号为 MHT2-037，T₂ 株系全部单株早花、叶数少、节间距大、花色深红（图 7-27），性状遗传类型为 1。T₁ 单株突变性状为早花、叶数少、节间距大、花色深红。

　　早花、叶数少、节间距大、株高矮化、有叶柄似晾晒烟突变体 7：T₃ 系统编号为 12HT300688866，2013 年田间种植编号为 MT3-159，T₃ 株系全部

单株早花、叶数少、节间距大、株高矮化、有叶柄、似晾晒烟，性状遗传类型为 1。T₂ 系统编号为 11HT20068886，2012 年田间种植编号为 MHT2-100，T₂ 株系全部单株早花、叶数少、节间距大、株高矮化、似晾晒烟，性状遗传类型为 1。T₁ 单株突变性状为早花、叶数少、节间距大、株高矮化、似晾晒烟。

　　早花、节间距大、有叶柄突变体 8：T₃ 系统编号为 13HT301178921，2013 年田间种植编号为 MHT3-356，T₃ 株系全部单株早花、节间距大、有叶柄，性状遗传类型为 3。T₂ 系统编号为 12HT20117892，2012 年田间种植编号为 MT2-195，T₂ 株系 36.7% 单株早花、节间距大，性状遗传类型为 2。T₁ 单株突变性状为早花、节间距大。

　　早花、节间距大、叶形细长突变体 9：T₂ 系统编号为 13HT20139341，2014 年田间种植编号为 MHT2-035，T₂ 株系全部单株早花、节间距大、叶形细长，性状遗传类型为 1。T₁ 单株突变性状为早花。

　　早花、叶形细长突变体 10：T₂ 系统编号为

图 7-27 早花、叶数少、节间距大、花色深红突变体 6

a. MHT2-037(2012) 株系；b. MHT2-037(2012) 单株；c. MHT2-037(2012) 花冠

13HT20139781, 2014 年田间种植编号为 MHT2-036, T₂ 株系全部单株早花、叶形细长, 性状遗传类型为 1。T₁ 单株突变性状为早花、叶形细长。

(2) 晚花突变体

晚花、叶面平滑突变体 1: T₃ 系统编号为 13HT301179012, 2014 年田间种植编号为 MHT3-171, T₃ 株系全部单株晚花、叶面平滑, 性状遗传类型为 1。T₂ 系统编号为 12HT20117901, 2013 年田间种植编号为 MT2-039, T₂ 株系全部单株晚花、叶面平滑, 性状遗传类型为 1。T₁ 单株突变性状为晚花、茎叶夹角大、叶面平滑。

晚花、叶形细长突变体 2: T₂ 系统编号为 13HT20158691, 2012 年田间种植编号为 MHT2-060, T₂ 株系 75% 单株晚花、叶形细长, 性状遗传类型为 2。T₁ 单株突变性状为晚花。

9 花色突变体

鉴定获得 "红花大金元" 花色突变体 2 个, 包括花色白色突变体 1 个 (突变性状稳定遗传)、花色深红突变体 1 个 (突变性状稳定遗传)。

(1) 花色白色突变体

花色白色突变体 1: T₃ 系统编号为 13HT301133511, 2014 年田间种植编号为 MHT3-374, T₃ 株系全部单株花色白色, 性状遗传类型为 1。T₂ 系统编号为 12HT20113351, 2013 年田间种植编号为 MT2-213, T₂ 株系全部单株花色白色, 性状遗传类型为 1。T₁ 单株突变性状为花色白色。

(2) 花色深红突变体

花色深红突变体 1: T₃ 系统编号为 13HT300908312, 2014 年田间种植编号为 MHT3-362, T₃ 株系全部单株花色深红, 性状遗传类型为 1。T₂ 系统编号为 12HT20090831, 2013 年田间种植编号为 MT2-196, T₂ 株系 67% 单株花色深红 (图 7-28), 性状遗传类型为 2。T₁ 单株突变性状为花色深红。

图 7-28 花色深红突变体 1

a. MT2-196 (2013) 株系和单株; b. MT2-196(2013) 花冠

第4节 侧翼序列分离

1 侧翼序列的分离方法

精确定位插入位点的关键步骤就是获取侧翼序列标签（FSTs）。激活标签插入突变体侧翼序列筛选一般通过以下步骤进行：①突变群体基因组 DNA 提取、DNA 定性及定量分析；② DNA 样品的阳性检测；③侧翼序列扩增；④琼脂糖电泳检测；⑤特异性侧翼序列扩增产物序列分析（崔萌萌，2012）。

前人研究开发了多种获取侧翼序列的方法，如质粒拯救（Weigel 等，2000）、TAIL-PCR（Liu 等，1995；Liu 和 Whittier，1995；Sessions 等，2002；Liu 和 Chen，2007）、PCR-walking（Balzergue 等，2001）、FPNI-PCR（Wang 等，2011；Liu 等，2015）和 Adaptor ligation-mediated PCR（O'Malley 等，2007；Thole 等，2009）。

（1）TAIL-PCR

目前拟南芥突变体库获取侧翼序列的方法是基于 PCR 的两种不同途径（TAIL-PCR 和 Adapter-ligated PCR）。拟南芥中 SAIL 数据库收集 FSTs 是通过 TAIL-PCR 方法获取的（Liu 等，1995；Liu 和 Whittier，1995；Sessions 等，2002）。TAIL-PCR 方法的原理：根据激活标签载体 T-DNA 区的左边界或右边界设计 3 个嵌套的特异性引物，用它们分别与低 Tm 值的随机简并引物进行 PCR。TAIL-PCR 解链温度大于 65 ℃，随机简并引物解链温度 45 ℃，这样可以通过热不对称的方法提高目标序列和抑制非目标序列的产生。TAIL-PCR 包括三轮 PCR 反应（O'Malley 和 Ecker，2010），具体见图 7-29。第一轮反应以基因组 DNA 为模板，根据引物长短和特异性的不同设计热不对称的循环，通过分级反应来得到特异性产物。第一个特异引物（黄色箭头）与 T-DNA 区域（绿色线条）处的特异位点（褐色线条）杂交，合成包含 T-DNA 左边界和侧翼基因组序列（黑色线条）。对目标序列的 10 个循环扩增后，提高目标分子的拷贝数，再进行一个低退火温度的单循环（退火温度为 25 ℃），引物的高度简并性和低退火温度让随机简并引物（红色箭头）和目标序列以更高的概率结合，因此有效地为第二轮、第三轮反应产生目标序列创造了一个或多个退火位点。然后用嵌套特异引物与随机简并引物进行第二轮、第三轮 PCR 反应，高效地产生靶序列；而且上一轮 PCR 产物的稀释，使得非目标序列的产量更低。

（2）接头连接介导 PCR

Salk 和 GABI-KAT 突变体库则使用 Adaptor ligation-mediated PCR 获得 FSTs（O'Malley 等，2007）。如图 7-29 所示，首先利用 DNA 内切酶消化基因组 DNA，这个方法避开 T-DNA 边界序列使用限制性酶酶切植物 DNA。酶切后，具有一个长臂（深蓝线条）和短臂（浅蓝线条）的热不对称双链接头连接到突出的末端。接头的长臂包含一个隐藏的引物识别位点，只有它的互补链合成时才能识别，而短臂的 3' 端则被一个氨基阻断，防止过早的聚合

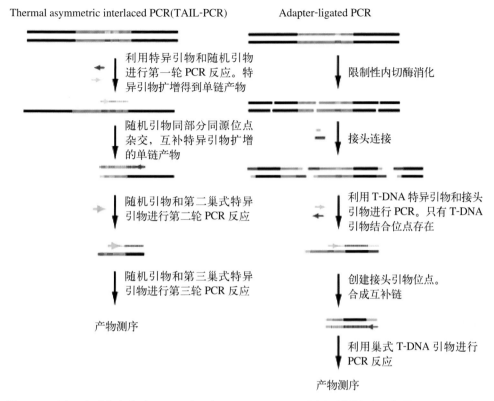

图 7-29　侧翼序列分离方法 TAIL-PCR 和 Adapter-ligated PCR （O'Malley 和 Ecker，2010）

酶延伸。之后利用 T-DNA 特异性引物（黄色箭头）和接头特异性引物（蓝色箭头）进行 PCR 反应获得侧翼序列。

（3）FPNI-PCR

FPNI-PCR 需要三轮 PCR 反应，原理与 TAIL-PCR 相同。根据载体序列设计 3 个特异引物，在第一轮中，同样运用热不对称原理，包括两个高严谨性循环和一个低严谨性循环。高严谨性循环中产生目标序列单链 DNA，在后面的低严谨性循环中应用 FP（fusion primer）引物产生双链 DNA。3 ～ 6 个上述循环后，形成部分目标序列，同时伴随着非目标序列的产生，在第二轮、第三轮 PCR 循环中，应用高严谨性循环，因此，目标特异序列得到选择性扩增。由于特异嵌套引物，非目标序列得不到大量扩增，而且非目标序列中的发卡结构抑制其扩增。FPNI-PCR 中通用引物是在一段 15 ～ 16 个

碱基的简并序列形成融合引物，应用于第一轮 PCR 反应中。最大的特点是，简并序列和发卡结构序列融合在一起。因此，可以抑制在反应中产生的非目标序列。由于其发卡结构存在而不能继续合成双链 DNA。FPNI-PCR 区别于 TAIL-PCR 的最大特点是融合引物。

（4）PCR-walking

PCR-walking 技术最早由 Siebert 等（1995）创立。该技术成功应用于分离拟南芥（Devic 等，1997；Balzergue 等，2001）和水稻（Sallaud 等，2003 和 2004；Peng 等，2005）的 T-DNA 插入侧翼序列，是一种替代反向 PCR 的极其有效的方法。PCR-walking 是嵌套 PCR 和抑制 PCR（suppression PCR）的结合，利用产生平滑末端的限制性内切酶消化基因组 DNA，在酶切产物上连接特殊的平端接头。该平端接头可以使扩增限定在接头引物 AP

和特异性基因引物 WP 之间（图 7-30）(Cottage 等，2001)。接头的两条互补链长短不等，接头的长链具有与接头引物互补的连续序列，与短链在 3′端互补；而短链的 3′端因为缺乏引物结合位点，并且具有氨基基团，阻止了在聚合酶作用下合成结合位点，因此接头引物结合位点只能通过从基因特异性引物延伸合成出来的接头长链互补链产生。基于以上特点，PCR-walking 是抑制 PCR 和嵌套 PCR 的结合体，保证了扩增产物的特异性。但是 PCR-walking 也存在技术上的缺陷，如引物的特异性不强，PCR-walking 的接头与 DNA 的酶切片段未能有效连接等。

2 侧翼序列扩增方法的优化

烟草 T-DNA 激活标签插入突变体库创制后，需要对大量的 T-DNA 插入位点的侧翼序列进行扩增，而选择一种适用于烟草 T-DNA 侧翼序列扩增的高效方法尤为必要。刘慧等（2014）比较了 TAIL-PCR、PCR-walking、FPNI-PCR 3 种方法对烟草 T-DNA 插入位点侧翼序列的扩增效率，并对 3 种方法的 PCR 程序、体系和引物设计等方面进行了优化，确定 TAIL-PCR 和 FPNI-PCR 更适合烟草的侧翼序列扩增。

（1）TAIL-PCR 引物和反应条件的优化

重新根据载体 pSKI015 LB 设计特异引物 SP（1）、SP（2）与 SP（3），沿 LB 向 5′端移动 150 bp 设计引物，防止载体在遗传重组过程中发生 LB 丢失而影响侧翼序列的扩增效率。重新选择 AD 引物，经过实验，第二轮、第三轮反应中的退火温度在 65℃时扩增比例最高。使用上述引物和反应条件对烟草突变材料 T₀进行侧翼序列扩增，琼脂糖凝胶电泳检测 PCR 结果见图 7-31。TAIL-PCR 引物和反应条件优化后与优化前相比，扩增条带数量更多，测序不易出现杂合等现象，测序结果更加准确。

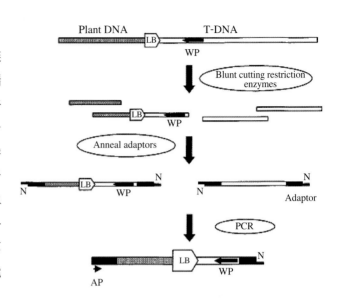

图 7-30 侧翼序列分离方法 PCR-walking（Cottage 等，2001）

（2）FPNI-PCR 引物的优化

重新选择简并引物 Fad1-7、Fad2-1、Fad2-7、Fad3-1 与 Fad3-7，使用特异引物 SP（1）、SP（2）、SP（3）进行 PCR 扩增。同样选用编号为 306、312、316、318 的 4 个样品，分别采用不同引物进行扩增，第三轮第二步循环数 12 设置为 18（实验证明，循环数设置为 12、16、18、20 时，18 和 20 个循环的扩增效果相当，且高于 12 和 16 个循环）。琼脂糖凝胶电泳检测 PCR 结果表明，Fad3-7 引物扩增效果最好。所以选择 Fad3-7 引物对 180 份 T₀代烟草突变体材料进行 FPNI-PCR 扩增，琼脂糖凝胶电泳检测 PCR 结果见图 7-32。优化后的条带长度更大，数目更多。

TAIL-PCR 扩增侧翼序列时得到的片段都在 1～3 kb，在烟草基因组数据库中比对时，由于其条带长度较大，比对的准确性更高，特别是插入到重复序列区时更好判断插入位点。相比较而言，PCR-walking 获得的条带在 400 bp 左右，其中 200～300 bp 为载体序列，在烟草数据库中比对的准确性明显下降。FPNI-PCR 由于其原理与 TAIL-PCR 方法相同，虽然扩增比例较高，但是条带长度比 TAIL-PCR 要短。

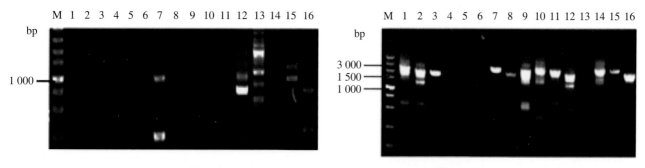

图 7-31 优化前（左图）后（右图）的 TAIL-PCR 扩增（刘慧等，2014）

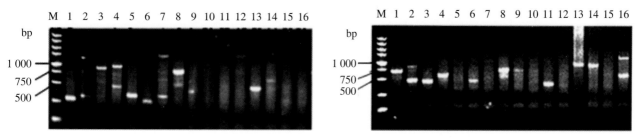

图 7-32 优化前（左图）后（右图）的 FPNI-PCR 扩增（刘慧等，2014）

第5节 侧翼序列分析

1 T-DNA 插入位点的鉴定

目前，中国农业科学院烟草研究所和生物技术研究所共创建了 10 万多份烟草激活标签插入突变体。为了充分发挥激活标签 T-DNA 插入突变体库在烟草功能基因组研究中的作用，Liu 等（2015）利用 FPNI-PCR 技术大规模分离了烟草 T-DNA 插入突变体的侧翼序列。从 1 257 个 T_1 代转基因株系中共扩增得到 1 417 条侧翼序列。将侧翼序列过滤载体序列，使用序列比对软件 blastn 在林烟草和绒毛状烟草基因组序列中（NCBI 登录号 ASAF01000000 和 ASAG00000000）进行相似性搜索，比对的 E 值设置为 0.001。总计 932 个株系的 998 条侧翼序列与两个参考基因组匹配（表 7-2）。多个株系分离到多个插入位点（insertion site, IS）的侧翼序列，97.0% 的株系有一个插入，2.9% 的株系有两个插入，只有 1 个株系分离到 5 个插入位点。通过 Southern 印迹也发现平均每个株系有 1.6 个插入位点（图 7-33）。由于两个基因组具有较高的相似度，并且重复序列的比例高，经常发现侧翼序列比对上多个基因组位点，这种情况只计算一个插入位点。998 条侧翼序列代表了 963 个独立的插入。

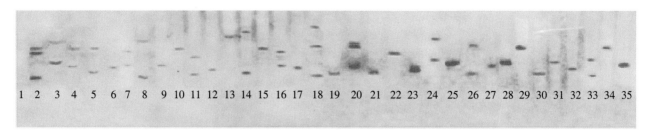

图 7-33 转化株系插入位点的 Southern 印迹分析（Liu 等，2015）

泳道 1 为野生型；泳道 2 ~ 35 为 T-DNA 插入株系

2 插入位点在基因组上的分布

插入位点在 24 条染色体上并不是均匀分布的（蓝色），插入密度范围从 0.12 ~ 0.31（IS/Mb），平均每 1 Mb 有 0.23 个插入位点（图 7-34）。例如，最大的 14 号染色体上有 37 个 IS，插入密度最低（0.12 IS/Mb）。此外，染色体上的基因分布（红色）也不是均匀的，每 1 Mb 的基因密度从 14.31 到 18.98 不等。通过 20 Mb 的窗口统计插入分布发现，插入密度和基因密度相关系数 R=0.52，插入频率和基因密度有很好的相关性，即具有较高基因密度的基因组区域表现出较高的插入频率。

表 7-2 T-DNA 插入位点侧翼序列分析（Liu 等，2015）

侧翼序列	数量	百分比（%）
共计	1 417	100.00
与基因组匹配	998	70.45
唯一插入位点	963	67.96
株系	**数量**	**百分比（%）**
共计	1 257	100.00
FST 匹配基因组	932	74.10
FST 不匹配基因组	325	25.90

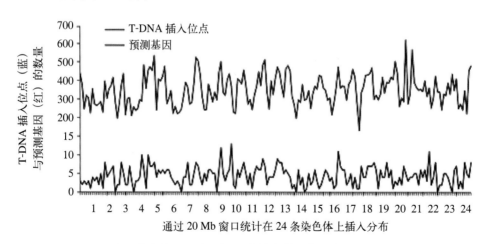

图 7-34 插入位点和预测基因在 24 条染色体上的分布（Liu 等，2015）

3 插入位点在基因和基因间区的分布

对基因和基因间区中插入位点的分布分析表明，插入位点偏好于基因区域（图 7-35）。烟草基因组中预测基因 73 094 个，基因平均长度为 4 764 bp（包括外显子、内含子和非翻译区），占基因组的 8.8%（烟草基因组大小按 3 910 Mb 计算）。插入位点在基因内的插入比例为 15.89%，远高于随意插入的比例。将基因的起始密码子和终止密码子两侧的各 300 bp 看作基因的非翻译区（Szabados 等，2002；An 等，2003；Jeong 等，2006；Aoki 等，2010）。进一步详细统计表明（表 7-3 和图 7-35），外显子、内含子和非编码区占基因组的比例分别为 2.16%、5.62% 和 1.12%。T-DNA 插入在外显子、内含子和非编码区的比例分别为 3.84%、6.75% 和 5.30%，远高于期望值。T-DNA 插入优先发生在 5′非翻译区（37，3.84%），高于 3′非翻译区（14，1.45%）。基因上下游的区域对于调控基因表达也是至关重要的。研究表明，在基因上下游 1 kb 范围内，插入位点的比例为 9.03%，是期望值的 2.5 倍（3.74%），在 5 kb 范围内也观察到更高的插入频率。类似的插入特征在拟南芥、水稻等植物中也有报道。

　　相比水稻和拟南芥 T-DNA 插入突变体分别达到了 92% 和 57% 的饱和程度，烟草的突变体库还有很大的差距，特别是侧翼序列的分离和鉴定。目前，中国农业科学院烟草研究所的研究人员将侧翼序列增加到了 4 000 多条，但这还远远不够。研究

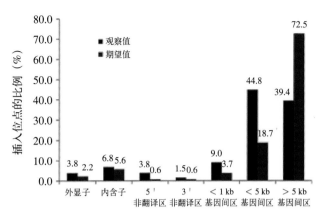

图 7-35　插入位点在基因区和基因间区的分布（Liu 等，2015）

证实了激活标签创制烟草突变体库，尤其是在烟草这样具有基因冗余的多倍体植物中是非常有效的方法。随着侧翼序列的不断补充，烟草 T-DNA 插入突变体库将在烟草基因组功能研究中发挥重要作用。烟草激活标签插入突变体库的表型数据和侧翼序列、基因序列的信息可以通过烟草突变体资源信息网站（http://www.tobaccomdb.com/tdna）进行检索。

表 7-3　T-DNA 插入位点在烟草基因组中的分布分析（Liu 等，2015）

T-DNA 插入的分布	侧翼序列数量	百分比（%）	期望百分比（%）	与期望值的差异
基因区	153	15.89	8.80	7.09
外显子	37	3.84	2.16	1.68
内含子	65	6.75	5.62	1.13
非翻译区	51	5.30	1.12	4.18
5′非翻译区（上游 300 bp）	37	3.84	0.56	3.28
3′非翻译区（下游 300 bp）	14	1.45	0.56	0.89
1 kb 范围内基因间区	87	9.03	3.74	5.29
5′基因间区	38	3.95	1.87	2.08
3′基因间区	49	5.09	1.87	3.22
5 kb 范围内基因间区	431	44.76	18.69	26.07
5′基因间区	204	21.18	9.34	11.84
3′基因间区	227	23.57	9.34	14.23
5 kb 范围外基因间区	379	39.36	72.51	−33.15

第6节 突变基因鉴定

1 侧翼序列与表型的共分离分析

鉴定获得的侧翼序列是否与突变性状相关联，还需要一个关键步骤，即基因分型。该步骤需要对突变体分离株系的每个单株进行基因分型（图7-36）。在插入位点上下游的基因组区域设计一对侧翼序列特异引物，用于检测野生型；一个激活标签载体特异引物和一个侧翼序列特异引物，用于检测激活标签插入导致的突变型。只有野生型 PCR 产物的为野生型（泳道1和8），只有突变型 PCR 产物的为纯合突变体（泳道4和5），两种产物都有的为杂合型（泳道2、3、6、7）。只有在每个单株的基因型和表型存在共分离的情况下，才能证明该侧翼序列是目标侧翼序列，进而证明该插入位点是导致突变的插入位点（O'Malley 和 Ecker，2010）。

2 T-DNA 插入位点相邻基因的表达分析

确定了目标插入位点之后，需要通过基因组查看插入位点上下游一定范围内基因的功能注释。通过定量或者半定量 PCR 确定插入位点旁侧基因的表达量有无显著变化，突变体中表达量显著上调的基因即可初步认定为候选基因。为了检测插入标签对基因表达的影响，利用 sqRT-PCR 对15个随机挑选的具有显性表型的 T₂ 代株系中 T-DNA 插入位点最近的基因进行了表达分析（图7-37）。在15个候选基因中，13个基因靠近 T-DNA 的右边界（RB），2个基因靠近 T-DNA 的左边界（LB）。结

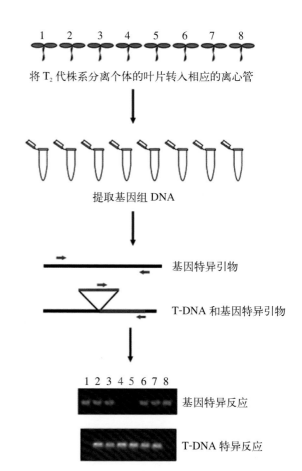

将 T₂ 代株系分离个体的叶片转入相应的离心管

提取基因组 DNA

基因特异引物

T-DNA 和基因特异引物

基因特异反应

T-DNA 特异反应

图 7-36 对 T-DNA 插入突变体分离株系基因分型鉴定纯合个体（O'Malley 和 Ecker，2010）

果表明有7个基因的表达量增加。T-DNA 增强子序列和基因的 ATG 之间的距离变化范围为750 bp 到13.1 kb。在插入标记的上下游均有基因得到激活，激活标签和基因之间的距离与激活程度没有太大的联系。之前有研究表明，超过10 kb 的距离也能激活基因（Jeong 等，2006；Hsing 等，2007）。

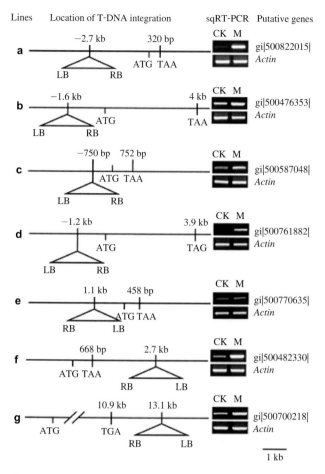

图 7-37 T-DNA 插入位点相邻基因的表达 (Liu 等, 2015)

3 激活基因的鉴定

候选基因还需要采用转基因等手段进行深入的功能分析才能最终确认是否是目标基因。如克隆该候选基因全长 cDNA 并进行转基因过表达, 若出现

与突变体相同的表型, 则证明该候选基因确实是导致突变表型产生的目标基因。同时, 也可以对纯合的激活标签突变体进行基因敲除或RNA干扰 (RNA interference, RNAi), 若能恢复或部分恢复野生型表型, 则可以进一步证明目标基因的可信度。

（1）一个 MATE 基因家族成员的鉴定

在"红花大金元"T-DNA 激活标签插入的突变群体中筛选到一个株高矮化、叶数多、早花的突变株系（图 7-38）。通过对该株系在 T_2、T_3 代的表型分离情况进行检测, 确定该表型与插入位点是共分离的, 初步推断该突变表型为单基因控制的显性突变。对插入位点侧翼的 MATE（多药和有毒化合物排出）基因进行荧光定量 PCR 检测, 突变体相比对照"红花大金元"基因表达量显著增加 1.9 倍。用该 MATE 的基因转化"红花大金元", 过表达阳性植株与突变体具有相似表型。转基因阳性植株表达量与突变程度正相关, 表达量越高突变表型越显著。拟南芥 AtDTX51（AtADP1）基因的过表达使植株表型出现矮化、顶端优势不明显等表型。深入研究表明, AtDTX51 通过影响植物生长素的合成, 进而影响植株的生长进程（Sun 等, 2011; Li 等, 2014）。烟草 MATE 突变体除茎外, 突变植株各个组织的生长素含量都较"红花大金元"有一定程度的下降, 因而推测烟草 MATE 基因可能也参与植物的生长素相关途径。

图 7-38 "红花大金元"株高矮化、叶数多、早花突变体的表型

a. 苗期; b. 现蕾期; c. 盛花期; WT. "红花大金元"; MT. 突变体

（2）一个 C_2H_2 型锌指蛋白转录因子基因的鉴定

从"红花大金元"激活标签插入的突变群体中筛选到一个叶脉紊乱、叶面革质化的突变体。突变体株系在 T_1、T_2、T_3、T_4 代的田间表型显示，该突变体的表型遗传稳定（图 7-39）。利用 TAIL-PCR 扩增侧翼序列，与烟草基因组进行序列比对，鉴定了 3 个插入位点，分别位于 19、3、16 号染色体上，共分离分析确定激活基因在 19 号染色体上。生物信息学分析表明，插入位点附近有 5 个候选基因。对候选基因在突变体和野生型组织中的表达情况进行分析，确定在插入位置附近被激活的基因为 C_2H_2（Cys2/His2）型锌指蛋白转录因子。该基因表达量在突变体植株的根、茎、叶、花中有明显的提高。将该基因转化"红花大金元"，过表达阳性植株出现了与突变体相似的叶脉紊乱、叶面革质化表型。锌指蛋白是一类具有"指状"结构域的转录因子，负责调控基因的表达。C_2H_2 型锌指蛋白是锌指蛋白家族中最大的一个亚族，主要参与植物各个时期的生长发育与胁迫应答的调控过程。

图 7-39 "红花大金元"叶脉紊乱、叶面革质化突变体的表型

a. 单株；b. 叶片；c. 主脉；d. 支脉；WT. "红花大金元"；MT. 突变体

第7节 烟草转录后基因沉默突变体

1 转录后基因沉默的机理

研究一个特定基因的功能最常用的方法是敲除或沉默该基因，并进一步观察所产生的表型变化。在高等植物中，定向基因敲除技术只是在最近几年才取得突破性进展（Osakabe 等，2010；Zhang 等，2010；Cermak 等，2011；Li 等，2013）。在植物功能基因组研究中，通常采用物理、化学诱导或

T-DNA 法、转座子法等构建突变体库来研究基因功能。这些技术非常有用，但也有一些缺点。有些技术只适用于特定的物种，同时由于非靶标性，对于感兴趣的基因需要构建大量的突变群体后进行筛选。此外，对于纯合致死基因的突变也限制了进一步的功能分析。而且，对于多基因家族和多倍体引起的基因冗余，会使得研究变得更加复杂。植物反义基因沉默和共抑制现象的发现，为研究特定基因的功能提供了替代性方法。

反义和共抑制现象统称为转录后基因沉默（post-transcriptional gene silencing，PTGS）。Napoli 等（1990）向矮牵牛中转入由强启动子控制的色素基因 *CHS*，以期加深花的紫色，结果发现许多花瓣颜色并未加深，反而得到了呈杂色甚至完全白色的花朵。这意味着转入的基因发生了失活，而且转入的基因在一定程度上抑制甚至完全阻断了内源同源基因的表达。这是首次发现的 RNA 沉默现象，最初称之为共抑制（cosuppresion）。随后，Guo 和 Kemphues（1995）在线虫研究中发现，正义 RNA 和反义 RNA 都可以抑制基因的功能。1998 年 Fire 等的研究证实了双链 RNA（double-strand RNA，dsRNA）在 RNA 沉默中起着关键作用，并命名为 RNA 干扰（RNA interference，RNAi）。现将由 RNA 介导的、通过核酸序列特异性相互作用抑制同源基因表达的现象称为 RNA 沉默。RNAi 技术已经成为功能基因组研究的重要手段。在秀丽隐杆线虫和黑腹果蝇中已经实现了利用 RNAi 技术的方法开展大规模的功能基因分析（Kamath 等，2003；Boutros 等，2004）。在拟南芥、多倍体作物马铃薯和小麦等多种植物中，转录后基因沉默是干涉基因表达的有效方法。

研究表明，RNA 沉默机制的核心步骤包括（赵庆臻等，2005）：首先是 dsRNA，作为沉默的引发分子，被一种 RNase 家族的内切核酸酶剪切成长度为 21～25 个核苷酸的小双链 RNA 分子（small interference RNA，siRNA）；siRNA 再与 RNA 沉默的效应复合物 RISC（RNA-induced silencing complex）结合，当 siRNA 以依赖 ATP 方式将双链打开后，处于非活性状态的 RISC 就成了有活性的 RISC；最后是有活性的 RISC 在单链 siRNA 的指导下识别并剪切与其互补的目标 RNA（Fire 等，1998；Hutvagner 和 Zamore，2002；Denli 和 Hannon，2003）。RNA 沉默过程中存在着沉默信号的放大效应。此外，RNA 沉默不仅局限于单个细胞内，而且还可以在细胞与细胞之间甚至由诱导部位向更远的组织传播，即系统性的 RNA 沉默（systematic RNA silencing）。

由于导入正义或反义序列可引发植物内部同源基因沉默，通过构建 cDNA 文库和沉默载体结合遗传转化，能达到导致插入失活与基因沉默双重效果。以整个基因组为失活目标，可用于大规模建立突变体库。Lein 等（2008）采用该方法构建了涵盖 2 万个基因片段、约 60 万个转化株系的烟草基因沉默突变体库，主要用于研究烟草的叶片和植株发育。

2　烟草转录后基因沉默突变体构建

Lein 等（2008）首先构建了 3 个烟草均一化文库，并进行了测序分析。烟草材料分别来源于种子萌发后 5 天的幼苗、5 周后的地上部（每 2 小时取一次样，共 12 次），以及 5 周后低温氧化胁迫的幼苗。测序共获得 80 000 条序列，其中高质量序列 64 059 条，序列平均读长 440 bp。EST 组装产生 10 494 个重叠群（contig）和 38 765 条单一序列（singleton），共计 49 259 条单一基因（unigene）。质量评估表明，嵌合插入约 15 383 条，实验结果表明这并不影响 PTGS 的效果。将 49 259 个单一基因与拟南芥蛋白库进行比对，约 1/3 的序列能与 9 287 个不同的拟南芥基因匹配（约占拟南芥基因的 34%）。这些比对上的拟南芥基因与全部拟南芥基因的功能分类相似，说明构建的烟草文库具有代表性。与 GenBank 数据库中烟草 EST 数据比对表明，30 719 个单一基因是新的 EST 序列。与 NCBI 的非冗余蛋白库比对发现，29 865 个单一基因没有比对上。

烟草遗传转化植株通过农杆菌介导的叶盘转化法获得，同时建立了快速、高效的组织培养和再生植株移植体系。为了减少冗余，对于单一基因只随机选择一个代表性的克隆进行转化。为了提高转化效率，等量混合两种农杆菌菌株后侵染叶盘。初步实验表明，这种方法并没有降低各个基因的转化效率。通过已知基因的预实验，选择每个基因转化 54 个植株来尽可能获得多数基因的突变体。优化工作流程后，每周大约可以处理 125 个双转化，约 250 个 cDNA 载体。这包括后续的组织培养、温室移栽和约 6 750 个转基因植株的表型分析。这种流水线作业可以在温室里从农杆菌侵染叶盘后 12 周内对转基因植株进行首次调查。整个项目总共进行了 10 992 个双转化，获得超过 600 000 个转基因 T_0 代植株。

3 烟草转录后基因沉默突变体表型鉴定

同一个载体在多个转化植株间表型变化差异太大，没有可重复性的变异往往是组织培养引起的假阳性。采用严格的表型鉴定标准，初筛得到了具有一个或多个表型的转基因株系 918 个。为了验证基因与表型间的关系，明确双转化中哪个基因发挥了作用，对单个候选克隆重新进行了转化验证，嵌合体的转化也将 cDNA 片段亚克隆后分别转化。总共 101 个 cDNA 产生了可重复且明显的 PTGS 表型变异。其中，76 个基因是单个 cDNA，11 个基因是两个独立的 cDNA，一个基因被鉴定 3 次，总共 88 个基因，占全部序列的 0.44%。

导致形态表型变异的低估可能是由以下原因造成的。首先，每个双转化再生植株的数量限制在 54 株，数量上不能保证鉴定所有的基因。第二，植株只是在移栽温室 10 ～ 14 天后观察形态表型变化，其他发育时间的变异、非形态变异等都没有评估。Jun 等（2002）随机选择 cDNA 创建了 1 000 个拟南芥反义沉默突变体，统计推测拟南芥 1% ～ 2%

基因的下调会引起形态表型的变化。这比烟草的比例高出 2 ～ 4 倍。因此，烟草很可能是被低估了。此外，拟南芥 T-DNA 插入突变体和激活标签突变体的形态表型比例分别达到了 2% 和 2.7%（Bouche 和 Bouchez，2001；Kuromori 等，2006）。

表型变异分为好几种类型，有些株系具有多种类型的变异（表 7-4）。最常见的是生长迟缓，88 个中有 85 个。3 个株系节间部变短或扭曲，其余的 85 个大体保持野生型株型。12 个株系在叶形上表现出各种变异，13 个株系表现叶片早衰。叶片的表型变异初分为黄化（95%）和坏死（38%），根据部位进一步细分如表 7-4 所示。大多数黄化株系呈现均匀分布或者杂色，而坏死大部分发生在叶片边缘。

为了确定 88 个基因的表型变异是由反义或者共抑制引起的，利用 Northern blotting 对随机挑选的靶基因的表达进行了检测（图 7-40）。所有植株与对照相比，靶基因的表达量显著降低。根据 MapMan 软件进行功能分类，88 个基因与广泛的代谢和细胞过程有关。其中，与叶片功能有关的过程所占的比例最大，比如光合作用中的光反应或者四吡咯生物合成；11 个基因在拟南芥中没有同源基因，可能是烟草特异性基因。

表 7-4 88 个突变体株系叶片表型变异分类（Lein 等，2008）

分类	亚类	株系数量	百分比（%）
黄化	均匀	34	39
	杂色	24	27
	叶脉	13	15
	脉间	10	11
	合计	84	95
坏死	边缘	15	17
	斑点	7	8
	顶端	6	7
	脉间	5	6
	合计	33	38

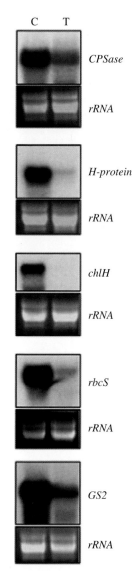

图 7-40　**表型变异株系靶基因的
Northern 印迹分析**（Lein 等，2008）

C. 对照；T. 转基因植株

4　变异表型对应的基因功能鉴定

（1）四吡咯生物合成途径

鉴定的好几个基因阻断了四吡咯生物合成途径，而叶绿素和血红素是四吡咯途径的主要终产物。5- 氨基乙酰丙酸（5-ALA）是生物合成叶绿素等四吡咯化合物的前体物和限速点。在植物中，谷氨酰 -tRNA 合成酶利用谷氨酸合成谷氨酰 -tRNA，经谷氨酰 -tRNA 还原酶（GluTR）转化成谷氨酸 -1- 半醛，随后通过谷氨酸 -1- 半醛氨基转

移酶（GSA-AT）形成 5-ALA。P_18618 株系携带 102 bp 的正义片段，与大豆的谷氨酰 -tRNA 还原酶 hemA 基因具有较高的相似性。这表明烟草内源性 hemA 基因受到抑制，导致不同程度的叶绿素缺乏，坏死症状，且发育迟缓（图 7-41，$A_1 \sim A_4$）。先前研究表明，hemA1 基因是拟南芥的必需基因（Kumar 和 Söll，2000）。Höfgen 等（1994）的实验表明，GSA-AT 基因的反义抑制导致转基因烟草尤其是沿着叶脉的色素丢失，具有烟草该基因正义 cDNA 片段的 P_330 株系也出现了相同的表型。该途径进一步通过胆色素原脱氨酶（PBDG）将 4 分子的胆色素原合成羟甲基胆素。P_1516 株系携带与拟南芥 pbdg 基因同源的 cDNA 片段，转基因植株表现出色素减少，并伴有生长发育迟缓。

镁原卟啉 IX 螯合酶（镁螯合酶）位于四吡咯生物合成的分支点，其中原卟啉 IX 是叶绿素和血红素共同合成途径中最后一个中间产物。镁螯合酶由 CHL D、CHL I 和 CHL H 3 个亚基组成，其中，CHL I 和 CHL H 之前已在烟草中进行过反义沉默研究（Papenbrock 等，2000a 和 b）。CHL H 反义沉默植株表现为叶绿素缺失（Papenbrock 等，2000a），这种表型在 E_10081 株系中得以重现（图 7-41，$B_1 \sim B_4$）。

叶绿素合成的最后步骤是通过叶绿素合成酶催化叶绿素酸酯为叶绿素 a。叶绿素合成酶反应所必需的叶绿基焦磷酸是由香叶基还原酶催化香叶基焦磷酸得到的。反义抑制 chlP 基因的转基因烟草植株表现出不同程度的失绿（Tanaka 等，1999），在带有 chlP 基因片段的 E_18935 株系中发现了更明显的表型（图 7-41，$C_1 \sim C_4$）。

（2）与叶绿体有关的蛋白质

转基因株系中很大一部分表型变异与叶绿体的功能有关，如光合作用和 CO_2 固定，或叶绿体发育。E_8893 和 E_8528 株系的叶片严重发白（图 7-42，$A_1 \sim B_4$），生长也受到强烈抑制。插入的 cDNA 与

图 7-41 四吡咯生物合成途径突变体变异表型（Lein 等，2008）

第一个植株为对照，其他为变异表型植株；A_1 ~ A_4：*hemA*；B_1 ~ B_4：*chlH*；C_1 ~ C_4：*chlP*

拟南芥核编码的 Clp 蛋白酶亚基 ClpP5 和 ClpP6 高度同源。反义研究表明，至少有一个蛋白水解活性 Clp 亚基（ClpP4）是拟南芥叶绿体早期生长所必需的（Zheng 等，2006）。该研究结果表明，ClpP5 和 ClpP6 亚基对于发挥烟草 Clp 的功能是必需的（图 7-42，B_1 ~ B_4）。Clp 复合物还包含 4 个蛋白水解非活性 ClpR 亚基，最近证明 ClpR2 是拟南芥叶绿体的生物合成必需的（Rudella 等，2006）。在筛选过程中发现，ClpRI 和 ClpR4 的下调也使得转基因烟草的表型显著变异，这些亚基似乎对 Clp 的功能也很重要。E_19010 株系的 *alb3* 基因受抑制，表型与拟南芥 *alb3* 突变体类似（Sundberg 等，1997），叶片微黄甚至是白色的（图 7-42，C_1 ~ C_4）。

叶片中叶绿体的主要功能是进行光合作用和固定 CO_2，为植物的生长发育提供能量。P_18128 株系因光合作用受阻导致色素缺陷表型（图 7-42，D_1 ~ D_3），其表达的 cDNA 片段是烟草叶绿体 ATP 合成酶的 γ 亚基的一部分（Larsson 等，1992）。

株系 P_5113 表达的片段与拟南芥铁氧还原蛋白 $NADP^+$-氧化还原酶相似。此前已经证明，ATP 合酶 δ 亚基的反义抑制会因为光合作用下降而导致植物发育迟缓（Price 等，1995）。

（3）光呼吸

甘氨酸脱羧酶复合物（GDC）和丝氨酸羟甲基转移酶（SHMT）在植物线粒体中负责从甘氨酸到丝氨酸的光呼吸转化。株系 E_10590 表达的 cDNA 片段与马铃薯的 P 蛋白亚基 GDC 具有很高的相似性。以前的研究证明，马铃薯 P 蛋白的反义抑制会降低光合作用并阻碍生长（Heineke 等，2001）。P_5463 株系中的 cDNA 片段与菊花的 H 蛋白有较高的相似性。它是一种非酶 GDC 亚基。这个株系烟叶显现黄化叶脉和轻微生长迟缓（图 7-43，A_1 ~ A_3），表明 H 蛋白的表达水平对于发挥 GDC 功能至关重要。马铃薯中 SHMT 的反义抑制引起色素减少和光合作用速率下降（Schjoerring

图 7-42　与叶绿体有关的蛋白质突变体变异表型（Lein 等，2008）

第一个植株为对照，其他为变异表型植株；$A_1 \sim A_4$：ClpP5；$B_1 \sim B_4$：ClpP6；$C_1 \sim C_4$：*alb3*；$D_1 \sim D_3$：ATP γ 亚基

等，2006）。P_2413 株系表达对应的 SHMT 片段，表现生长迟缓和叶片灰色，表明 SHMT 强烈影响光呼吸。GDC 反应产生大量的细胞毒性代谢产物氨，通过谷氨酰胺合成酶催化转化为谷氨酰胺进行无害处理。转基因烟草的 GS2 反义抑制导致坏死性病变，并最终因氨积累而死亡（Migge 和 Becker，2000）。P_4917 株系显示与 GS2 反义沉默植株类似的表型变化（图 7-43，$B_1 \sim B_5$）。

（4）嘧啶的从头合成

嘧啶从头合成的乳清酸途径是由氨甲酰磷酸、天冬氨酸和磷酸焦磷酸形成尿嘧啶核苷酸 UMP（Zrenner 等，2006）。筛选过程中确定了参与该途径的 5 个酶中的两个酶，株系 P_3044 表现出严重的叶脉黄化表型和发育迟缓症状（图 7-43，$C_1 \sim C_3$）。这些植株中表达的 cDNA 插入对应的是氨甲酰磷酸合成酶大亚基片段。该酶催化嘧啶从头合成的初始步骤。E_18965 株系表达该途径最后两步的双功能催化酶 UMP 合酶。植株显示色素丢失并且叶缘坏死性损伤（图 7-43，$D_1 \sim D_3$）。

通过与拟南芥的同源基因和突变体库比较发现，烟草中筛选鉴定出很多拟南芥没有发现的基因功能。利用基因沉默技术构建的突变体库对烟草功能基因组的研究具有重要价值，对茄科作物以及其他植物的基因功能研究也提供了重要的参考信息。

图 7-43 光呼吸和嘧啶的从头合成途径突变体变异表型（Lein 等，2008）

A₁–A₃：GDCH 亚基；B₁ ~ B₅：谷氨酰胺合成酶；C₁ ~ C₃：氨甲酰磷酸合成酶大亚基；D₁–D₃：UMP 合酶

（撰稿：龚达平，王大伟，崔萌萌，解敏敏；定稿：刘贯山，王倩）

参考文献

[1] 崔萌萌. 烟草突变体筛选与鉴定方法篇：烟草 T-DNA 激活标签突变体侧翼序列筛选与鉴定 [J]. 中国烟草科学，2012, 33(6): 109 ~ 111.

[2] 刘慧，刘贯山，刘峰，等. 烟草 T-DNA 插入位点侧翼序列扩增方法的筛选与优化 [J]. 中国烟草科学，2014, 35(1): 96 ~ 107.

[3] 赵庆臻，赵双宜，夏光敏. 植物 RNA 沉默机制的研究进展 [J]. 遗传学报，2005, 32 (1) : 104 ~ 110.

[4] Ahn J H, Kim J, Yoo S J, et al. Isolation of 151 mutants that have developmental defects from T-DNA tagging[J]. Plant Cell Physiol, 2007, 48(1): 169 ~ 178.

[5] An S, Park S, Jeong D H, et al. Generation and analysis of end sequence database for T-DNA tagging lines in rice[J]. Plant Physiol, 2003, 133(4): 2040 ~ 2047.

[6] Aoki K, Yano K, Suzuki A, et al. Large-scale analysis of full-length cDNAs from the tomato (*Solanum lycopersicum*) cultivar Micro-Tom, a reference system for the Solanaceae genomics[J]. BMC Genomics, 2010, 11: 210.

[7] Balzergue S, Dubreucq B, Chauvin S, et al. Improved PCR-walking for large-scale isolation of plant T-DNA borders[J]. BioTechniques, 2001, 30(3): 496 ~ 498.

[8] Berna G, Robles P, Micol J L. A mutational analysis of leaf morphogenesis in *Arabidopsis thaliana*[J]. Genetics, 1999, 152(2): 729 ~ 742.

[9] Bouche N, Bouchez D. *Arabidopsis* gene knockout: phenotypes wanted[J]. Curr Opin Plant Biol, 2001, 4(2): 111 ~ 117.

[10] Boutros M, Kiger A A, Armknecht S, et al. Genome-wide RNAi analysis of growth and viability in *Drosophila* cells[J]. Science, 2004, 303(5659): 832 ~ 835.

[11] Cermak T, Doyle E L, Christian M, et al. Efficient design and assembly of custom TALEN and other TAL effector-based constructs for DNA targeting[J]. Nucleic Acids Res, 2011, 39(12): e82.

[12] Chern C G, Fan M J, Yu S M, et al. A rice phenomics study-phenotype scoring and seed propagation of a T-DNA insertion-induced rice mutant population[J]. Plant Mol Biol, 2007, 65(4): 427 ~ 438.

[13] Cottage A, Yang A P, Maunders H, et al. Identification of DNA sequences flanking T-DNA insertions by PCR-walking[J]. Plant Mol Biol Rep, 2001, 19(5): 321 ~ 327.

[14] Denli A M, Hannon G J. RNAi: an ever-growing puzzle[J]. Trends Biochem Sci, 2003, 28(4): 196 ~ 201.

[15] Devic M, Albert S, Delseny M, et al. Efficient PCR walking on plant genomic DNA[J]. Plant Physiol Biochem, 1997, 35(4): 331 ~ 339.

[16] Fire A, Xu S, Montgomery M K, et al. Potent and specific genetic interference by double stranded RNA in *Caenorhabditis elegans*[J]. Nature, 1998, 391(6669): 806 ~ 811.

[17] Guo S, Kemphues K J. *par-1*, a gene required for establishing polarity in *C.elegans* embryos, encodes putative Ser/Thr kinase that is a symmetrically distributed[J]. Cell, 1995, 81(4): 611 ~ 620.

[18] Heineke D, Bykova N, Gardeström P, et al. Metabolic response of potato plants to an antisense reduction of the P-protein of glycine decarboxylase[J]. Planta, 2001, 212(5-6): 880 ~ 887.

[19] Höfgen R, Axelsen K B, Kannangara C G, et al. A visible marker for antisense mRNA expression in plants: inhibition of chlorophyll synthesis with a glutamate-1-semialdehyde aminotransferase antisense gene[J]. Proc Natl Acad Sci USA, 1994, 91(5): 1726 ~ 1730.

[20] Hsing Y I, Chern C G, Fan M J, et al. A rice gene activation/knockout mutant resource for high throughput functional genomics[J]. Plant Mol Biol, 2007, 63(3): 351 ~ 364.

[21] Hutvagner G, Zamore P D. RNAi: nature abhors a double-strand[J]. Curr Opin Genet Dev, 2002, 12(2): 225 ~ 232.

[22] Ichikawa T, Nakazawa M, Kawashima M, et al. Sequence database of 1172 T-DNA insertion sites in *Arabidopsis* activation-tagging lines that showed phenotypes in T_1 generation[J]. Plant J, 2003, 36(3): 421 ~ 429.

[23] Jeong D H, An S, Park S, et al. Generation of a flanking sequence-tag database for activation-tagging lines in japonica rice[J]. Plant J, 2006, 45(1): 123 ~ 132.

[24] Jun J H, Kim C S, Cho D S, et al. Random antisense cDNA mutagenesis as an efficient functional genomic approach in higher plants[J]. Planta, 2002, 214(5): 668 ~ 674.

[25] Kamath R S, Fraser A G, Dong Y, et al. Systematic functional analysis of the *Caenorhabditis elegans* genome using RNAi[J]. Nature, 2003, 421(6920): 231 ~ 237.

[26] Kumar A M, Söll D. Antisense *HEMA1* RNA expression inhibits heme and chlorophyll biosynthesis in *Arabidopsis*[J]. Plant Physiol, 2000, 122(1): 49 ~ 55.

[27] Kuromori T, Wada T, Kamiya A, et al. A trial of phenome analysis using 4000 *Ds*-insertional mutants in gene-coding regions of *Arabidopsis*[J]. Plant J, 2006, 47(4): 640 ~ 651.

[28] Larsson K H, Napier J A, Gray J C. Import and processing of the precursor form of the gamma subunit of the chloroplast ATP synthase from tobacco[J]. Plant Mol Biol, 1992, 19(2): 343 ~ 349.

[29] Lein W, Usadel B, Stitt M, et al. Large-scale phenotyping of transgenic tobacco plants (*Nicotiana tabacum*) to identify essential leaf functions[J]. Plant Biotechnol J, 2008, 6(3): 246 ~ 263.

[30] Li J F, Norville J E, Aach J, et al. Multiplex and homologous recombination-mediated genome editing in *Arabidopsis* and *Nicotiana benthamiana* using guide RNA and Cas9[J]. Nat Biotechnol, 2013, 31(8): 688 ~ 691.

[31] Li R, Li J, Li S, et al. *ADP1* affects plant architecture by regulating local auxin biosynthesis[J]. PLoS Genet, 2014, 10(1): e1003954.

[32] Liu F, Gong D, Zhang Q, et al. High-throughput generation of an activation-tagged mutant library for functional genomic analyses in tobacco[J]. Planta, 2015, 241(3): 629 ~ 640.

[33] Liu Y G, Chen Y. High-efficiency thermal asymmetric interlaced PCR for amplification of unknown flanking sequences[J]. BioTechniques, 2007, 43(5): 649 ~ 656.

[34] Liu Y G, Mitsukawa N, Oosumi T, et al. Efficient isolation and mapping of *Arabidopsis thaliana* T-DNA insert junctions by thermal asymmetric interlaced PCR[J]. Plant J, 1995, 8(3): 457 ~ 463.

[35] Liu Y G, Whittier R F. Thermal asymmetric interlaced PCR: automatable amplification and sequencing of insert end fragments from P1 and YAC clones for chromosome walking[J]. Genomics, 1995, 25(3): 674 ~ 681.

[36] Menda N, Semel Y, Peled D, et al. *In silico* screening of a saturated mutation library of tomato[J]. Plant J, 2004, 38(5): 861 ~ 872.

[37] Migge A, Becker T W. Greenhouse-grown conditionally lethal tobacco plants obtained by expression of plastidic glutamine synthetase antisense RNA may contribute to biological safety[J]. Plant Sci, 2000, 153(2): 107 ~ 112.

[38] Miyao A, Iwasaki Y, Kitano H, et al. A large-scale collection of phenotypic data describing an insertional mutant population to facilitate functional analysis of rice genes[J]. Plant Mol Biol, 2007, 63(5): 625 ~ 635.

[39] Napoli C, Lemicux C, Jorgensen R. Introduction of a chimeric chalcone synthase gene into Petunia results in reversible co-suppression of homologous genes *in trans*[J]. Plant Cell, 1990, 2(4): 279 ~ 289.

[40] O'Malley R C, Alonso J M, Kim C J, et al. An adapter ligation-mediated PCR method for high-throughput mapping of T-DNA inserts in the *Arabidopsis* genome[J]. Nat Protoc, 2007, 2(11): 2910 ~ 2917.

[41] O'Malley R C, Ecker J R. Linking genotype to phenotype using the *Arabidopsis* unimutant collection[J]. Plant J, 2010, 61(6): 928 ~ 940.

[42] Osakabe K, Osakabe Y, Toki S. Site-directed mutagenesis in *Arabidopsis* using custom-designed zinc finger nucleases[J]. Proc Natl Acad Sci USA, 2010, 107(26): 12034 -12039.

[43] Papenbrock J, Mock H P, Tanaka R, et al. Role of magnesium chelatase activity in the early steps of the tetrapyrrole biosynthetic pathway[J]. Plant Physiol, 2000a, 122(4): 1161 ~ 1169.

[44] Papenbrock J, Pfundel E, Mock H P, et al. Decreased and increased expression of the subunit CHL I diminishes Mg chelatase activity and reduces chlorophyll synthesis in transgenic tobacco plants[J]. Plant J, 2000b, 22(2): 155 ~ 164.

[45] Peng H, Huang H, Yang Y, et al. Functional analysis of GUS expression patterns and T-DNA integration characteristics in rice enhancer trap lines[J]. Plant Sci, 2005, 168(6): 1571 ~ 1579.

[46] Price G D, Yu J W, von Caemmerer S, et al. Chloroplast cytochrome B_6/f and ATP synthase complexes in tobacco: transformation with antisense RNA against nuclear-encoded transcripts for the Rieske FeS and ATPδ polypeptides[J]. Aust J Plant Physiol, 1995, 22(2): 285 ~ 297.

[47] Rudella A, Friso G, Alonso J M, et al. Downregulation of ClpR2 leads to reduced accumulation of the ClpPRS protease complex and defects in chloroplast biogenesis in *Arabidopsis*[J]. Plant Cell, 2006, 18(7): 1704 ~ 1721.

[48] Sallaud C, Gay C, Larmande P, et al. High throughput T-DNA insertion mutagenesis in rice: A first step towards *in silico* reverse genetics[J]. Plant J, 2004, 39(3): 450 ~ 464.

[49] Sallaud C, Lorieux M, Roumen E, et al. Identification of five new blast resistance genes in the highly blast resistant variety IR64 using a QTL mapping strategy[J]. Theor Appl Genet, 2003, 106(5): 794 ~ 803.

[50] Schjoerring J K, Mack G, Nielsen K H, et al. Antisense reduction of serine hydroxymethyltransferase results in diurnal displacement of NH_4^+ assimilation in leaves of *Solanum tuberosum*[J]. Plant J, 2006, 45(1): 71 ~ 82.

[51] Sessions A, Burke E, Presting G, et al. A high-throughput *Arabidopsis* reverse genetics system[J]. Plant Cell, 2002, 14(12): 2985 ~ 2994.

[52] Siebert P D, Chenchik A, Kellogg D E, et al. An improved PCR method for walking in uncloned genomic DNA[J]. Nucleic Acids Res, 1995, 23(6): 1087 ~ 1088.

[53] Sun X, Gilroy E M, Chini A, et al. *ADS1* encodes a MATE-transporter that negatively regulates plant disease resistance[J]. New Phytol, 2011, 192(2): 471 ~ 482.

[54] Sundberg E, Slagter J G, Fridborg I, et al. *ALBINO3*, an *Arabidopsis* nuclear gene essential for chloroplast differentiation, encodes a chloroplast protein that shows homology to proteins present in bacterial membranes and yeast mitochondria[J]. Plant Cell, 1997, 9(5): 717 ~ 730.

[55] Szabados L, Kovacs I, Oberschall A, et al. Distribution of 1000 sequenced T-DNA tags in the *Arabidopsis* genome. Plant J, 2002, 32(2): 233 ~ 242.

[56] Tadege M, Wen J, He J, et al. Large-scale insertional mutagenesis using the *Tnt1* retrotransposon in the model legume *Medicago truncatula*[J]. Plant J, 2008, 54(2): 335 ~ 347.

[57] Tanaka R, Oster U, Kruse E, et al. Reduced activity of geranylgeranyl reductase leads to loss of chlorophyll and tocopherol and to partially geranylgeranylated chlorophyll in transgenic tobacco plants expressing antisense RNA for geranylgeranyl reductase[J]. Plant Physiol, 1999, 120(3): 695 ~ 704.

[58] Thole V, Alves SC, Worland B, et al. A protocol for efficiently retrieving and characterizing flanking sequence tags (FSTs) in *Brachypodium distachyon* T-DNA insertional mutants[J]. Nat Protoc, 2009, 4(5): 650 ~ 661.

[59] Wan S, Wu J, Zhang Z, et al. Activation tagging, an efficient tool for functional analysis of the rice genome[J]. Plant Mol Biol, 2009, 69(1-2): 69 ~ 80.

[60] Wang Z, Ye S, Li J, et al. Fusion primer and nested integrated PCR (FPNI-PCR): a new high-efficiency strategy for rapid chromosome walking or flanking sequence cloning[J]. BMC Biotechnol, 2011, 11: 109.

[61] Weigel D, Ahn J H, Blazquez MA, et al. Activation tagging in *Arabidopsis*[J]. Plant Physiol, 2000, 122(4): 1003 ~ 1013.

[62] Xin Z, Wang M, Barkley N, et al. Applying genotyping (TILLING) and phenotyping analyses to elucidate gene function in a chemically induced sorghum mutant population[J]. BMC Plant Biol, 2008, 8: 103.

[63] Zhang F, Maeder M L, Unger-Wallace E, et al. High frequency targeted mutagenesis in *Arabidopsis thaliana* using zinc finger nucleases[J]. Proc Natl Acad Sci USA, 2010, 107(26): 12028 ~ 12033.

[64] Zheng B, MacDonald T M, Sutinen S, et al. A nuclear-encoded ClpP subunit of the chloroplast ATP-dependent Clp protease is essential for early development in *Arabidopsis thaliana*[J]. Planta, 2006, 224(5): 1103 ~ 1115.

[65] Zrenner R, Stitt M, Sonnewald U, et al. Pyrimidine and purine biosynthesis and degradation in plants[J]. Annu Rev Plant Biol, 2006, 57: 805 ~ 836.

第8章

烟草腋芽
和叶片衰老突变体

植物的个体发育，指植物生命所经历的全过程。从受精卵和最初的分裂开始，经过种子萌发、营养体形成、生殖体形成、开花、传粉、受精和结实等阶段，直至衰老和死亡。生物体是在发育过程中自身基因相互作用，以及基因与环境之间相互作用的产物，也是进化过程中突变与自然选择的产物。通过农业生产驯化而来的农作物，其产量和质量的形成主要由发育过程决定，而决定植物性状与形态改变的发育过程是受遗传控制的。随着对拟南芥、水稻等

研究的不断深入，人们发现了大量与花、叶、根等植物器官发育相关的基因，并从结构、表达和功能等层面对这些基因进行了研究。

作为植物发育进程的重要组成部分，腋芽发育直接关系到植株的形态建成，而叶片衰老是植物个体衰老的主要表现形式。在烟草生产中，腋芽发育和叶片衰老是直接影响烟叶产量和质量的重要因素。

本章将分别介绍烟草腋芽发育突变体和叶片衰老突变体的筛选与鉴定方法及鉴定的突变体。

第 1 节 烟草腋芽突变体

植物腋芽及分枝发育是位于主茎叶腋处的腋生分生组织起始、发育并形成侧枝的过程。这一发育过程使植物在形态上具有可塑性，对所处环境的变化做出应答。研究植物分枝发育及其对株型的控制，对理解植物光照分配及营养吸收有着至关重要的意义，并有助于改进作物的农艺性状，促进作物更有效地适应环境，增加作物产量和质量。遗传、环境及植物激素等因素都对植物的腋芽及分枝发育产生重要的影响（Janssen 等，2014）。植物激素对腋芽分生组织形成、休眠腋芽激活、腋芽生长等方面都起着重要的调控作用，激素间的相互作用对植物腋芽及分枝发育的调控形成了一种动态平衡（Dun 等，2009；Leyser，2009；Domagalska 和 Leyser，2011；许智宏和薛红卫，2012；Dun 等，2013）。

烟草是一种叶用经济作物。当烟草进入现蕾期后，由营养生长开始转向生殖生长，植物养分将主

要供应烟草花芽的发育生长，这对烟叶的产量及品质是不利的。在烟叶生产上，为了保证养分集中供应叶片生长，通常在烟株进入现蕾期后采取打顶措施，即人工去除顶端花序部分。打顶以后，由于去除了顶端优势的影响，烟草的腋芽会快速地生长，而且上部叶位的腋芽长势明显强于下部腋芽，并逐步形成大量侧枝（图 8-1）。为了控制腋芽的生长，生产上主要采用人工抹杈或使用抑芽剂的方法。人工抹杈不但费工费时，而且抹杈造成的伤口易于病原菌的入侵，容易造成病害传播（陈德鑫等，2003）。而抑芽剂多为有机合成物，存在着影响烟叶品质、毒性残留、环境污染等问题，而且使用成本较高。培育少腋芽或无腋芽烟草品种对于减轻烟农劳动强度、减少烟草病害发生、降低环境污染都有着重要的意义。

目前与烟草腋芽相关的研究报道主要集中在不同类型抑芽剂的效果评价，而烟草腋芽发育调控

第1叶位

第3叶位

第5叶位

第1天　　　　　第3天　　　　　第7天　　　　　第9天　　　　　第11天

图8-1 烟株打顶后腋芽的生长

机制方面的研究报道相对较少。王卫锋等（2011）克隆了烟草 NtLS 基因并对该基因进行了 RNA 干扰，但在转化后代烟株中腋芽性状并未发生明显的变化。NtLS 基因属于 GRAS 家族，可能参与叶腋分生组织形成。在植物中，叶腋分生组织形成存在多条调控途径。当 NtLS 基因被干扰后，烟草叶腋分生组织的形成可能从其他途径得到补偿。高晓明等（2012）克隆了烟草 NtRAX 基因并进行了生物信息学分析，但该基因在烟草中的功能研究还未见报道。NtRAX 基因属于 MYB 家族，可能是具有转录激活活性的烟草腋芽分生组织形成的调控基因。LS（Greb 等，2003）和 RAX（Müller 等，2006）都参与叶腋分生组织形成，但分属于不同的调控途径，在功能上存在互补性，因此当其中一个基因发生沉默后，在植物后代中不一定能表现出明显的表型变异。植物激素对烟草腋芽的生长发育起着重要的调控作用。杨洁等（2013）的研究表明，烟株打顶后不同激素的水平会发生明显的变化。中国农业科学院烟草研究所相关研究表明，对烟株喷施独脚金内酯（strigolactone）人工合成类似物 GR24 后，烟株的腋芽生长受到一定程度的抑制。喷施 GR24 后，烟株腋芽的鲜重、长度、茎围等都低于对照，而且 GR24 的处理浓度越高差异越明显。

1 筛选与鉴定

从育种目标的角度讲，人们期望筛选和培育无腋芽或少腋芽的烟草品种，特别是烟株打顶以后腋芽不生长或生长缓慢的烟草品种。调查发现，虽然不同类型的烟草之间腋芽发育存在一些差异，但目前很难对烟草腋芽性状制定统一的评价标准。在田间大面积筛选烟草腋芽突变体时，主要采取了两种策略：一是当烟株进入果实成熟期后观测整株腋芽或分枝情况，筛选腋芽长势与对照有明显差异的突变体；二是当烟株进入初花期后进行打顶，定期观测后期腋芽长势，筛选腋芽长势与对照有明显差异的突变体。

对烟草 EMS 诱变的突变群体从 M_2 代中筛选腋芽（分枝）表型变异的单株并自交留种，观测 M_3 代株系中各单株腋芽长势，统计腋芽表型变异单株数量。继续在 M_3 代株系中挑选腋芽变异单株并自交留种，进一步观测高世代株系中的腋芽变异并分析其遗传类型。

2011 年筛选获得 M_2 代多腋芽或主茎多分枝变异单株 2 株；2012 年筛选获得 M_2 代腋芽变异单株 5 株，鉴定了 2 个 M_3 代腋芽变异株系，统计株系腋芽变异单株比例并分析其遗传类型；2013 年筛选

获得 M_2 代腋芽变异单株 5 株，鉴定了 5 个 M_3 代腋芽变异株系，统计株系腋芽变异单株比例并分析其遗传类型；2014 年筛选获得 M_2 代腋芽变异单株 3 株，鉴定了 5 个 M_3 代腋芽变异株系、2 个 M_4 代腋芽变异株系，统计株系腋芽变异单株比例并分析其遗传类型；2015 鉴定了 3 个 M_3 代腋芽变异株系、5 个 M_4 代腋芽变异株系、3 个 M_5 代腋芽变异株系，统计株系腋芽变异单株比例并分析其遗传类型。

激活标签插入突变群体从 T_1 代中筛选腋芽（分枝）表型变异的单株并自交留种，观测 T_2 代株系中各单株腋芽长势，统计腋芽表型变异单株数量。继续在 T_2 代株系中挑选腋芽变异单株并自交留种，进一步观测高世代株系中的腋芽变异并分析其遗传类型。

2012 年筛选获得 T_1 代腋芽变异单株 10 株；2013 年鉴定了 9 个 T_2 代腋芽变异株系，统计株系腋芽变异单株比例并分析其遗传类型；2014 年筛选获得 T_1 代腋芽变异单株 1 株，鉴定了 4 个 T_3 代腋芽变异株系，统计株系腋芽变异单株比例并分析其遗传类型；2015 年鉴定了 1 个 T_2 代腋芽变异株系，统计株系腋芽变异单株比例并分析其遗传类型。

2 鉴定的烟草腋芽突变体

从实际筛选效果来看，在烟株打顶后筛选腋芽生长缓慢的突变体效果并不理想。在烟株进入果实成熟期后，可以筛选到个别腋芽长势明显弱于对照的突变单株，但是突变单株表型是由基因型改变引起还是受到了环境胁迫并不确定，特别是这些单株后代在打顶以后的腋芽长势情况仍需要进一步观测分析。相对而言，筛选多腋芽或多分枝突变体比较容易，目前已经获得一些稳定的多腋芽或多分枝突变体，有的已进行了性状遗传规律分析、配制分离群体等，为烟草腋芽发育或分枝性状相关功能基因研究提供了重要的研究材料。

共鉴定获得"中烟 100"和"红花大金元"腋芽突变体 25 个，包括 EMS 诱变多腋芽突变体 15 个（其中突变性状稳定遗传的 10 个，基本稳定遗传的 5 个）、激活标签插入多腋芽突变体 10 个（突变性状稳定遗传的 6 个，基本稳定遗传的 4 个）。

（1）EMS 诱变多腋芽突变体

多腋芽突变体 1：M_3 系统编号（系统编号的设置参见第 13 章第 1 节，下同）为 11ZE3000786，2012 年田间编号为 MZE3-203，M_3 株系全部单株腋芽多，性状遗传类型为 1（突变性状在 M_3 代及更高世代的遗传类型包括 6 种，具体参见第 2 章第 2 节，下同）。M_2 单株突变性状为腋芽多。

多腋芽突变体 2：M_5 系统编号为 14ZE501300211，2015 年田间编号为 MZ5-28，M_5 株系全部单株腋芽多（图 8-2a），性状遗传类型为 1。M_3 系统编号为 12ZE3013002，2013 年田间编号为 MZ3-183，M_3 株系 87% 单株腋芽多（图 8-2b、c），性状遗传类型为 2。M_2 单株突变性状为腋芽多。

多腋芽突变体 3：M_3 系统编号为 12ZE3041702，2013 年田间编号为 MZ3-108，M_3 株系全部单株腋芽多，性状遗传类型为 5。M_2 单株突变性状为萨姆逊香。

多腋芽突变体 4：M_4 系统编号为 14ZE42320111，2015 年田间编号为 MZ4-348，M_4 株系全部单株腋芽多（图 8-3），性状遗传类型为 1。M_3 系统编号为 13ZE3232011，2014 年田间编号为 MZ3-422，M_3 株系全部单株腋芽多，性状遗传类型为 1。M_2 单株突变性状为腋芽多。

多腋芽突变体 5：M_4 系统编号为 14ZE42363721，2015 年田间编号为 MZ4-210，M_4 株系全部单株腋芽多（图 8-4），性状遗传类型为 5。M_3 系统编号为 13ZE3236372，2014 年田间编号为 MZ3-237，M_3 株系全部单株晚花，性状遗传类型为 5。M_2 单株突变性状为萨姆逊香。

多腋芽、育性低突变体 6：M_3 系统编号为 14ZE3244662，2015 年田间编号为 MZ3-171，M_3 株系全部单株腋芽多、育性低，性状遗传类型为 1。M_2 单株突变性状为主茎基部腋芽多。

图 8-2　多腋芽突变体 2

a. MZ5-28（2015）株系；b. MZ3-183(2013) 单株；c. MZ3-183(2013) 腋芽

图 8-3　多腋芽突变体 4

a. MZ4-348(2015) 株系；b. MZ4-348(2015) 单株；c. MZ4-348(2015) 腋芽

多腋芽突变体 7：M$_3$ 系统编号为 14ZE3245461，2015 年田间编号为 MZ3-173，M$_3$ 株系全部单株腋芽多，性状遗传类型为 1。M$_2$ 单株突变性状为主茎基部腋芽多。

多腋芽突变体 8：M$_3$ 系统编号为 14ZE3248072，2015 年田间编号为 MZ3-170，M$_3$ 株系全部单株腋芽多，性状遗传类型为 1。M$_2$ 单株突变性状为主茎基部腋芽多。

图 8-4　**多腋芽突变体 5**

a. MZ4-210(2015) 株系；b. MZ4-210(2015) 单株；c. MZ4-210(2015) 腋芽

多腋芽突变体 9：M_5 系统编号为 14HE501085121，2015 年田间编号为 MH5-02，M_5 株系全部单株主茎基部腋芽多，性状遗传类型为 1。M_4 系统编号为 13HE40108512，2014 年田间编号为 MH4-16，M_4 株系 89% 单株主茎基部腋芽多，性状遗传类型为 4。M_3 系统编号为 12HE3010851，2013 年田间编号为 MH3-13，M_3 株系全部单株主茎多分枝（图 8-5），性状遗传类型为 5。M_2 代单株突变性状为主茎有分枝。通过对 2013 年的 MH3-13 与"中烟 100"（野生型对照）构建的 F_2 代群体的遗传分析表明，该突变体腋芽多突变性状是由隐性单基因控制的。

多腋芽突变体 10：M_5 系统编号为 14HE501102211，2015 年田间编号为 MH5-12，M_5 株系全部单株腋芽多（图 8-6），性状遗传类型为 1。M_4 系统

图 8-5　**多腋芽突变体 9**

a. MH3-13(2013) 株系；b. MH3-13(2013) 茎基部多分枝

编号为 13HE40110221，2014 年田间编号为 MH4-15，M_4 株系 33% 单株腋芽多，性状遗传类型为 4。M_3 系统编号为 12HE3011022，2013 年田间编号为 MH3-10，M_3 株系全部单株主茎有分枝，性状遗传

类型为 1。M$_2$ 单株突变性状为主茎有分枝。

多腋芽突变体 11：M$_3$ 系统编号为 11ZE3005966，2012 年田间编号为 MZE3-191，M$_3$ 株系 72% 单株腋芽多，性状遗传类型为 4。M$_2$ 单株突变性状为主茎多分枝。

多腋芽突变体 12：M$_3$ 系统编号为 12ZE3027372，2013 年田间编号为 MZ3-190，M$_3$ 株系 77% 单株腋芽多（图 8-7），性状遗传类型为 1。M$_2$ 单株突变性状为腋芽多、叶面皱。

多腋芽突变体 13：M$_4$ 系统编号为 14ZE42329311，2015 年田间编号为 MZ4-347，M$_4$ 株系 85% 单株腋芽多，性状遗传类型为 2。M$_3$ 系统编号为 13ZE3232931，2014 年田间编号为 MZ3-537，M$_3$ 株系 33% 单株腋芽多（图 8-8），性状遗传类型为 4。M$_2$ 单株突变性状为主茎有分枝。

多腋芽突变体 14：M$_4$ 系统编号为 14ZE42333521，2015 年田间编号为 MZ4-344，M$_4$ 株系 86% 单株腋芽多，性状遗传类型为 2。M$_3$ 系统编号为 13ZE3233352，2014 年田间编号为 MZ3-429，M$_3$ 株系 7% 单株腋芽多，性状遗传类型为 2。M$_2$ 单株突变性状为腋芽多。

多腋芽突变体 15：M$_4$ 系统编号为 14ZE42370211，2015 年田间编号为 MZ4-346，M$_4$ 株系 77% 单株腋芽多，性状遗传类型为 2。M$_3$ 系统编号为

图 8-6 **多腋芽突变体 10**

a. MH5-12(2015) 株系；b. MH5-12(2015) 腋芽

图 8-7 **多腋芽突变体 12**

a. MZ3-190(2013) 株系；b. MZ3-190(2013) 腋芽

14ZE3237021，2014 年田间编号为 MZ3-454，M$_3$ 株系 8% 单株腋芽多，性状遗传类型为 2。M$_2$ 单株突变性状为腋芽多。

图 8-8 多腋芽突变体 13

a. MZ3-537(2014) 团棵期株系；b. MZ3-537(2014) 团棵期单株；c. MZ3-537(2014) 腋芽

（2）T-DNA 激活标签插入多腋芽突变体

多腋芽、株高矮化、早花突变体 16：T_2 系统编号为 12HT20090241，2013 年田间种植编号为 MT2-049，T_2 株系全部单株腋芽多、株高矮化、早花，性状遗传类型为 1。T_1 单株突变性状为腋芽多。

多腋芽突变体 17：T_3 系统编号为 13HT300953411，2014 年田间种植编号为 MHT3-033，T_3 株系全部单株腋芽多（图 8-9a、b），性状遗传类型为

图 8-9 多腋芽突变体 17

a. MHT3-033(2014) 团棵期单株和腋芽；b. MHT3-033(2014) 开花期单株和腋芽；c. MT2-050 (2013) 开花期单株和腋芽

1。T$_2$ 系统编号为 12HT20095341，2013 年田间种植编号为 MT2-050，T$_2$ 株系全部单株腋芽多（图 8-9c），性状遗传类型为 1。T$_1$ 单株突变性状为腋芽多、叶形细长。

多腋芽、株高矮化、早花突变体 18：T$_3$ 系统编号为 13HT300988016，2014 年田间种植编号为 MHT3-009，T$_3$ 株系全部单株腋芽多、株高矮化、早花（图 8-10a、b），性状遗传类型为 1。T$_2$ 系统编号为 12HT20098801，2013 年田间种植编号为 MT2-044，T$_2$ 株系全部单株腋芽多、株高矮化、早花（图 8-10c），性状遗传类型为 1。T$_1$ 单株突变性状为腋芽多。

多腋芽、株高矮化、早花突变体 19：T$_3$ 系统编号为 13HT301091818，2014 年田间种植编号为 MHT3-050，T$_3$ 株系全部单株腋芽多、株高矮化、早花，性状遗传类型为 1。T$_2$ 系统编号为 12HT20109181，2013 年田间种植编号为 MT2-055，T$_2$ 株系全部单株腋芽多、株高矮化、早花，性状遗传类型为 1。T$_1$ 单株突变性状为腋芽多。

多腋芽、株高矮化、早花突变体 20：T$_3$ 系统编号为 13HT301217313，2014 年田间种植编号为

MHT3-003，T$_3$ 株系全部单株腋芽多、株高矮化、早花（图 8-11a、b），性状遗传类型为 1。T$_2$ 系统编号为 12HT20121731，2013 年田间种植编号为 MT2-030，T$_2$ 株系全部单株腋芽多、株高矮化、早花（图 8-11c），性状遗传类型为 1。T$_1$ 单株突变性状为腋芽多、株高矮化、早花。

多腋芽、早花突变体 21：T$_2$ 系统编号为 14HT20168041，2015 年田间种植编号为 MHT2-217，T$_2$ 株系全部单株腋芽多、早花，性状遗传类型为 1。T$_1$ 单株突变性状为腋芽多、早花。

多腋芽、叶形细长突变体 22：T$_2$ 系统编号为 11HT20058456，2013 年田间种植编号为 MT2-141，T$_2$ 株系 80% 单株腋芽多、叶形细长（图 8-12a），性状遗传类型为 2。T$_1$ 单株突变性状为腋芽多、叶形细长。

多腋芽突变体 23：T$_2$ 系统编号为 12HT20095171，2013 年田间种植编号为 MT2-149，T$_2$ 株系 83% 单株腋芽多（图 8-12b），性状遗传类型为 2。T$_1$ 单株突变性状为腋芽多。

多腋芽、株高矮化、叶形细长突变体 24：T$_2$ 系统编号为 12HT20130641，2013 年田间种植编号为

图 8-10　**多腋芽、株高矮化、早花突变体 18**

a. MHT3-009(2014) 初花期单株和腋芽；b. MHT3-009(2014) 盛花期单株和腋芽；c. MT2-044 (2013) 团棵期腋芽

图 8-11　多腋芽、株高矮化、早花突变体 20

a. MHT3-003(2014) 团棵期株系；b. MHT3-003(2014) 盛花期单株和腋芽；c. MT2-030 (2013) 团棵期单株和腋芽

图 8-12　多腋芽突变体 22、23 和 24

a. MT2-141(2013) 开花期单株；b. MT2-149 (2013) 开花期单株和腋芽；c. MT2-173 (2013) 开花期单株和腋芽

MT2-173，T$_2$ 株系 82% 单株腋芽多、株高矮化、叶形细长（图 8-12c），性状遗传类型为 2。T$_1$ 单株突变性状为腋芽多、叶形细长。

多腋芽、株高矮化、叶形细长突变体 25：T$_2$ 系

统编号为 12HT20131451，2013 年田间种植编号为 MT2-136，T$_2$ 株系 76% 单株腋芽多、株高矮化、叶形细长（图 8-13），性状遗传类型为 2。T$_1$ 单株突变性状为腋芽多、株高矮化、叶形细长。

图 8-13 多腋芽、株高矮化、叶形细长突变体 25

a. MT2-136 (2013) 团棵期腋芽；b. MT2-136 (2013) 开花期单株和腋芽

第2节 烟草叶片衰老突变体

衰老是植物发育的最后一个阶段。植物衰老的主要表现形式是叶片衰老。由于叶绿素降解导致的叶片黄化，是植株衰老的标志。

叶片衰老是一种程序性细胞死亡（programmed cell death，PCD），是叶片功能从光合作用转变为以氮素及其他营养元素再利用为主的方式向新生器官输送营养的过程，是植物生命周期的最后一个阶段。叶片衰老过程不但包括叶色变黄、光合效率下降、细胞结构瓦解、大分子物质降解和细胞死亡，而且涉及大量的营养物质回收再利用/再动员（nutrient remobilization）过程。在营养再动员过程中，蛋白质、脂肪、核酸等生物大分子降解，其产

物经转化后运输到茎尖、果实、幼叶等器官，供进一步生长发育或储存（Gan 和 Amasino 1997）。对于以种子为收获对象的粮食作物，叶片衰老对生长期及种子的营养积累有很大的影响。多项研究表明，应用转基因技术推迟叶片衰老可以提高粮食作物的产量（Guo 和 Gan，2014）。

一直以来，筛选和鉴定各种叶片衰老突变体，分析相应基因的功能，是进行植物叶片衰老研究的重要方法。迄今为止，许多研究充分利用了 T-DNA 插入突变体库和化学诱变突变体库，鉴定出了许多重要的衰老正调控因子。目前叶片衰老相关突变体及其功能研究主要是以模式植物拟南芥为材料。

烟草的收获对象是成熟变黄的叶片。叶片成熟落黄本身或烟叶成熟度通过影响采收后的烘烤调制过程对烟叶产品的外观质量、物理特性、化学成分、烟气特征和卷烟安全性等主要质量因素的形成具有决定性的影响。例如，叶绿素的降解会影响烟叶颜色，细胞壁结构瓦解程度影响烟叶结构疏松度及一些物理特性，而营养再动员的过程不仅会影响烟叶主要化学成分及香吃味，而且会改变烟叶有害成分的代谢，从而影响烤烟的安全性。在生产上，保证正常落黄、适熟采收是烤烟生产优质适产的关键。而通过筛选烟草突变体库获得适当早熟或晚熟的烟草材料，可以根据生产需要对现有主栽品种的落黄特性进行遗传改良。同时，通过分析鉴定控制烟草叶片衰老的关键基因，为进一步人为调控烟叶落黄过程奠定基础，具有重要的理论意义和实际应用价值。

1 筛选与鉴定方法

植物衰老的明显形态特征，就是由于叶绿素降解导致的叶片变黄。在烟叶生产中，烟叶黄色的显现及变化程度是判断烟叶成熟度的重要参考标准之一。当烟叶表现为绿色减少，变为深浅不同的黄色时（即烟叶落黄），说明烟叶开始了衰老过程，也标志着烟叶成熟。除叶片变黄的形态表型之外，叶片在变黄过程中会发生一系列生理生化反应，如叶绿素降解、光合效率下降、蛋白质和核酸降解、可溶性氮含量增加等。在分子水平上，叶片变黄衰老表现为：叶片总 RNA 含量下降、编码光合作用功能蛋白基因如 *RBCS*（the small subunits of ribulose 1，5-bisphosphate carboxylase/oxygenase）等转录水平下调，以及一些衰老相关基因 *SAGs*（senescence-associated genes）表达上调。这些都是筛选和鉴定烟草叶片衰老突变体的重要依据。

（1）烟草叶片变黄表型观察

在烟草生长中后期，对照野生型对突变体烟叶变黄的情况进行观察。需要排除因开花早晚造成的整体发育进程提早或滞后的情况。通过一定群体和多次种植，排除因病虫害、营养条件、个体微环境等因素造成的不可遗传的单株叶片变黄现象。对叶片衰老明显早于（叶片早衰）或晚于（叶片晚衰）对照的突变体材料，要通过叶绿素含量分析、衰老分子标记基因表达等手段进一步验证。

（2）烟草叶片叶绿素含量测定

叶绿素广泛存在于植物绿色组织中，是与光合作用相关的一类重要色素，在植物细胞叶绿体内与蛋白质共同形成捕获光能的集光复合体。植物细胞死亡后，叶绿素即从叶绿体中游离出来，游离的叶绿素很不稳定，极易降解。高等植物叶绿素主要有叶绿素 a 和叶绿素 b 两种，它们不溶于水，而溶于乙醇、丙酮、氯仿等有机溶剂。

取烟草叶片，去除表面污物，去除中脉，称重，剪碎，置于 50 毫升离心管中，加入适当体积（根据叶片组织的重量决定，一般 20～40 毫升）无水乙醇，用铝箔纸包裹，避光条件下静置过夜，使叶绿素 a 和叶绿素 b 充分溶解于无水乙醇中，利用分光光度计测定叶绿素萃取液在 665 纳米和 649 纳米处的吸光度，按照如下公式计算叶绿素含量：

$$叶绿素 a = 13.95OD_{665} - 6.88OD_{649}$$
$$叶绿素 b = 24.96OD_{649} - 7.32OD_{665}$$
$$总叶绿素含量 =（叶绿素 a + 叶绿素 b）$$
$$\times 无水乙醇体积 / 叶片组织重量$$

其中，无水乙醇体积单位为毫升；叶片组织重量单位为毫克。

（3）烟草叶片叶绿素荧光参数 Fv/Fm 测定

Fv/Fm 是光系统 II（PSII）原初光能转化效率，是描述植物光合作用及光合生理状况的一个变量。Fv/Fm 数值的大小可直接反应植物体叶片中光合作用的强弱。

对于该指标的测定，可利用叶绿素荧光仪直接进行活体测定。选择正常生长的烟草植株，利用遮光布包裹等方法，对待测定叶片进行 20 分钟暗处理，之后用叶绿素荧光仪测定 Fv/Fm 数值。

（4）烟草叶片细胞膜离子渗透率测定

细胞膜离子渗漏量是指细胞内的离子通过细胞膜渗漏到细胞外的数量。植物细胞膜离子渗透率是植物生长状况的微观表现，它是植物受到逆境或衰老时，植物体做出的胁迫反应指标。

取烟草叶片，去除表面污物，去除中脉，用打孔器将叶片制成厚薄均匀、大小一致的圆片。选取适量圆片，浸入 20 毫升双蒸水中，在 25 ℃ 水浴中振荡 30 分钟，使用数字电导仪测定溶液的电导率 γ_1；然后将样品煮沸 10 分钟，再次测定其电导率 γ_2。按如下公式计算叶片的细胞膜离子渗透率：$\gamma\% = \gamma_1 / \gamma_2 \times 100\%$。

（5）烟草叶片蛋白质含量测定

在叶片衰老的过程中，衰老叶片中的蛋白质降解，并将降解产物作为营养物质输送到幼嫩器官加以再利用。因此，叶片的蛋白质含量是反映叶片衰老程度的重要指标。

烟草叶片蛋白质提取：取烟草叶片，去除表面污物，去除中脉，称取 0.5 克样品，加液氮充分研磨后转入离心管中，加入 10 毫升蛋白质提取缓冲液（250 mM 磷酸钾缓冲液、pH8.0，0.5 mM EDTA，10 mM β-巯基乙醇），充分摇匀后于 4 ℃ 条件下提取 1 小时，使蛋白质充分溶出。4 ℃、5 000 g 离心 20 分钟。弃沉淀，上清液即为叶片蛋白质溶液，分装，−80 ℃ 保存。

蛋白质含量测定：用 Bradford 法测定蛋白质含量（Bradford，1976）。

（6）烟草叶片衰老 Marker 基因 *RBCS*、*SAG12* 相对表达量测定

SAG12 是叶片衰老特异性表达基因，常被用作衰老标记基因（Lohman 等，1994）。而参与光合作用的 *RBCS* 基因可作为叶片衰老的负标记。

烟草叶片总 RNA 提取：随着叶片的成熟、衰老，大量的多糖、烟碱、酚类化合物和某些尚无法确定的次生代谢产物在叶片中积累，这些物质的含量远高于幼嫩叶片，严重影响了总 RNA 的提取，是技术上的一个难点。

通过以下方法可以从烟草衰老叶片中提取高质量的总 RNA。取烟草叶片，用铝箔纸包裹，液氮速冻，可在 −80 ℃ 长期保存。在研钵中加液氮充分研磨烟草叶片至细粉末状。取 0.2 ～ 0.4 克粉末迅速转移至液氮预冷的 15 毫升离心管中，加入 5 毫升提取缓冲液，充分混匀；加入 0.5 毫升 2 M 醋酸钠（pH4.0），充分混匀；加入 5 毫升水饱和酚，颠倒混匀；加入 1 毫升氯仿，充分混匀，室温静置 10 分钟，4 ℃、10 000 g 离心 10 分钟。弃沉淀，上清液转移至新的 15 毫升离心管中，加入等体积异丙醇，上下颠倒混匀，−20 ℃ 沉淀至少 1 小时。4 ℃、3 000 g 离心 10 分钟，弃上清，得到 RNA 粗提物。用 2 毫升 CES 缓冲液重悬沉淀，移液枪轻轻吹打至沉淀完全溶解，加入 2 毫升氯仿，颠倒混匀再次抽提，室温静置 10 分钟，4 ℃、3 000 g 离心 10 分钟。弃沉淀，上清液转移至新的 15 毫升离心管中，加入 1/10 体积的 2M 醋酸钠（pH5.0）和等体积的异丙醇，室温静置 10 分钟，4 ℃、3 000 g 离心 10 分钟。弃上清液，用 75% 乙醇洗涤沉淀一次，置于超净工作台干燥，加入 DEPC 处理水溶解。用 DNAaseI 对 RNA 样品消化，加入 1 毫升无水乙醇 −20 ℃ 沉淀 20 分钟，4 ℃、12 000 g 离心 10 分钟。弃上清液，用 75% 乙醇洗涤沉淀一次，置于超净工作台干燥，加入 DEPC 处理水溶解。琼脂糖凝胶电泳检测总 RNA 的完整性，紫外吸收法测定总 RNA 的浓度和纯度，检测合格样品可用液氮速冻后置于 −80 ℃ 保存。

提取缓冲液配方：4 M 异硫氰酸胍，25 mM 柠

檬酸钠，0.5% 十二烷基磺酸钠，0.1 M β－巯基乙醇。

CES 缓冲液配方：10 mM 枸橼酸钠，1 mM 乙二胺四乙酸，0.5% 十二烷基磺酸钠。

cDNA 合成：按 cDNA 合成试剂盒说明书方法合成 cDNA。

qRT-PCR 检测衰老相关 Marker 基因 *RBCS*、*SAG12* 的相对表达量：按荧光定量试剂盒说明书方法进行 qRT-PCR 定量分析。实验中用于扩增基因的引物见表 8-1。

表 8-1 qRT-PCR 实验中所用引物

基　因	引　物
Actin	F：CAAGGAAATCACCGCTTTGG
	R：AAGGGATGCGAGGATGGA
RBCS	F：CGAGACTGAGCACGGATTTG
	R：ATGATACGGATCCAGGCCTG
SAG12	F：TGCCAACCAACCAATATCCG
	R：TCCTTCCTCAGCATCAACGT

2 筛选与鉴定过程

在 EMS 诱变获得的烟草突变体群体中，M_1 代单株收种，获得 M_2 代种子；M_2 代单株种子播种成株行，每个株行 20 株，获得 M_2 代群体。M_2 代群体与野生型共同种植，在无选择压力的条件下，观察 M_2 群体每个株行的叶片衰老表型及性状分离情况。对目测有叶片衰老表型的突变体，以野生型为对照，测定相同叶位叶片的叶绿素含量、Fv/Fm 值、离子渗透率、蛋白质含量，以及叶片衰老相关 Marker 基因 *RBCS*、*SAG12* 的相对表达量。通过叶片衰老表型，结合生理生化指标及分子指标，筛选出与野生型叶片衰老时期不一致的突变体，单株收种，获得 M_3 代种子。M_3 代单株种子播种成株行，每个株行 20 株，获得 M_3 代群体。按同样方法，在 M_3 代中对叶片衰老突变体进行复选，观察突变体

的叶片衰老性状是否重现和整齐一致，并对叶片衰老表型稳定的植株单株收种。

2012 年筛选获得具有叶片衰老表型的"中烟 100"EMS 突变体 M_2 代 86 个，"红花大金元"EMS 突变体 M_2 代 10 个。2013 年种植"中烟 100"EMS 突变体 M_3 代 86 个，获得具有稳定叶片衰老表型的材料 82 个，其中具有明显叶片早衰表型的突变体 34 个，叶片晚衰突变体 17 个；种植"红花大金元"EMS 叶片衰老突变体 M_3 代 10 个，具有稳定叶片衰老表型的材料 9 个，其中具有明显叶片早衰表型的突变体 1 个，叶片晚衰突变体 4 个。

2015 年和 2014 年种植 2013 年筛选获得的具有稳定叶片衰老表型的突变体，鉴定获得稳定遗传性状且不分离的叶片早衰突变体 10 个，叶片晚衰变体 4 个，叶片落黄集中突变体 1 个。

3 鉴定的烟草叶片衰老突变体

鉴定获得"中烟 100"和"红花大金元"叶片衰老突变体 15 个，包括叶片早衰突变体 10 个（其中突变性状稳定遗传的 9 个，基本稳定遗传的 1 个）、叶片落黄集中突变体 1 个（突变性状稳定遗传）、叶片晚衰突变体 4 个（突变性状稳定遗传）。

（1）叶片早衰突变体

叶片早衰突变体 1：M_3 系统编号为 11ZE3000031，2012 年田间编号为 MZE3-256，M_3 株系全部单株叶片早衰。M_2 单株突变性状为苯丙氨酸解氨酶 TILLING 突变体。

叶片早衰突变体 2：M_3 系统编号为 11ZE3001231，2012 年田间编号为 MZE3-258，M_3 株系全部单株叶片早衰。M_2 单株突变性状为苯丙氨酸解氨酶 TILLING 突变体。

叶片早衰突变体 3：M_4 系统编号为 14ZE42398421，2015 年田间编号为 MZ4-181，M_4 株系全部单株叶片早衰（图 8-14），性状遗传类型为 5。M_3 系统编号为 13ZE3239842，2014 年田间编号为 MZ3-340，M_3 株系

图 8-14 叶片早衰突变体 3

a. MZ4-181(2015) 株系；b. MZ4-181(2015) 单株；c. MZ4-181(2015) 叶片

全部单株叶片落黄集中、75% 烟株中部叶尖黄，性状遗传类型为 5。M_2 单株突变性状为叶色黄化。

叶片早衰、叶缘波浪形突变体 4：M_4 系统编号为 14ZE42340111，2015 年田间编号为 MZ4-177，M_4 株系全部单株叶片早衰、叶缘波浪形（图 8-15），性状遗传类型为 1。M_3 系统编号为 13ZE3234011，2014 年田间编号为 MZ3-002，M_3 株系全部单株叶片早衰，性状遗传类型为 5。M_2 单株突变性状为叶色白化。

叶片早衰突变体 5：M_4 系统编号为 14ZE42361211，2015 年田间编号为 MZ4-182，M_4 株系全部单株叶片早衰（图 8-16a），性状遗传类型为 1。M_3 系统编号为 13ZE3236121，2014 年田间编号为 MZ3-036，M_3 株系全部单株叶片早衰（图 8-16b、c），性状遗传类型为 5。M_2 单株突变性状为长相好。

图 8-15 叶片早衰、叶缘波浪形突变体 4

a. MZ4-177(2015) 株系；b. MZ4-177(2015) 单株和叶片

叶片早衰突变体 6：2014 年田间编号为 GMZ3-101，M_3 株系全部单株叶片早衰（图 8-17b 和图 8-18b）；2013 年田间编号为 MZ2-1166，M_2 系统编号为 11ZE224166，单株突变性状为叶色黄化。

图 8-16 叶片早衰突变体 5

a. MZ4−182(2015) 株系；b. MZ3−036(2014) 株系；c. MZ3−036(2014) 单株和叶片

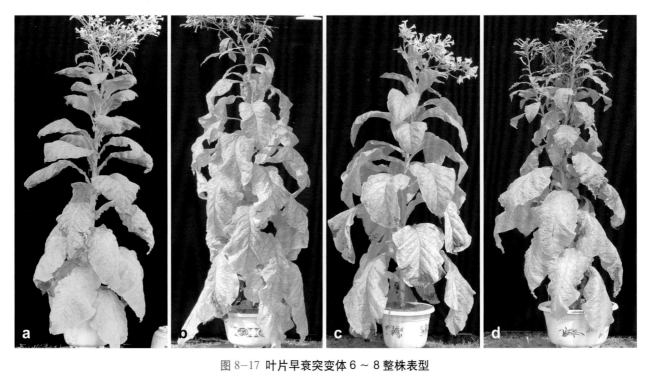

图 8-17 叶片早衰突变体 6 ~ 8 整株表型

a. "中烟 100"；b. 叶片早衰突变体 6；c. 叶片早衰突变体 7；d. 叶片早衰突变体 8

叶片早衰突变体 7：2014 年田间编号为 GMZ4−9，M₄ 株系全部单株叶片早衰（图8-17c 和图 8-18c）；2013 年田间编号为 GMZ3−9，M₃ 株系全部单株叶

片早衰；2012 年田间编号为 MZ2−0123，M₂ 系统编号为 11ZE268123，单株突变性状为叶色黄化。

叶片早衰突变体 8：2014 年田间编号为 GMZ4−

图 8-18 叶片早衰突变体 6～8 上（右）、中、下（左）三部位叶片表型

a. "中烟 100"；b. 叶片早衰突变体 6；c. 叶片早衰突变体 7；d. 叶片早衰突变体 8

27，M_4 株系全部单株叶片早衰（图 8-17d 和图 8-18d）；2013 年田间编号为 GMZ3-27，M_3 株系全部单株叶片早衰；2012 年田间编号为 MZ2-0747，M_2 系统编号为 11MZE268747，单株突变性状为叶色黄化。

叶片早衰突变体 9：M_5 系统编号为 14HE501714211，2015 年田间编号为 MH5-13，M_5 株系全部单株叶片早衰（图 8-19），性状遗传类型为 1。M_4 系统编号为 13HE40171421，2014 年田间编号为 MH4-07，M_4 株系全部单株叶片早衰，性状遗传类型为 5。M_3 系统编号为 12HE3017142，

图 8-19 叶片早衰突变体 9

a. MH5-13(2015) 株系；b. MH5-13(2015) 叶片

2013 年田间编号为 MH3-39，M$_3$ 株系全部单株叶面平滑，性状遗传类型为 1。M$_2$ 单株突变性状为叶面平滑。

叶片早衰、叶片落黄集中、育性低突变体 10：

图 8-20 叶片早衰、叶片落黄集中、育性低突变体 10

a. MZ3-116(2015) 株系和单株；b. MZ3-116(2015) 叶片

M$_3$ 系统编号为 14ZE3247723，2015 年田间编号为 MZ3-116，M$_3$ 株系 77% 烟株叶片早衰、叶片落黄集中、育性低（图 8-20），性状遗传类型为 2。M$_2$ 单株突变性状为叶片早衰、叶片落黄集中。

（2）叶片落黄集中突变体

叶片落黄集中突变体 1：M$_3$ 系统编号为 13ZE3242212，2014 年田间编号为 MZ3-330，M$_3$ 株系全部单株叶片落黄集中，性状遗传类型为 5。M$_2$ 单株突变性状为叶片宽大。

（3）叶片晚衰突变体

叶片晚衰突变体 1：2014 年田间编号为 GMZ4-59，M$_4$ 株系全部单株叶片晚衰（图 8-21b 和图 8-22b）；2012 年田间编号为 MZ2-2177，M$_2$ 系统编号为 11ZE202177，单株突变性状为叶片晚衰。

叶片晚衰突变体 2：2014 年田间编号为 GMZ4-70，M$_4$ 株系全部单株叶片晚衰（图 8-21c 和图 8-22c）；2012 年田间编号为 MZ2-2803，M$_2$ 系统编号为 11ZE202803，单株突变体性状为叶片晚衰。

叶片晚衰突变体 3：2014 年田间编号为 GMZ4-25，M$_4$ 株系全部单株叶片晚衰（图 8-21d 和图 8-22d）；2012 年田间编号为 MZ2-0719，M$_2$ 系统编号为 11ZE268719，单株突变性状为叶片晚衰。

叶片晚衰突变体 4：2014 年田间编号为 GMZ4-157，M$_4$ 株系全部单株叶片晚衰（图 8-21e 和图 8-22e）；2012 年 M$_2$ 单株突变性状为叶片晚衰。

图 8-21 叶片晚衰突变体 1 ~ 4 整株表型

a. "中烟 100"；b. 叶片晚衰突变体 1；c. 叶片晚衰突变体 2；d. 叶片晚衰突变体 3；e. 叶片晚衰突变体 4

图 8-22 叶片晚衰突变体 1 ~ 4 上（右）、中、下（左）三部位叶片表型

a. "中烟 100"；

b. 叶片晚衰突变体 1；

c. 叶片晚衰突变体 2；

d. 叶片晚衰突变体 3；

e. 叶片晚衰突变体 4

（撰稿：郭永峰，王卫锋，高晓明，王大伟，李伟；定稿：孙玉合，刘贯山）

参考文献

[1] 陈德鑫, 王凤龙, 杨清林, 等. 烟草抑芽剂及其使用方法 [J]. 烟草科技, 2003, (6): 46 ~ 48.

[2] 高晓明, 张泽坤, 王卫锋, 等. 烟草 NtRAX 基因的克隆和序列分析 [J]. 中国烟草科学, 2012, 33(5): 14 ~ 18.

[3] 王卫锋, 太帅帅, 王鲁, 等. 烟草 NtLS 基因 RNA 干扰表达载体的构建及遗传转化 [J]. 中国烟草科学, 2011, 32(4): 31 ~ 35.

[4] 杨洁, 胡日生, 童建华, 等. 打顶对烟草腋芽生长及植物激素含量的影响 [J]. 烟草科技, 2013, (10): 72 ~ 75.

[5] 许智宏, 薛红卫. 植物激素作用的分子机理 [M]. 上海: 上海科学技术出版社, 2012.

[6] Bradford M M. A rapid and sensitive method for the quantitation of microgram quantities of protein utilizing the principle of protein-dye binding[J]. Anal Biochem, 1976, 72: 248 ~ 254.

[7] Domagalska M A, Leyser O. Signal integration in the control of shoot branching[J]. Nat Rev Mol Cell Biol, 2011, 12(4): 211 ~ 221.

[8] Dun E A, Brewer P B, Beveridge C A. Strigolactones: discovery of the elusive shoot branching hormone[J]. Trends Plant Sci, 2009, 14(7): 364 ~ 372.

[9] Dun E A, de Saint Germain A, Rameau C, et al. Dynamics of strigolactone function and shoot branching responses in *Pisum sativum*[J]. Mol Plant, 2013, 6(1): 128 ~ 140.

[10] Gan S S, Amasino R M. Making sense of senescence (molecular genetic regulation and manipulation of leaf senescence)[J]. Plant Physiol, 1997, 113(2): 313 ~ 319.

[11] Greb T, Clarenz O, Schafer E, et al. Molecular analysis of the LATERAL SUPPRESSOR gene in *Arabidopsis* reveals a conserved control mechanism for axillary meristem formation[J]. Genes Dev, 2003, 17(9): 1175 ~ 1187.

[12] Guo Y, Gan S S. Translational researches on leaf senescence for enhancing plant productivity and quality[J]. J Exp Bot, 2014, 65(14): 3901 ~ 3913.

[13] Janssen B J, Drummond R S, Snowden K C. Regulation of axillary shoot development[J]. Curr Opin Plant Biol, 2014, 17: 28 ~ 35.

[14] Leyser O. The control of shoot branching: an example of plant information processing[J]. Plant Cell Environ, 2009, 32(6): 694 ~ 703.

[15] Lohman K N, Gan S, John M C, et al. Molecular analysis of natural leaf senescence in *Arabidopsis thaliana*[J]. Physiol Plant, 1994, 92(2): 322 ~ 328.

[16] Müller D, Schmitz G, Theres K. Blind homologous R2R3 Myb genes control the pattern of lateral meristem initiation in *Arabidopsis*[J]. Plant Cell, 2006, 18(3): 586 ~ 597.

第9章

烟草品质性状突变体

由于烟叶制品的质量关系到消费者的身体健康，所以生产优质烟叶一直是烟草行业持续坚持的方向。优质烟叶香气清醇、质好、量足，劲头适中，烟碱含量适中，内在化学成分协调，适合卷烟工业的要求。在优质烟叶生产技术中，除了选择适宜的气候和土壤基本条件，以及采用正确的施肥、水分供应、打顶抹杈、成熟采收与调制、病虫害防治等技术以外，根据各生态区特点培育相应的烟草优良品种是关键技术。

本章介绍了与烟叶品质性状相关的烟草香气、耐低钾、烟碱、腺毛和优异株型等化学诱变和 T-DNA 激活标签插入突变体的筛选与鉴定，以期为烟草优良品种培育奠定重要的方法和材料基础。

第1节 烟草香气突变体

烟草香气主要是指烟草直接散发或燃烧时产生的令人愉快的烟香气味。烟草香气与其品种遗传性状、腺毛分泌物、栽培条件、生态环境、外部形态特征、农艺性状、调制和醇化相关联（史宏志等，2011）。培育优质、高产、抗病性强、高香气的烟草品种是几代烟草工作者多年的梦想。因此，通过创造和丰富变异类型，利用遗传、诱变手段改进和提高烟草香吃味状况越来越引起人们的关注，也是我国烟草研究的主攻方向之一（任民，2008）。烟叶香气性状是烟叶重要的品质性状。评判烟叶的香气，可以通过测定烤后烟叶的致香物质含量和（或）通过对烤后烟叶卷制的单料烟进行感官评吸来完成。烟草化学诱变群体中存在各种突变类型，其中有形态突变性状，也有非形态突变性状；有不良突变性状，也有优良突变性状。烟叶香气突变性状是非形态的优良突变性状，如果采用致香物质含量测定和（或）单料烟评吸来筛选烟草香气突变体的话，很难达到高通量、快速和方便地筛选。而采用人工闻香对田间突变烟株进行香气筛选和鉴定，有望快速和方便地获得烟草不同香型香气突变体。

1 筛选与鉴定方法

（1）筛选方法

通过闻香人员对烟草化学诱变突变二代烟株进行闻香比较，确定适于田间闻香的烟草生育期、每天最佳闻香时间段和烟株散发香气的部位。

对闻香人员的要求：每个人对于气味的感知程度不一，烟叶闻香人员需要一定的天赋，即对香味的感觉灵敏及良好的香味记忆能力；同时应具有一定的香味识别、描述能力；还应具有一定的香味知识和语言表达能力，以及具有良好的生理和心理状态。当然，对烟叶闻香工作的热爱、丰富的想象力及创作力也是必要条件。若想保持对香味的灵敏，闻香人员就不能使用有特殊气味的化妆品；不能喝酒和吸烟；在饮食上也要注意，忌食辛辣食品，以免影响鼻子对气味的辨别能力。要控制每次在田间闻香的时间，一般不超过 2 小时，因时间过长会造成嗅觉疲劳。

闻香的最佳生育期：在烟草的旺长期，挥发性香气物质含量较低，在烟株顶芽及叶片中挥发性香气物质还没有形成，整株烟草几乎闻不到香味，只有个别的香味能闻到。在烟草的现蕾期，通过烟株上、中部的腋芽虽能闻到略有香味，但香气量不足，香味不纯，青杂气太重，烟株固有的香气还没完全体现出来。在烟草的盛花期，下部烟叶进入成熟阶段，这时伴随着大分子香气前体物的降解转化，各种香气成分不断形成，并以不同的形式进行积累和转化（史宏志等，2011）。这时在烟株的上、中部腋芽中可以闻到散发出的不同气味。所以，从盛花期直到烟叶成熟采摘期，是闻香的最适宜时期。

田间闻香的最佳时间段：每天早上 7 ～ 10 时是闻香的最佳时间段。不论从人体的精神状态还是从植物的生长特性，烟草所含的微量、特殊气味在这一时间段清晰可辨。10 点以后到傍晚只能闻到烟草的基础气味，微量、特殊的气味有明显混杂的迹象。与阴天相比，晴天进行田间闻香效果更佳。雨天或雨后第一天不宜闻香。

烟株散发香气的部位：烟草的田间闻香大多是闻烟株中、上部的腋芽或嫩叶。下部腋芽由于见阳光少，光合作用差，故香气量不足。烟草花的香味和颜色不尽相同，烟草花本身就带有香味，但是其香气与烟叶散发出来的香气有所不同，所以闻香不选择烟花。

多次闻香：烟叶在生长发育、成熟、调制过程中，香气前体物经合成、积累到降解与转化，香气成分不断形成。因此，烟叶香味物质是动态变化的。对初次闻香确认的烟株，最好经过后续的多次闻香确认。在不同生育时期、每天不同时间段、烟株不同部位都能闻到香味的烟株，其香气量足、香味持续时间长、香气的挥发性物质含量多、香气稳定、农艺性状优良，是田间闻香的最理想烟株。

（2）鉴定方法

闻香人员在烟草突变二代烟株的适宜生育期，利用每天最佳时间段，对散发香气的部位经过多次闻香筛选，并对香气突变单株进行自交套袋，收获突变三代种子。香气突变三代株系要经过多方面、多年鉴定后才能确认为真正的烟草香气突变体。具体的鉴定方法有以下几种。

突变性状遗传稳定性分析：对所筛选的香气突变体要经过 2 年或 2 年以上自交筛选，剔除易受环境影响、感病和香气不足的株系，获得香气可稳定遗传的突变体。

电子鼻检测：使用便携式电子鼻系统，在田间对香气性状稳定遗传的突变体的新鲜烟叶的挥发性和半挥发性香气成分进行检测。

烤后闻香：对香气性状稳定遗传的突变体烟叶进行单独采收、烘烤，再对烤后烟叶进行闻香确认。

感官评吸：对香气性状稳定遗传的突变体烟叶进行感官评吸比较烟叶内在质量。香气质好、香气量充足、香味纯正的，可以确认为香气突变体。

代谢组学分析和重测序：通过代谢组学分析和重测序，可以确定香气突变体的主要致香组分及突变的序列特征。

致香物质鉴定：对香气性状稳定遗传的突变体烤后烟叶进行致香物质检测。

2 筛选与鉴定过程

在中国农业科学院烟草研究所诸城试验基地，2011 ～ 2014 年进行了大规模的普通烟草品种"中烟 100" EMS 诱变香气突变体的筛选；2012 ～ 2015 年对筛选的香气突变体进行了鉴定。筛选时，每个株系种植 15 株；鉴定时，每个株系种植 30 株。田间种植密度和管理按正常烤烟生产进行，不打顶不抹杈。在现蕾期（或初花期）和盛花期（或果实成熟期）两个生长阶段，对突变群体进行性状调查，对具有突变性状的突变体挂牌标记、拍照和套袋收种。5 年来，从 6 969 个"中烟 100" M_2 株系、约 9 万单株中，共筛选获得香气突变体 308 个，总突变率为 0.35%（表 9-1），并据此鉴定获得香气突变体 79 个（表 9-2）。

（1）筛选过程

2011 年度筛选情况：2011 年调查"中烟 100" EMS 突变群体 M_2 代 957 个株系，共计 10 497 株。调查结果表明，在突变群体中共筛选获得 48 个香气突变单株，主要有清香、萨姆逊香、翠碧香等香型，各香型单株的总突变率为 0.46%（表 9-1）。

2012 年度筛选情况：2012 年调查"中烟 100" EMS 突变群体 M_2 代 4 502 个株系，共计 55 065 株。调查结果表明，在突变群体中共筛选获得 131 个香气突变单株，主要有清香、翠碧香、萨姆逊香等香型，各香型单株的总突变率为 0.24%（表 9-1）。

2013 年度筛选情况：2013 年调查"中烟 100" EMS 突变群体 M_2 代 1 010 个株系，共计 14 466 株。调查结果表明，在突变群体中共筛选获得 75 个香气突变单株，主要有青香、清香、萨姆逊香等，各香型单株的总突变率为 0.52%（表 9-1）。

2014 年度筛选情况：2014 年调查"中烟 100" EMS 突变群体 M_2 代 500 个株系，共计 7 500 株。调查结果表明，在突变群体中共筛选获得 54 个香气突变单株，主要有青香、清香、翠碧香等，各香型单株的总突变率为 0.72%（表 9-1）。

（2）鉴定过程

2012 年度鉴定情况：2012 年经过对 EMS 诱变"中烟 100" M_3 代 46 个香气突变株系鉴定，未获得基本稳定遗传 M_2 代突变性状的香气突变体（表 9-2）。

2013 年度鉴定情况：2013 年经过对 EMS 诱变"中烟 100" M_3 代 39 个香气突变株系鉴定，获得稳定遗传 M_2 代突变性状的萨姆逊香突变体 2 个。经过对 EMS 诱变"中烟 100" M_4 代 66 个香气突变株系鉴定，获得稳定遗传 M_3 代突变性状的青香突变体 5 个、萨姆逊香突变体 9 个；获得基本稳定遗传 M_3 代突变性状的青香突变体 1 个（表 9-2）。

2014 年度鉴定情况：2014 年经过对 EMS 诱变"中烟 100" M_3 代 37 个香气突变株系鉴定，获得稳

表 9-1 "中烟 100" 香气 EMS 突变体筛选

| 年度 | M_2 代 | | 突变率（%） |
	调查株数	收种突变株数	
2011	10 497	48	0.46
2012	55 065	131	0.24
2013	14 466	75	0.52
2014	7 500	54	0.72
合计	87 528	308	0.35

注：突变率是指收获种子的突变单株数占总调查株数的比率。

表 9-2 "中烟 100" 香气 EMS 突变体鉴定

| 年度 | M_3 代株系数 | | M_4 代株系数 | | M_5 代株系数 | | M_6 代株系数 | |
	调查	稳定	调查	稳定	调查	稳定	调查	稳定
2012	46	0						
2013	39	2	66	15				
2014	37	5	7	0	9	0		
2015	42	28	43	16	10	10	4	3
合计	164	35	116	31	19	10	4	3

注：稳定指稳定株系数，为稳定遗传和基本稳定遗传的株系数之和。

定遗传 M_2 代突变性状的青香突变体 3 个，获得基本稳定遗传 M_2 代突变性状的青香突变体 2 个（表 9-2）。

2015 年度鉴定情况：2015 年经过对 EMS 诱变"中烟 100" M_3 代 42 个香气突变株系鉴定，获得稳定遗传 M_2 代突变性状的青香突变体 27 个、萨姆逊香突变体 1 个。经过对 EMS 诱变"中烟 100" M_4 代 43 个香气突变株系鉴定，获得稳定遗传 M_3 代突变性状的突变体 12 个，获得基本稳定遗传 M_3 代突变性状的突变体 4 个。经过对 EMS 诱变"中烟 100" M_5 代 10 个香气突变株系鉴定，获得稳定遗传 M_4 代突变性状的青香突变体 3 个、清香突变体 3 个、怡人香突变体 1 个、嘎啦苹果香突变体 1、甜香突变体 1 个；获得基本稳定遗传 M_4 代突变性状的青香突变体 1 个。经过对 EMS 诱变"中烟 100" M_6 代 4 个香气突变株系鉴定，获得稳定遗传 M_5 代突变性状的萨姆逊香突变体 1 个、翠碧香突变体 1 个；获得基本稳定遗传 M_5 代突变性状的翠碧香突变体 1 个（表 9-2）。

3 鉴定的烟草香气突变体

2012 ～ 2015 年鉴定获得"中烟 100" EMS 诱变香气突变体 79 个，其中突变体性状稳定遗传的 71 个，突变性状基本稳定遗传的 8 个。这些香气突变表型包括 7 大类：怡人香、清香、青香、嘎啦苹果香、翠碧香、萨姆逊香和甜香。

(1) 怡人香突变体

怡人香突变体 1：M_5 系统编号（系统编号的设置参见第 13 章第 1 节，下同）为 14ZE568126341，2015 年进行了第二年品系比较，田间编号为 ZS-01。M_5 株系全部单株叶片具有怡人香（令人愉悦、舒适的香味），田间长相优异（图 9-1a），性状遗传类型为 1（突变性状在 M_3 代及更高世代的遗传类型包括 6 种，具体参见第 2 章第 2 节，下同）。M_4 系统编号为 13ZE46812634，2014 年进行了第一年品系比较，田间编号为 MZ4-42。M_4 株系全部单株叶片具有怡人香，田间长相优异，叶片宽大（图 9-1b、c），性状遗传类型为 1。烤后烟外观质量（图 9-1d）和闻香香气明显优于对照"中烟 100"；烤后烟的致香物质检测表明，香叶基丙酮含量（0.67 微克 / 克）明显高于对照"中烟 100"（0.42 微克 / 克）。M_3 系统编号为 12ZE3681263，2013 年田间编

图 9-1 怡人香突变体 1

a. ZS-01(2015) 品系；b. MZ4-42(2014) 单株；c. MZ4-42(2014) 叶片；d. MZ4-42(2014) 烤后烟

号为 MZ3-111。M₃ 株系全部单株叶片具有怡人香，田间长相优异，性状遗传类型为 1。对烤后烟进行感官评吸表明，质量明显优于对照"中烟 100"一个档次。M₂ 单株突变性状为叶片怡人香。

(2) 清香突变体

清香突变体 1：M₅ 系统编号为 14ZE501728211，2015 年田间编号为 MZ5-04，M₅ 株系全部单株叶片具有清香（令人清新舒适、类似于花香的气味），性状遗传类型为 1。M₄ 系统编号为 13ZE40172821，2014 年田间编号为 MZ4-03，M₄ 株系 4% 单株叶片具有清香。

清香突变体 2：M₅ 系统编号为 14ZE505979141，2015 年田间编号为 MZ5-06，M₅ 株系全部单株叶片具有清香，性状遗传类型为 1。M₄ 系统编号为 13ZE40597914，2014 年田间编号为 MZ4-06，M₄ 株系 32% 单株叶片具有清香。

清香、株高较高突变体 3：M₅ 系统编号为 14ZE568483111，2015 年田间编号为 MZ5-07，M₅ 株系全部单株叶片具有清香（图 9-2），性状遗传类

型为 1。M₄ 系统编号为 13ZE46848311，2014 年田间编号为 MZ4-07，M₄ 株系 14% 单株叶片具有清香。

(3) 青香突变体

青香突变体 1：M₅ 系统编号为 14ZE501728211，2015 年田间编号为 MZ5-01，M₅ 株系全部单株叶片具有青香（绿色植物本身具有的自然香味）（图 9-3a），性状遗传类型为 1。M₄ 系统编号为 13ZE40172821，2014 年田间编号为 MZ4-03，M₄ 株系 4% 单株叶片具有青香、长相好，性状遗传类型为 3。

青香、长相好突变体 2：M₅ 系统编号为 14ZE505458132，2015 年田间编号为 MZ5-05，M₅ 株系全部单株叶片具有青香、长相好（图 9-3b），性状遗传类型为 1。M₄ 系统编号为 13ZE40545813，2014 年田间编号为 MZ4-05，M₄ 株系 30% 单株叶片具有青香、长相好，性状遗传类型为 2。

青香突变体 3：M₅ 系统编号为 14ZE505979141，2015 年田间编号为 MZ5-02，M₅ 株系全部单株叶片具有青香（图 9-4a），性状遗传类型为 1。M₄

图 9-2　清香、株高较高突变体 3

MZ5-07(2015) 株系

图 9-3　青香突变体 1 和 2

a. MZ5-01(2015) 株系；b. MZ5-05(2015) 株系

系统编号为 13ZE40597914，2014 年田间编号为 MZ4-06，M_4 株系 11% 单株叶片具有青香，性状遗传类型为 3。

青香突变体 4：M_4 系统编号为 14ZE42361831，2015 年田间编号为 MZ4-003，M_4 株系全部单株叶片具有青香（图 9-4b），性状遗传类型为 1。M_3 系统编号为 13ZE3236183，2014 年田间编号为 MZ3-212，M_3 株系全部单株叶片具有青香，性状遗传类型为 1。M_2 单株突变性状为叶片青香。

青香突变体 5：M_4 系统编号为 14ZE42368211，2015 年田间编号为 MZ4-025，M_4 株系全部单株叶片具有青香，性状遗传类型为 1。M_3 系统编号为 13ZE3236821，2014 年田间编号为 MZ3-230，M_3 株系 69% 单株叶片具有青香，性状遗传类型为 2。M_2 单株突变性状为叶片青香。

青香突变体 6：M_4 系统编号为 14ZE42389321，2015 年田间编号为 MZ4-032，M_4 株系全部单株叶片具有青香，性状遗传类型为 1。M_3 系统编号为 13ZE3238932，2014 年田间编号为 MZ3-244，M_3 株系 14% 单株叶片具有青香，性状遗传类型为 4。

M_2 单株突变性状为叶片梧桐叶味。

青香突变体 7：M_4 系统编号为 14ZE42392811，2015 年田间编号为 MZ4-015，M_4 株系全部单株叶片具有青香，性状遗传类型为 1。M_3 系统编号为 13ZE3239281，2014 年田间编号为 MZ3-245，M_3 株系 77% 单株叶片具有青香，性状遗传类型为 4。M_2 单株突变性状为叶片梧桐叶味。

青香突变体 8：M_3 系统编号为 13ZE3240152，2014 年田间编号为 MZ3-215，M_3 株系全部单株叶片具有青香，性状遗传类型为 1。M_2 单株突变性状为叶片青香。

青香突变体 9：M_3 系统编号为 13ZE3240212，2014 年田间编号为 MZ3-223，M_3 株系全部单株叶片具有青香，性状遗传类型为 1。M_2 单株突变性状为叶片青香。

青香突变体 10：M_4 系统编号为 14ZE42403111，2015 年田间编号为 MZ4-005，M_4 株系全部单株叶片具有青香，性状遗传类型为 1。M_3 系统编号为 13ZE3240311，2014 年田间编号为 MZ3-217，M_3 株系全部单株叶片具有青香，性状遗传类型为 1。M_2 单株突变性状为叶片青香。

青香、晚花突变体 11：M_3 系统编号为 13ZE3240493，2014 年田间编号为 MZ3-216，M_3 株系全部单株叶片具有青香、晚花，性状遗传类型为 1。M_2 单株突变性状为叶片青香。

青香突变体 12：M_4 系统编号为 14ZE42409622，2015 年田间编号为 MZ4-040，M_4 株系全部单株叶片具有青香，性状遗传类型为 1。M_3 系统编号为 13ZE3240962，2014 年田间编号为 MZ3-239，M_3 株系 7% 单株叶片具有青香，性状遗传类型为 2。M_2 单株突变性状为叶片青香。

图 9-4　青香突变体 3 和 4

a. MZ5-02(2015) 株系；b. MZ4-003(2015) 株系

青香突变体 13：M_4 系统编号为 14ZE42417931，2015 年田间编号为 MZ4-042，M_4 株系全部单株叶片具有青香，性状遗传类型为 1。M_3 系统编号为 13ZE3241793，2014 年田间编号为 MZ3-226，M_3 株系 7% 单株叶片具有青香，全部单株叶形细长、叶面凹陷，性状遗传类型为 3。M_2 单株突变性状为叶形细长。

青香、节间距小突变体 14：M_4 系统编号为 14ZE42422341，2015 年田间编号为 MZ4-017，M_4 株系全部单株叶片具有青香、节间距小，性状遗传类型为 1。M_3 系统编号为 13ZE3242234，2014 年田间编号为 MZ3-224，M_3 株系 13% 单株叶片具有青香，全部单株长相好、晚花、节间距小，性状遗传类型为 3。M_2 单株突变性状为叶片青香。

青香、长相好突变体 15：M_3 系统编号为 14ZE3244251，2015 年田间编号为 MZ3-036，M_3 株系全部单株叶片具有青香、长相好，性状遗传类型为 1。M_2 单株突变性状为叶片青香、长相好。

青香、长相好突变体 16：M_3 系统编号为 14ZE3244483，2015 年田间编号为 MZ3-014，M_3 株系全部单株叶片具有青香、长相好，性状遗传类型为 1。M_2 单株突变性状为叶片青香、长相好。

青香突变体 17：M_3 系统编号为 14ZE3244491，2015 年田间编号为 MZ3-015，M_3 株系全部单株叶片具有青香，性状遗传类型为 1。M_2 单株突变性状为叶片青香、长相好。

青香突变体 18：M_3 系统编号为 14ZE3244511，2015 年田间编号为 MZ3-011，M_3 株系全部单株叶片具有青香，性状遗传类型为 1。M_2 单株突变性状为叶片青香。

青香突变体 19：M_3 系统编号为 14ZE3244533，2015 年田间编号为 MZ3-001，M_3 株系全部单株叶片具有青香，性状遗传类型为 1。M_2 单株突变性状为叶片青香。

青香、长相好突变体 20：M_3 系统编号为 14ZE3244551，2015 年田间编号为 MZ3-037，M_3 株系全部单株叶片具有青香、长相好，性状遗传类型为 1。M_2 单株突变性状为叶片青香、长相好。

青香突变体 21：M_3 系统编号为 14ZE3244565，2015 年田间编号为 MZ3-026，M_3 株系全部单株叶片具有青香，性状遗传类型为 1。M_2 单株突变性状为叶片青香。

青香突变体 22：M_3 系统编号为 14ZE3244882，2015 年田间编号为 MZ3-027，M_3 株系全部单株叶片具有青香，性状遗传类型为 1。M_2 单株突变性状为叶片青香。

青香、长相好突变体 23：M_3 系统编号为 14ZE3244903，2015 年田间编号为 MZ3-028，M_3 株系全部单株叶片具有青香、长相好，性状遗传类型为 1。M_2 单株突变性状为叶片青香。

青香、长相好突变体 24：M_3 系统编号为 14ZE3244982，2015 年田间编号为 MZ3-029，M_3 株系全部单株叶片具有青香、长相好，性状遗传类型为 1。M_2 单株突变性状为叶片青香。

青香、长相好突变体 25：M_3 系统编号为 14ZE3245591，2015 年田间编号为 MZ3-041，M_3 株系全部单株叶片具有青香、长相好，性状遗传类型为 1。M_2 单株突变性状为叶片青香、长相好。

青香、长相好突变体 26：M_3 系统编号为 14ZE3246611，2015 年田间编号为 MZ3-030，M_3 株系全部单株叶片具有青香、长相好，性状遗传类型为 1。M_2 单株突变性状为叶片青香。

青香、长相好突变体 27：M_3 系统编号为 14ZE3246722，2015 年田间编号为 MZ3-040，M_3 株系全部单株叶片具有青香、长相好，性状遗传类型为 1。M_2 单株突变性状为叶片青香、长相好。

青香、长相好突变体 28：M_3 系统编号为 14ZE3246982，2015 年田间编号为 MZ3-017，M_3 株系全部单株叶片具有青香、长相好，性状遗传类型为 1。M_2 单株突变性状为叶片青香、长相好。

青香、长相好、株高较高突变体 29：M_3 系统编号为 14ZE3247011，2015 年田间编号为 MZ3-

019，M$_3$ 株系全部单株叶片具有青香、长相好、株高较高，性状遗传类型为 1。M$_2$ 单株突变性状为叶片青香、长相好。

青香突变体 30：M$_3$ 系统编号为 14ZE3247351，2015 年田间编号为 MZ3-020，M$_3$ 株系全部单株叶片具有青香，性状遗传类型为 1。M$_2$ 单株突变性状为叶片青香。

青香、长相好突变体 31：M$_3$ 系统编号为 14ZE3247362，2015 年田间编号为 MZ3-003，M$_3$ 株系全部单株叶片具有青香、长相好，性状遗传类型为 1。M$_2$ 单株突变性状为叶片青香。

青香突变体 32：M$_3$ 系统编号为 14ZE3247411，2015 年田间编号为 MZ3-004，M$_3$ 株系全部单株叶片具有青香，性状遗传类型为 1。M$_2$ 单株突变性状为叶片青香。

青香、长相好突变体 33：M$_3$ 系统编号为 14ZE3247511，2015 年田间编号为 MZ3-021，M$_3$ 株系全部单株叶片具有青香、长相好，性状遗传类型为 1。M$_2$ 单株突变性状为叶片青香、长相好。

青香突变体 34：M$_3$ 系统编号为 14ZE3247531，2015 年田间编号为 MZ3-038，M$_3$ 株系全部单株叶片具有青香，性状遗传类型为 1。M$_2$ 单株突变性状为叶片青香。

青香、长相好突变体 35：M$_3$ 系统编号为 14ZE3247572，2015 年田间编号为 MZ3-005，M$_3$ 株系全部单株叶片具有青香、长相好，性状遗传类型为 1。M$_2$ 单株突变性状为叶片青香。

青香、长相好突变体 36：M$_3$ 系统编号为 14ZE3247742，2015 年田间编号为 MZ3-006，M$_3$ 株系全部单株叶片具有青香、长相好，性状遗传类型为 1。M$_2$ 单株突变性状为叶片青香。

青香、育性低突变体 37：M$_3$ 系统编号为 14ZE3247841，2015 年田间编号为 MZ3-007，M$_3$ 株系全部单株叶片具有青香、育性低，性状遗传类型为 1。M$_2$ 单株突变性状为叶片青香。

青香突变体 38：M$_3$ 系统编号为 14ZE3247851，

2015 年田间编号为 MZ3-008，M$_3$ 株系全部单株叶片具有青香，性状遗传类型为 1。M$_2$ 单株突变性状为叶片青香。

青香、长相好突变体 39：M$_3$ 系统编号为 14ZE3248282，2015 年田间编号为 MZ3-009，M$_3$ 株系全部单株叶片具有青香、长相好，性状遗传类型为 1。M$_2$ 单株突变性状为叶片青香。

青香、长相好、株高较高突变体 40：M$_3$ 系统编号为 14ZE3248321，2015 年田间编号为 MZ3-010，M$_3$ 株系全部单株叶片具有青香、长相好、株高较高，性状遗传类型为 1。M$_2$ 单株突变性状为叶片青香。

青香、长相好突变体 41：M$_3$ 系统编号为 14ZE3248381，2015 年田间编号为 MZ3-035，M$_3$ 株系全部单株叶片具有青香、长相好，性状遗传类型为 1。M$_2$ 单株突变性状为叶片青香。

青香突变体 42：M$_4$ 系统编号为 12ZE40011361，2013 年田间编号为 MZ4-194，M$_4$ 株系 86% 单株叶片具有青香，性状遗传类型为 2。M$_3$ 系统编号为 11ZE3001136，2012 年田间编号为 MZE3-016，M$_3$ 株系 7% 单株叶片具有青香，性状遗传类型为 2。M$_2$ 单株突变性状为叶片青香。

青香突变体 43：M$_5$ 系统编号为 14ZE501496251，2015 年田间编号为 MZ5-03，M$_5$ 株系 90% 单株叶片具有青香（图 9-5a），性状遗传类型为 2。M$_4$ 系统编号为 13ZE40149625，2014 年田间编号为 MZ4-18，M$_4$ 株系 3% 单株叶片具有青香、长相好。

青香突变体 44：M$_3$ 系统编号为 13ZE3231981，2014 年田间编号为 MZ3-240，M$_3$ 株系 80% 单株叶片具有青香，性状遗传类型为 2。M$_2$ 单株突变性状为叶片青香。

青香突变体 45：M$_4$ 系统编号为 14ZE42337721，2015 年田间编号为 MZ4-008，M$_4$ 株系 79% 单株叶片具有青香、叶面细致（图 9-5b），性状遗传类型为 2。M$_3$ 系统编号为 13ZE3233772，2014 年田间编号为 MZ3-247，M$_3$ 株系 11% 单株叶片具有青

图 9-5 **青香突变体 43、45 和 48**

a. MZ5-03(2015) 株系；b. MZ4-008(2015) 株系；c. MZ4-001(2015) 株系

香、叶面细致，67% 单株叶色浅绿，性状遗传类型为 3。M_2 单株突变性状为新生叶叶色浅绿。

青香突变体 46：M_3 系统编号为 13ZE3235903，2014 年田间编号为 MZ3-242，M_3 株系 93% 单株叶片具有青香，性状遗传类型为 2。M_2 单株突变性状为叶片青香、长相好。

青香突变体 47：M_4 系统编号为 14ZE42382321，2015 年田间编号为 MZ4-007，M_4 株系 79% 单株叶片具有青香，性状遗传类型为 2。M3 系统编号为 13ZE3238232，2014 年田间编号为 MZ3-234，M_3 株系 14% 单株叶片具有青香，全部单株晚花，性状遗传类型为 2。M_2 单株突变性状为叶片青香。

青香突变体 48：M_4 系统编号为 14ZE42432611，2015 年田间编号为 MZ4-001，M_4 株系 85% 单株叶片具有青香（图 9-5c），性状遗传类型为 2。M_3 系统编号为 13ZE3243261，2014 年田间编号为 MZ3-218，M_3 株系 10% 单株叶片具有青香，性状遗传类型为 2。M_2 单株突变性状为叶片青香。

青香突变体 49：M_4 系统编号为 14ZE42432722，2015 年田间编号为 MZ4-011，M_4 株系 85% 单株叶片具有青香，性状遗传类型为 2。M_3 系统编号为 13ZE3243272，2014 年田间编号为 MZ3-219，M_3 株系 50% 单株叶片具有青香、长相好，性状遗传类型为 2。M_2 单株突变性状为叶片青香。

（4）嘎啦苹果香突变体

嘎啦苹果香突变体 1：M_5 系统编号为 14ZE503017311，2015 年进行了第二年品系比较，田间编号为 ZS-02，M_5 株系全部单株叶片具有嘎啦苹果香（类似于嘎啦苹果所具有的香味）（图 9-6a），性状遗传类型为 1。M_4 系统编号为 13ZE40301731，2014 年进行了第一年品系比较，田间编号为 MZ4-46，M_4 株系全部单株叶片具有嘎啦苹果香（图 9-6b、c），性状遗传类型为 1。烤后烟致香物质检测表明，3-羟基茄尼岩兰酮含量（44.46 微克/克）明显高于对照"中烟 100"（36.72 微克/克）。M_3 系统编号为 12ZE3030173，2013 年田间编号为 MZ3-105，M_3 株系 80% 单株叶片具有嘎啦苹果香，性状遗传类型为 2。M_2 单株突变性状为叶片嘎啦苹果香。

图 9-6 嘎啦苹果香突变体 1

a. ZS-02(2015) 品系；b. MZ4-46(2014) 叶片；c. MZ4-46(2014) 单株

（5）翠碧香突变体

翠碧香突变体 1：M_6 系统编号为 14ZE600 7186111，2015 年田间编号为 MZ6-03，M_6 株系全部单株叶片具有翠碧香（类似于品种"翠碧一号"叶片所具有的香味）（图 9-7a），性状遗传类型为 1。M_5 系统编号为 13ZE500718611，2014 年田间编号为 MZ5-20，M_5 株系全部单株叶片具有翠碧香，性状遗传类型为 1。M_4 系统编号为 12ZE40071861，2013 年田间编号为 MZ4-100，M_4 株系全部单株叶片具有翠碧香，性状遗传类型为 5。M_3 系统编号为 11ZE3007186，2012 年田间编号为 MZE3-204，M_3 株系 87% 单株叶面皱，性状遗传类型为 4。M_2 单株突变性状为抗 TMV。

翠碧香突变体 2：M_4 系统编号为 14ZE423 55821，2015 年田间编号为 MZ4-009，M_4 株系全部单株叶片具有翠碧香，性状遗传类型为 1。M_3 系统编号为 13ZE3235582，2014 年田间编号为 MZ3-220，M_3 株系全部单株叶片具有翠碧香，性状遗传类型为 1。M_2 单株突变性状为叶片翠碧香。

翠碧香、长相好突变体 3：M_4 系统编号为 14ZE42415421，2015 年田间编号为 MZ4-010，M_4 株系全部单株叶片具有翠碧香、长相好，性状遗传类型为 1。M_3 系统编号为 13ZE3241542，2014 年田间编号为 MZ3-221，M_3 株系全部单株叶片具有翠碧香、叶面凹陷（图 9-7b），性状遗传类型为 1。M_2 单株突变性状为叶片翠碧香。

（6）萨姆逊香突变体

萨姆逊香突变体 1：M_4 系统编号为 12ZE400 003b5，2013 年田间编号为 MZ4-172，M_4 株系全

部单株叶片具有萨姆逊香（类似于香料烟品种"萨姆逊"叶片所具有的香味），性状遗传类型为1。M$_3$系统编号为11ZE300003b，2012年田间编号为MZ3-106，M$_3$株系8%单株叶片具有萨姆逊香，性状遗传类型为2。M$_2$单株突变性状为叶片萨姆逊香。

萨姆逊香突变体2：M$_4$系统编号为12ZE40000462，2013年田间编号为MZ4-002，M$_4$株系全部单株叶片具有萨姆逊香（图9-8a），性状遗传类型为1。M$_3$系统编号为11ZE3000046，2012年田间编号为MZ3-001，M$_3$株系47%单株叶片具有萨姆逊香，全部单株株高很高、叶形细长，性状遗传类型为3。M$_2$单株突变性状为叶片萨姆逊香。

萨姆逊香突变体3：M$_4$系统编号为11ZE30003462，2013年田间编号为MZ4-091，M$_4$株系全部单株叶片具有萨姆逊香（图9-8b），性状遗传类型

图9-7 翠碧香突变体1和3

a. MZ6-03(2015) 株系；b. MZ3-221(2014) 株系

为1。M$_3$系统编号为11ZE3000346，2012年田间编号为MZE3-040，M$_3$株系全部单株叶片具有萨姆逊香、叶色深绿（图9-8c），性状遗传类型为1。M$_2$单株突变性状为叶片萨姆逊香。

萨姆逊香突变体4：M$_4$系统编号为12ZE40003

图9-8 萨姆逊香突变体2和3

a. MZ4-002(2013) 株系；b. MZ4-091(2013) 株系；c. MZE3-040(2012) 株系

图 9-9　萨姆逊香、长相好突变体 6

a. MZ6-01(2015) 株系；b. MZ4-156(2013) 株系

713，2013 年田间编号为 MZ4-191，M₄ 株系全部单株叶片具有萨姆逊香，性状遗传类型为 1。M₃ 系统编号为 11ZE3000371，2012 年田间编号为 MZE3-008，M₃ 株系 69% 单株叶片具有萨姆逊香，性状遗传类型为 2。M₂ 单株突变性状为叶片萨姆逊香。

萨姆逊香突变体 5：M₄ 系统编号为 12ZE40017361，2013 年田间编号为 MZ4-199，M₄ 株系全部单株叶片具有萨姆逊香，性状遗传类型为 1。M₃ 系统编号为 11ZE3001736，2012 年田间编号为 MZE3-020，M₃ 株系 7% 单株叶片具有萨姆逊香，性状遗传类型为 2。M₂ 单株突变性状为叶片萨姆逊香。

萨姆逊香、长相好突变体 6：M₆ 系统编号为 14ZE6001764111，2015 年田间编号为 MZ6-01，M₆ 株系全部单株叶片具有萨姆逊香、长相好（图 9-9a），性状遗传类型为 1。M₅ 系统编号为 13ZE500176411，2014 年田间编号为 MZ5-15，M₅ 株系全部单株叶片具有萨姆逊香、长相好、叶片落黄集中，性状遗传类型为 1。M₄ 系统编号为 12ZE40017641，2013 年田间编号为 MZ4-156，M₄ 株系全部单株叶片具有萨姆逊香（图 9-9b），性状

遗传类型为 1。M₃ 系统编号为 11ZE3001764，2012 年田间编号为 MZE3-166，M₃ 株系 6% 单株叶片具有萨姆逊香，全部单株晚花，性状遗传类型为 3。M₂ 单株突变性状为晚花。

萨姆逊香突变体 7：M₄ 系统编号为 12ZE40023231，2013 年田间编号为 MZ4-203，M₄ 株系全部单株叶片具有萨姆逊香，性状遗传类型为 1。M₃ 系统编号为 11ZE3002323，2012 年田间编号为 MZE3-028，M₃ 株系 13% 单株叶片具有萨姆逊香，性状遗传类型为 2。M₂ 单株突变性状为叶片萨姆逊香。

萨姆逊香突变体 8：M₄ 系统编号为 12ZE40029423，2013 年田间编号为 MZ4-205，M₄ 株系全部单株叶片具有萨姆逊香（图 9-10a），性状遗传类型为 1。M₃ 系统编号为 11ZE3002942，2012 年田间编号为 MZE3-254，M₃ 株系 6% 单株叶片具有萨姆逊香，性状遗传类型为 2。M₂ 单株突变性状为叶片萨姆逊香。

萨姆逊香突变体 9：M₄ 系统编号为 12ZE40029763，2013 年田间编号为 MZ4-208，M₄ 株系全部单株叶片具有萨姆逊香（图 9-10b），性状遗传类型为 1。M₃ 系统编号为 11ZE3002976，2012 年田间编号为 MZE3-030，M₃ 株系 13% 单株叶片具有萨姆逊香，性状遗传类型为 2。M₂ 单株突变性状为叶片萨姆逊香。

萨姆逊香突变体 10：M₄ 系统编号为 12ZE40032361，2013 年田间编号为 MZ4-211，M₄ 株系全部单株叶片具有萨姆逊香（图 9-10c），性状遗传类型为 1。M₃ 系统编号为 11ZE3003236，2012 年田间编号为 MZE3-043，M₃ 株系 67% 单株叶片具有萨姆逊香，性状遗传类型为 2。M₂ 单株突变性状

图 9-10 萨姆逊香突变体 8、9 和 10

a. MZ4-205(2013) 株系；b. MZ4-208(2013) 株系；c. MZ4-211(2013) 株系

为叶片萨姆逊香。

萨姆逊香突变体 11：M$_4$ 系统编号为 11ZE300 49222，2013 年田间编号为 MZ4-169，M$_4$ 株系全部单株叶片具有萨姆逊香，性状遗传类型为 1。M$_3$ 系统编号为 11ZE3004922，2012 年田间编号为 MZE3-041，M$_3$ 株系 75% 单株叶片具有萨姆逊香，性状遗传类型为 2。M$_2$ 单株突变性状为叶片萨姆逊香。

萨姆逊香突变体 12：M$_4$ 系统编号为 12ZE400 56361，2013 年田间编号为 MZ4-213，M$_4$ 株系全部单株叶片具有萨姆逊香，性状遗传类型为 1。M$_3$ 系统编号为 11ZE3005636，2012 年田间编号为 MZE3-045，M$_3$ 株系 67% 单株叶片具有萨姆逊香，性状遗传类型为 2。M$_2$ 单株突变性状为叶片萨姆逊香。

萨姆逊香突变体 13：M$_4$ 系统编号为 12ZE400 69163，2013 年田间编号为 MZ4-216，M$_4$ 株系全部单株叶片具有萨姆逊香，性状遗传类型为 1。烤后烟闻香香气明显优于对照"中烟 100"。M$_3$ 系统编号为 11ZE3006916，2012 年田间编号为 MZE3-

092，M$_3$ 株系 5% 单株叶片具有萨姆逊香，性状遗传类型为 2。M$_2$ 单株突变性状为叶片萨姆逊香。

萨姆逊香突变体 14：M$_4$ 系统编号为 12ZE400 82833，2013 年田间编号为 MZ4-219，M$_4$ 株系全部单株叶片具有萨姆逊香，性状遗传类型为 1。M$_3$ 系统编号为 11ZE3008283，2012 年田间编号为 MZE3-082，M$_3$ 株系 8% 单株叶片具有萨姆逊香，性状遗传类型为 2。M$_2$ 单株突变性状为叶片萨姆逊香。

萨姆逊香突变体 15：M$_4$ 系统编号为 12ZE401 01912，2013 年田间编号为 MZ4-220，M$_4$ 株系全部单株叶片具有萨姆逊香，性状遗传类型为 1。M$_3$ 系统编号为 11ZE3010191，2012 年田间编号为 MZE3-268，M$_3$ 株系 6% 单株叶片具有萨姆逊香，性状遗传类型为 2。M$_2$ 单株突变性状为叶片萨姆逊香。

萨姆逊香突变体 16：M$_4$ 系统编号为 14ZE423 07311，2015 年田间编号为 MZ4-002，M$_4$ 株系全部单株叶片具有萨姆逊香，性状遗传类型为 1。M$_3$ 系统编号为 13ZE3230731，2014 年田间编号为

MZ3-270，M₃ 株系 7% 单株叶片具有萨姆逊香、86% 单株早花，性状遗传类型为 3。M₂ 单株突变性状为早花。

萨姆逊香突变体 17：M₄ 系统编号为 14ZE42397911，2015 年田间编号为 MZ4-019，M₄ 株系全部单株叶片具有萨姆逊香，性状遗传类型为 1。M₃ 系统编号为 13ZE3239791，2014 年田间编号为 MZ3-211，M₃ 株系 50% 单株叶片具有萨姆逊香，性状遗传类型为 2。M₂ 单株突变性状为叶片萨姆逊香。

萨姆逊香突变体 18：M₃ 系统编号为 14ZE3246621，2015 年田间编号为 MZ3-012，M₃ 株系全部单株叶片具有萨姆逊香，性状遗传类型为 1。M₂ 单株突变性状为叶片萨姆逊香、长相好。

萨姆逊香突变体 19：M₃ 系统编号为 12ZE3682143，2013 年田间编号为 MZ3-116，M₃ 株系全部单株叶片具有萨姆逊香，性状遗传类型为 1。M₂ 单

株突变性状为叶片萨姆逊香。

萨姆逊香突变体 20：M₃ 系统编号为 12ZE3687161，2013 年田间编号为 MZ3-125，M₃ 株系全部单株叶片具有萨姆逊香，性状遗传类型为 1。M₂ 单株突变性状为叶片萨姆逊香。

（7）甜香突变体

甜香突变体 1：M₅ 系统编号为 14ZE505979141，M₅ 株系全部单株叶片具有甜香（甘美、芳香的气味），2015 年田间编号为 MZ5-09，性状遗传类型为 1。M₄ 系统编号为 13ZE40597914，M₄ 株系 32% 单株叶片具有甜香，2014 年田间编号为 MZ4-06。

甜香突变体 2：M₄ 系统编号为 14ZE42387221，M₄ 株系全部单株叶片具有甜香，2015 年田间编号为 MZ4-043，性状遗传类型为 1。M₃ 系统编号为 13ZE3238722，M₃ 株系 13% 单株叶片具有甜香，2014 年田间编号为 MZ3-226。

第2节　烟草耐低钾突变体

烟草是喜钾作物。钾除了作为重要的营养元素发挥作用外，还能通过调节细胞中的生化反应影响叶内有机酸、氨基酸和糖等化学成分，改善烟叶的品质，提高烟叶的燃烧性，降低焦油含量，同时还能增强烟株的抗病、抗逆能力。因此，钾含量是烟叶品质评价的重要指标之一（闫慧峰等，2013）。

长期以来，我国烟草钾营养吸收研究主要集中于钾肥种类与品质关系、钾肥施用方法及施用量、土壤 pH、土壤供钾特性等方面，而在高钾低害烟草品种的选育及钾元素营养的分子遗传机制等方面的研究落后于其他作物（闫慧峰等，2013）。目前国际上优质烟的含钾量要求达到 2.5% 以上，而我国烟叶含钾量多数不足 2%，甚至在 1.5% 以下。烟草钾营养的基础研究进展较为缓慢。牛佩兰等（1996）首先对国内 26 个烟草基因型间钾积累效率的差异及遗传表现进行了初步分析。目前，烟草中共报道了 13 个钾转运蛋白，相关研究仅局限于基因的获得及初步的功能分析（王倩和刘好宝，2014）。

基于钾元素的重要性和我国土壤普遍低钾的国情及国内烟叶钾含量低的现状，开展烟草钾营养基础研究、选育耐低钾／钾吸收高效型烟草品种等工作极为迫切。在中国农业科学院烟草研究所创制大量烟草 EMS 诱变突变体的基础上，本节主要介绍烟草耐低钾突变体的筛选鉴定方法、过程及所获得的耐低钾突变体。

1 筛选与鉴定方法

与植物形态性状突变体相比，营养突变体的筛选相对复杂。相关的筛选体系需要明确的筛选指标和合适的筛选条件，使得目标突变体具备明显的性状，从而区别于其他植株。遵循高通量、快速、简易的筛选原则，耐低钾突变体采用负筛选的策略，即利用组织培养技术，减少生长所必需的钾元素（刘贯山，2012）。因耐低钾突变体比正常烟草更具有生长优势，从而被筛选获得。拟南芥、小麦等植物的营养性状突变体的获得均采用了类似的筛选体系（杨振明等，1998；Xu 等，2006）。

（1）钾梯度培养基的配制

钾梯度固体培养基的配制借鉴拟南芥钾营养突变体的筛选方法（李皓东，2005）。参考正常 MS 培养基（即无钾固体培养基），去除 KNO$_3$，以 NH$_4$NO$_3$ 部分替换；去除 KH$_2$PO$_4$，以等浓度 NH$_4$H$_2$PO$_4$ 替换。其无钾大量元素的具体组成如下：2 300 mg/L NH$_4$NO$_3$，370 mg/L MgSO$_4 \cdot$ 7H$_2$O，144 mg/L NH$_4$H$_2$PO$_4$，440 mg/L CaCl$_2 \cdot$ 2H$_2$O。微量元素、铁盐、琼脂、蔗糖的加入量保持不变。梯度低钾培养基通过添加 KNO$_3$ 调节至外加钾浓度为 0 μM、25 μM、50 μM、75 μM、100 μM 和 500 μM。经测定，不外加钾的 MS 培养基的钾本底含量为 50 μM。

（2）筛选时期的确定

耐低钾突变体的筛选条件可简单划分为两方面：突变体的筛选时期和生长环境中的钾浓度。烟草种子具有体积小、易于消毒、发芽时间短等特点，因此以烟草幼苗进行突变体大量筛选比较合理。同时，由于成株期烟苗种植面积大、中间环节多，不适合用于高通量筛选。

（3）筛选指标的确定

本体系选取对环境中钾浓度变化较为敏感的烟草性状作为筛选指标。在筛选压力下，突变体具有忍受低钾胁迫的能力，可以正常生长；而非突变体则生长受到抑制。

野生型"中烟 100"烟草种子消毒后单粒点种于 1/2 MS 培养基，将 6 天苗龄的烟草幼苗转移至不同钾浓度的低钾培养基中，对其生长状况进行观察。试验发现，在钾浓度较高的培养基中，烟草幼苗主根生长速度较快，伸长比较明显，叶片呈现正常的绿色；随着培养基中钾浓度的降低，烟草幼苗主根生长速度减慢，底叶叶缘变黄。相对于主根伸长这一现象，底叶叶缘变黄出现较晚。因此，选择幼苗的主根伸长作为筛选指标。为便于观察，将幼苗根尖向上倒立竖直培养，在向地性的作用下，如果根伸长则向下弯曲生长。以根的向地性弯曲生长为筛选指标的方法已在拟南芥和其他作物钾、钠、镉、铵等营养突变体的筛选中成功应用（欧红梅等，2005；Li 等，2010；邹娜等，2011）。

（4）筛选压力（临界钾浓度）的确定

合适的筛选压力是筛选顺利进行的关键。烟草耐低钾突变体筛选临界钾浓度是指可维持烟草幼苗生存且能较好地体现植株缺钾性状的钾浓度，也即能够完全抑制野生型烟草幼苗主根生长的最高钾浓度。

"中烟 100"种子消毒后单粒点种于 1/2 MS 培养基，待主根伸长至 1 厘米左右时，将幼苗转移至不同钾浓度低钾培养基上，根尖向上倒立竖直培养。在向地性的作用下，根向下弯曲生长。定期测量不同钾浓度下幼苗的弯根长度。经多次重复试验与统计分析，确定烟草外加钾浓度为 75 μM 时，野生型烟草幼苗主根生长完全被抑制。因此，选取 100 μM 钾浓度（无钾 MS 培养基本底钾浓度 50 μM + 外加钾浓度 50 μM）为烟草耐低钾突变体的筛选压力。以钾浓度为 100 μM 的梯度培养基上主根继续伸长超过 0.5 厘米的个体为可能的耐低钾突变体。

2　筛选与鉴定过程

将 EMS 诱变处理后的"中烟 100"突变体 M$_2$ 代种子消毒后，单粒点播于 1/2 MS 培养基。每份材料点播 40 ~ 50 粒。对照选用未经 EMS 诱变的野生型烟草种子。待主根生长至 1 厘米左右时（约 10 天），将幼苗转移至外加钾浓度为 50 μM 的低钾培养基上，根尖向上倒置培养 10 ~ 20 天，观察各突变体主根生长情况并测量弯根长度。主根出现明显弯曲生长的幼苗为可能的耐低钾突变体。将具明显耐低钾表型的突变体幼苗转移至 MS 培养基中培养至根系茁壮，移栽于营养土中，采收第三代种子。对获得的 M$_3$ 代耐低钾突变体进行复筛，其中全部表现为上一代耐低钾性状的株系即为纯合的耐低钾突变体。筛选流程如图 9-11。

2012 ~ 2013 年共筛选 EMS 诱变"中烟 100"突变体 M$_2$ 代材料 6 000 份，初筛获得 186 份可能的 M$_2$ 代突变体，来源于 105 个突变株系。单株突变率为 0.16%，株系突变率为 1.75%（表 9-3）。对 186 份材料收种，并进行复筛，最终鉴定获得耐低钾突变体材料 7 份。

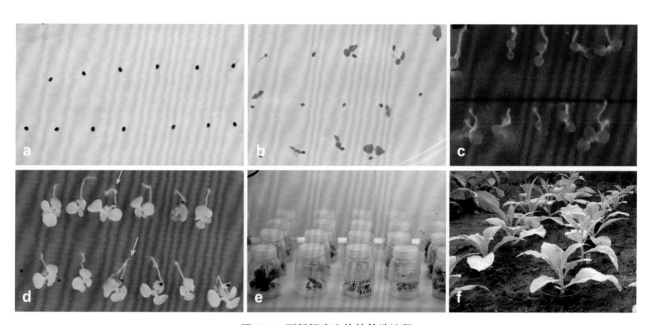

图 9-11 耐低钾突变体的筛选流程

a. 点种；b. 种子萌发；c. 幼苗转移至低钾培养基；d. 部分突变体主根出现向地性生长（箭头）；e. 突变体转移至 MS 培养基；f. 突变体移入土壤

表 9-3 EMS 诱变"中烟 100"M$_2$ 代耐低钾突变体初筛突变率

突变单株		突变株系	
数目	突变率（%）	数目	突变率（%）
186	0.16	105	1.75

注：总株系数 6 000 份；总株数为 6 000 份 ×20 株 / 份 =120 000 株（每份突变体材料点种 30 ~ 40 粒，但只能从中选取生长情况大致相同的幼苗 20 株）。

3 鉴定的烟草耐低钾突变体

在低钾环境中，所获得的 7 份耐低钾突变体除了具有明显主根向地性生长外，一般还具有叶色持绿、侧根多等特点（表 9-4，图 9-12）。

表 9-4 "中烟 100" 耐低钾突变体 M₃ 代表型

序 号	M₂ 代系统编号	主 根	备 注
耐低钾突变体 1	11ZE222190	伸长明显、叶绿、侧根多	图 9-2（2）
耐低钾突变体 2	11ZE223152	伸长明显、叶绿、侧根多	图 9-2（3）
耐低钾突变体 3	11ZE215086	伸长明显、叶绿、侧根多	图 9-2（4）
耐低钾突变体 4	11ZE206855	伸长明显、叶绿、侧根多	图 9-2（5）
耐低钾突变体 5	11ZE200628	伸长明显、叶绿、侧根多	图 9-2（6）
耐低钾突变体 6	11ZE205026	伸长明显、叶绿、侧根多	图 9-2（7）
耐低钾突变体 7	11ZE203338	伸长明显、叶绿、侧根多	图 9-2（8）

注：系统编号的设置参见第 13 章第 1 节。

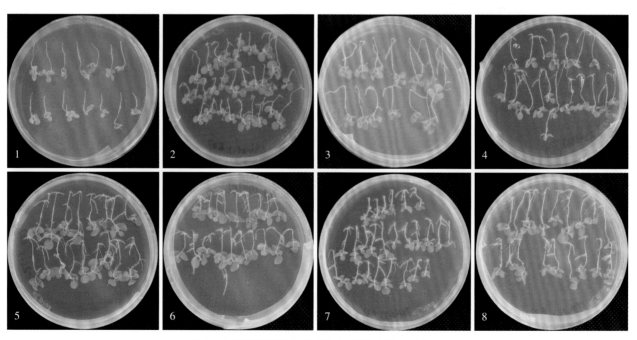

图 9-12 耐低钾突变体在低钾培养基上的生长状况

1. "中烟 100"；2 ~ 8. 耐低钾突变体 1 ~ 7

第3节 烟碱合成突变体

烟碱又称尼古丁，化学名称为 1- 甲基 -2-（3- 吡啶基）吡咯烷。烟碱是烟草中的主要生物碱，也是使人上瘾或产生生理依赖的原因。烟碱含量是衡量烟草品质的重要指标。近来国内外烟草市场都力求生产含有适量烟碱和优质香气的安全烟草制品，对烟草种植业提出了更高要求，但我国大部分烟草产区种植的烟草烟碱含量偏高，给优质低害香烟的生产造成了很大困难。随着烟草基因组测序工作的完成（Wang 和 Bennetzen，2015），充分利用当前的分子生物学技术和植物生理学研究理论，筛选、鉴定烟草的烟碱合成突变体，深入研究烟碱合成的分子调控机制，可为优质烟草生产提供重要分子基础。

1 烟碱合成调控及突变体筛选的分子基础

（1）烟碱生物合成及调控机理

烟碱主要在烟草根部合成，新生细根中的合成最为旺盛，根部合成的烟碱通过木质部运输到烟株地上部。在烟草植株中，叶片烟碱含量最高，根次之，茎最低（Dawson，1942；Thurston 等，1966）。烟碱的生物合成和累积受到遗传因子、发育因素和环境胁迫等调控（Hashimoto 和 Yamada，1994；Hibi 等，1994；Baldwin，1996；Baldwin 等，1997；Imanishi 等，1998；Baldwin，2001）。茉莉素、生长素、乙烯等植物激素在烟碱合成调控中发挥重要作用，其中生长素是烟碱合成的重要负调控因

子，茉莉素是重要的正调控因子（Baldwin，1998；Shoji 等，2000；Xu 和 Timko，2004；Xu 等，2004；Shoji 等，2008；De Boer 等，2011；Zhang 等，2012）。烟草生产上的打顶是烟株体内烟碱合成与累积的一个转折点。打顶可抑制顶端生长，并促进侧根分化，使烟株萌发大量新生侧根；同时，打顶也激活了烟株体内的茉莉素信号途径，从而使烟株体内烟碱合成旺盛，积累增加（Hibi 等，1994）。

烟碱分子由一个吡咯烷环和一个吡啶环构成，其生物合成需要多种酶类参与（图 9-13）。首先由鸟氨酸脱羧酶（ODC，ornithine decarboxylase）催化鸟氨酸，或由精氨酸脱羧酶（ADC，arginine decarboxylase）催化精氨酸生成腐胺，进一步在腐胺 -N- 甲基转移酶（PMT，putrescine-N-methyl- transferase）催化

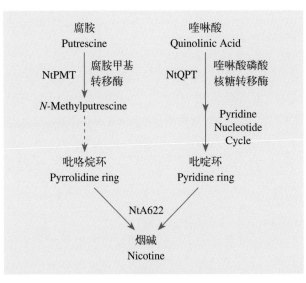

图 9-13 **烟碱合成示意图**

下生成 N- 甲基腐胺。N- 甲基腐胺在 N- 甲基腐胺氧化酶（MPO，N-methyl putrescine oxidase）的催化作用下生成 4- 甲氨基丁醛。4- 甲氨基丁醛通过自身环化形成 N- 甲基 - $\triangle^1$- 吡咯啉阳离子，进而形成吡咯烷环（Chattopadhyay 和 Ghosh，1998；Chou 和 Kutchan，1998）。经天冬氨酸途径形成的烟酸或其衍生物可以形成吡啶环，喹啉酸磷酸核糖转移酶（QPRT，quinolinate phospho ribosyl transferase）在吡啶类生物碱生物合成过程中催化喹啉酸合成烟酸（Wagner 等，1986；Chattopadhyay 和 Ghosh，1998）。由 A622 基因编码的类异黄酮还原酶是催化吡咯烷环和吡啶环缩合反应最终形成烟碱的关键酶（Deboer 等，2009）。研究表明，烟碱合成的主要基因 PMT、QPT、A622 和 ODC 等都受到植物激素茉莉素的正调控，施用外源茉莉素或增加内源茉莉素水平都会诱导这些基因的快速表达（Baldwin，1996；Baldwin 等，1997；Xu 和 Timko，2004）。

（2）烟碱合成突变体的筛选指标

依据烟碱在烟草中的合成机理，可通过分子和生理两种指标进行烟碱合成突变体筛选。在代谢生理上，烟碱合成受到植物激素茉莉素的正调控（Baldwin，1998；Shoji 等，2000；De Boer 等，2011），而烟草根系发育则受到茉莉素的抑制（Shoji 等，2008；Wang 等，2014）。因此，筛选根系发育对茉莉素应答异常的烟草突变体材料，是获得烟碱合成突变体的可行手段。在分子水平上，烟碱由鸟氨酸脱羧酶（ODC）、精氨酸脱羧酶（ADC）、腐胺 N- 甲基转移酶（PMT）、N- 甲基腐胺氧化酶（MPO）、喹啉酸磷酸核糖转移酶（QPRT）以及类异黄酮还原酶 A622 等共同完成（Chattopadhyay 和 Ghosh，1998；Deboer 等，2009；Kajikawa 等，2009），可将这些烟碱合成酶的基因作为分子标记，通过高通量的基因表达检测技术，检测其在突变体根系中的表达水平，以筛选烟碱合成途径发生变异的突变材料。

2 筛选与鉴定方法

（1）筛选方法

依据烟碱合成生理调控机理建立的高通量烟碱合成突变体筛选体系，其生理基础是烟草根系发育及烟碱合成酶类基因对植物激素茉莉素的敏感反应。烟碱合成突变体筛选材料为，以"红花大金元"创建的 T-DNA 激活标签插入突变体库和"中烟 100"EMS 诱变突变体库。突变体筛选流程如图 9-14 所示。

以蒸馏水培养的野生型种子作为空白对照，以含 10 μM 茉莉素蒸馏水培养的野生型种子作为茉莉素处理对照。在 5 厘米直径的培养皿中置入 3 层滤纸，并加入 2 毫升含有 10 μM 茉莉素的蒸馏水，直接播种约 50 粒烟草种子，在 23 ℃温室培养。

首先选取茉莉素处理条件下萌发时间与对照存在差异的烟草材料，待培养 7 天后分别选取幼苗根系发育明显优于茉莉素处理对照幼苗的突变体材料，以及不萌发的突变体材料，丢弃其余材料。将选取的突变体材料继续培养 7 天后，选取幼苗发育最接近空白对照的突变体材料（不敏感材料）、明显优于茉莉素处理对照幼苗的突变体材料（极不敏

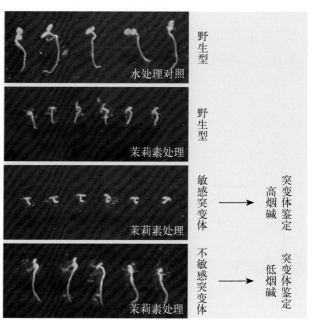

图 9-14 烟碱合成突变体筛选示意图

感材料）和比茉莉素处理对照幼苗差的突变体材料（敏感材料），并对不萌发的突变体材料进行记录和统计。将不萌发材料重新播种，以蒸馏水培养，能正常萌发的为极敏感材料。

（2）鉴定方法

生理鉴定：以筛选出的茉莉素应答异常突变体为材料，分别取打顶前、打顶后的烟草植株从上往下数第五叶片，测定烟碱含量，初步筛选出烟碱含量与对照存在显著差异的 T_1 代突变体；种植 T_2 代突变体，再次测定烟碱含量，筛选烟碱含量稳定的突变体，通过自交获得 T_3 代突变体；种植 T_3 代突变体，并对其进行复筛，确定烟碱含量与对照存在显著差异且稳定的 T_3 代突变体。

分子鉴定：对筛选出的烟碱合成突变体，用 CTAB 法提取基因组总 DNA，扩增突变体 T-DNA 插入位点侧翼序列，以筛选烟碱合成调控基因。首先利用激活标签载体 pSKI015 上的抗除草剂基因进行 PCR 鉴定突变体是否为转基因材料。然后利用 TAIL-PCR、FPNI-PCR、质粒拯救、IPCR 等方法，扩增烟碱合成突变体 T-DNA 插入位点侧翼序列，结合生物信息学方法定位，明确烟碱合成突变体基因组中的 T-DNA 插入位点。

3 鉴定的烟碱合成突变体

（1）"红花大金元" T-DNA 激活标签插入突变体

通过对 2 000 份 "红花大金元" T-DNA 激活标签插入 T_1 代突变材料的茉莉素敏感性筛选，共获得茉莉素应答异常突变材料 48 份，包括极敏感材料 21 份，不敏感（极不敏感）材料 27 份。对茉莉素敏感反应 T_1 代突变体打顶前后的烟碱含量测定，获得低烟碱突变体 10 个株系，其中烟碱含量显著降低的材料 7 个株系；获得高烟碱含量突变体 7 个株系，其中烟碱含量显著升高的材料 5 个株系。通过对 T_2 代突变体材料现蕾前期及打顶后的烟碱含量测定结果分析表明，有 9 个突变体株系表现出稳定的烟碱含量差异，其中 3 个为低烟碱突变体，6 个为高烟碱突变体（表 9-5）。

（2）"中烟 100" EMS 诱变突变体

通过对 4 000 份 EMS 诱变 "中烟 100" M_2 代突变体的茉莉素敏感性试验，共筛选出 75 份茉莉

表 9-5 烟碱突变体 1～9 烟碱含量测定均值及评价

	系统编号	打顶前烟碱含量（%）	打顶后烟碱含量（%）	茉莉素敏感性	评价
烟碱突变体 1	11HT1009060	0.21	0.62	不敏感	低烟碱
烟碱突变体 2	11HT1009117	0.21	0.59	不敏感	低烟碱
烟碱突变体 3	11HT1009443	0.27	0.50	敏感	低烟碱
烟碱突变体 4	11HT1009936	0.71	4.61	敏感	高烟碱
烟碱突变体 5	11HT1010231	0.63	3.78	敏感	高烟碱
烟碱突变体 6	11HT1010260	0.67	4.91	敏感	高烟碱
烟碱突变体 7	11HT1010356	1.11	2.42	不敏感	高烟碱
烟碱突变体 8	11HT1010449	0.48	2.67	敏感	高烟碱
烟碱突变体 9	11HT1010810	0.48	3.31	敏感	高烟碱
对照（"红花大金元"）		0.45	2.11		

注：以上烟碱含量均以干重测得。

素敏感或不敏感突变体。将筛选出的 75 份 M_2 代突变体进行田间常规种植，在现蕾期、打顶后 15 天、打顶后 45 天 3 个时间点测定烟碱含量，鉴定出烟碱含量是对照 2 倍以上的突变体 5 份，烟碱含量小于对照 50% 的突变体 4 份。将 9 份突变体田间种植的 M_3 代，在现蕾期、打顶后 20 天、打顶后 45

天测定烟碱含量，其中有 3 份高烟碱突变体和 2 份低烟碱突变体遗传稳定。5 个烟碱突变体 M_3 和 M_2 代的烟碱分析结果见图 9-15 和图 9-16，具体描述如下。

烟碱突变体 10：高烟碱突变体，烟碱含量是对照"中烟 100"的 2.3 倍。2015 年 M_3 代田间编

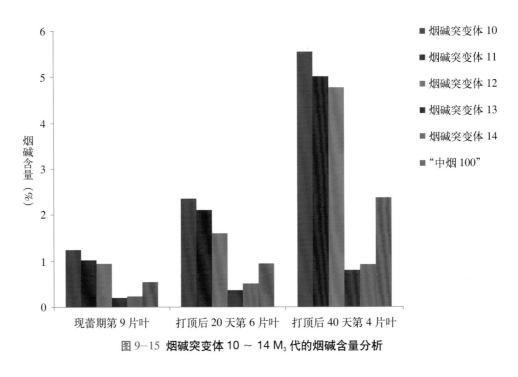

图 9-15 **烟碱突变体 10 ～ 14 M_3 代的烟碱含量分析**

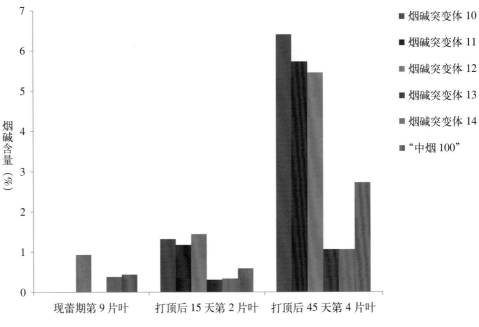

图 9-16 **烟碱突变体 10 ～ 14 M_2 代的烟碱含量分析**

号为 LN6，测定该株系 25 个单株的烟碱含量表明，烟碱突变体 10 在 M_3 代尚未纯合，25 个单株的平均烟碱含量是对照"中烟 100"的 1.48 倍，烟碱含量是对照 2 倍以上的单株有 5 个，烟碱含量是对照 1.5 倍的单株有 13 个，另外有 10 个单株烟碱含量也高于对照。烟碱突变体 10 的 M_2 代系统编号为 11ZE273654，2014 年田间编号为 MZ2-503。

烟碱突变体 11：高烟碱突变体，烟碱含量是对照的 2.1 倍。2015 年 M_3 代田间编号为 LN7，对该株系的 10 个单株进行烟碱含量分析，有 2 个单株烟碱含量较高，为对照的 2 倍以上，其他单株与对照烟碱含量相差不大。烟碱突变体 11 的 M_2 代系统编号为 11ZE273715，2014 年田间编号为 MZ2-504。

烟碱突变体 12：高烟碱突变体，烟碱含量是对照的 2 倍。2015 年 M_3 代田间编号为 LN10，对该株系的 10 个单株进行烟碱含量分析，有 6 个单株烟碱含量是对照的 2 倍左右，另外 4 个单株烟碱含量也高于对照 30% 以上。烟碱突变体 12 的 M_2 代系统编号为 11ZE274849，2014 年田间编号为 MZ2-526。

烟碱突变体 13：低烟碱突变体，烟碱含量是对照的 33%。2015 年 M_3 代田间编号为 LN11，对该株系的 10 个单株进行烟碱含量分析，有 4 个单株烟碱含量在对照的 60% 以下，其他单株则等于或高于对照。烟碱突变体 13 的 M_2 代系统编号为 11ZE274992，2014 年田间编号为 MZ2-572。

烟碱突变体 14：低烟碱突变体，烟碱含量是对照的 38%。2015 年 M_3 代田间编号为 LN12，生长后期易感蚜虫，对该株系的 10 个单株进行烟碱含量分析，有 2 个单株烟碱含量在对照的 40% 以下。烟碱突变体 14 的 M_2 代系统编号为 11ZE275039，2014 年田间编号为 MZ2-573。

本研究建立的烟碱合成突变体筛选体系利用了烟草根发育及烟碱合成基因的茉莉素敏感反应特性，并成功获得一些烟碱合成突变体材料。这一研究证明了利用植物生理和分子应答机理筛选特异突变体材料的实用性和有效性。另一方面，在研究中也发现个别茉莉素敏感反应与烟碱合成水平相反的突变体材料，这与茉莉素信号传导和烟碱代谢调控机制的遗传复杂性有关。在完成本研究筛选到的突变体材料的突变基因鉴定后，若能发现一些相关的调控基因，还有助于揭示更深层次的烟碱合成调控机理。

第4节 烟草腺毛突变体

植物腺毛作为植物表皮细胞的特化结构，在防御病原微生物侵袭、抵抗逆境胁迫过程中具有重要作用。根据分泌行为不同，植物腺毛可划分为非分泌型和分泌型两类。以拟南芥为代表的非分泌型腺毛是一类不具分泌能力的单细胞或多细胞表皮毛（Lieckfeldt 等，2008），而棉花种子表皮毛则因其不可替代的经济意义而引人注目（Kim 和 Triplett，2001）。以青蒿为代表的分泌型腺毛具有合成、分泌多种化合物的能力，赋予了植物特殊的气味和用途（Schilmiller 等，2008）。例如，薄荷腺毛是薄荷油合成和分泌的唯一场所，而青蒿腺毛是重要抗疟疾药物青蒿素合成的重要场所。从本质上讲，无论是分泌型或非分泌型腺毛，它们的存在是植物自身适应外界环境刺激的一种进化结果，是植物与外界环境对话的一种方式。

植物腺毛在植物病虫害防御、抵抗逆境胁迫，以及次生产物开发和利用中起到重要作用。非分泌腺毛由于营养缺乏和质地坚硬，构成了植物的第一道防线。它们阻碍昆虫直接接触表皮细胞而影响其正常取食和繁殖；同时，能减少叶面蒸发和吸收面积，有效地抵抗干旱（Benz 和 Martin，2006）、低温（Agrawal 等，2004）、紫外线辐射（Skaltsa 等，1994）等非生物胁迫。而分泌型腺毛则构成了植物抵抗外界环境的化学防线，在提高植物自身抗性研究中具有重要意义。分泌型腺毛通过分泌挥发性单萜和倍半萜化合物等来驱赶或毒杀昆虫。同时，分泌型腺毛通过分泌非挥发性糖酯、二萜化合物等来增加叶面黏性，阻滞昆虫的运动或直接捕杀昆虫。

烟草叶面腺毛丰富，种类多样，由分泌型的长柄多细胞腺头腺毛、长柄单细胞腺头腺毛、短柄多细胞腺头腺毛和非分泌型的表皮毛组成。长柄多细胞腺头腺毛分泌最为旺盛，分泌物主要以萜类化合物为主；其中的挥发性单萜化合物，如薄荷醇、柠檬醛、香叶醇等是鲜烟叶香气的主要来源。而类西柏烷类化合物，如西柏三烯二醇则是叶面化合物的最重要的组分，调制后则大部分降解，主要降解产物是茄酮及其衍生物。茄酮本身具有很好的香气，其转化产物茄醇、茄尼呋喃、降茄二酮等是重要的香味物质，对增进卷烟香气和吃味有很好作用（史宏志和刘国顺，1998）。类西柏烷类化合物中的西柏三烯一醇也是叶面化合物的最重要组分，对蚜虫有趋避作用，因而对烟草的蚜传病毒病具有抵抗作用（Wang 等，2001）。研究中发现，不同腺毛类型的烟草品种在叶面化学成分、烟株抗性方面有较大差异。高分泌型腺毛材料 TI1068 腺毛丰富，分泌旺盛，植株抗性强，叶片香气足。非分泌型腺毛材料 C110，腺毛稀少，主要由无腺头的表皮毛组成，不具备分泌能力，叶面化学成分中多以烷烃类为

主，烟株易感病（Weeks 等，1992）。此外，河南农业大学以叶面分泌物为指标，筛选到腺毛高分泌物材料，并选育出高香气品种"豫烟 11"，表明腺毛分泌物对烟叶香气和抗性具有重要意义。

因此，以"中烟 100"M_2 代 EMS 突变群体为材料，通过对烟草叶面腺毛形态、密度及分泌能力的比较观察，筛选和鉴定烟草腺毛形态学及物质代谢的相关突变体，是进行烟草腺毛生长发育和物质代谢相关基因克隆，以及烟草叶面化学改良的有效途径之一。

1 筛选与鉴定方法

烟草的表皮毛（trichome）比较发达，表皮毛按有无分泌腺分成腺毛和保护毛。一般来说，只有腺毛才能产生腺毛分泌物，与香气关系也最大。普通烟草腺毛一般占总表皮毛的 85% 左右（Roberts 和 Rowland，1962），其中分泌腺毛按照腺毛柄的情况又可分为长柄、短柄和分枝腺毛。烟草叶片上数量最多的为长柄腺毛，短柄腺毛零星地分布于长柄腺毛之间，分枝腺毛多出现在叶脉和烟茎上，数量更少。腺毛通常由头、柄和基部组成，腺毛基部只有 1 个细胞，与表皮紧密相连。腺毛柄由 1 ~ 5 个短的（或长的）圆筒状细胞组成，细胞内没有叶绿体。腺头由 1 ~ 12 个细胞组成。根据腺毛形态把腺毛分为长柄腺毛和短柄腺毛。长柄腺毛又分为长柄多细胞腺头腺毛、长柄单细胞腺头腺毛和长柄分枝腺毛；短柄腺毛为单细胞柄、多细胞腺头腺毛。长柄腺毛的长度由于柄细胞数目不同而存在较大差异，较长的长柄腺毛具有 5 个柄细胞，长度达 0.95 毫米；短的则由两个柄细胞组成，长度仅为 0.06 毫米；多数长柄腺毛的长度为 0.4 毫米左右。头部分泌细胞的直径变化不大，一般为 0.012 ~ 0.025 毫米。不同发育时期，短柄腺毛的数量不同。短柄腺毛一般较为粗短，其长度变化不大，平均 0.03 ~ 0.09 毫米，头部直径为 0.02 ~ 0.05 毫米（Roberts 和 Rowland，1962）。

腺毛是烟叶表面具有分泌功能的附属器官，腺毛及其分泌物与烟叶的香气品质有着密切的关系（Johnson 等，1985；史宏志和官春云，1995）。烟叶表面腺毛分泌物必须达到一定的数量才能对烟叶品质产生作用。腺毛分泌物的多少由腺毛密度和单根腺毛分泌量决定。各种类型的腺毛因其密度和腺头分泌细胞数不同，分泌物量也不同。因此，对烟叶香气品质的贡献也不同。长柄分枝腺毛虽然单根腺毛腺头分泌细胞数较多，但其密度极低，因此对烟叶品质贡献最小；长柄多细胞腺头腺毛密度及腺头分泌细胞数在各种腺毛中较高，因此对香气的贡献较大（Johnson 等，1985）。时向东等（2005）通过扫描电镜观察表明，长柄多细胞腺头腺毛是构成烤烟叶片表面香气物质的重要组成成分。对于工艺成熟的烟叶，其叶片分泌物主要来自长柄多细胞腺头腺毛。一般来讲，腺毛密度越高，腺毛产生的分泌物越多，越有利于增进烟叶的香气品质。

（1）显微技术筛选

显微技术筛选原理：从 20 世纪 60 年代至今，研究者们对烟草腺毛的结构、类型以及分泌细胞的超微结构进行了系统而深入的研究（Akers 等，1978；陈淑珍等，1993；徐增汉等，2011；薛晓明等，2011）。1966 年，Barrera 和 Wrensman 首次对烤烟和香料烟杂交后代腺毛的类型和密度进行了研究。以后多位研究者对烤烟烟叶腺毛的数量及其与烟叶致香物质之间的关系进行了系统的研究，这些研究重点围绕栽培条件（肥料、水分等）和生态条件对烟草腺毛的密度和分泌物的影响（高致明等，1996；时向东等，1999；周世民等，2007；梁志敏等，2008；齐永杰等，2008；韦建玉等，2008；张华等，2008；薛小平等，2010）。腺毛及腺毛的分泌物是烤烟芳香物的主要来源，腺毛的数量与烟叶香气成正相关（高致明等，1996；周世民等，2007；齐永杰等，2008；薛小平等，2010）。因此，可以把烤烟烟叶腺毛的数量作为评价烟叶品质的一个参

数，也可在育种过程中作为筛选的参考指标。

显微技术筛选方法：撕取叶片（10 厘米长）下表皮，置于载玻片上，用 35 mM 番红水溶液染色 10 ~ 15 分钟，流水冲洗至无色，用 Motic 显微镜（视野面积为 0.015 386 厘米^2）观察腺毛数量（图 9-17），移动镜台对样品进行扫描，每片连续扫描 3 个视野。这 3 个观察值平均数代表每个样品的腺毛密度值。在体式镜下进行观察和计数。

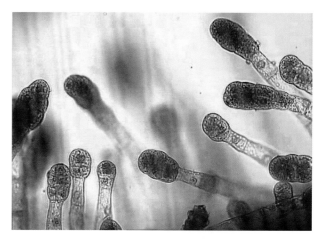

图 9-17　叶面腺毛显微观察

（2）荧光显微技术筛选

腺毛叶绿素荧光筛选原理：烟草叶面腺毛丰富，在叶片发育早期，腺毛浓密，多为 1 ~ 2 个腺头细胞。当叶片发育成熟，叶长为 40 ~ 50 厘米时，叶片腺毛结构发育成熟，腺头细胞多为 8 ~ 12 个；在光学显微镜下观察，腺头细胞质浓厚，叶绿素荧光强烈；超微结构显示，腺头细胞具有完整的叶绿体结构和发达的类囊体系统。这种形态结构特征表明，发育时期的腺毛基因表达和物质代谢活跃。因此，可以根据腺毛叶绿体荧光来初步表征腺毛物质代谢的活跃程度。

腺毛叶绿素荧光筛选方法：长柄腺毛具有发达的叶绿体和强烈的叶绿素荧光（图 9-18a），短柄腺毛及非分泌腺毛无叶绿体和叶绿素荧光（图 9-18b）。在叶尖撕取表皮制作水装片，利用 BX51 型奥林巴斯显微镜进行观察。首先用油镜观察，随

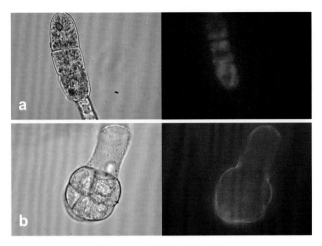

图 9-18 叶绿素荧光观察

a. 长柄腺毛；b. 短柄腺毛

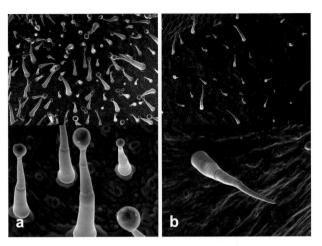

图 9-19 烟草叶面腺毛扫描电镜观察

a. 分泌型 TI1068；b. 非分泌型 C110

后在蓝色荧光（560 纳米）下观察，通过荧光的强烈程度来筛选腺毛类型突变。

（3）扫描电镜技术筛选

扫描电镜筛选方法：采用环境扫描电镜（VEGA Ⅱ LMU，Tescan 公司，捷克）进行腺毛类型的观察和比较。该电镜采用气体二次电子成像，工作电压 20 千伏，工作距离 21 毫米，样品室和镜筒状态选用高真空（10^{-6} 帕）。利用该技术可以对候选材料进行腺毛密度和类型的精确鉴定。

采用扫描电镜对分泌型 TI1068 的腺毛和非分泌型 C110 的腺毛进行观察，可以看出分泌型 TI1068 的腺毛密度较大，以多细胞腺头腺毛为主，分泌物较多，腺头细胞间轮廓不明显，整个腺头被分泌物整体包裹成球形，腺头与腺毛柄上都有分泌物残留，有少量无头腺毛和短柄腺毛。而 C110 的腺毛密度较小，腺毛以非分泌腺毛为主，绝大多数是无头腺毛，不含腺头，包括长柄腺毛和短柄腺毛（图 9-19）。

（4）MeJA 敏感性筛选

MeJA 敏感性筛选原理：在茄科植物中，茉莉酸（jasmonate，JA）途径与腺毛发生途径具有相关性（Li 等，2001；Li 等，2004）。其中，JA 的衍生物茉莉酸甲酯（methyl jasmonate，MeJA）不仅能诱导植物改变物理结构，而且可以诱导植物产生次生代谢物质，启动植物的化学防御。Li 等（2004）在番茄中的研究表明，茉莉酸对腺毛发育具有明显影响。在拟南芥和番茄幼苗的研究中表明，MeJA 可以诱导叶片腺毛的数量和密度明显增加（Traw 和 Bergelson，2003；Boughton 等，2005）。冯琦等（2013）在烟草研究中也显示，MeJA 能诱导烟草腺毛密度的增加，尤其是新生叶片上的长柄腺毛，同时提高腺毛分泌物的含量。因此，采用 MeJA 敏感性对烟草突变体进行筛选可以作为烟草腺毛突变材料筛选的一种途径。

MeJA 敏感性筛选方法：采用 0.8 mM 的 MeJA（用 0.8% 乙醇配制）对烟苗或种子进行喷施处理，以 0.8% 乙醇喷施处理作为对照。注意，喷施时应隔离对照和处理组，避免 MeJA 挥发给对照组带来影响。

选取 100 粒饱满且大小一致的"中烟 100"种子，在 28 ℃下培养。通过 15 天的观察记录，未发现 MeJA 对种子发芽率的影响，但是对种子发芽后的性状有影响。根据种子发芽后的性状初步确定 12 μM 的 MeJA 溶液为最佳筛选浓度（图 9-20）。

（5）组织化学染色快速筛选

烟草腺毛丰富并且具有较强的分泌能力。烤

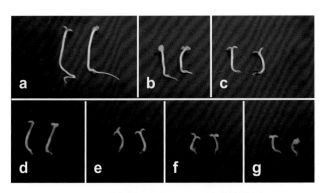

图 9-20 "中烟 100" MeJA 敏感性检测

a. 对照（蒸馏水）；b. 0.5% 的乙醇；c. 6 μM 的 MeJA 溶液；
d. 8 μM 的 MeJA 溶液；e. 10 μM 的 MeJA 溶液；
f. 12 μM 的 MeJA 溶液；g. 14 μM 的 MeJA 溶液

烟腺毛分泌物的主要成分为西柏烷类化合物，占叶面化学成分的 60% 左右（Roberts 和 Rowland，1962）。烤烟鲜烟叶表面提取物主要包括类西柏烷、类赖百当、二萜、糖酯和表面蜡等成分（Onishi 和 Nagasawa，1955；Onishi 和 Yamasaki，1955；Onishi 和 Nagasawa，1957；Onishi 等，1957；Chakraborty 和 Weybrew，1963；Chiang 和 Grunwald，1976；Chang 等，1985；Johnson 等，1985；Weeks 等，1992；韩锦锋等，1995）。类西柏烷包括西柏烷、西柏三烯一醇和西柏三烯二醇。西柏三烯二醇含量高于西柏三烯一醇，β-西柏三烯二醇含量较 α-西柏三烯二醇稍多。西柏烷类双萜化合物是叶面分泌物重要的组成成分。

烟草叶面腺毛分泌物影响其香气品质，腺毛对烟叶香气的贡献度为：长柄分枝腺毛 > 长柄多细胞腺毛 > 短柄多细胞腺毛 > 长柄单细胞腺毛。烟草上部叶片的分泌物较多，黏性较大，有较浓的香味。化学成分主要有碳氢化合物、西柏三烯二醇、蜡酯、脂肪醇、赖百当、二萜和糖酯，是烷烃、萜醇、树脂、高级脂肪酸、脂肪醇等组成的混合物。一般认为，烟叶腺毛的腺头细胞有分泌功能，而基细胞和柄不具有分泌功能。腺头细胞的分泌活动和叶片的发育密切相关。时向东等（2005）研究表明，烤烟随着烟叶成熟，分泌的黏性物质增多，叶

片的黏性和油性显著增加。进入工艺成熟期，长柄腺毛的腺头细胞内含物全部溢出，此时的叶片黏性最大，香气量也最足，化学成分也最协调。高致明等（1993）对香料烟的腺毛研究发现，适熟叶片的腺头膨大，是腺毛分泌的高峰期；而欠熟或过熟的烟叶腺头萎缩、脱落，分泌物减少。Merberg 等（1991）研究发现，长柄腺毛分泌树脂物，而短柄腺毛表面不含树脂物。不同烟草品种的腺毛类型、结构、物质代谢及分泌能力各不相同，因而赋予了各自不同的抗性和风味特征。杨铁钊等（2005）在烤烟腺毛的代谢活动和发育过程的研究中发现，叶片在发育过程中，腺毛分泌物的量出现两次高峰，分别在叶龄 30 天和叶片成熟之前。

此外，烟草腺毛分泌物对烟草花叶病及蚜虫有良好的抗性（Johnson 等，1985）。研究表明，植物腺毛所分泌的化学物质与植物的抗虫性密切相关（Kelsey 等，1984；Thomson 和 Healey，1984）。烟草腺毛分泌的糖酯类是茄科植物表面的主要分泌物之一，普通烟草中主要是蔗糖酯（sucrose esters，SE）（张现等，2007）。SE 对烟草的抗虫性有重要作用。从哥西氏烟草（N. gossei）中分离出的 SE 能够抑制烟蚜（Myzus persicae Sulzer）、毒杀甘薯粉虱（Bemisia tabaci Gennadius）和温室白粉虱（Trialeurodes vaporariorum Westwood）（Buta 等，1993；Severson 和 Chprtyk，1994）。除此之外，SE 还对植物生长起调节作用，如从黏烟草（N. glutinosa）和簇叶烟草（N. umbratica）中提取的 SE 对杂草的生长具有抑制作用（Shinozaki 等，1991）。

组织化学染色快速筛选原理：蔗糖酯与罗丹明发生化学反应后，形成玫瑰红色的复合物。因此，利用罗丹明对新鲜叶片进行染色，叶面分泌物中的糖酯成分将呈现红色。利用这一反应可以对分泌蔗糖酯的腺毛进行标记，并通过着色深浅判定叶面腺毛的分泌能力，进而筛选出叶面分泌物较为丰富或稀少的突变材料。

组织化学染色快速筛选方法：参照 Lin 和

图 9-21 分泌型 TI1068 腺毛染色图

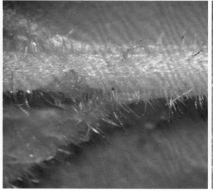
图 9-22 非分泌型 TI1406 腺毛染色图

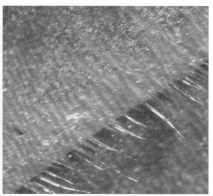
图 9-23 非分泌型 C110 腺毛染色图

Wagner（1994）、Wagner 等（2004）的方法进行腺毛染色。将烟叶样品用 0.2%（w/v）罗丹明水溶液染色 60 分钟，染色后的叶片用清水依次清洗 20 秒，去除未结合的罗丹明溶液。置于体视显微镜下观察和拍照。对分泌型 TI1068 的腺毛染色显示腺毛着色重（图 9-21），腺头呈现玫瑰红色；而非分泌型 TI1406 和 C110 腺毛则基本没有着色（图 9-22 和图 9-23）。

（6）叶面化学检测筛选

叶面化学检测原理：腺毛主要分泌的是西柏烷类二萜化合物，如西柏三烯二醇、西柏三烯一醇等。分泌物由腺毛的头部分泌沿着腺毛柄流下，积累于叶片角质层中。西柏三烯二醇占叶面化学成分的 60% 以上（Roberts 和 Rowland，1962）。在烟叶调制和醇化过程中，西柏烷类二萜化合物大部分降解产生多种有价值的香气物，主要是茄酮及其衍生物。茄酮是烟草中含量最丰富的中性香味物质之一，其转化产物如降茄二酮、茄醇、茄尼呋喃也是很重要的香味物质。茄酮的氧杂双环化合物具有特别的香味，对改善烟草的香吃味也有重要作用（史宏志和刘国顺，1998）。因此，提取烟叶的叶面化学成分，并对腺毛分泌物进行检测，可以筛选烟草腺毛分泌突变体。

叶面化学检测方法：鲜烟叶叶面成分提取采用有机溶剂萃取的方法进行（Nielson 和 Severson，1990）。用二氯甲烷提取后加入内标 1 毫升（2.020

毫克 / 毫升的蔗糖八乙酸酯和 2.542 毫克 / 毫升的正十七烷醇的混合溶液），旋转蒸发仪浓缩，硅烷化处理后采用 GC/MS 进行分析。叶面积采用肖强等（2005）的方法进行快速测量。冻干样叶面西柏烷类成分提取参考蔡莉莉等（2009）的方法并稍作修改。称取 0.400 克烟叶冻干粉末，加入 0.5 毫升内标溶液（1.212 5 克正十八烷醇、1.000 5 克蔗糖八乙酸酯的 500 毫升二氯甲烷溶液）和 10 毫升乙腈；超声萃取 10 分钟后，适量加入无水硫酸钠除水；抽取 1 毫升上清液，用氮气吹干。之后，加入 DMF 和 BSTFA 各 250 微升，在 75 ℃水浴中进行衍生化反应 60 分钟；取出后，加入吡啶和 N,O- 双乙酰胺各 125 微升，完全溶解即可。

待测液用 GC/MS 与微机联用进行定性和定量分析。色谱仪为 HP-5890，质谱仪为 VC-70SE。GC 条件：色谱柱为 DB-5MSUI 石英毛细管柱（30 m×0.25 mm i.d.×0.25 μm d.f.）；进样口温度为 250 ℃；程序升温：40 ℃保持 2 分钟，然后以 6 ℃ / 分升温至 180 ℃ 并保持 2 分钟，以 2 ℃ / 分升温至 280 ℃ 并保持 20 分钟；载气为高纯氦气，载气流速为恒流 0.8 毫升 / 分；进样量为 1.0 微升，分流比为 15 : 1。MS 条件：传输线温度为 250 ℃；EI 离子源温度为 280 ℃；电离能量为 70 eV；质量数范围 50 ~ 650 amu；检索谱库为 NIST08。

对烟草全叶片进行叶面化学成分的萃取，采用紫外分光光度计法进行叶面化学成分总量的初步检

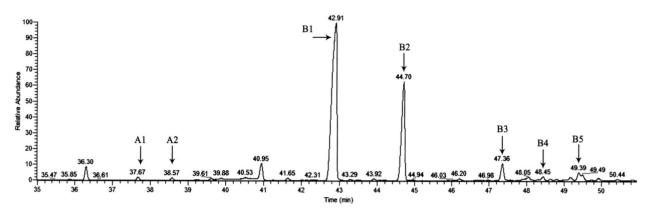

图 9-24 叶面分泌物色谱分析图

A1. α-西柏三烯一醇；A2. β-西柏三烯一醇；B1. α-西柏三烯二醇；
B2. β-西柏三烯二醇；B3～B5. 西柏三烯二醇（同分异构体）

测。对候选突变体材料采用 GC/MS 进行分泌物组分和含量的精确检测（图 9-24），根据检测的结果对腺毛突变体进行进一步筛选。

（7）腺毛基因表达分析检测筛选

腺毛基因表达分析原理：烟草腺毛特异表达基因 CBT 与 CYP71D16 均在烟草腺毛的腺头细胞中表达，是烟草腺毛主要分泌物西柏三烯二醇的生物合成途径中的关键酶基因。其中西柏三烯一醇合成酶 CBT 能催化 GGPP 形成西柏三烯一醇（Ennajdaoui 等，2010），而 CYP71D16 合成酶能催化西柏三烯一醇生成西柏三烯二醇（Wang 和 Wagner，2003）。Cui 等（2011）在构建烟草腺毛 cDNA 文库时，也发现了与它们同源的 cDNA 序列，并进行了克隆验证。因此，CBT 与 CYP71D16 基因的表达情况，可以反映腺毛西柏三烯二醇生物合成的旺盛程度。

腺毛表达分析方法：用涡旋法提取叶面腺毛，使用 QIAGEN 公司的 RNeasy Plant Mini Kit 试剂盒提取 RNA，反转录后用于二萜代谢关键基因 CBT、CYP71D16 等的表达分析。

叶片腺毛 RNA 的获得：获得方法参考 Yerger 等（1992）的方法，并进行改良。选取烟株上部幼嫩叶片，取下后迅速用灭菌的剪刀剪成 3 毫米 ×5 毫米的长方形小块，并迅速转移至液氮预冷的 1.5 毫升无酶离心管中，保持 2～3 平方厘米叶片 / 管。将离心管放入液氮中，低温固定 30 秒。向管中装入 1～1.5 毫升粉状的新鲜、清洁、足够细碎的干冰，使用 PV-1 涡旋振荡器（Grant 公司，英国）研磨 30 秒，转速 3 000 g。振荡后的混合物用灭菌的 40 目滤网（网孔直径 0.425 毫米）过滤，待干冰即将挥发完时迅速加入液氮研磨。每个样品收集约 100 平方厘米叶片的腺毛。

RNA 提取使用 QIAGEN 公司的 RNeasy Plant Mini Kit 试剂盒，反转录使用 NEWBIO INDUSTRY 公司生产的 M-MLV 反转录酶，反转录的 cDNA 用于 RT-PCR 检测。所用引物如表 9-6 所示，其中烟草核糖体蛋白编码基因 L25 作为内参基因（Schmidt 和 Delaney，2010）。

根据基因表达分析筛选方法对不同类型腺毛进行收集，确保获得的腺毛纯净。显微镜观察如图 9-25 所示。经过涡旋法提取的叶面腺毛纯净。基因表达分析结果显示，CYP71D16 在 TI1068 和 TI1406 中的表达明显强于 I35，CBT 在 I35 和 TI1406 中基本不表达。这是 I35 和 TI1406 叶面中西柏烷类稀少所致（图 9-26）。

（8）蚜虫嗜好性筛选

蚜虫嗜好性分析原理：烟草腺毛分泌物不仅对

表 9-6 腺毛基因表达所用引物序列

基因 (Gene)	登录号 (Accession No.)	引物序列 [Primer sequence (5'-3')]	
		正链 (Sense)	反链 (Anti-sense)
L25	L18908	GCTTTCTTCGTCCCATCA	CCCCAAGTACCCTCGTAT
CBT	AF401234	AAGAAGAATGAATCGAGCAATG	ATGAGTCGTGGTAAAGATAAGA
CYP71D16	AF166332	GGACATTGCCTTATCTCCTT	CCTTCACCTCCTGATTCACCAT

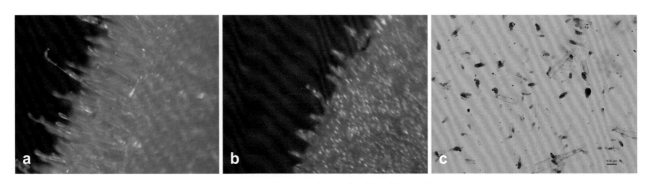

图 9-25 涡旋法提取叶面腺毛的显微镜观察

a. 提取前的叶面腺毛；b. 提取后叶面；c. 提取后的腺毛

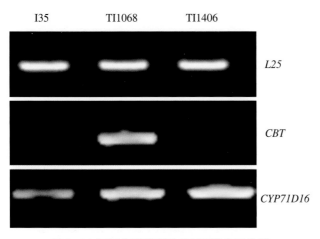

图 9-26 不同分泌类型腺毛基因的表达分析

物的含量和组分。

蚜虫嗜好性筛选方法：选用烟株顶部幼叶，处理和对照离体幼叶置于同一培养皿（直径 15 厘米）中；挑选健康的无翅蚜放于一小玻璃杯中，将玻璃杯等距离倒扣在叶片之间，轻敲杯底使蚜虫掉落于培养皿上，移去玻璃杯，使蚜虫自由活动。于 24 ℃恒温光照培养箱中培养 10 小时后，统计处理与对照叶片上的蚜虫数。结果为 3 次重复的平均值。

对不同分泌能力的 3 种类型的烟草叶片的蚜虫嗜好性进行检测后发现，蚜虫对 TI1068 的嗜好性极显著低于其他两种材料，主要是由于 TI1068 的叶面西柏烷类较多所致（图 9-27）。

增进烟叶品质有极重要的作用，对蚜虫及烟草花叶病也有良好的抗性（Johnson 等，1985）。因此，可以利用叶片对蚜虫的驱避效果来间接评估叶面分泌

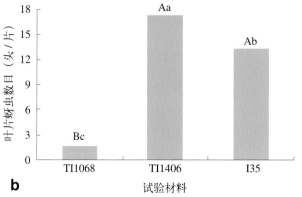

图 9-27　蚜虫嗜好性检测

a. 3 种材料蚜虫抗性试验；b. 3 种材料叶片蚜虫数目

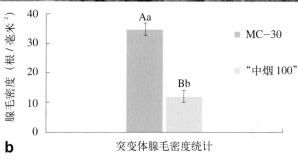

图 9-28　腺毛突变体 MC-30

a. 田间照片；b. 腺毛密度统计

2　鉴定的烟草腺毛突变体

根据已经建立的烟草腺毛突变体筛选方法对 2 000 份 "中烟 100" M$_2$ 代 EMS 突变混合群体进行筛选和鉴定，获得 3 个腺毛性状相关的突变株系，分别命名为 MC-30、MC-70 和 SX-3。

（1）烟草腺毛突变体 MC-30

农艺性状观察和腺毛密度统计：叶面多腺毛，黏性大，植株高度为 169 厘米，花序上蚜虫较严重。MC-30 腺毛密度远高于对照 "中烟 100" 的腺毛密度，两者的腺毛密度差异达极显著（图 9-28）。

腺毛组织化学染色观察：利用罗丹明对新鲜叶片进行染色，结果显示，MC-30 腺毛密度高、着色重、分泌性强（图 9-29）。

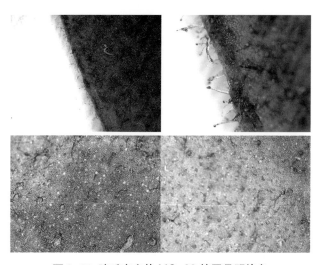

图 9-29　腺毛突变体 MC-30 的罗丹明染色

（2）烟草腺毛突变体 MC-70

农艺性状观察和腺毛密度统计：全株多蚜虫，株高 107 厘米。该腺毛突变体的腺毛密度高于对照"中烟 100"的腺毛密度，两者的腺毛密度达极显著差异（图 9-30）。

腺毛组织化学染色观察：腺毛密度高，但着色浅，分泌性能弱（图 9-31）。

叶面分泌物检测：对腺毛突变体 MC-30、MC-70 和对照"中烟 100"（CK）叶面分泌物进行了 GC/MS 检测分析（表 9-7）。3 种材料的叶面化

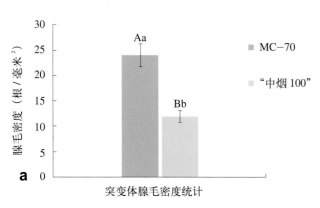

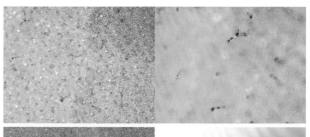

图 9-31 腺毛突变体 MC-70 的罗丹明染色

学成分都有蔗糖酯类、西柏烷双萜类、烷烃类。"中烟 100"检测出西柏烷双萜类 2 种、蔗糖酯类 2 种、烷烃类 10 种；MC-30 检测出西柏烷双萜类 6 种、蔗糖酯类 4 种、烷烃类 13 种；MC-70 检测出西柏烷双萜类 4 种、蔗糖酯类 7 种、烷烃类 12 种。

叶面化学物质总量比较结果为 MC-70>MC-30>CK（对照）。其中，各组分的含量差异最明显的是 CK 与 MC-70；CK 与 MC-30 之间有差异，但不明显。MC-70 的西柏烷类含量是 CK 的 10.8 倍，而 MC-30 的是 CK 的 1.9 倍；MC-70 的蔗糖酯类组分含量是 CK 的 22.1 倍，而 MC-30 的是 CK 的 7.2 倍；MC-70 的烷烃组分含量是 CK 的 3.7 倍，而 MC-30 的是 CK 的 1.4 倍。

（3）烟草腺毛突变体 SX-3

农艺性状观察：植株高大，叶面平滑，茎杆光滑，虫害严重（图 9-32）。

腺毛密度统计：SX-3 的腺毛密度和"中烟 100"有显著差异，但无极显著差异（图 9-33）。

腺毛组织化学染色观察：腺毛着色较浅，非分泌型腺毛密度高（图 9-34）。

图 9-30 腺毛突变体 MC-70

a. 腺毛密度统计；b. 田间照片

表 9-7 腺毛突变体叶面分泌物 GC/MS 检测

峰序列	保留时间（分）	单位面积叶片叶面化学物质峰面积（厘米²）			化合物	类型
		"中烟 100"	MC-30	MC-70		
1	38.13	0	9122.78	0	α-西柏三烯一醇	双萜
2	39.05	0	7505.66	0	β-西柏三烯一醇	双萜
3	43.31	726979.85	1296481.78	7536145.90	α-西柏三烯二醇	双萜
4	45.16	292317.73	521113.29	3116717.69	β-西柏三烯二醇	双萜
5	46.68	0	116655.63	103732.44	西柏三烯二醇	双萜
6	48.94	0	21956.40	240040.33	西柏三烯二醇	双萜
7	47.88	30375.80	0	0		烷烃
8	59.80	0	25051.16	0		烷烃
9	65.36	21325.00	15249.55	49820.22		烷烃
10	66.60	14929.20	17554.63	62089.76		烷烃
11	68.66	0	13164.90	18578.54		烷烃
12	69.00	24793.54	21728.84	114333.76		烷烃
13	69.86	0	11697.09	17353.55		烷烃
14	71.89	101136.93	177319.17	271179.27		烷烃
15	73.05	74779.99	86881.14	191636.46		烷烃
16	74.96	0	38686.62	43502.44		烷烃
17	75.32	52345.47	85363.58	286981.13		烷烃
18	76.10	15461.75	35832.24	62371.74		烷烃
19	77.01	0	0	52936.93	SE I	蔗糖酯
20	77.55	0	0	79316.55	SE I	蔗糖酯
21	78.01	57349.90	0	0		烷烃
22	78.99	15178.83	153612.07	138261.79	SE II	蔗糖酯
23	79.22	58998.16	25176.40	282559.59		烷烃
24	79.27	0	87642.90	288792.78		烷烃
25	79.77	13072.38	22106.98	129927.57	SE II	蔗糖酯
26	80.11	0	13776.86	79978.06	SE II	蔗糖酯
27	80.39	0	14419.34	82309.56	SE II	蔗糖酯
28	80.78	0	0	60987.62	SE II	蔗糖酯

图 9-32 腺毛突变体 SX-3 田间照片

a. 叶面平滑；b. 叶片有虫孔；c. 茎秆光滑

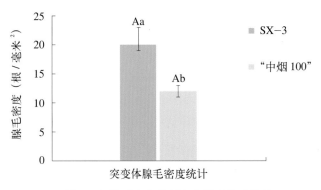

图 9-33 腺毛突变体 SX-3 腺毛密度统计

图 9-34 腺毛突变体 SX-3 的罗丹明染色

第5节　烟草优异株型突变体

EMS（甲基磺酸乙酯）是一种高效、稳定的化学诱变剂，目前在作物诱变育种中应用最广泛、效果最好，主要诱发点突变，而染色体畸变相对较少，可对作物的某一特殊性状进行改良（朱保葛等，1997）。郭丽娟等（1987）用 EMS 处理玉米单倍体胚性细胞无性系，以玉米小斑病菌毒素作为选择剂，获得抗玉米小斑病突变体。刘治先等（1998）用 EMS 花粉诱变技术筛选出分别富含油酸、赖氨酸、蛋白、亚油酸等成分的玉米突变体。由继红等（1996）用 EMS 对紫花苜蓿叶片的愈伤组织进行处理，经过低温筛选，获得了紫花苜蓿抗寒性突变体。Yasui 等（1997）采用 0.5% EMS 乙醇溶液（浓度 7%）浸泡面包小麦种子，创造了糯质小麦胚乳突变体，且其突变性状在后代中表现稳定。Ray 等（2000）从 EMS 诱变构建的水稻突变体库中筛选到了易感细菌病害的突变株系，并将它应用到水稻抗病研究中。Kuraparthy 等（2007）利用二倍体小麦构建的 EMS 突变体库，筛选到单分蘖突变体，并成功定位了控制分蘖的 *tin3* 基因在染色体上的位置。赵天祥等（2009）利用 0.7% 和 1.2% EMS 诱变处理小麦品种"偃展 4110"种子，对 M$_2$ 代材料进行生物性状与农艺性状鉴定，并对部分 M$_3$ 材料播种家系进行验证，该突变群体的表型变异率约为 6.6%，获得了幼苗、叶、茎、穗及成熟期生物学特性与主要农艺性状等变异丰富的突变类型，为小麦的功能基因组研究提供了理想的试验材料。2008 年以来，中国农业科学院烟草研究所利用 EMS 对烤烟品种"中烟 100"进行了诱变，获得了大量的突变株系，为优异株系筛选奠定了良好的材料基础。

本节主要介绍在中国农业科学院烟草研究所西南烟草试验基地开展的烟草优异突变株系的筛选与鉴定，以及获得的部分优异突变株系。

1　筛选与鉴定方法

按照"全国烤烟良种区试实施方案"中对烟草品种特征特性的记载标准，于打顶后 10 天测量各品种（系）的农艺性状，每个材料测量 10 株。选取的主要农艺性状包括打顶株高、茎围、平均叶面积（底脚叶面积、下二棚叶面积、腰叶面积、上二棚叶面积、顶叶面积的平均值）、单叶重、中上等烟比例、产量、产值。

统一按国家 42 级分级标准，对突变体和对照材料烤后烟叶进行分级，价格按当地当年收购价格统计，统计烤后未经储藏的全部原烟（包括样品）的各个等级比例、重量、价格，计算亩产量、等级指数、均价、产指、亩产值、上等烟比例、上中等烟比例、单叶重等。

在对各突变株系及对照品种烤后原烟进行分级时，各材料抽取 X$_2$F、C$_3$F、B$_2$F 烟叶样品各 3 千克，由农业部烟草质量监督检验测试中心进行化学成分分析和感官质量评价。

2　筛选与鉴定过程

（1）2011 年筛选与鉴定情况

2011 年种植经 EMS 诱变的"中烟 100"突变

株系 182 份，其中 M₃ 代 154 份，M₄ 代 28 份。于 1 月 24 ～ 27 日进行播种，3 月下旬进行假植，4 月 28 日进行移栽，每份材料种植数量 25 ～ 40 株，株距 50 厘米，行距 120 厘米。试种表明，很多材料仍然不稳定，出现性状分离，突变类型多样。对主要突变类型，以及表现较好、具有生产潜力的材料进行图像采集工作。分析发现，变异类型多样，主要包括晾晒烟类型、主脉发白、株高矮化、主茎多分枝、节间距小、落黄早等类型；30 份材料田间表现较好，其中 19 份材料烤性较好，10 份材料烤后烟叶外观质量较高。

（2）2012 年筛选与鉴定情况

2012 年种植 49 份经 EMS 诱变的高世代材料，原始材料为"中烟 100"。这些材料均表现出明显的性状突变，有的具有特异香味，有的田间长势较好。田间按 2 行区（50 株）种植，不设重复。2012 年研究重点是对四川生态环境的适应性进行鉴定筛选，同时进行烘烤性状和品质性状的筛选，选择出能够直接应用于生产或作为育种中间材料的突变体材料。研究发现，参试材料均表现出明显的性状突变，变异性状主要包括鲜烟叶香味增加、株型叶形变异、红花突变、晒晾烟方向突变等。通过进一步筛选鉴定，筛选出了 10 个优异突变株系。

（3）2013 年筛选与鉴定情况

2013 年种植 30 份经 EMS 诱变的高世代材料，其中 10 份材料延续 2011 年、2012 年筛选的突变株系。这些材料均表现出明显的性状突变，包括特异香味、花色突变、株型叶形突变等。田间按 4 行区（100 株）种植，不设重复。2013 年研究重点是对四川生态环境的适应性进行鉴定筛选，同时进行烘烤性状和品质性状的筛选，筛选出能够直接应用于生产或作为育种中间材料的突变体材料。筛选出 2013-4029，与对照比，综合表现优良，生态适应性好，且产量潜力较大。另筛选出 3 个性状稳定、烤后烟叶外观质量优于对照"中烟 100"的突变株系。

（4）2014 年筛选与鉴定情况

2014 年种植 EMS 诱变材料 25 份，其中从突变体库新调取优良突变株系 12 份，延续 2013 年筛选材料 13 份。2014 年试验材料田间长势较正常情况偏弱，特征特性明显，部分突变体有分离情况。筛选出 7 份长相好，有特殊香气的优良单株。另外，2013 年在西昌试验基地筛选出的突变体材料 2013-4029 参加了 2014 年品系比较试验，与原始品种"中烟 100"相比，其对南方地区的生态适应性强、起身快、开片好、长势强、产量潜力较大，外观质量和感观评吸质量相当于对照"中烟100"。总体来说，该品系具有一定的生态适应性和生产潜力。

3 鉴定的烟草优异株型突变体

鉴定获得烟草优异株型突变体 14 个，包括生态适应性较好的突变体 1 个、落黄性状明显改善的突变体 1 个、株型较为协调的突变体 9 个、品质性状优良的突变体 3 个。

（1）生态适应性较好的突变体

2013-4029 为"中烟 100"经 EMS 诱导突变株系，目前为第 8 代，性状表现稳定。与原始品种"中烟 100"相比，其对南方地区的生态适应性强，起身快，现蕾早；烟叶开片较好，尤其顶叶开片突出，后期株型成桶形，落黄正常，叶面组织细腻（图 9-35）。田间未见黑胫病、根黑腐、青枯病等病害发生，但可感 TMV。总体来说，该品系具有一定的生态适应性，生产潜力较大。

（2）落黄性状明显改善的突变体

以 2011-M120 为代表的突变株系与对照相比，

落黄较早且整齐，株系群体表现一致，性状稳定（图 9−36）。

（3）株型较为协调的突变体

2011 年通过田间调查发现，在对照材料"中烟 100"基础上，一些材料长势强、无病害、生产潜力较大，可进一步选育，应用于生产。这些材料主要包括 2011−M133（图 9−37a）、2011−M134（图 9−37b）、2011−M158（图 9−37c）等。2013−4029 即为 2011−M158 的后代株系。

2013 年根据试验目的及育种目标，对试验材料的田间长势、病害发生情况进行调查记录，经筛选与鉴定，获得 5 份株型叶形协调、田间长势强、生产潜力较大的优良株系，编号分别为 2013−M5（图

图 9−35　**生态适应性较好的突变体**

a. 2013−4029 单株；b. 2013−4029 大田长势

图 9−36　**落黄性状明显改善的突变体**

a. 2011−M120 单株；b. 2011−M120 叶片

图 9-37 株型较为协调的突变体

a. 2011-M133；b. 2011-M134；c. 2011-M158；d. 2013-M5 单株；e. 2013-M10 单株；f. 2013-M22 单株

9-37d)、2013-M10（图 9-37e)、2013-M22（图 9-37f)、2013-M26 和 2013-M30。其中 2013-M22 为 2011-M133 的后代株系，2013-M26 为 2012-M10 的后代株系，2013-M30 为 2012-M47 的后代株系。

（4）品质性状优良的突变体

2013 年对 2013-M5、2013-M10、2013-M19、2013-M22、2013-M26、2013-M30 等 6 个材料进行了抽样烘烤，对 2013-4029 进行了计产计值，对烤后烟叶样品进行外观质量评价和感观质量评吸。从外观质量评价可以看出，2013-M10、2013-M19 和 2013-4029 这三份材料烤后烟叶外观质量优于对照"中烟 100"（表 9-8)；感观质量评吸结果显示，2013-M10、2013-M19 和 2013-4029 的评吸质量同样均优于对照"中烟 100"（表 9-9)。

表 9-8 部分突变株系烤后烟叶外观质量评价

材料编号	来源	成熟度	颜色	色度	结构	身份	油分
CK（对照）	"中烟100"	成熟	柠+	中	稍密	稍厚	稍有
2013-M5	12ZE3028572	成熟	柠+	强-	稍密	稍薄	稍有
2013-M10	12ZE40001461	成熟	橘-	强	尚疏松	适中	有-
2013-M19	12ZE40018961	成熟	橘-	强	稍密	适中	有-
2013-M22	2011-M134	成熟	柠	中	稍密	稍薄	稍有
2013-M26	11ZE3007604	成熟	橘-	弱	稍密	适中	稍有
2013-4029	S2011-M158	成熟	柠+	中	尚疏松	适中	稍有

表 9-9 部分突变株系烤后烟叶感观质量评吸结果

测试编号	香型	劲头	浓度	香气质 15	香气量 20	余味 25	杂气 18	刺激性 12	燃烧性 5	灰色 5	得分 100	质量档次
2013-M10	中偏清	适中	中等	11.10	16.20	19.90	13.10	8.70	3.00	3.10	75.1	较好-
2013-M19	中偏清	适中	中等	11.10	16.20	19.80	12.80	8.70	3.00	3.10	74.7	中等+
2013-4029	中间	适中	中等	10.80	16.00	19.30	12.50	8.50	3.00	3.10	73.2	中等+
"中烟100"	中间	适中+	中等+	10.80	15.90	18.90	12.50	8.40	3.00	3.10	72.6	中等

（撰稿：曹鹏云，王倩，张洪博，崔红，张玉，李凤霞，张松涛，罗成刚，吕婧，林樱楠；

定稿：刘贯山，杨爱国，龚达平）

参考文献

[1] 蔡莉莉，谢复炜，刘克建，等．香料烟中蔗糖酯的气相色谱／质谱分析[J]．烟草科技，2009,(3): 40 ～ 44.

[2] 陈淑珍，高致明，马长力，等．烟草叶片腺毛发育及其分泌活动对烟叶品质的影响[J]．烟草科技，1993, (4): 32 ～ 36.

[3] 冯琦，王永，武东玲，等，外源MeJA 诱导烟草叶面防御反应[J]．中国烟草科学，2013,34(5): 83 ～ 88.

[4] 高致明，刘国顺，符云鹏，等．香料烟叶片腺毛及分泌细胞的研究[J]．河南农业大学学报，1996, (4): 329 ～ 332.

[5] 高致明，刘国顺，赵振山，等．香料烟叶片发育和结构与品质关系的研究[J]．中国烟草学报，1993, 1(4): 33 ～ 39.

[6] 郭丽娟，胡启德，康绍兰，等. 诱发玉米抗小斑病突变体的研究 -IV. 从玉米单倍体胚性细胞无性系筛选抗玉米小斑病突变体 [J]. 遗传学报，1987, 14(5): 355 ~ 362.

[7] 韩锦锋，王广山，远彤，等. 烤烟叶面分泌物的初步研究 [J]. 中国烟草，1995, 16(2): 10 ~ 13.

[8] 李皓东. 拟南芥钾营养突变体的筛选和低钾敏感基因 *LKS1* 的功能与分子调控机制研究 [D]. 北京：中国农业大学，2005.

[9] 梁志敏，翁梦苓，崔红. 施用有机肥对烟草腺毛形态结构及分泌物的影响 [J]. 厦门大学学报，2008, 47(S2): 149 ~ 152.

[10] 刘贯山. 烟草突变体筛选与鉴定方法篇：1. 烟草突变体的筛选与鉴定 [J]. 中国烟草科学，2012, 33(1): 102 ~ 103.

[11] 刘治先，Wright A D, Chang M T. 高油酸玉米突变体的诱导和遗传分析 [J]. 作物学报，1998, 24(4): 447 ~ 451.

[12] 牛佩兰，石屹，刘好宝，等. 烟草基因型间钾效率差异研究初报 [J]. 烟草科技，1996, (1): 33 ~ 35.

[13] 齐永杰，徐锦锦，梁伟. 干旱胁迫对烟草腺毛密度及叶面分泌物的影响 [J]. 广东农业科学，2008, (6): 39 ~ 41, 49.

[14] 欧红梅，张自立，吴群. 拟南芥矿质元素突变体的筛选及基因定位综述 [J]. 作物研究，2005, (S1): 409 ~ 413.

[15] 任民. 烟草（*N. tabacum* L.）高香气特征性状的鉴定及其分子标记研究 [D]. 北京：中国农业科学院，2008.

[16] 史宏志，官春云. 烟草腺毛分泌物的化学成分及遗传 [J]. 作物研究，1995, 9(3): 46 ~ 49.

[17] 史宏志，刘国顺. 烟草香味学 [M]. 北

京：中国农业出版社，1998: 144 ~ 166.

[18] 史宏志，刘国顺，杨惠娟，等. 烟草香味学 [M]. 北京：中国农业出版社，2011.

[19] 时向东，刘国顺，韩锦峰，等. 不同类型肥料对烤烟叶片腺毛密度、种类及分布规律的影响 [J]. 中国烟草学报，1999, 5(2): 19 ~ 22.

[20] 时向东，杨会丽，高致明，等. 烤烟叶片腺毛发育过程的扫描电镜观察 [J]. 河南农业大学学报，2005, 39(2): 155 ~ 157.

[21] 王倩，刘好宝. 烟草重要基因篇：2. 烟草钾吸收与转运相关基因 [J]. 中国烟草科学，2014, 35(2): 139 ~ 142.

[22] 韦建玉，金亚波，屈冉，等. 不同生态条件对烟叶品质的影响 [J]. 安徽农业科学，2008, 36(11): 4550 ~ 4551, 4553.

[23] 肖强，叶文景，朱珠，等. 利用数码相机和 Photoshop 软件非破坏性测定叶面积的简便方法 [J]. 生态学杂志，2005, 24(6): 711 ~ 714.

[24] 徐增汉，李继新，李章海，等. 烤烟品种云烟 85 腺毛形态结构的环境扫描电镜观察 [J]. 中国烟草科学，2011, 32(4): 41 ~ 45.

[25] 薛晓明，张晶，于丽杰. 烤烟腺毛分泌细胞的超微结构观察 [J]. 贵州农业科学，2011, 39(8): 45 ~ 48.

[26] 薛小平，潘文杰，陈伟，等. 不同生态条件对烟叶腺毛密度的影响 [J]. 西南农业学报，2010, 23(6): 2185 ~ 2188.

[27] 闫慧峰，石屹，李乃会，等. 烟草钾素营养研究进展 [J]. 中国农业科技导报，2013, 15(1): 123 ~ 129.

[28] 杨铁钊，李伟，李钦奎，等. 烤烟叶面腺毛密度及其分泌物变化动态的相关分析 [J]. 中国烟草科学，2005, 26(1): 43 ~ 46.

[29] 杨振明，李秋梅，王波，等. 耐低钾

冬小麦基因型筛选方法的研究 [J]. 土壤学报，1998, 35(3): 376 ~ 383.

[30] 由继红，杨文杰，李淑云. 紫花苜蓿抗寒性突变体的筛选 [J]. 东北师大学报，1996, (2): 84 ~ 87.

[31] 张华，赵百东，冀浩，等. 水分胁迫对烤烟腺毛超微结构的影响 [J]. 中国烟草学报，2008, 14(5): 45 ~ 47.

[32] 张现，程新胜，王方晓. 烟叶蔗糖酯研究进展 [J]. 烟草科技，2007, (1): 46 ~ 49.

[33] 赵天祥，孔秀英，周荣华，等. EMS 诱变六倍体小麦偃展 4110 的形态突变体鉴定与分析 [J]. 中国农业科学，2009, 42(3): 755 ~ 764.

[34] 邹娜，李保海，董刚强，等. 铵减弱拟南芥主根向地性及其相关作用途径 [J]. 植物生理学报，2011, 47(11): 1109 ~ 1116.

[35] 周世民，韩延，符云鹏，等. 肥料类型对香料烟叶片腺毛密度的影响 [J]. 烟草科技，2007, (7): 55 ~ 57.

[36] 朱保葛，路子显，耿玉轩，等. 烷化剂 EMS 诱发花生性状变异的效果及高产突变系的选育 [J]. 中国农业科学，1997, 30(6): 87 ~ 89.

[37] Agrawal A A, Conner J K, Stinchcombe J R. Evolution of plant resistance and tolerance to frost damage[J]. Ecol Lett, 2004, 7(12): 1199 ~ 1208.

[38] Akers C P, Weybrew J A, Long R C. Ultrastructure of glandular trichomes of leaves of *Nicotiana tabacum* L[J]. Am J Bot, 1978, 65(3): 282 ~ 292.

[39] Baldwin I T. An ecologically motivated analysis of plant-herbivore interactions in native tobacco[J]. Plant Physiol, 2001, 127(4): 1449 ~ 1458.

[40] Baldwin I T. Jasmonate-induced responses are costly but benefit plants under attack in native populations[J]. Proc Natl Acad Sci USA, 1998, 95(14): 8113 ~ 8118.

[41] Baldwin I T. Methyl jasmonate-

induced nicotine production in *Nicotiana attenuata*: inducing defenses in the field without wounding[J]. Entomol Exp Appl, 1996, 80(1): 213 ~ 223.

[42] Baldwin I T, Zhang Z P, Diab N, et al. Quantifieation, correlations and manipulations of wound-induced changes in jasmonic acid and nicotine in *Nicotiana sylvestris*[J]. Planta, 1997, 201(4): 397 ~ 404.

[43] Barrera R, Wrensman E A. Trichome type, density and distribution on the leaves of certain tobacco varieties and hybrids[J]. Tob Sci, 1966, 10: 157 ~ 161.

[44] Benz B W, Martin C E. Foliar trichomes, boundary layers, and gas exchange in 12 species of epiphytic *Tillandsia* (Bromeliaceae)[J]. J Plant Physiol, 2006, 163(6): 648 ~ 656.

[45] Boughton A J, Hoover K, Felton G W. Methyl jasmonate application induces increased densities of glandular trichomes on tomato, *Lycopersicon esculentum*[J]. J Chem Ecol, 2005, 31(9): 2211 ~ 2216.

[46] Buta J G, Lusby W R, Neal J W Jr, et al. Sucrose ester from *Nicotiana gossei* active against the greenhouse whitefly *Trialeurodes vaporariorum*[J]. Phytochemistry, 1993, 32(4): 859 ~ 864.

[47] Chakraborty M K, Weybrew J A. The chemistry of tobacco trichomes[J]. Tob Sci, 1963, (7): 122 ~ 127.

[48] Chang K W, Weeks W W, Weybrew J A. Changes in the surface chemistry of tobacco leaf during curing with particular emphasis on trichomes[J]. Tob Sci, 1985, (29): 122 ~ 127.

[49] Chattopadhyay M K, Ghosh B. Molecular analysis of polyamine biosynthesis in higher plants[J]. Curr Sci, 1998, 74(6): 517 ~ 522.

[50] Chiang S Y, Grunwald C. Duvatrienediol, alkanes, and fatty acids in cuticular wax of tobacco leaf of various physiological maturity[J]. Phytochemistry, 1976, 15(6): 961 ~ 963.

[51] Chou W M, Kutchan T M. Enzymatic oxidations in the biosynthesis of complex alkaloids[J]. Plant J, 1998, 15(3): 289 ~ 300.

[52] Cui H, Zhang S T, Yang H J, et al. Gene expression profile analysis of tobacco leaf trichomes[J]. BMC Plant Biol, 2011, 11: 76.

[53] Dawson R F. Accumulation of nicotine in reciprocal grafts of tomato and tobacco[J]. Am J Bot, 1942, 29(1): 66 ~ 71.

[54] De Boer K, Tilleman S, Pauwels L, et al. APETALA2/ETHYLENE RESPONSE FACTOR and basic helix-loop-helix tobacco transcription factors cooperatively mediate jasmonate-elicited nicotine biosynthesis[J]. Plant J, 2011, 66(6): 1053 ~ 1065.

[55] Deboer K D, Lye J C, Aitken C D, et al. The *A622* gene in *Nicotiana glauca* (tree tobacco): evidence for a functional role in pyridine alkaloid synthesis[J]. Plant Mol Biol, 2009, 69(3): 299 ~ 312.

[56] Ennajdaoui H, Vachon G, Giacalone C, et al. Trichome specific expression of the tobacco (*Nicotiana sylvestris*) cembratrien-ol synthase genes is controlled by both activating and repressing *cis*-regions[J]. Plant Mol Biol, 2010, 73(6): 673 ~ 685.

[57] Hashimoto T, Yamada Y. Alkaloid biogenesis: molecular aspects[J]. Annu Rev Plant Physiol Plant Mol Biol, 1994, 45: 257 ~ 285.

[58] Hibi N, Higashiguchi S, Hashimoto T, et al. Gene expression in tobacco low-nicotine mutants[J]. Plant Cell, 1994, 6(5): 723 ~ 735.

[59] Imanishi S, Hashizume K, Nakakita M, et al. Differential induction by methyl jasmonate of genes encoding ornithine decarboxylase and other enzymes involved in nicotine biosynthesis in tobacco cell cultures[J]. Plant Mol Biol, 1998, 38(6): 1101 ~ 1111.

[60] Johnson A W, Severson R F, Hudson J, et al. Tobacco leaf trichomes and their exudates[J]. Tob Sci, 1985, 29: 67 ~ 72.

[61] Kajikawa M, Hirai N, Hashimoto T. A PIP-family protein is required for biosynthesis of tobacco alkaloids[J]. Plant Mol Biol, 2009, 69(3): 287 ~ 298.

[62] Kelsey R G, Reynolds G W, Rodriguez E. The chemistry of biologically active constituents secreted and stored in plant glandular trichomes. In Biology and Chemistry of Plant Trichomes[M]. New York, USA: Plenum Press, 1984: 187 ~ 240.

[63] Kim H J, Triplett B A. Cotton fiber growth in planta and in vitro. Models for plant cell elongation and cell wall biogenesis[J]. Plant Physiol, 2001, 127(4): 1361 ~ 1366.

[64] Kuraparthy V, Sood S, Dhaliwal H S, et al. Identification and mapping of a tiller inhibition gene (*tin3*) in wheat[J]. Theor Appl Genet, 2007, 114(2): 285 ~ 294.

[65] Li L, Li C, Howe G A. Genetic analysis of wound signaling in tomato. Evidence for a dual role of jasmonic acid in defense and female fertility[J]. Plant Physiol, 2001, 127(4): 1414 ~ 1417.

[66] Li L, Zhao Y, McCaig B C, et al. The tomato homolog of CORONATINE-INSENSITIVE1 is required for the maternal control of seed maturation, jasmonate-signaled defense responses, and glandular trichome development[J]. Plant Cell, 2004, 16(1): 126 ~ 143.

[67] Li Q, Li B H, Kronzucker H J, et al. Root growth inhibition by NH_4^+ in *Arabidopsis* is mediated by the root tip and is linked to NH_4^+ efflux and GMPase activity[J]. Plant Cell Environ, 2010, 33(9): 1529 ~ 1542.

[68] Lieckfeldt E, Simon-Rosin U, Kose F, et al. Gene expression profiling of single epidermal, basal and trichome cells of *Arabidopsis thaliana*[J]. J Plant Physiol, 2008, 165(14): 1530 ~ 1544.

[69] Lin Y, Wagner G J. Rapid and simple method for estimation of sugar esters[J]. J Agri Food Chem, 1994, 42(8): 1709 ~ 1712.

[70] Merberg M, Krohn S, Bruemmer B, et al. Ultrastructure and secretion of glandular trichomes of tobacco leaves[J]. Flora, 1991, 185(4): 357 ~ 363.

[71] Nielson M T, Severson R F. Variation of flavor components on leaf surfaces of tobacco genotypes differing in trichome density[J]. J Agric Food Chem, 1990, 38(2): 467 ~ 471.

[72] Onishi I, Nagasawa M. Studies on the essential oils of tobacco leaves: Part II. Carbonyl fraction[J]. Bull Agr Chem Soc Japan, 1955, (2): 143 ~ 147.

[73] Onishi I, Nagasawa M. Studies on the essential oils of tobacco leaves: Part VII. Carbonyl fraction (2) [J]. Bull Agr Chem Soc Japan, 1957, (21): 38 ~ 42.

[74] Onishi I, Tomita T, Fukuzumi T. Studies on the essential oils of tobacco leaves: Part XV. The neutral fraction (2) [J]. Bull Agr Chem Soc Japan, 1957, (21): 239 ~ 242.

[75] Onishi I, Yamasaki K. Sudies on the essential oils of tobacco leaves: Part I. Acid fraction[J]. Bull Agr Chem Soc Japan, 1955, (19): 137 ~ 142.

[76] Ray S K, Rajeshwari R, Sonti R V. Mutants of *Xanthomonas oryzae* pv. *oryzae* deficient in general secretory pathway are virulence deficient and unable to secrete xylanase[J]. Mol Plant Microbe Interact, 2000, 13(4): 394 ~ 401.

[77] Roberts D L, Rowland R L. Macrocyclic diterpenes. α- and β- 4,8,13-duvatriene-1,3-diols from tobacco[J]. J Org Chem, 1962, 27(11): 3789 ~ 3995.

[78] Schilmiller A L, Last R L, Pichersky E. Harnessing plant trichome biochemistry for the production of useful compounds[J]. Plant J, 2008, 54(4): 702 ~ 711.

[79] Schmidt G W, Delaney S K. Stable internal reference genes for normalization of real-time RT-PCR in tobacco (*Nicotiana tabacum*) during development and abiotic stress[J]. Mol Genet Genomics, 2010, 283(3): 233 ~ 241.

[80] Severson R F, Chprtyk O T. Sucrose esters[C]//ACS Symposium Series 557, Washington, DC, 1994: 109 ~ 121.

[81] Shinozaki Y, Matsuzaki T, Suhara S, et al. New types of glycolipids from the surface lipids of *Nicotiana umbratica*[J]. Agric Biol Chem, 1991, 55(3): 751 ~ 756.

[82] Shoji T, Nakajima K, Hashimoto T. Ethylene suppresses jasmonate-induced gene expression in nicotine biosynthesis[J]. Plant Cell Physiol, 2000, 41(9): 1072 ~ 1076.

[83] Shoji T, Ogawa T, Hashimoto T. Jasmonate-induced nicotine formation in tobacco is mediated by tobacco *COI1* and *JAZ* genes[J]. Plant Cell Physiol, 2008, 49(7): 1003 ~ 1012.

[84] Skaltsa H, Verykokidou E, Harvala C, et al. UV-B protective potential and flavonoid content of leaf hairs of *Quercus ilex*[J]. Phytochemistry, 1994, 37(4): 987 ~ 990.

[85] Thomson W W, Healey P L. Cellular basis of trichome secretion. In Biology and Chemistry of Plant Trichomes[M]. New York, USA: Plenum Press, 1984: 95 ~ 112.

[86] Thurston R, Smith W T, Cooper B P. Alkaloid secretion by trichomes of *Nicotiana* species and resistance to aphids[J]. Entomol Exp Appl, 1966, 9(4): 428 ~ 432.

[87] Traw M B, Bergelson J. Interactive effects of jasmonic acid, salicylic acid, and gibberellin on induction of trichomes in *Arabidopsis*[J]. Plant Physiol, 2003, 133(3): 1367 ~ 1375.

[88] Wagner G J, Wang E, Shepherd R W. New approaches for studying and exploiting an old protuberance, the plant trichome[J]. Ann Bot, 2004, 93(1): 3 ~ 11.

[89] Wagner R, Feth F, Wagner K G. The pyridine–nucleotide cycle in tobacco: enzyme activities for the recycling of NAD[J]. Planta, 1986, 167(2): 226 ~ 232.

[90] Wang E, Wagner G J. Elucidation of the function of genes central to diterpene metabolism in tobacco trichomes using posttranscriptional gene silencing[J]. Planta, 2003, 216(4): 686 ~ 691.

[91] Wang E, Wang R, DeParasis J, et al. Suppression of P450 hydroxylase gene in plant trichome glands enhances natural-product-based aphid resistance[J]. Nat Biotechnol, 2001, 19(4): 371 ~ 374.

[92] Wang W, Liu G, Niu H, et al. The F-box protein COI1 functions upstream of MYB305 to regulate primary carbohydrate metabolism in tobacco (*Nicotiana tabacum* L. cv. TN90) [J]. J Exp Bot, 2014, 65(8): 2147 ~ 2160.

[93] Wang X, Bennetzen J L. Current status and prospects for the study of *Nicotiana* genomics, genetics, and nicotine biosynthesis genes[J]. Mol Genet Genomics, 2015, 290(1): 11 ~ 21.

[94] Weeks W W, Sisson V A, Chaplin J F. Difference in aroma, chemistry, solubilities, and smoking quality of cured flue-cured tobaccos with aglandular and glandular trichomes[J]. J Agric Food Chem, 1992, 40(10): 1911 ~ 1916.

[95] Xu B, Sheehan M J, Timko M P. Differential induction of ornithine decarboxylase (ODC) gene family members in transgenic tobacco (*Nicotiana tabacum* L. cv. Bright Yellow 2) cell suspensions by methyl-jasmonate treatment[J]. Plant Growth Regul, 2004, 44(2): 101 ~ 116.

[96] Xu B, Timko M. Methyl jasmonate induced expression of the tobacco putrescine N-methyltransferase genes requires both G-box and GCC-motif elements[J]. Plant Mol Biol, 2004, 55(5): 743 ~ 761.

[97] Xu J, Li H D, Chen L Q, et al. A protein kinase, interacting with two calcineurin B-like proteins, regulates K$^+$ transporter AKT1 in *Arabidopsis*[J]. Cell, 2006, 125(7): 1347 ~ 1360.

[98] Yasui T, Sasaki T, Matsuki J, et al. Waxy endosperm mutants of bread wheat (*Triticum aestivum* L.) and their starch properties[J]. Breed Sci, 1997, 47(2): 161 ~ 163.

[99] Yerger E H, Grazzini R A, Hesk D, et al. A rapid method for isolating glandular trichomes[J]. Plant Physiol, 1992, 99(1): 1 ~ 7.

[100] Zhang H B, Bokowiec M T, Rushton P J, et al. Tobacco transcription factors NtMYC2a and NtMYC2b form nuclear complexes with the NtJAZ1 repressor and regulate multiple jasmonate-inducible steps in nicotine biosynthesis[J]. Mol Plant, 2012, 5(1): 73 ~ 84.

第10章

烟草抗病突变体

烟草病害一直是影响烟草生产可持续发展的重要因素，每年都造成巨大的经济损失。近年来，烟草种植区域、栽培措施、生态条件等发生了较大变化，导致我国烟草病害发生日趋复杂。病毒病、黑胫病、赤星病和青枯病是我国烟草生产的主要病害，在主要烟草产区均有发生，严重威胁烟草生产。

烟草病害的防治通常包括农业防治、物理防治、生物防治、化学防治等方法，其中种植抗病品种是最经济有效的农业防治方法之一。在病害的选择压力下，烟草品种抗性可发生变化。抗病突变体与野生型相比，带有已经发生突变的抗性基因或者某个抗病性状发生可遗传变异。发现和分离有利用价值的变异材料是抗病育种的基础。自然界中自发突变频率仅为 $10^{-9} \sim 10^{-10}$，且多数并非有益突变；人工诱变可产生饱和突变，为遗传育种提供丰富的抗病突变资源。以"中烟 100"、"红花大金元"、"翠碧一号"等烟草品种为受体材料进行突变群体创制，获得大量突变材料。经过多年的温室和大田的筛选与鉴定，总结出一套简便、可靠的高通量烟草抗病突变体筛选与鉴定方法，鉴定获得对烟草主要病害具有抗性的突变体 70 余份。

第 1 节 烟草抗 TMV 突变体

烟草花叶病毒（*Tobacco mosaic virus*，TMV）是最早研究的植物病毒，也是烟草上发生的重要病毒病害。TMV 在世界烟草产区广泛分布，并可侵染多种寄主植物。该病毒抗逆性强，易经农事操作传播，在管理不善的烟田往往造成严重损失。

目前抗 TMV 品种的抗性均来自于黏烟草（*N. glutinosa*）的 N 基因。N 基因为显性抗病基因，TMV 侵染含 N 基因的烟草时，产生过敏性反应（hypersensitive response，HR）而呈现坏死斑症状。将病毒限制在侵染点及邻近的细胞中，通过寄主的坏死抑制病毒扩散（Otsuki 等，1972；Padgett 等，1997；Marathe 等，2002）。同时，N 基因还具有温敏性，在 28 ℃以上接种时，接种叶片不表现过敏性反应，而是出现系统性坏死（Whitham 等，1994；White 和 Sugars，1996）。目前，鉴定 N 基因是筛选烟草抗 TMV 品种的有效策略（张玉等，2013；Chen 等，2014）

1 筛选与鉴定方法

烟草抗 TMV 的鉴定目前采用《烟草品种抗病性鉴定》（GB/T 23224-2008）的方法。采用温室苗期鉴定方法，3 ~ 5 叶期摩擦接种病毒汁液，25 ℃培养 14 天，根据《烟草病虫害分级及调查方法》（GB/T 23222-2008）逐株记录病害严重度，计算每个材料的病情指数，根据感病对照材料的病情计算抗性指数，评价品种抗性。这种方法简单准确，但费时费力，每批次的鉴定材料有限。

筛选与鉴定突变体材料较多时，接种方法和调查方法都需要改进。通过对常规汁液摩擦接种、毛刷快速摩擦接种、喷枪接种和剪叶接种方法的试验，以及逐株调查病情、目测病情、ELISA、检测试纸条和 RT-PCR 等病毒检测方法的比较，最终采用毛刷快速摩擦接种、目测病情的方法。即用塑料毛刷蘸取病毒汁液轻轻摩擦叶片接种，根据每批次抗、感品种的病情划分病害严重度，目测突变体材料的病情。

为保证试验的准确性，采用如下的试验流程。

（1）育苗

先在 30 厘米 ×20 厘米的塑料盘内播种，待烟苗生长至 2 ～ 3 片真叶时，假植到 25 孔的育苗盘内，整齐摆放于育苗畦内，四周摆放保护盘（图 10-1）（Shen 等，2016）。待烟苗长至 5 ～ 6 片真叶时待用，接种前均匀撒 600 目石英砂。

（2）接种体制备

为防止保存期病毒致病性变异，于使用前 15 天，将 TMV 转接到普通烟草"NC89"上复壮 1 次备用。取新鲜病叶，在无菌研磨器中，加适量 0.01 mol/L pH 7.0 磷酸缓冲液研磨，双层纱布过滤，调整接种液质量与体积比为 1∶80。

（3）接种

用肥皂水洗手后，将消毒塑料毛刷置于肥皂水中浸泡 30 分钟消毒，清水洗净，用刷毛蘸取病毒汁液轻轻摩擦烟苗叶片，以造成表皮微伤而不死亡为宜。每蘸取一次病毒汁液，来回摩擦 3 次，每次刷接苗盘中烟苗距离 60 厘米左右。接种后均匀喷洒清水冲洗残留液。

（4）病情调查

首先根据 GB/T23222 调查抗、感对照品种的病情，计算病情指数 DI 和抗性指数 RI。抗性程度划分采用感病对照品种平均病情指数 DI 达到 60 时的相对抗性指数作为抗性定级的依据。然后目测每盘突变体材料的群体病情，按 0、1、3、5、7、9 分级记录。对表现抗、感分离的材料或个别高抗的单株进行标记，重复鉴定。

病毒病严重度分级标准（表 10-1）如下。

0 级：全部烟苗无病。

1 级：1/3 以下烟苗心叶脉明或轻微花叶。

3 级：1/3 烟苗花叶但不变形，或病株矮化为正常株高的 3/4 以上。

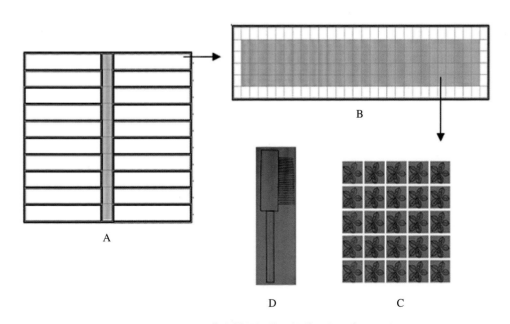

图 10-1 鉴定材料摆放及接种工具示意

A. 温室；B. 育苗畦；C. 育苗盘；D. 毛刷

表 10-1 烟草品种病毒病抗性级别划分标准

病级及 DI	RI	抗性级别
0 级（0）	—	高抗或免疫（I）
1 级（0.1～20）	≤-2.0	抗病（R）
3 级（20.1～40）	-2.1～-1.0	中抗（MR）
5 级（40.1～60）	-1.1～0.0	中感（MS）
7 级（60.1～80）	0.1～1.0	感病（S）
9 级（80.1～100）	≥1.1	高感（HS）

注：每个待评价材料必须经过两年（次）相同方法鉴定，如果两年（次）鉴定结果不一致，以抗性弱的级别为该待评价材料的最终抗性级别。

5 级：1/3～1/2 烟苗花叶，或少数叶片变形，或主脉变黑，或病株矮化为正常株高的 2/3～3/4。

7 级：1/2～2/3 烟苗花叶、变形或主侧脉坏死，或病株矮化为正常株高的 1/2～2/3。

9 级：全部烟苗花叶、严重变形或坏死，或病株矮化为正常株高的 1/2 以上。

$$DI = \frac{\sum(\text{各级病株数} \times \text{相对级指数})}{\text{调查总株数} \times \text{最高级值}} \times 100 \quad (1)$$

$$RI = \ln\frac{DI}{100-DI} - \ln\frac{DI_0}{100-DI_0} \quad (2)$$

式中，DI 指各品种的病情指数，DI_0 指感病对照品种"G140"的病情指数。

2 筛选与鉴定过程

（1）筛选过程

2011 年通过接种 TMV，对 202 个"中烟 100"EMS 诱变的 M_2 株系共 5 050 株烟苗进行了抗 TMV 筛选，其中 7 个 M_2 株系（诸城田间编号分别为 MZE2-1、MZE2-204、MZE2-225、MZE2-371、MZE2-991、MZE2-1079 和 MZE2-1134，对应的苗期筛选编号分别为 T1、T90、T93、T125、T212、T222 和 T227）共 45 株烟苗在接种 TMV 后出现枯斑症状，单株突变率为 0.89%，株系突变率为 3.47%。对这些烟株进行套袋，收获 M_3 单株种子，共获得来自 3 个 M_2 株系（诸城田间编号分别为

MZE2-204、MZE2-225 和 MZE2-1079，对应的苗期筛选编号分别为 T90、T93 和 T222）的 11 份 M_3 单株种子。

2012 年通过接种 TMV，对 2 989 个"中烟 100"EMS 诱变的 M_2 株系共 74 725 株烟苗进行了抗 TMV 的高通量筛选，其中 11 个 M_2 株系共 14 株烟苗在接种 TMV 后未显示症状或极轻微花叶，单株突变率为 0.02%，株系突变率为 0.37%。实际收获 M_3 种子 9 份。

（2）鉴定过程

2012 年通过接种 TMV，对 2011 年筛选获得的 11 个抗 TMV M_3 株系进行了苗期鉴定。这 11 个 M_3 株系的苗期鉴定编号分别为 T90-1、T93-1-1、T93-1-2、T93-2、T93-3、T93-4、T93-5、T93-6、T93-7、T93-8 和 T222-1。鉴定结果表明，除了 T93-6 未出苗和 T90-1 为中感以外，T93-1-1、T93-1-2、T93-2、T93-5、T93-8 和 T222-1 共 6 个 M_3 株系所有烟株接种后均出现枯斑，对 TMV 均表现免疫，稳定遗传了 M_2 代对 TMV 的免疫性状，其中 T222-1 还是不育的；T93-3、T93-4 和 T93-7 共 3 个 M_3 株系抗性表现虽然有分离，但株系中也分别有 97%、93% 和 75% 的单株接种后出现枯斑，基本稳定遗传了 M_2 代对 TMV 的免疫性状。

2012 年同时对 T93-1-2 和 T222-1 两个 M_3 株系进行了田间自然鉴定，田间编号分别为 MZ3-236 和 MZ3-237。整个生育期的田间鉴定表明，这两个 M_3 株系未表现花叶症状，而且 MZ3-237 是不育的。将 MZ3-236 突变体与易感 TMV 的品种"红花大金元"（这两个材料之间的亲缘关系较远，遗传背景不一致）进行杂交，获得杂种 F_1 代，F_1 代自交获得 F_2 代。通过对 F_2 代群体的 TMV 接种鉴定可知，其抗感分离比为 3∶1，说明该抗 TMV 突变体的抗性受一对单显性基因的控制，且抗病对感病为显性（张雪峰，2014）。

2013 年通过接种 TMV，对 2012 年筛选获得的 9 个抗 TMV 的 M_3 代株系进行了苗期鉴定。鉴定结果表明，只获得一个免疫 TMV 的 M_3 代株系（苗期鉴定编号为 T9，对应的 M_2 系统编号为 11ZE224431，系统编号的设置参见第 13 章第 1 节，下同），而其余 8 个 M_3 代株系没有遗传 M_2 代对 TMV 的免疫性状。对 T9 株系的苗期接种鉴定分 2 次进行，第一次接种 20 株，全部单株表现枯斑；第二次接种 50 株，其中 47 株表现枯斑。

3 鉴定的烟草抗 TMV 突变体

通过苗期接种鉴定和田间种植的自然鉴定，共获得 10 个抗（免疫）TMV 的 M_3 代株系，其中 7 个株系稳定遗传了 M_2 代对 TMV 的免疫性状，3 个株系基本稳定遗传了 M_2 代对 TMV 的免疫性状。考虑到来自于同一个 M_2 代株系的不同单株可能具有相同或相似的抗病基因或机制，因此，将这 10 个来自 3 个 M_2 代株系的抗 TMV 的 M_3 代株系合并为 3 个抗 TMV 突变体。

抗 TMV 突变体 1：2011 年 M_2 株系的苗期筛选编号为 T93，对应的系统编号为 08ZE200225，M_2 苗期单株突变性状为抗（免疫）TMV（图 10- 2a）。2012 年苗期鉴定编号分别为 T93-1-1、T93-1-2、T93-2、T93-5 和 T93-8 的 M_3 株系稳定遗传 M_2 的抗（免疫）TMV 性状（图 10-2b），而苗期鉴定编号分别为 T93-3、T93-4 和 T93-7 的 M_3 株系也基本稳定遗传 M_2 的抗（免疫）TMV 性状。2012 年田间鉴定编号为 MZ3-236（系统编号为 11ZE3002257）的 M_3 株系在整个生育期未表现花叶症状（图 10-3）。

抗 TMV、不育突变体 2：2011 年 M_2 株系的苗期筛选编号为 T222，对应的系统编号为 10ZE201103，M_2 苗期单株突变性状为抗（免疫）TMV。2012 年苗期鉴定编号为 T222-1 的 M_3 株系稳定遗传 M_2 的抗（免疫）TMV 性状。2012 年田间鉴定编号为 MZ3-237（系统编号为 11ZE3010796）的 M_3 株系在整个生育期未表现花叶症状（图 10-4a、b、c），且是不育的（图 10-4d、e）。

抗 TMV 突变体 3：2012 年 M_2 株系的苗期筛选编号为 T9，对应的系统编号为 11ZE224431，M_2 苗期单株突变性状为抗（免疫）TMV。2013 年苗期鉴定编号为 T9 的 M_3 株系稳定遗传 M_2 的抗（免疫）TMV 性状（图 10-5）。

图 10-2 抗 TMV 突变体 1 苗期接种的免疫枯斑

a. T93（2011 年）M_2 筛选株系；b. T93-1-2（2012 年）鉴定株系

图 10-3 抗 TMV 突变体 1 的田间表现

a. 移栽后 25 天；b. 移栽后 55 天；c. 移栽后 75 天

图 10-4 抗 TMV、不育突变体 2 的田间表现

a. 移栽后 25 天；b. 移栽后 55 天；c. 移栽后 75 天；d. 花；e. 柱头
WT. 野生型烟草（对照）；MT. 突变体烟草

图 10-5 抗 TMV 突变体 3 苗期接种后的枯斑症状

第2节 烟草抗 PVY 突变体

马铃薯 Y 病毒（*Potato virus Y*, PVY）是重要的植物病毒之一，广泛分布于世界各地，主要为害茄科作物，包括马铃薯、烟草、辣椒和番茄等。PVY 属于 *Potyvirus* 属的典型成员，是世界烟草的重要病害之一，在中国北方烟草产区和黄淮烟草产区为害严重，曾造成大面积减产，目前在云南、贵州等地烟草产区为害呈上升趋势。

PVY 为正单链 RNA 病毒，基因组大小为 10 Kb，编码一个多聚蛋白和移码的截短蛋白（Chung 等，2008），基因组的 5′ 端为病毒编码的 25KDa 的 VPg 蛋白，3′ 端为 PolyA（Léonard 等，2000）。病毒需要利用寄主植物的因子完成侵染循环，包括病毒复制、细胞内和细胞间移动、缺失或突变病毒需要的寄主因子，可赋予植物对病毒的隐性抗性（Diaz-Pendon 等，2004）。植物中一类新的隐性抗病基因为翻译起始因子，包括真核生物翻译起始因子 eIF4E（eukaryotic initiation factors 4E）和 eIF4G 或异构体（isoforms）。在 14 个植物隐性抗病毒病基因中，有 12 个编码 eIF4E 或 eIF(iso)4E（Wang 和 Krishnaswamy，2012）。病毒基因组结合蛋白（viral protein genome-linked，VPg）与 eIF4E 互作，模拟植物信使 RNA（mRNAs）的 5′ 端帽子结构。eIF4E 或 eIF(iso)4E 蛋白的个别氨基酸改变，可赋予植物对病毒的抗性（Ruffel 等，2002）。茄科作物辣椒 *pvr1* 基因位点及其等位基因 *pvr2* 为突变的 *eIF4E* 基因，抗 PVY、烟草蚀纹病毒（*Tobacco etch virus*，TEV）、辣椒叶脉斑驳病毒（*Pepper veinal mottle virus*，PVMV）（Ruffel 等，2002）。番茄 *pot-1* 基因编码几个氨基酸突变 eIF4E 蛋白，抗 PVY 和 TEV（Ruffel 等，2005）。

PVY 为蚜虫非持久性传播，其寄主植物范围广泛，常规化学防治措施的效果不佳。选育和利用抗病品种是防治 PVY 的重要措施。烟草抗 PVY 基因位点 *va* 来源于 Virgin A Mutant（VAM，种质编号 TI1406），VAM 为 X 射线处理获得的烟草突变体。国内外已鉴定出多个抗 PVY 的种质，如 VAM、VSCR 等，大部分 PVY 抗源的抗性表现为隐性基因位点（*va*）控制。利用 *va* 位点育成抗 PVY 白肋烟品种"TN86"、"TN90"和烤烟品种"NC55"、"NC102"等，并对几个抗源的抗性遗传特性、抗性相关的分子标记进行了研究。烟草种质资源中存在隐性抗 PVY 资源。辣椒和番茄等茄科作物中筛选到抗 PVY 或同属病毒的突变体，因此，从我国创制的烟草 EMS 突变体库中有望筛选得到抗 PVY 的突变体。筛选和鉴定新的抗 PVY 突变体，对丰富抗 PVY 的种质资源具有重要意义。

1 筛选与鉴定方法

（1）快速高通量筛选方法概述

M_2 群体数量：在烟草抗 PVY 突变体筛选工作中，需要筛选 M_2 份数通常为 1 000 份至数千份。在 10 ~ 100 株范围内，单份 M_2 群体数量越大，筛选到抗病突变体的概率越高，但大群体导致工作量急剧增加，难以实施。文献报道，作物抗 PVY 突变体主要为隐性突变体，在某份 M_2 株系中，假定抗 PVY 突变体为单基因隐性，则理论上该 M_2 株系的抗 PVY 单株比例为 1/4。按照 3 株重现计算，M_2 接种株数宜不少于 12 株。对高密度种植的烟苗摩擦接种 PVY 病毒，根据症状判断抗病单株，存在假阳性（假抗病）和假阴性（假感病）的可能。导致假阳性的可能原因：较小的单株漏接 PVY，或烟

苗被遮蔽造成生长较弱而症状表现慢。导致假阴性的可能原因：主要为烟苗感染 TMV 导致症状难区分。苗期接种 PVY 筛选抗病突变体方法，需要兼顾筛选通量和现有的设施、人力条件，为了减少假阳性和假阴性，每份 M_2 烟苗的接种数量应不少于 12 株，可采用漂浮苗盘育苗接种方法和多孔穴盘育苗接种方法。

病毒接种方法：采用高通量且接种均匀的高压喷枪接种。毒源宜根据研究目的，选择优势株系或者目标筛选株系，PVY 主要有坏死株系 PVY^N、普通株系 PVY^O 以及重组株系。毒源宜在抗 TMV 的枯斑寄主烟草（如"Samsun" NN，"Xanthinc"，"Coker 176"）上繁殖。接种前取新鲜病叶，采用免疫检测试纸条或者酶联免疫方法，确定毒源无其他常见病毒污染。摩擦接种方法可选用高压喷枪或者直接摩擦方法，两种方法各具优缺点。

高压喷枪接种具有以下特点：①不需要接触烟苗，接种时传播 TMV 的风险较小。②喷射的雾面均匀，接触面较大，较易控制接种均匀度。统一喷射压力、喷枪距离叶片的距离和喷射时间，即可控制接种均匀度。③每株接种只需要 2 ~ 3 秒时间，劳动强度较小、接种效率高，同一批次可由一人一次性完成。④需要空压机、喷枪、220 伏电源等设备设施。

直接摩擦接种方法，包括用棉签、油漆毛刷等工具蘸取病叶汁液接种。该方法的特点为：①接种时传播 TMV 的风险较大，因为 PVY 毒源汁液可能被接种株的 TMV 污染，造成后续接种单株发生 TMV。②接种均匀度受蘸取病叶汁液的数量、摩擦的面积、摩擦的轻重等因素影响，接种均匀度较难控制。③每株接种需要数十秒时间，劳动强度较大，接种效率不高，同一批次难以由一人一次性完成。④接种工具价廉易得。

环境条件：PVY 的发病速度和症状容易受温度、光照等条件的影响。温度和光照还影响烟苗的生长和突变体的育性，宜在烟苗生长的适宜环境下

开展筛选鉴定。在不具备控温设施的简易塑料大棚中接种鉴定，冬春季的低温寡照可能带来鉴定周期延长、症状表现不典型、烟株不育等问题。夏秋季的高温强日照可能带来烟苗生长过旺、调查困难和症状较轻等问题。在可控制温度和光照的温室或人工气候室鉴定，结果重复性较高。

抗病对照设置：在上万株烟苗中筛选出的几株或几十株抗病单株，存在被抗病对照污染的可能性。一旦被污染，会给后续研究带来极大的困扰，排除获得的抗病突变体未被抗病对照污染难度大，费时费力。因此，在几个月的操作过程中，要注意防止抗病对照的种子、烟苗和花粉污染突变体。发生污染的主要环节：播种、移栽、杂交授粉、收种、种子脱粒、种子保存。为了防止污染，有时可考虑不设抗病对照。但设置抗病对照能获得毒源的毒力、环境条件对试验的影响等必要信息。PVY 的抗病对照，可选择易于鉴别且不育的抗病材料，如双抗 PVY/TMV、不育的"NC102"，单抗 PVY、不育的"NC55"等。

漂浮苗盘育苗接种方法：采用常见的 162 孔漂浮苗盘，每 2 行（9 孔）播种一份 M_2 种子，每孔播种 2～3 粒种子，空一行，再播种另一份种子。一个苗盘播种 6 份种子。间苗时留 18 株用于接种。烟苗第一次剪叶后，采用高压喷枪接种 PVY 病叶汁液 100 倍液（加 1% 的 100 目二氧化硅）。接种后 14 天，调查一次发病情况，并将症状严重的烟苗拔除。接种后 21 天，再拔除症状严重的烟苗。接种后 28 天，第三次拔除症状严重的烟苗。如果第一次接种后 28 天，无症状烟苗较多，则进行第二次接种（方法同上），再次拔除症状重的烟苗。第二次接种后 1 个月左右，挑选有 2 株或 2 株以上的 M_2 株系，将无症状的烟苗移栽至花盆中。

该方法的优点为筛选通量大；缺点为烟苗密度大，容易导致漏接，后期发病不充分。另外，剪叶可能造成 TMV 污染，因此在操作过程中需对剪叶工具严格消毒。

多孔穴盘育苗接种方法：采用市售的 32 孔盘或 18 孔盘育苗、接种。采用 32 孔盘育苗时，每盘播种 2 份 M_2 种子；18 孔盘则每盘播种 1 份 M_2 种子，方法同漂浮苗盘育苗接种方法。该方法的优点为单株烟苗的空间较大，可较好地克服因烟苗密度大而导致的问题；缺点为筛选通量偏小。

抗病单株验证：苗期无症状单株移栽后，团棵期和旺长期仍然有单株表现 PVY 症状，现蕾期存在 PVY 隐症的现象。若大棚或温室中存在 TMV 毒源，则烟株有被 TMV 感染的风险。为了明确 M_2 单株抗性，减少后续筛选鉴定的工作量，对现蕾时仍然无症状的 M_2 单株和明显表现 TMV 症状的单株有必要采用酶联免疫检测，确定 PVY 检测阴性的单株，套袋留种获得 M_3 种子。

M_2 苗期接种初筛通量分析：采用 162 孔漂浮盘育苗和接种，每份 M_2 播种 18 孔，一个苗盘播种 6 份种子，1 平方米苗池放置 4 个苗盘，可播种 24 份 M_2 种子。按此计算，筛选 1 000 份 M_2 种子，需要 42 平方米苗池，170 个苗盘。从播种至第一次接种后 3 次拔除（每隔 7 天一次）病苗，需要的时间为两个半月。若第二次接种再拔除病苗 2 次，需要 21 天。从播种至无病苗移栽需要 3 个月左右。一个生长季节，可完成 2 批次鉴定。温室移栽地面约需 100 平方米。

M_3 代及高世代材料筛选鉴定：由于 PVY 的接种效率和发病程度相对 TMV 差，因此，M_2 代初筛获得的无症状单株一般较多，导致 M_3 代收种单株较多，候选复筛的工作量大，高世代抗性丢失的现象较常见。为了获得准确性高的表型数据，宜采用多孔穴盘或者单个花盆移栽，鉴定抗性。M_3 株系的鉴定数量不宜少于 30 株。较多的株数，有利于初步分析 M_3 代的抗性分离情况。

抗性的显隐性与位点数初步分析：基于表型鉴定筛选到的抗病突变体，在高世代自交株系（M_4 代或 M_5 代）的抗性稳定之后，与野生型对照材料杂交获得 F_1 代和 F_2 代群体，用于分析抗性位点的显隐性和突变位点数量。与代表性的 PVY 抗病资源杂交，获得 F_1 代和 F_2 代群体，用于分析突变基因是否与已知抗源等位。为了加快试验进程，用多个 M_3 单株配制 F_1 代或 F_2 代群体，在对应的 M_4 株系抗性明确后，挑选出来用于抗性遗传特性分析。但存在杂交工作量较大、多数群体将因为 M_4 株系感病而淘汰等问题。

基于基因型筛选：eIF4E 属于真核生物翻译起始因子的一种类型，eIF4E-1 基因缺失或突变可赋予烟草 PVY 抗性。Julio 等（2014）采用 PCR 扩增 eIF4E-1 基因 exon1、exon2 和部分 exon3，毛细管电泳单链构象多态性（CE-SSCP）检测方法，获得 2 个 eIF4E 基因 exon1 终止突变的抗 PVY 突变体。采用 TILLING、高分辨溶解曲线（high-resolution melting，HRM）分析和第二代高通量测序方法，有望筛选到更多的 eIF4E-1 基因突变体。

（2）快速高通量筛选烟草 M_2 代的方法

育苗：在防虫塑料大棚或温室内进行。无控温补光的塑料大棚，宜在棚内气温达到 15 ～ 35 ℃时进行。采用商品育苗基质育苗，按照每份 M_2 种子接种 15 ～ 18 株苗计算播种数量。162 孔漂浮盘上每盘宜播种 6 份种子，每份种子播种 2 行合计 18 孔。为了便于编号，每播种一份种子空一行。32 孔盘每盘可播种 2 份种子，18 孔盘每盘播种 1 份种子。每孔播种 2 ～ 3 粒种子，间苗至每孔 1 株苗。4 ～ 5 片叶时剪叶一次，使烟苗大小整齐，便于均匀接种。

接种体制备：采用 PVY 坏死株系 PVY-MN 或 PVY-ZT5 分离物，在接种前 30 天左右，在枯斑三生烟上繁殖备用。待接种时用免疫检测试纸条检测验证毒源繁殖成功且未被 TMV、CMV 等其他病毒污染。采集繁殖 PVY 的新鲜病叶，在无菌研钵中用 PVY 接种缓冲液（0.01 mol/L pH 7.0 磷酸盐缓冲液 + 0.4% 亚硫酸钠）研磨，用双层纱布过滤，调整接种液的浓度为 1：100（重量体积比）。

接种方法：烟苗 5 ～ 6 片叶时，直接在育苗池内采用高压喷枪摩擦接种或采用毛刷蘸取新鲜 PVY 汁液接种。接种前在病毒汁液中加入 1% 200 目化学纯二氧化硅，高压喷枪喷射压力为 1 千克/厘米^2。喷枪口距接种叶 20 厘米，每株喷射接种时间约为 1 秒（图 10-6）。尽量使每株烟苗均匀接种。或者在烟苗 4 片真叶时期采用毛刷蘸取新鲜 PVY 汁液接种（乔婵等，2015）。

图 10-6 M_2 材料高压喷枪接种 PVY

病情调查：烟苗接种后，观察病害发生情况，每 7 ～ 15 天调查发病情况并拔除发病株，连续调查和拔除病株 2 ～ 3 次。挑选抗病株系单株移栽，每隔 1 个月淘汰病株，现蕾时挑选无典型 PVY 症状的单株套袋留种。根据检测的通量，在套袋前或收种前，单株采集叶片，用 ELISA 方法检测 PVY，确定无 PVY 的单株。

M_3 代及高世代的抗 PVY 突变体抗性鉴定：每份 M_3 材料鉴定 16 ～ 60 株苗。为了便于发病和症状调查，在 18 孔或 32 孔盘接种，条件允许时采用直径 15 ～ 20 厘米花盆盆栽接种。接种后 14 天、21 天、28 天调查发病率，在发病率低于 80% 的 M_3 材料中挑选无症状单株移栽，现蕾时再次挑选无症状单株套袋留种。接种方法等同 M_2。M_4 或 M_5 材料的接种方法同 M_3，可适当增加接种苗数量。

2 筛选与鉴定过程

（1）筛选过程

2011 年和 2012 年通过 PVY 接种，从 2 029 个 EMS 诱变的"中烟 100"M_2 代株系共 30 435 株中，筛选得到 233 株抗 PVY 单株（现蕾时无症状），单株突变率为 0.77%。

2011 年通过温室内 2 次人工接种（第一次接种后拔除病株），第一次接种后 21 天进行第二次接种，定期观察症状并拔除病株。对 229 份"中烟 100"M_2 突变株系进行了抗 PVY 筛选。现蕾时挑选无典型 PVY 症状的单株，采用酶联免疫试纸条检测 PVY，挑选 PVY 检测阴性的单株套袋收种。共筛选获得编号为 2、3、14、134、410、333、661 等 7 个 M_2 株系中编号为 2−1、2−2、3−1、3−2、14−1、14−2、134−2、333−1、333−2、410−1、410−2、410−3、410−4、410−5、663−1、663−2、663−3 等 17 个单株，套袋获得 17 份 M_3 种子。

2012 年在防虫塑料大棚内，通过 PVY 接种对 1 800 个"中烟 100"M_2 株系进行筛选。4 ～ 5 片叶时高压喷枪接种 PVY 坏死株系 MN 分离物病叶汁液的 40 倍稀释液。接种后第 14 天和接种后第 28 天，分别拔除发病株，挑选 300 株无症状单株温室内移栽（图 10−7）。移栽后继续淘汰发病株，最终

图 10−7　移栽前无症状的 M_2 单株（右）和 PVY 病株（左）

挑选无症状且 ELISA 检测阴性的单株套袋，获得 216 份 M_3 种子。

（2）鉴定过程

在塑料大棚和光照培养室内，播种 M_3 种子，每份挑选 18 株或 32 株移栽于直径 20 厘米的一次性塑料花盆内。移栽成活后（4 ～ 5 片叶）采用高压喷枪接种 PVY−MN 病叶汁液 40 倍稀释液。2013 年 11 月 20 日在塑料大棚内接种鉴定的 55 份 M_3 株系中，接种后多次调查结果表明，E9119−1、E9119−1− 窄、E1056−1 和 E1056−2 等 4 个 M_3 株系的 PVY 无症状株数达 10 株以上（表 10−2），症状调查与 ELISA 结果吻合（表 10−3）。其他株系

表 10−2　冬季塑料大棚内对 M_3 株系的 PVY 抗性鉴定

M_3 株系名称	调查株数	无症状株数				接种后 28 天无症状株中 ELISA 检测阴性株数
		接种后 14 天	接种后 21 天	接种后 28 天	接种后 35 天	
E9119−1	32	29	28	28	28	28
E9119−1− 窄	32	17	14	14	14	14
E1056−1	32	17	14	12	12	11
E1056−2	32	21	18	18	18	18
E1020	32	0	0	0	0	—
E1034	32	0	0	0	0	—

注：—指未检测。

表 10-3 无 PVY 症状单株的 ELISA 检测

样品号	PVY 检测总株数	无症状 PVY 阴性株数	阴性平均 ELISA 值	有症状 PVY 阳性株数	阳性平均 ELISA 值
E9119-1, M_3	31	28	0.165	3	0.982
E9119-1 窄, M_3	16	14	0.149	2	1.647
E1056-1, M_3	13	11	0.138	2	0.734
E1056-2, M_3	20	18	0.105	2	1.276
阳性对照					1.604

的无 PVY 症状的株数在 8 株至 0 株之间。2013 年 11 月 5 日在光照培养室内接种鉴定的 178 份 M_3 株系中，接种后 14 天和 28 天调查结果表明，有 13 个 M_3 株系的 PVY 无症状株数为 4 株以上（接种 18 株）。其他株系的无 PVY 症状的株数在 3 株至 0 株之间。淘汰无症状株数 4 株以下的株系，开花时初选出无 PVY 症状单株较多株系（优系），再挑选优系中的单株，自交留种获得 M_4 种子 45 份。

2014 年 6 月至 9 月，在光照培养室分两批次对 45 份 M_4 株系进行 PVY 抗性鉴定，每份 M_4 种子播种 32 孔盘 4 盘，每 2 盘（合计 64 株苗）分别接种 PVY 的 2 个坏死株系 MN 和 ZT-5。接种后 14 天和 23 天发病率调查结果表明，多数 M_4 株系的发病率与对照"中烟 100"无差异，表明对 PVY 无抗性；少数 M_4 株系与对照"中烟 100"相比表现出较高的抗性。在发病率较低的 M_4 株系中，挑选无症状单株移栽，在现蕾期挑选无症状单株套袋。收种时再次挑选无症状单株，获得 M_5 种子 13 份。

2015 年在光照培养室通过 PVY 接种，对 13 个 M_5 株系进行鉴定，共获得 5 个 PVY 抗性稳定或基本稳定的株系。

3 鉴定的烟草抗 PVY 突变体

2012 ~ 2015 年鉴定获得"中烟 100"抗 PVY 突变体 5 个，包括 2 个 PVY 抗性稳定的突变体和 3 个 PVY 抗性基本稳定的突变体。

抗 PVY 突变体 1：2015 年 M_5 株系田间编号为 07980-1-1（图 10-8a），M_5 株系对 PVY 坏死株系抗性稳定。2014 年 M_4 株系田间编号为 07980-1，M_4 株系对 PVY 坏死株系抗性稳定。2013 年 M_3 株系田间编号为 07980，M_3 株系对 PVY 坏死株系抗性存在分离。M_2 单株田间编号为 1 180，现蕾时无 PVY 症状。

图 10-8 抗 PVY 突变体 1 和 2

a. 07980-1-1（2015）；b. 09696-2-1（2015）

抗 PVY 突变体 2：2015 年 M_5 株系田间编号为 09696-2-1（图 10-8b），M_5 株系对 PVY 坏死株系抗性稳定。2014 年 M_4 株系田间编号为 09696-2，M_4 株系对 PVY 坏死株系抗性稳定。2013 年 M_3 株系田间编号为 09696，M_3 株系对 PVY 坏死株系抗性存在分离。M_2 单株田间编号为 1467，现蕾时无 PVY 症状。

抗 PVY 突变体 3：2015 年 M_5 株系田间编号为 E1056-2 R12-1（图 10-9a），M_5 株系对 PVY 坏死株系抗性存在分离。2014 年 M_4 株系田间编号为 E1056-2 R12，M_4 株系对 PVY 坏死株系抗性存在分离。2013 年 M_3 株系田间编号为 E1056-2，M_3 株系对 PVY 坏死株系抗性存在分离。M_2 单株田间编号为 E1056，现蕾时无 PVY 症状。

抗 PVY 突变体 4：2015 年 M_5 株系田间编号为 E9119-114-2（图 10-9b），M_5 株系对 PVY 坏死株系抗性存在分离。2014 年 M_4 株系田间编号为 E9119-114，M_4 株系对 PVY 坏死株系抗性存在分离。2013 年 M_3 株系田间编号为 E9119-1，M_3 株系对 PVY 坏死株系抗性存在分离。M_2 单株田间编号为 E9119，现蕾时无 PVY 症状。

抗 PVY 突变体 5：2015 年 M_5 株系田间编号为 E9119-1 窄 R7-3（图 10-9c），M_5 株系对 PVY 坏死株系抗性存在分离。2014 年 M_4 株系田间编号为 E9119-1 窄 R7，M_4 株系对 PVY 坏死株系抗性存在分离。2013 年 M_3 株系田间编号为 E9119-1 窄，M_3 株系对 PVY 坏死株系抗性存在分离。M_2 单株田间编号为 E9119，现蕾时无 PVY 症状。

图 10-9　抗 PVY 突变体 3、4 和 5

a. E1056-2 R12-1（2015）；b. E9119-1 14-2（2015）；c. E9119-1 窄 R7-3（2015）

第3节 烟草抗黑胫病突变体

烟草黑胫病是一种由烟草疫霉（*Phytophthora parasitica* var. *nicotiana*）引起的毁灭性土传真菌性病害，主要分布于温带、亚热带和热带烟草产区。在我国，除黑龙江省外，其他各主要烟草产区均有分布，且在山东、河南、湖北、贵州等部分烟草产区为害严重（朱贤朝等，2002）。目前主要采用种植抗病品种、化学防治、生物防治等方法防治黑胫病，而抗病品种的培育是目前最有效的防治措施（马国胜等，2003）。

采用先进的育种手段和方法，对于加快我国烟草优质抗病新品种的选育尤为重要。诱变技术为烟草品种改良和抗病研究提供了丰富的材料。目前主要的诱变方法有3种：化学诱变、物理诱变和生物诱变。与转基因技术相比，诱变育种不存在生物安全性问题。河南省农业科学院烟草研究所利用离子注入技术对"NC89"进行处理，获得了对黑胫病抗性稳定且对花叶病和赤星病也有一定抗性的新品系"L6-4"（刘凤兰等，2004）。以 ^{60}Co-γ 射线为诱变剂处理"红花大金元"和"K326"的花药，用烟草疫霉菌粗毒素为筛选剂，对烟草花粉植株抗病突变体进行细胞筛选并对其再生植株及其 M_2 代进行抗病性鉴定和选育，已获得6个对黑胫病抗病性状表现稳定的细胞突变株系（王荔等，1999a 和 b）。利用花药培养双单倍体技术（anther-derived doubled haploid，ADH）对两个黑胫病感病材料"Ovens 62"和"Ky 15"杂交 F_1 代花粉进行培养，共获得75个花药培养双单倍体株系，且抗病性状稳定（Nichols

和 Rufty，1992）。利用 γ 射线诱变高度感病品种"小黄金1025"的花药，用50% ~ 80% 的黑胫病菌粗毒素为选择压力，筛选出抗毒素花粉植株，用离体叶片法筛选出抗病植株，获得6个抗病性能够稳定遗传的突变系（周嘉平等，1990）。Deaton 等（1982）利用愈伤组织培养技术也获得黑胫病抗性稳定的突变体材料。

1 筛选与鉴定方法

（1）病菌毒素抑芽筛选方法

将黑胫病0号生理小种在液体燕麦培养基中振荡培养7 ~ 14天，孢子含量为 8.5×10^5 个／毫升的毒素原液对发芽抑制效果较好。将培养液用滤纸过滤，滤液 10 000 g 离心 10 分钟，取上清液用 0.45 微米微孔滤膜过滤，得无菌的毒素原液。每处理选取种子300粒，每次100粒分别用5毫升毒素稀释液和无菌水浸泡烟草种子4 ~ 8小时，设3次重复。将种子置于普通琼脂培养基上培养，控制温度、湿度、光照时间等促进其萌发。待7天后调查发芽情况并计算发芽率，计算黑胫病病菌毒素对其抑芽率。抑芽率（%）＝（空白对照发芽数量 － 毒素处理发芽数量）× 100/ 空白对照发芽数量。

（2）菌谷接种筛选与鉴定方法

将通过病菌毒素抑芽初步筛选获得的具有抗性的烟株套袋自交得到 M_3 种子。播种至烟苗长至"大十字"期时进行假植，调节适宜温度、湿度于人工气候室内培养。6 叶期时移栽到直径为 10 厘米的花盆中进行菌谷接种鉴定。控制温度和湿度以利于烟草黑胫病的发生，待发病高峰期统计其病情指数和抗病率，抗性烟株成株期再次接种菌谷鉴定。统计 M_3 代和 M_4 代突变材料接种后的 0、7、11、13、14、19 天发病情况。结果表明，接种后的第 14 天与第 19 天结果几乎一致，因此可将接种后第 14 天作为鉴定抗性的最适时间（图 10-10）。

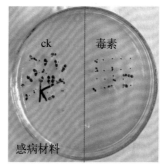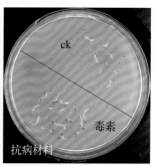

图 10-11　**抗感对照品种经毒素处理后的抑芽率试验**

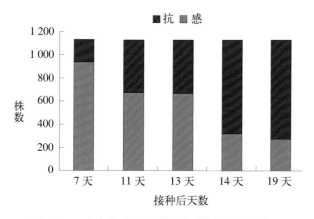

图 10-10　**突变株系接种后不同时间的抗感株数**

（3）自然病圃筛选与鉴定方法

将通过两次接种菌谷鉴定抗病率在 50% 以上的突变体株系在山东沂水自然黑胫病病圃进行鉴定，待发病高峰期调查各株系的发病率。也可以在自然黑胫病圃直接对 EMS 诱变的 M_2 株系进行抗黑胫病突变单株的筛选与鉴定。

2　筛选与鉴定过程

（1）筛选过程

2011 年采用病菌毒素抑芽筛选法对 3 个对照品种进行了抑芽率试验（图 10-11）。结果表明，毒素对感病品种"小黄金"、中抗品种"金星 6007"和抗病品种"革新三号"的抑芽率分别为 50%、28.57% 和 4.67%。当采用病菌毒素浸泡处理烟草种子时，种子的发芽率受毒素抑制的程度与处理时间、毒素浓度成正比；不同品种对烟草黑胫病粗毒素的抗性与其大田表现基本一致，抗性品种受毒素

的毒害较轻，感病品种受毒素的毒害较重。根据毒素对 3 个对照品种的抑芽率试验判定，采用病菌毒素抑芽筛选烟草突变体时，抑芽率 ≥ 30% 的为感病突变体，< 30% 为中抗或抗病突变体。利用此方法对 200 份"中烟 100"EMS 诱变的 M_2 株系进行抗黑胫病突变体筛选，获得抗病突变单株 6 个，套袋收获 M_3 种子。

2012 年采用同样的病菌毒素抑芽、苗期菌谷接种和成株菌谷接种"三步"筛选方法进一步扩大筛选数量。共筛选"中烟 100"EMS 诱变的 M_2 突变株系 17 200 个，获得抗病突变单株 105 个；共筛选"红花大金元"EMS 诱变的 M_2 突变株系 2 000 个，获得抗病突变单株 117 个，收获 M_3 种子。

2014 年在山东沂水自然黑胫病圃对 600 个"中烟 100"EMS 诱变的 M_2 株系进行了抗黑胫病筛选。从正常发病的 520 个株系共 5 628 个单株中，筛选获得抗黑胫病突变单株 468 个，收获 M_3 种子。

（2）鉴定过程

2013 年将 2011 年和 2012 年筛选获得的抗黑胫病 M_3 种子经过播种、假植、苗期接菌、移栽、成株接菌的流程进行抗黑胫病鉴定（图 10-12）。通过对 111 个抗黑胫病的"中烟 100"突变 M_3 株系鉴定，共获得存在抗黑胫病单株的株系 43 个，其中 2 个株系基本稳定遗传 M_2 单株的黑胫病抗性（表 10-4）；通过对 117 个抗黑胫病的"红花大金元"突变 M_3 株系鉴定，共获得存在抗黑胫病单株的株

图 10-12 通过菌谷接种鉴定的抗、感黑胫病突变 M₃ 株系

a. 感病株系；b. 抗病株系 1；c. 抗病株系 2

表 10-4 "中烟 100" 抗黑胫病突变 M₃ 株系

系统编号	总株数	抗病株数	抗病率 (%)	系统编号	总株数	抗病株数	抗病率 (%)
12ZE3071751	18	17	94.4	12ZE3262491	15	9	60.0
12ZE3261431	15	13	86.7	12ZE3262741	10	6	60.0
12ZE3071951	15	11	73.3	12ZE3072321	12	7	58.3
12ZE3079651	15	11	73.3	12ZE3261841	15	8	53.3
12ZE3262751	15	11	73.3	12ZE2348022	18	9	50.0
12ZE3261261	10	7	70.0	12ZE3077631	15	7	46.7
12ZE3077351	12	8	66.7	12ZE3261391	15	7	46.7
12ZE3071761	15	9	60.0	12ZE3077351	14	6	42.9
12ZE3077611	15	9	60.0	12ZE3256641	12	5	41.7
12ZE3261241	30	18	60.0	12ZE3074071	15	6	40.0

（续表）

系统编号	总株数	抗病株数	抗病率 (%)	系统编号	总株数	抗病株数	抗病率 (%)
12ZE3080511	10	4	40.0	12ZE3262621	15	4	26.7
12ZE3261921	10	4	40.0	12ZE3262621	13	3	23.1
12ZE3262341	13	5	38.5	12ZE3262481	10	2	20.0
12ZE3071651	14	5	35.7	12ZE3262451	15	3	20.0
12ZE3073801	12	4	33.3	12ZE3078031	13	2	15.4
12ZE3078891	6	2	33.3	12ZE3251451	14	2	14.3
12ZE3262421	10	3	30.0	12ZE3262181	7	1	14.3
12ZE3261261	11	3	27.3	12ZE3261921	15	2	13.3
12ZE3076331	15	4	26.7	12ZE3262451	15	2	13.3
12ZE3077351	15	4	26.7	12ZE3080511	10	1	10.0
12ZE3261401	15	4	26.7	12ZE3262661	15	1	6.7
12ZE3262571	15	4	26.7				

系 12 个，其中 1 个株系基本稳定遗传 M_2 单株的黑胫病抗性（表 10-5），收获 M_4 种子。

2014 年继续对 2013 年获得的 43 个"中烟 100"和 12 个"红花大金元" M_4 株系进行苗期和成株期两次接种鉴定，共获得 17 个"中烟 100"和 5 个"红花大金元"抗病性超过 50% 的 M_4 株系，收获 M_5 种子。

2015 年在山东沂水自然黑胫病圃，对 2014 年在该病圃筛选获得的"中烟 100" 468 个抗黑胫病 M_3 株系和 2011 ～ 2014 年筛选与鉴定获得的 22 个

抗黑胫病 M_5 株系再次进行抗黑胫病鉴定。

3 鉴定的烟草抗黑胫病突变体

2015 年在山东沂水自然病圃进行抗黑胫病突变体鉴定，共安排 490 个株系，其中包括 468 份经 M_2 代鉴定为抗性单株的"中烟 100" M_3 株系，以及 22 个经过多年鉴定的"中烟 100"和"红花大金元" M_5 株系，分别以"中烟 100"和"红花大金元"为亲本对照，"小黄金 1025"为感病对照，"革新三号"为抗病对照。在大田后期黑胫病发

表 10-5 "红花大金元"抗黑胫病突变 M_3 株系

系统编号	总株数	抗病株数	抗病率 (%)	系统编号	总株数	抗病株数	抗病率 (%)
12HE3006911	12	9	75.0	12HE3010362	10	4	40.0
12HE3008011	13	8	61.5	12HE3014392	11	4	36.4
12HE3007881	10	5	50.0	12HE3011362	10	3	30.0
12HE3009821	12	6	50.0	12HE3015433	16	3	18.8
12HE3008581	13	6	46.2	12HE3009051	10	1	10.0
12HE3015202	13	6	46.2	12HE3015542	10	1	10.0

病高峰期统计抗病率（未发病单株占株系单株数的比率）。此时亲本对照"中烟 100"和"红花大金元"的抗病率分别为 40.2% 和 9.7%，而感病对照"小黄金 1025"和抗病对照"革新三号"的抗病率分别为 29.4% 和 84.5%（表 10-6，图 10-13）。

在 490 个 M_3 和 M_5 株系中，共获得抗病率在 75% 以上的抗黑胫病突变株系 34 个，占 6.9%。其中，抗病率为 100% 的稳定遗传株系有 7 个（图 10-14 和图 10-15），抗病性基本稳定遗传的株系有 27 个，抗病性高于抗病对照的有 21 个。除了抗黑胫病突变体 4 来自"红花大金元"以外，其他 33 个抗黑胫病突变体均来自"中烟 100"（表 10-6）。

图 10-13 抗黑胫病突变体筛选与鉴定对照品种

a."红花大金元"；b."中烟 100"；c."小黄金 1025"；d."革新三号"

图 10-14 "中烟 100" 抗黑胫病突变体 1、2 和 3

a. YE-479（2015）；b. YE-471（2015）；c. YE-483（2015）

图 10-15 "中烟 100"抗黑胫病突变体 5 和 6

a.YE-023（2015）；b.YE-230（2015）

表 10-6　鉴定的"中烟 100"和"红花大金元"抗黑胫病突变体

序号	系统编号	编号	抗病率（%）	备注
抗黑胫病突变体 1	14ZE40717611	YE-479	100.0	图 10-14a
抗黑胫病突变体 2	14ZE40719511	YE-471	100.0	图 10-14b
抗黑胫病突变体 3	14ZE40723211	YE-483	100.0	图 10-14c
抗黑胫病突变体 4	14HE40078811	YE-490	100.0	
抗黑胫病突变体 5	14ZE3050301	YE-023	100.0	图 10-15a
抗黑胫病突变体 6	14ZE3052982	YE-230	100.0	图 10-15b
抗黑胫病突变体 7	14ZE3055252	YE-406	100.0	
抗黑胫病突变体 8	14ZE3050622	YE-052	90.0	
抗黑胫病突变体 9	14ZE3050972	YE-084	90.0	
抗黑胫病突变体 10	14ZE3051491	YE-120	90.0	
抗黑胫病突变体 11	14ZE3052912	YE-225	90.0	
抗黑胫病突变体 12	14ZE3053452	YE-279	90.0	
抗黑胫病突变体 13	14ZE3053493	YE-285	90.0	
抗黑胫病突变体 14	14ZE3053822	YE-311	90.0	

（续表）

序号	系统编号	编号	抗病率（%）	备注
抗黑胫病突变体 15	14ZE3054261	YE-343	90.0	
抗黑胫病突变体 16	14ZE3055141	YE-397	90.0	
抗黑胫病突变体 17	14ZE3055171	YE-401	90.0	
抗黑胫病突变体 18	14ZE3053172	YE-247	88.9	
抗黑胫病突变体 19	14ZE3054251	YE-342	88.9	
抗黑胫病突变体 20	14ZE3055281	YE-408	88.9	
抗黑胫病突变体 21	14ZE43480221	YE-485	88.9	
抗黑胫病突变体 22	14ZE3050832	YE-071	81.8	
抗黑胫病突变体 23	14ZE3051162	YE-099	80.0	
抗黑胫病突变体 24	14ZE3051731	YE-144	80.0	
抗黑胫病突变体 25	14ZE3051961	YE-154	80.0	
抗黑胫病突变体 26	14ZE3052503	YE-195	80.0	
抗黑胫病突变体 27	14ZE3052901	YE-223	80.0	
抗黑胫病突变体 28	14ZE3053282	YE-259	80.0	
抗黑胫病突变体 29	14ZE3055111	YE-393	80.0	
抗黑胫病突变体 30	14ZE3050251	YE-016	77.8	
抗黑胫病突变体 31	14ZE3051471	YE-116	77.8	
抗黑胫病突变体 32	14ZE3053932	YE-319	77.8	
抗黑胫病突变体 33	14ZE3055562	YE-431	77.8	
抗黑胫病突变体 34	14ZE3050351	YE-028	75.0	
亲本对照		"红花大金元"	9.7	图 10-13a
亲本对照		"中烟 100"	40.2	图 10-13b
感病对照		"小黄金 1025"	29.4	图 10-13c
抗病对照		"革新三号"	84.5	图 10-13d

第4节 烟草抗青枯病突变体

烟草青枯病是由青枯雷尔氏菌（*Ralstonia solanacearum*）引起的土传病害。以为害烟草根部为主，也可为害茎和叶，其典型症状是枯萎，严重发生时可造成全株死亡，对烟草产量和质量危害极大。该病害广泛分布于热带、亚热带和一些温暖地区。在我国南方烟草产区普遍发生，其中以福建、湖南、四川、广西及贵州为害严重（朱贤朝等，2002），且该病害常与黑胫病、根结线虫病等根茎类病害混合发生（刘勇等，2007）。近年来，该病害分布区域逐步扩大，山东、河南、辽宁等烟草产区也有分布。

目前，对烟草青枯病尚无有效的化学防治方法。培育和选用抗病品种是迄今防治青枯病最有效的途径，而寻找抗源是抗病育种的基础（李振岐和商鸿生，2005）。多年来，国内外学者在烟草抗青枯病育种等方面做了很多工作，并取得一些进展。美国最早开展抗病种质筛选和抗性遗传研究，在"TI448A"中找到了具有实用性的抗源（佟道儒，1997），CORESTA 青枯病协作组（1995～2001）挑选"TI448A"等几个代表性的抗源，在世界烟叶主产区巴西、南非、津巴布韦、中国、美国等国进行了多年多点田间病圃鉴定，结果表明"TI448A"表现为稳定的高抗（Jack，2002）；随后先后育成的来自"TI448A"抗性的"Oxford26"、"DB101"与"Coker139"，以及由上述 3 个品种育成的一系列品种在美国烤烟种植区控制青枯病的为害方面起到了重要作用。我国抗青枯病育种起步比较晚，始于

20 世纪 90 年代，现在国内已选育出的品种以"岩烟 97"的抗性较强（巫升鑫等，2004；刘勇等，2010）。由于缺乏高抗青枯病的种质资源，加上常规杂交育种周期长，工作量大，所以常规抗烟草青枯病育种工作尚无突破性进展，亟待发现新的、优质抗源。因此，有必要进行抗青枯病的种质筛选，结合可靠性高的抗性评价方法，选育出抗性和产值等综合性状优良的品种供生产利用。

烟草抗青枯病种质资源的筛选与鉴定方法主要有大田鉴定及苗期人工接种鉴定（孙学永等，2011；范江等，2014）。以上方法受环境条件影响较大，所需时间较长，且低抗材料发病较重。与前两种方法比较，室内离体鉴定在人工控制的环境条件下进行，不易受外界环境的干扰，可对育种工作初期获得的材料进行早期的大量筛选与鉴定，从而进行抗病性鉴定与评价。离体鉴定法在很多作物中已有应用（李广存等，2006；韩美丽等，2007；袁宗胜和胡方平，2010）。抗性突变体离体筛选具有明显的优越性：节省空间和人力、操作方便、不受时间和季节的限制，有助于缩短育种周期，加快获得突变体的速度，增强育种方向性。

植物抗性突变体筛选技术作为一种抗性资源的创新技术已逐渐在植物抗性育种中发挥其作用，但在烟草抗病鉴定中应用较少。从 2012 年开始，进行了烟草抗青枯病突变体筛选与鉴定研究，建立了茎枝菌液接种法和自然病圃筛选程序，获得了抗性植株，并对这些植株和后代进行了鉴定。

1 筛选与鉴定方法

（1）茎枝菌液浸泡法

首先制备青枯菌菌悬液，于 TTC 选择性培养基（NA 培养基中加入 2，3，5-氯化三苯基四氮唑，含量为 0.05%）中活化保存的青枯菌，30℃条件下黑暗培养 2 天，挑取致病强的单菌落在 NA 培养基（牛肉汁蛋白胨培养基）中扩繁培养。致病性强的典型单菌落特征为：单菌落呈不规则圆形，略突起，边缘乳白色，中心淡粉红色，四周白边较宽，流动性强。待长至菌苔时，用适量无菌蒸馏水洗下，分光光度计测量菌悬液的 OD_{600} 值（$OD_{600}=1$，菌悬液浓度为 $1 \times 10^7 \, cfu \cdot ml^{-1}$），调整菌悬液浓度为 $1 \times 10^7 \, cfu \cdot ml^{-1}$ 备用。供试烟草品种为"D101"、"K326"、"NC89"、"红花大金元"与"长脖黄"。方法步骤如下：植株长至 5 ～ 6 片叶时，取生长正常、整齐、无其他病虫害的烟草植株，用锋利的手术刀片沿茎基部垂直切取带有 4 ～ 5 片叶的主枝，首先存放于自来水中保湿，待取完全部所需的主枝后，分别将主枝插入盛有浓度为 $1 \times 10^7 \, cfu \cdot ml^{-1}$ 菌液的玻璃瓶内进行浸泡，置于 32 ℃、相对湿度 80% 及光暗交替（10 小时光照，14 小时黑暗）的人工气候箱内培养观察。接种后第 3 天开始持续观察发病情况，于浸泡后第 5 天和第 10 天逐个材料、逐枝详细调查发病期和严重度，以发病高峰期且最能反映抗、感病差异的调查记载数据，制定病害严重度分级指标。0 级：无症状；1 级：偶有叶片萎蔫；2 级：1 ～ 2 个叶片萎蔫；3 级：3 ～ 4 个叶片萎蔫；4 级：全部叶片萎蔫；5 级：茎枝死亡。

采用茎枝浸泡法对供试的不同抗性品种鉴定结果显示，接种后第 5 天调查，抗性品种"D101"轻度萎蔫，严重度为 1 级；中抗品种"K326"与"NC89"表现为 1 ～ 2 片叶萎蔫，严重度为 2 级；感病品种"长脖黄"与"红花大金元"表现为 3 ～ 4 片叶萎蔫或全部叶片萎蔫，严重度为 3 级（图 10-

16）；不同抗性品种间发病程度差异明显。接种后第 10 天调查结果显示，抗性品种"D101"严重度为 2 级；"长脖黄"与"红花大金元"整株萎蔫死亡，严重度为 5 级；抗、感品种间抗性差异明显，表明茎枝菌液浸泡法可用于突变体材料抗青枯病快速筛选。另外，菌液浓度与发病早晚呈高度相关，菌液浓度越高，茎枝发病时间越早。对于烟草而言，浸泡菌液浓度为 $1 \times 10^7 \, cfu \cdot ml^{-1}$、接种后 5 ～ 7 天调查结果为标准进行评价。在此筛选试验基础上，还测定了不同抗性品种及感病品种不同苗龄的接种发病情况（图 10-17），确定接种最佳苗龄为 45 ～ 55 天。

茎枝菌液接种法具有如下优点。①简单易行：只需将生理年龄一致的或同一基因型不同植株的茎枝或同一植株的主茎和侧枝切下，浸泡在含有同一浓度的菌液中即可，不须将所有植株进行伤根侵

图 10-16 **不同抗性品种接种后发病情况（接种后第 5 天）**

从左至右："红花大金元"、"长脖黄"、NC89、K326、D101

图 10-17 **不同苗龄感病品种"红花大金元"接种后发病情况**

从左至右：苗龄分别为 60 天、55 天、45 天、40 天、35 天

染，保证了实验材料的生理年龄一致性，也增加了鉴定结果的准确性。②可操作性强：无须培养大量植株，降低了工作量，节省空间，发病条件可控，便于管理，适于大量不同材料和不同基因型的抗性鉴定，人为控制发病速度，节省时间，降低能耗。③鉴定结果一致性更强，重复性更高：对于每一个茎枝浸泡前均为一致切割，所受伤害基本一致，增加了单株鉴定的准确性。④适用对象更广：大田烟株、组培幼苗、小气候环境下的烟株，均可采用该方法进行鉴定。⑤鉴定后的植株可直接应用。这对于珍贵、稀有材料的保存和繁殖具有重要的意义。

（2）自然病圃筛选与鉴定

烟草突变体抗青枯病筛选与鉴定也可采用田间自然病圃鉴定法，具体方法参考《烟草品种抗病性鉴定方法》（GB/T 23224-2008）。选择排灌方便、肥力水平中等、连年发病较重的烟田作鉴定圃（图 10-18），观察供试材料对青枯病的抗性。通常每份材料种植 1 行，每行 20 株，至少 3 次重复，随机排列，设抗、感病品种对照，可根据生产实践增设当地抗、感品种为对照。若参试材料数量较多，可适当调整每份材料种植的株数，单行种植，种植株数不少于 20 株，随机排列，并每隔 30 份材料种植相应的亲本对照、抗病对照、感病对照各 20 株。整个生育期内不使用杀菌剂，杀虫剂的使用根据病圃内害虫发生种类和程度而定。

在田间青枯病发生初期、盛期和末期，调查田间发病情况，每次均应调查全部植株，计算病情指数，根据 GB/T 23224-2008 判定供试材料的抗病性。

图 10-18　**烟草青枯病自然病圃**

2 筛选与鉴定过程

（1）自然病圃发病情况与抗性株系初筛

2014 年在福建泰宁青枯病自然病圃中，对"翠碧一号"M_2 群体进行了抗青枯病突变体筛选，抗病对照为"岩烟 97"，感病对照为"红花大金元"。2014 年 4 ~ 5 月份雨水较多，气温偏低，试验田块青枯病发病较轻。但进入 6 月后，随着气温上升，青枯病加重。至 6 月中旬，试验田块青枯病发病进入盛发期，6 块试验田块中除 5 号、6 号田块发病较轻外，1 ~ 4 号田块发病均较重。因此，于 6 月 19 日对发病重的 1 ~ 4 号田块共 1 422 个株系逐株进行青枯病调查并统计病情指数（表 10-7）。

由表 10-7 可知，4 个不同田块中，感病对照"红花大金元"的平均病情指数为 92.36 ~ 96.25，"翠碧一号"平均病情指数为 71.07 ~ 80.0，抗病对照"岩烟 97"平均病情指数为 34.74 ~ 43.91。3 个品种病情指数差异明显，且不同田块中表现趋势一致，"红花大金元"表现感病，"翠碧一号"表现中感－感病，"岩烟 97"表现中抗，这与常年鉴定结果一致，表明 1 ~ 4 号田块青枯病鉴定结果准确、可靠。

对 1 ~ 4 号田块 M_2 株系青枯病病情指数区间分布进行统计（图 10-19）。结果表明，"翠碧一号"EMS 诱变 M_2 株系盛发期青枯病病情指数呈近似正态分布，4 个田块 M_2 病情指数平均值为 66.46 ~ 68.50，比"翠碧一号"平均病情指数略低。这表明了青枯病抗性的多基因数量遗传特点，也表明通过 EMS 诱变实现"翠碧一号"青枯病抗性提升是可行的。

为筛选抗病株系，将每个田块"岩烟 97"的最高病情指数作为初步筛选"翠碧一号"M_2 代抗青枯病株系的临界值。据统计，1 号田块 M_2 代中抗病株系 30 份，2 号田块抗病株系 10 份，3 号田块抗病株系 26 份，4 号田块抗病株系 13 份。4 个田块共计筛选出抗青枯病株系 79 份，入选株系率为 5.56%。

表 10-7 不同田块突变体材料发病情况及抗性株系筛选

田块	材料	材料数量（个）	病情指数范围	平均病情指数	较抗株系数量（个）	抗性株系筛选率（%）
1	"岩烟 97"	8	16.25 ~ 38.16	37.81	30	5.22
	"红花大金元"	8	88.75 ~ 100.00	93.45		
	"翠碧一号"	8	62.50 ~ 92.50	76.74		
	M_2	575	20.83 ~ 100.00	66.82		
2	"岩烟 97"	2	36.25 ~ 44.44	40.35	10	3.73
	"红花大金元"	2	92.50 ~ 100.00	96.25		
	"翠碧一号"	2	80.00	80.00		
	M_2	268	31.25 ~ 100.00	68.50		
3	"岩烟 97"	3	31.25 ~ 50.00	43.91	26	11.50
	"红花大金元"	3	91.67 ~ 98.68	94.40		
	"翠碧一号"	3	76.67 ~ 77.63	77.39		
	M_2	226	31.25 ~ 100.00	66.46		
4	"岩烟 97"	5	27.63 ~ 37.50	34.74	13	3.68
	"红花大金元"	5	87.50 ~ 100.00	92.36		
	"翠碧一号"	5	52.08 ~ 79.76	71.07		
	M_2	353	20.00 ~ 98.44	66.73		

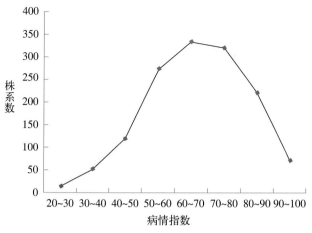

图 10-19 4 个田块 M₂ 病情指数区间分布

（2）自然病圃青枯病抗性单株筛选

于 2014 年 7 月初青枯病发病末期，对 M₂ 株系进行第二次青枯病调查。此时大部分田块烟株发病严重，甚至枯死。感病对照"红花大金元"全部枯死，亲本对照"翠碧一号"大部分枯死（图 10-20）。因此，第二次调查主要针对前期初选抗病单株和漏选抗病单株。在调查的 689 个单株中，有 125 个单株未发病（图 10-21 和图 10-22），115 个单株病级为 1 级，将 0 ～ 1 级单株初步归为抗病单株，最终收获 237 份种子。

图 10-20 青枯病发病严重的突变株系与 3 个对照

a. 13CE200088（发病严重）；b. 感病对照（全部枯死）；c. 亲本对照（大部分枯死）；d. 抗病对照（少数发病）

图 10-21 "翠碧一号"抗青枯病的部分突变株系 1

a. 13CE200018；b. 13CE200408；c.13CE200491；d. 13CE200735

图 10-22 "翠碧一号"抗青枯病的部分突变株系 2

a. 13CE200002；b. 13CE200061；c. 13CE200450；d. 13CE200730

3 鉴定的烟草抗青枯病突变体

2015 年于福建泰宁自然病圃进行抗青枯病突变体鉴定。共安排 315 份株系，其中包括 237 份经 M_2 代鉴定为抗性单株的 M_3 株系，以及部分抗性一般但农艺性状较优单株的 M_3 株系 78 份。以"翠碧一号"为亲本对照，"红花大金元"为感病对照，"岩烟 97"为抗病对照。在 6 月 10 日和 26 日（大田后期）进行

两次青枯病病情调查。第一次以病情指数为基础进行比较，表明不同突变株系之间的抗病性差异很大。第二次以抗病率（未发病单株占各株系单株数的比率）为基础，结合目测株系发病程度进行抗病等级（好、较好、中等、差、极差）判定。这次的结果更具说服力，因为青枯病发病严重，此时"红花大金元"已全部枯死，"翠碧一号"也接近全部枯死，"岩烟 97"的抗病率仅为 36.5%（表 10-8，图 10-23）。

图 10-23 抗青枯病突变体筛选与鉴定对照品种

a. 抗病对照"岩烟 97"；b. 亲本对照"翠碧一号"；c. 感病对照"红花大金元"

在 315 份 M_3 株系中，中等以上抗病等级的株系为 76 份，占 24.1%；抗病率高于岩烟 97 的为 70 份，占 22.2%。将抗病等级评价为好和较好的株系判定为抗青枯病突变体，共计 22 个株系，即经过 M_3 代抗病性鉴定，获得"翠碧一号"抗青枯病突变体 22 个（表 10-8），其中 1 份材料抗病性稳定遗传（抗病率 100%）（抗青枯病突变体 1，图 10-24a），抗病性基本稳定遗传（抗病率 76%～96%）的有 21 个（抗青枯病突变体 2～22，图 10-24b、c，图 10-25，图 10-26，图 10-27）。

表 10-8　"翠碧一号"抗青枯病突变体的鉴定

序号	M_3 系统编号	2015 年田间编号	抗病率（%）	等级评价	备注
抗青枯病突变体 1	14CE3003591	359-k	100	好	图 10-24a
抗青枯病突变体 2	14CE3000982	N98-2	96	好	
抗青枯病突变体 3	14CE3006331	633-k	92	好	图 10-24b
抗青枯病突变体 4	14CE3001171	117-k1	88	好	
抗青枯病突变体 5	14CE3001531	153-k	88	好	图 10-24c
抗青枯病突变体 6	14CE3004862	486-k2	88	好	
抗青枯病突变体 7	14CE3013162	1316-k2	88	好	图 10-25a
抗青枯病突变体 8	14CE3015612	N1561-1	88	好	
抗青枯病突变体 9	14CE3012992	1299-k1	85.7	较好	图 10-25b
抗青枯病突变体 10	14CE3013471	1347-k1	84	较好	图 10-25c
抗青枯病突变体 11	14CE3014121	1412-k1	84	较好	图 10-26a
抗青枯病突变体 12	14CE3017781	C1778-1	83.3	较好	
抗青枯病突变体 13	14CE3012991	1299-k2	81.8	较好	图 10-26b
抗青枯病突变体 14	14CE3017051	C1705-1	80	好	
抗青枯病突变体 15	14CE3017711	C1771-1	80	较好	
抗青枯病突变体 16	14CE3017921	C1792-1	80	较好	
抗青枯病突变体 17	14CE3014061	1406-k1	76.5	较好	图 10-26c
抗青枯病突变体 18	14CE3003441	344-k2	76	较好	图 10-27a
抗青枯病突变体 19	14CE3007331	733-k	76	较好	图 10-27b
抗青枯病突变体 20	14CE3009601	960-k1	76	较好	
抗青枯病突变体 21	14CE3014882	C1488-2	76	好	
抗青枯病突变体 22	14CE3000622	N62-1	76	较好	
抗病对照		"岩烟 97"	36.5	中等	图 10-23a
亲本对照		"翠碧一号"	1	极差	图 10-23b
感病对照		"红花大金元"	0	极差	图 10-23c

图 10-24 "翠碧一号" 抗青枯病突变体 1、3 和 5

a. 359-K（2015）株系；b. 633-K（2015）株系；c. 153-k（2015）株系

图 10-25 "翠碧一号" 抗青枯病突变体 7、9 和 10

a. 1316-k2（2015）株系；b. 1299-k1（2015）株系；c. 1347-k1（2015）株系

图 10-26 "翠碧一号" 抗青枯病突变体 11、13 和 17

a. 1412-k1（2015）株系；b. 1299-k2（2015）株系；c. 1406-k1（2015）株系

图 10-27 "翠碧一号" 抗青枯病突变体 18 和 19

a. 334-k2（2015）株系；b. 733-k（2015）株系

第5节 烟草抗赤星病突变体

1892 年美国首次报道发现烟草赤星病。20 世纪 50 年代中期之前，赤星病在美国一直属于烟草次要病害。然而，1956 年赤星病在北卡罗来纳州烟草产区突然爆发流行，之后在美国各主要烟草产区成为重要的烟草病害。赤星病曾对非洲以及日本、加拿大等国的烟叶生产也构成了严重威胁（Tisdale 和 Wadkins，1931；Stavely 和 Main，1970；Shew 和 Lucas，1990）。

我国最早于 1916 年在北京附近烟草产区发现烟草赤星病，20 世纪 60 年代中期在河南和山东等主要烟草产区爆发流行，给烟叶生产造成了重大损失（朱贤朝等，2002）。目前，由于我国各烟草产区主栽品种对赤星病的抗性不同，各产区发病严重程度有一定差异，但赤星病仍是我国烟草产区重要的叶斑类病害之一。

长期的防治实践表明，采用抗病品种是防治烟草赤星病最经济、安全、有效的措施。烟草抗赤星病育种需要不断地挖掘抗源与创造新的抗源。对 EMS 诱变的"中烟 100"突变体进行了抗赤星病筛选与鉴定，获得一套较为可靠的高通量筛选与鉴定方法。

1 筛选与鉴定方法

（1）寄主专化性毒素在赤星病研究中的应用

植物病原真菌能够产生真菌毒素，并能够使寄主植物产生典型的症状。它既不属于酶类，也不属于激素，在浓度较低的情况下能表现出很强的生理活性。赤星病菌在寄主体内和培养过程中可以产生几种不同类型的毒素，其中多为 AT 毒素（属于寄主专化性毒素）和 TA 毒素。它们均能诱发烟草叶片产生典型的赤星病斑（时焦等，2013）。因此，众多学者将烟草赤星病菌毒素应用于烟草赤星病的相关研究中。

在烟草抗赤星病育种中，需要人工接种鉴定种质的抗病性。人工接种烟草赤星病菌较困难，并且需要烟株生长到一定的程度，耗时耗力。因此，科研工作者多采用烟草赤星病菌产生的寄主专化性毒素（AT 毒素）鉴定烟草育种材料的抗病性，并发现寄主专化性毒素鉴定法是一种有效的品种抗性人工鉴定方法（郭永峰，1995 和 1996）。根据报道，至少有 4 种不同类型的毒素可能参与了赤星病致病过程，其中 AT 毒素和 TA 毒素（细交链格孢酮酸，tenuasonic acid）能诱发烟草叶片产生典型的赤星病斑（Kusaba 和 Tsuge，1995）。有人认为 TA 毒素是非寄主专化性毒素（Lucas，1975）。董汉松（1995）报道，用 AT 毒素对 21 个烟草品种进行赤星病抗病性筛选，发现不同烟草品种对毒素的反应程度存在差异；并发现用毒素鉴定的品种抗性结果与常规鉴定方法的鉴定结果吻合度达 80% 以上。Ishida 和 Kumashiro（1988）将 AT 毒素粗提液加到培养基中，用于培养对烟草赤星病抗性不同的烟草品种的细胞，结果发现，抗病品种细胞的死亡率比感病品种的低很多。李梅云（2006）研究发现，单独施用 AT 毒素明显抑制烟苗根的生长，差异极显著；碳酸钠（200 毫克／毫升）、酒石酸钾钠（200 毫克／毫升）、四硼酸钠（0.02 ～ 0.2 毫克／毫升）、氟化钠（0.2 ～ 2 毫克/毫升）、柠檬酸钠（0.2 ~ 200 毫克/毫升）、钼酸钠（0.02 ~ 2 毫克/毫升）对烟草赤星病菌毒素有明显钝化作用，且以钼酸钠 0.02 毫克/毫升浓度处理效果最好，其次为柠檬酸钠 0.2 毫克/毫升处理；钼酸钠 20 ~ 200 毫克/毫升处理可增加 AT 毒素的毒性，浓度越大效果越显著。

（2）筛选与鉴定方法

烟草对赤星病菌的抗性鉴定，通常采用以下 3 种方法。

离体叶片悬滴接种鉴定：将成熟的烟草叶片采下，然后用无菌大头针在叶片上划出多个"十"字形伤痕，然后将赤星病菌悬浮液滴加到"十"字伤痕处，于一定温度下保湿培养，最终调查发病情况。但采用这种方法鉴定上万份突变体是难以实行的。

田间直接鉴定：将大量突变体直接在田间种植，等到发病时进行调查分析，从而筛选出抗病突变体。田间鉴定法需烟株进入成熟期才能进行，不仅需要时间长，而且占地面积大，同时还要有适合发病的气候条件和病原的存在，确保田间赤星病的严重发生。这种方法对上万份烟草突变体进行鉴定也是不适合的。

病原菌毒素鉴定：在以病害防治为目的的研究中，病原物产生的致病毒素主要被用作寄主抗性突变的抗性诱导的胁迫因子而加到寄主的组织/细胞培养物中。在此过程，要获得理想的抗性突变或诱导抗性，须有两个条件，一是毒素处理能够引发寄主的快速和强烈反应，二是这种反应能代表寄主的抗病性。除此之外，病原物产生的毒素也可运用于植物材料的抗病性鉴定。烟草赤星病菌可以产生寄主专化性毒素 AT 毒素和非寄主专化性毒素 TA 毒素。烟草赤星病是为害烟草的重要病害，加上烟草赤星病菌人工接种十分困难，所以开展利用病原菌毒素鉴定烟草种质材料对赤星病的抗性研究，具有重要的现实意义。

（3）利用病原菌毒素筛选烟草抗赤星病突变体

赤星病菌毒素的制备：于培养皿中繁殖的赤星病菌上取 1 个直径 5 毫米的菌饼接种于 120 毫升查彼培养液中，在 28 ℃条件下振荡培养 4 周，纱布过滤除菌丝体，再经 3 ~ 5 次离心（8 000 g）、镜检无细胞，121 ℃湿热灭菌 15 ~ 30 分钟，获得毒素液，用生物测定的方法（白涛等，2006）确定毒素的活性，然后贮藏备用。

毒素培养基法筛选烟草抗赤星病突变体：烟草种子经 10%H_2O_2 消毒后，置于毒素含量为 1/8 的无菌水琼脂培养基上，以根系紧贴或伸入培养基中的程度及叶片颜色为鉴定指标。通过对比分析种质间烟草幼苗根系在含毒素培养基上紧贴或深入基质中生长的比率，能够鉴定出不同种质对赤星病的抗性水平（孙丽萍等，2014）。

采用含毒素培养基法对供试烟草突变体进行抗赤星病筛选，结果表明，大部分植株根系较短，根部朝上生长，不能深入到培养基中吸收养分，最终黄化死亡；少数植株根系较长，同一皿中大部分植株能够正常存活；部分有分化现象，单株根系较长，其他则较短。

2 筛选与鉴定

在 1 229 份"中烟 100"EMS 诱变的突变 M_2 株系中，筛选得到 12 个抗赤星病突变株系，其中 10 份材料根系较长，且能够正常存活于毒素培养基上；最后筛选出 2 个单株根系比较长的株系（图 10-28）（孙丽萍，2013）。

采用 VHX-1000E 超景深三维系统对烟草幼苗根部形态进行观察发现，根系长度显著大于对照"中烟 100"根系长度的突变体，其根尖表面平滑顺直，根毛丰富，能够正常接触含毒素的培养基，并在其中正常生长（图 10-29a、b）。而在含毒素培养基中根系长度显著小于对照"中烟 100"根系长度的突变体，其根尖褐变，根毛较少，部分植株幼苗根部原分生组织甚至坏死（图 10-29e、f）（孙丽萍，2013）。

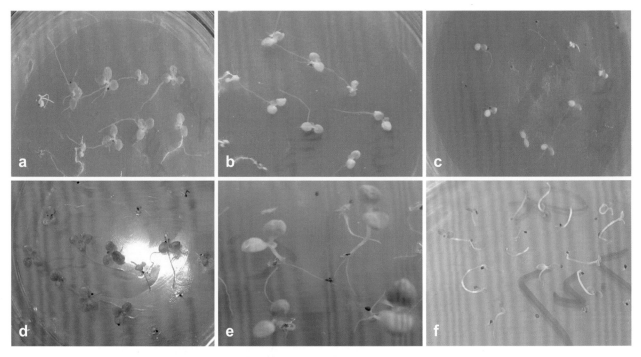

图 10-28　不同抗性突变体在含毒素培养基上的生长情况

a ～ e. 不同抗性突变体；f. 对照品种"中烟 100"

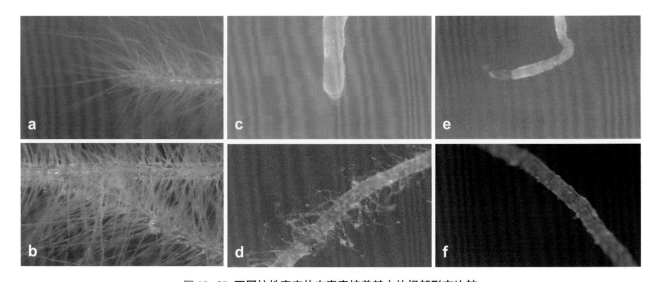

图 10-29　不同抗性突变体在毒素培养基中的根部形态比较

a、b. 抗赤星病的突变体；c、d. 中抗赤星病的突变体；e、f. 感赤星病的突变体

a、c、e. 突变体的根尖；b、d、f. 突变体的根

（撰稿：申莉莉，钱玉梅，刘勇，万秀清，冯超，向小华，王静，亚升鑫，时焦，余文，王秀芳；

定稿：任广伟，刘贯山）

参考文献

[1] 白涛，梁元存，王荣，等．烟草赤星菌毒素诱导烟草微细胞死亡及对 TMV 的抗性 [J]. 中国烟草科学，2006, 27(2): 26 ~ 28.

[2] 董汉松．植物诱导抗病性原理和研究 [M]. 北京：科学出版社，1995: 267.

[3] 范江，刘勇，李永平，等．烟草苗期青枯病抗性鉴定及其抗性评价方法的比较 [J]. 云南农业大学学报，2014, 29(4): 487 ~ 493.

[4] 郭永峰．烟草赤星病抗性鉴定的新方法——毒素抗性鉴定法 [J]. 中国烟草，1995, (3): 44 ~ 47.

[5] 郭永峰．烟草品种对赤星病的抗性比较 [D]. 北京：中国农业科学院，1996.

[6] 韩美丽，陆荣生，霍秀娟．番茄枝条离体鉴定品种青枯病抗性影响因素研究 [J]. 广西农学报，2007, 22(5): 14 ~ 17.

[7] 李广存，金黎平，谢开云，等．马铃薯青枯病抗性鉴定新方法 [J]. 中国马铃薯，2006, 20(3): 129 ~ 134.

[8] 李梅云．钠盐与 AT 毒素对烟苗根生长的影响 [J]. 中国烟草学报，2006, 12(5): 43 ~ 45.

[9] 李振岐，商鸿生．中国农作物抗病性及其利用 [M]. 北京：中国农业出版社，2005.

[10] 刘凤兰，段旺军，王素琴，等．离子注入技术及其在烟草育种上的应用研究 [J]. 种子，2004, 23(12): 58 ~ 60.

[11] 刘勇，秦西云，李文正，等．抗青枯病烟草种质资源在云南省的评价 [J]. 植物遗传资源学报，2010, 11(1): 10 ~ 16.

[12] 刘勇，秦西云，王敏，等．云南省烟草青枯病危害调查与病原菌分离 [J]. 中国农学通报，2007, 23 (4): 311 ~ 314.

[13] 马国胜，高智谋，陈娟．烟草黑胫病菌研究进展 [J]. 烟草科技，2003, (4): 35 ~ 42.

[14] 乔婵，万秀清，李若，等．烟草抗马铃薯 Y 病毒（PVY）突变体筛选与鉴定 [J]. 安徽农业科学，2015, 43(3): 99 ~ 101, 112.

[15] 时焦，王凤龙，张成省，等．寄主专化性毒素及其在烟草上的研究进展 [J]. 中国烟草科学，2013, 34(3): 113 ~ 117.

[16] 孙丽萍．烟草突变体抗赤星病快速高通量筛选鉴定方法研究 [D]. 北京：中国农业科学院，2013.

[17] 孙丽萍，时焦，孟坤，等．利用赤星病菌毒素快速高通量鉴定烟草抗性种质的方法研究 [J]. 中国烟草科学，2014, 35(1): 80 ~ 84.

[18] 孙学永，祖朝龙，高正良，等．高密度栽培对烟草青枯病抗性鉴定及株型性状的影响 [J]. 中国烟草学报，2011, 17(1): 77 ~ 82.

[19] 佟道儒．烟草育种学 [M]. 北京：中国农业出版社，1997.

[20] 王荔，罗文富，杨艳琼，等．运用致病毒素筛选抗烟草黑胫病细胞突变体 I 抗毒素愈伤组织的有效筛选 [J]. 云南农业大学学报，1999a, 14(1): 16 ~ 21.

[21] 王荔，杨艳琼，杨德，等．运用致病毒素筛选抗烟草黑胫病细胞突变体 II 抗毒素愈伤组织的再生植株及其后代的抗病性鉴定 [J]. 云南农业大学学报，1999b, 14(3): 273 ~ 278.

[22] 巫升鑫，方树民，潘建箐，等．烟草种质资源抗青枯病筛选鉴定 [J]. 中国烟草学报，2004, 10(1): 22 ~ 24.

[23] 袁宗胜，胡方平．离体叶片浸渍法和种子根伸长法快速鉴定花生青枯菌抗性 [J]. 花生学报，2010, 39(3): 39 ~ 41.

[24] 张雪峰．烟草抗 TMV 突变体抗性遗传分析与相关基因鉴定 [D]. 北京：中国农业科学院，2014.

[25] 张玉，罗成刚，殷英，等．烟草 N 基因及其在烤烟遗传育种中的应用 [J]. 中国农学通报，2013, 29(19): 89 ~ 92.

[26] 周嘉平，周俭民，梁思信，等．烟草抗黑胫病突变体的细胞筛选 [J]. 遗传学报，1990, 17(3): 180 ~ 188.

[27] 朱贤朝，王彦亭，王智发．中国烟草病害 [M]. 北京：中国农业出版社，2002.

[28] GB/T 23224—2008 烟草品种抗病性鉴定 [S].

[29] GB/T 23222—2008, 烟草病虫害分级及调查方法 [S].

[30] Chen W, Huang T, Dai J, et al. Evaluations of tobacco cultivars resistance to *tobacco mosaic virus* and *potato virus Y*[J]. Plant Pathol J, 2014, 13(1): 37 ~ 43.

[31] Chung B Y, Miller W A, Atkins J F, et al. An overlapping essential gene in the Potyviridae[J]. Proc Natl Acad Sci USA, 2008, 105(15): 5897 ~ 5902.

[32] Deaton W R, Keyes G J, Collins G B. Expressed resistance to black shank among tobacco callus cultures[J]. Theor Appl Genet, 1982, 63(1): 65 ~ 70.

[33] Diaz-Pendon J A, Truniger V, Nieto C, et al. Advances in understanding recessive resistance to plant viruses[J]. Mol Plant Pathol, 2004, 5(3): 223 ~ 233.

[34] Ishida Y, Kumashiro T. Expression of tolerance to the host-specific toxin of *Alternaria alternata*(AT toxin) in cultured cells and isolated protoplasts of tobacco[J]. Plant Dis, 1988, 72(10): 892 ~ 895.

[35] Jack A M. The CORESTA collaborative study on bacterial wilt (*Ralstonia solanacearum*)−2002 report[C]. CORESTA Information Bulletin, 2002 (4): 45 ~ 58.

[36] Julio E, Cotucheau J, Decorps C, et al. A eukaryotic translation initiation factor 4E (eIF4E) is responsible for the "*va*" tobacco recessive resistance to potyviruses[J], Plant Mol Biol Rep, 2014, 33(3): 609 ~ 623.

[37] Kusaba M, Tsuge T. Phylogeny of Alternaria fungi known to produce host-specific toxins on the basis of variation in internal transcribed spacers of ribosomal DNA [J].Curr Genet, 1995, 28(5): 491 ~ 498.

[38] Léonard S, Plante D,Wittmann S, et al. Complex formation between potyvirus VPg and translation eukaryotic initiation factor 4E correlates with virus infectivity[J]. J Virol, 2000, 74(17): 7730 ~ 7737.

[39] Lucas G B. Diseases of Tobacco[M]. Raleigh, North Carolina, Biological Consulting Associates. 1975: 267 ~ 303.

[40] Marathe R, Anandalakshmi R, Liu Y L, et al. The tobacco mosaic virus resistance gene, *N*[J]. Mol Plant Pathol, 2002, 3(3): 167 ~ 172.

[41] Nichols W A, Rufty R C. Anther culture as a probable source of resistance to tobacco black shank caused by *Phytophthora parasitica* var 'nicotianae'[J]. Theor Appl Genet, 1992, 84(3): 473 ~ 479.

[42] Otsuki Y, Shimomura T, Takebe I. Tobacco mosaic virus multiplication and expression of the *N* gene in necrotic responding tobacco varieties[J]. Virology, 1972, 50(1): 45 ~ 50.

[43] Padgett H S, Watanabe Y, Beachy R N. Identification of the TMV replicase sequence that activates the *N* gene-mediated hypersensitive response[J]. Mol Plant Microbe Interact, 1997, 10(6): 709 ~ 715.

[44] Ruffel S, Dussault M H, Palloix A, et al. A natural recessive resistance gene against potato virus Y in pepper corresponds to the eukaryotic initiation factor 4E (eIF4E) [J]. Plant J, 2002, 32(6): 1067 ~ 1075.

[45] Ruffel S, Gallois J L, Lesage M L, et al. The recessive potyvirus resistance gene *pot-1* is the tomato orthologue of the pepper *pvr2-eIF4E* gene[J]. Mol Gen Genomics, 2005, 274(4): 346 ~ 353.

[46] Shen L L, Sun H J, Qian Y M, et al. Screening and identification of tobacco mutants resistant to tobacco and cucumber mosaic viruses[J]. J Agri Sci, 2016, 154(3): 487 ~ 494.

[47] Shew H D, Lucas G B. Compendium of tobacco disease[M]. APS Press, 1990: 10 ~ 12.

[48] Stavely J R, Main C E. Influence of temperature and other factors on initiation of tobacco brown spot[J]. Phytopathology, 1970, 60(11): 1591 ~ 1596.

[49] Tisdale W B, Wadkins R F. Brown spot of tobacco caused by *Alternarialogipes* (Ell & Ev)[J]. Phytopathology, 1931, 21: 641 ~ 661.

[50] Wang A, Krishnaswamy S. Eukaryotic translation initiation factor 4E-mediated recessive resistance to plant viruses and its utility in crop improvement[J]. Mol Plant Pathol, 2012, 13(7): 795 ~ 803.

[51] White R F, Sugars J M. The systemic infection by tobacco mosaic virus of tobacco plants containing the *N* gene at temperatures below 28 ℃ [J]. J Phytopathol, 1996, 144(3): 139 ~ 142.

[52] Whitham S, Dinesh-Kumar S P, Choi D, et al. The product of the tobacco mosaic virus resistance gene *N*: similarity to toll and the interleukin-1 receptor[J]. Cell, 1994, 78(6): 1101 ~ 1115.

第 11 章

烟草抗逆突变体

植物的抗逆性是指植物具有的抵抗某些不利环境条件如干旱、低温、高温、盐碱等的能力。烟草在生长发育过程中经常会遇到这些不良环境条件的影响，导致烟株水分亏缺，从而产生渗透胁迫，影响烟草生长发育，严重时导致烟株死亡。筛选和鉴定烟草抗逆突变体可有利于解析烟草抗逆机制，并为烟草抗逆品种培育提供优异素材。

第1节 烟草抗干旱突变体

干旱是影响植物生长发育的主要环境因子之一（吴永美等，2008；刘志玲和程丹，2011）。烟草在生长过程中，特别是从团棵期进入旺长期常常遭遇干旱，干旱已经成为影响其营养生长的重要因素（Mohammadkhani 和 Heidari，2008）。利用突变体材料筛选烟草抗旱突变体，不仅可为抗旱基因克隆及功能分析奠定基础，而且对于进一步探索水分胁迫信号转导及应答干旱胁迫的分子机制具有重要的意义（莫金钢等，2014）。

1 筛选与鉴定方法

研究表明，采用渗透胁迫、控水模拟干旱可有效筛选出不同植物的抗旱材料（Mohammadkhani 和 Heidari，2008；任学良等，2009；高凯敏等，2015）。烟草从种子萌发、成苗至旺长期，要经历一个较长时间的生长发育过程。针对烟草的生长发育特点，在前人的工作基础上，建立适于进行烟草抗干旱突变体筛选与鉴定的方法。

(1) 发芽期小苗抗旱筛选方法

在9厘米培养皿中铺设2层滤纸作为发芽床。播种后，采用水培养。种子发芽后，待子叶完全展开时，将培养皿中的多余水分用吸水纸吸出，至滤纸饱和水含量（3毫升），而后直接加入等量的含有50% PEG-6000 的水溶液，采用石蜡膜封口，连续培养5天后进行观察、记数。每个处理重复3次，每皿100粒种子，置于人工变温光照培养箱中进行发芽试验。培养箱内昼温度为28 ℃（10小时），夜温度为28 ℃（14小时）。依据小苗萎蔫、生长情况，记录正常小苗数、萎蔫小苗数，进行比较分析。筛选后，成活的小苗假植至漂浮盘育苗，而后移栽繁种。

(2) 苗期抗旱筛选方法

在小苗抗干旱筛选的基础上，将抗旱性较好的小苗移栽至漂浮盘，采用漂浮育苗；成苗后，采用人工控水的方法，自然干旱漂浮盘，进行苗期的比较、筛选，淘汰长势弱、对干旱相对敏感的材料，进一步进行抗旱筛选，缩减后期筛选群体，而后进行苗期锻炼，直至移栽。根据小苗萎蔫情况、生理生化指标测定结果，筛选成活烟苗进行移栽繁种。

(3) 旺长期抗旱筛选与鉴定方法

在南繁加代的过程中，由于海南冬季多晴少雨，试验基地土壤沙性较强，持水能力较差，正常栽培条件下，每3天需灌溉1次。利用南繁基地的天气、土壤条件，进行自然控水干旱胁迫试验，通过与对照"中烟 100"相比，根据植株的萎蔫程度、存活能力进行抗旱筛选。筛选出抗旱能力相对较优的单株。根据植株萎蔫情况、植株高度、叶片生长量变化，筛选单株。

以往的研究中，多采用某一种方法对植物的抗旱材料进行筛选及抗旱性评价，而在对烟草突变体进行抗旱性筛选、鉴定的过程中发现，综合采用连续 3 种方法可有效筛选出烟草抗干旱突变体（图 11-1）。烟草抗干旱突变体筛选存在工作量大、抗旱性状相对复杂等技术难点，而通过结合发芽期、苗期及旺长期筛选，不仅可以相对简化、缩小相应的工作量，层层递减，并能有效筛选出抗干旱的突变体。在发芽期，由于不受时间、空间的限制，可进行大规模的抗旱突变体筛选工作。在初步筛选出存活小苗的基础上，通过假植到育苗盘培育幼苗；成苗后，再进行二次筛选。最后得到的抗旱突变体材料移栽至

大田，并结合田间控水，对旺长期的抗旱突变体进行筛选鉴定，并进行留种。通过多代的连续筛选、鉴定，可得到烟草抗干旱突变体。

2 筛选与鉴定过程

（1）烟草突变体抗干旱性状的遗传及稳定性

甲基磺酸乙酯（EMS）诱变处理烟草种子可以得到多种突变体，但由于诱变的随机性，突变体相关性状的遗传及稳定过程相对复杂。通过对"中烟 100"抗旱突变体连续多代的筛选与鉴定发现，"中烟 100"M_2 代开始分离，抗旱性状需 5 代的连续自交纯合方能稳定遗传。试验从 3 000 份 EMS 诱变的"中烟 100"M_2 代中筛选并鉴定，得到抗干旱突变体 29 份。通过对 29 份 M_3 代发芽期小苗抗旱鉴定与苗期控水自然干旱鉴定发现，2013NF93、94、95、105、110、113、116、119、120、121、122、126 等 12 份材料综合表现较好。

（2）烟草突变体抗干旱性状的鉴定

要获得理想的烟草抗干旱突变体，需经连续多代的筛选与鉴定。相关的鉴定工作既要涉及表型，也要涉及生理生化机制，更要关注基因转录水平的变化。前期的研究结果表明，通过对光合作用参数、叶绿素荧光参数、抗氧化物酶活性、丙二醛含量与脯氨酸含量的测定与比较，可有效鉴定出抗干旱突变体。因此，进一步对 12 份材料及对照"中烟 100"和"中烟 14"的相关参数进行了测定比较。

光合作用参数、叶绿素荧光参数比较：通过净光合速率（Pn）、气孔导度（Cond）与蒸腾速率（Tr）等光合作用参数的测定表明，经连续干旱处理 10 天后，突变体株系的净光合速率均比对照高，其中株系 2013NF93、110、119 等 9 个株系的净光合速率高于对照"中烟 14"；而在蒸腾速率的表现上，只有 2013NF105 比对照"中烟 100"低。在叶绿素荧光参数的表现上，除了 2013NF94、110、119、120、126 的光合系统 II 的潜在光化学效率（Fv/Fm）低

发芽期抗旱试验　　　　苗期抗旱筛选

田间抗干旱筛选

图 11-1　烟草抗干旱突变体筛选流程

于对照"中烟 100"与"中烟 14",2013NF93、95、105 等 7 个株系的 Fv/Fm 高于对照品种,说明经连续干旱处理 10 天后,这 7 个株系的光合系统 II 仍能保持较高的光能吸收转换效率。这与大部分株系净光合效率高于对照的表现一致(表 11-1)。

抗氧化酶活性比较:经连续干旱处理 10 天后,突变体株系在过氧化氢酶(CAT)、超氧化物歧化酶(SOD)和过氧化物酶(POD)的表现上存在一定的差异,如 2013NF93、94、95 和 105 的 CAT 活性低于对照品种(图 11-2a),但 SOD 活性均高于对照品种(图 11-2c),在 POD 活性的表现上则与对照相当(图 11-2b)。由此可见,干旱处理后,突变体株系的 CAT、SOD 和 POD 的表现并不存在一致性。

丙二醛含量比较:植物丙二醛(MDA)含量高低可反映植物遭受逆境胁迫的程度,丙二醛含量越高,说明植物遭受逆境胁迫的程度越大,经连续干旱处理 10 天后,12 个突变株系的丙二醛含量均低于对照"中烟 100"和"中烟 14"(图 11-3)。

脯氨酸含量比较:在逆境条件下,植物体内的脯氨酸(Pro)含量会显著增加。有研究表明,抗

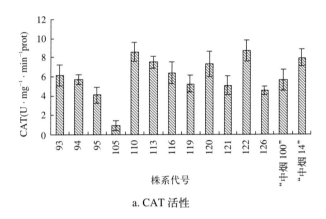

a. CAT 活性

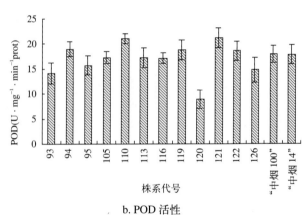

b. POD 活性

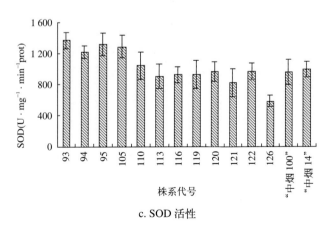

c. SOD 活性

图 11-2 连续干旱 10 天后突变株系抗氧化酶活性

注:株系代号 93 指 2013NF093,以此类推;图 11-3、图 11-4 中的株系代号也是如此。

表 11-1 干旱处理后 M₃ 代突变株系光合生理表现

株系代号	Pn	Cond	Tr	Fo	Fm	Fv/Fm
2013NF93	0.4219	0.0089	0.2346	0.391	1.917	0.796
2013NF94	0.2651	0.0096	0.1372	0.437	2.031	0.787
2013NF95	0.2511	0.0052	0.1161	0.393	1.918	0.795
2013NF105	0.1470	0.0055	0.0765	0.377	1.943	0.806
2013NF110	0.4432	0.0107	0.2535	0.415	1.975	0.790
2013NF113	0.3212	0.0085	0.1852	0.403	2.020	0.801
2013NF116	0.1153	0.0206	0.3224	0.388	1.997	0.806
2013NF119	0.5026	0.0107	0.2525	0.450	2.103	0.787
2013NF120	0.1421	0.0111	0.1639	0.380	1.809	0.790
2013NF121	0.2382	0.0071	0.2029	0.377	1.816	0.792
2013NF122	0.1852	0.0065	0.1891	0.420	2.064	0.797
2013NF126	0.2863	0.0073	0.1389	0.415	1.969	0.790
"中烟 100"	0.1012	0.0059	0.1116	0.381	1.832	0.792
"中烟 14"	0.1748	0.0068	0.1231	0.382	1.835	0.792

注:Pn 的单位为 $\mu mol \cdot m^{-2} \cdot S^{-1}$,Cond 的单位为 $mmol\ CO_2 \cdot m^{-2} \cdot s^{-1}$,Tr 的单位为 $mmol \cdot m^{-2} \cdot s^{-1}$。

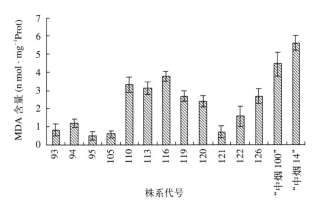

图 11-3 连续干旱 10 天后突变株系丙二醛含量

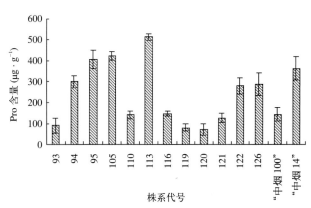

图 11-4 连续干旱 10 天后突变株系脯氨酸含量

旱性强的品种积累的脯氨酸多，在干旱条件下，脯氨酸含量会显著增加。如图 11-4 所示，经连续干旱处理 10 天后，2013NF94、95、105、113、122 与 126 的脯氨酸含量均明显高于对照品种"中烟 100"，其中 2013NF95、105 和 113 的脯氨酸含量高于对照品种"中烟 14"。

前人的研究表明，"中烟 14"是抗旱性表现较好的材料，其抗旱性好于"中烟 100"。综合以上相关指标发现，经连续干旱 10 天后，"中烟 14"的 Pn、Tr、MDA 含量、Pro 含量均优于"中烟 100"。这与前人的研究结果一致。参照此结果，根据突变体 Pn、Tr、MDA 含量、Pro 含量的指标表现可判定，2013NF94、95、105 与 113 的抗旱性明显优于对照品种"中烟 100"；2013NF95、105、113 的抗

旱性也优于对照品种"中烟 14"。由此可见，参考生理生化指标的变化，可有效鉴定出烟草抗干旱突变体。

3 鉴定的烟草抗干旱突变体

经过连续多年的筛选与鉴定，从 3 000 份"中烟 100" M₂ 代突变体中共获得抗干旱表型性状稳定遗传的突变体 29 份，编号为抗干旱突变体 1 ~ 29。29 份抗旱突变体编号与各年度田间编号的对应关系见表 11-2。对 29 份抗旱突变体进行苗期连续抗干旱处理 10 天后，测定叶片的抗氧化酶（CAT、SOD 和 POD）活性，以及丙二醛与脯氨酸含量，并采用 DPS 软件对数据进行标准化转换，参照卡方距离计算方法进行可变类平均法聚类。结果表明，抗干旱突变体 2、

表 11-2 29 份抗干旱突变体编号与各年度田间编号的对应关系

编号	2015 年 M₅ 编号	2014 年 M₄ 编号	2013 年 M₃ 编号	2012 年 M₂ 编号	编号	2015 年 M₅ 编号	2014 年 M₄ 编号	2013 年 M₃ 编号	2012 年 M₂ 编号
1	2015M1	2014M1	2013NF90	2012NF076	9	2015M17	2014M17	2013NF98	2012NF088
2	2015M2	2014M2	2013NF91	2012NF077	10	2015M19	2014M19	2013NF99	2012NF090
3	2015M5	2014M5	2013NF92	2012NF078	11	2015M20	2014M20	2013NF101	2012NF094
4	2015M7	2014M7	2013NF93	2012NF080	12	2015M21	2014M21	2013NF103	2012NF096
5	2015M8	2014M8	2013NF94	2012NF081	13	2015M24	2014M24	2013NF104	2012NF097
6	2015M11	2014M11	2013NF95	2012NF083	14	2015M26	2014M26	2013NF105	2012NF099
7	2015M12	2014M12	2013NF96	2012NF084	15	2015M30	2014M30	2013NF110	2012NF101
8	2015M16	2014M16	2013NF97	2012NF087	16	2015M33	2014M33	2013NF112	2012NF102

（续表）

编号	2015 年 M₅编号	2014 年 M₄编号	2013 年 M₃编号	2012 年 M₂编号	编号	2015 年 M₅编号	2014 年 M₄编号	2013 年 M₃编号	2012 年 M₂编号
17	2015M34	2014M34	2013NF113	2012NF104	24	2015M47	2014M47	2013NF120	2012NF117
18	2015M35	2014M35	2013NF114	2012NF105	25	2015M49	2014M49	2013NF121	2012NF119
19	2015M39	2014M39	2013NF115	2012NF107	26	2015M50	2014M50	2013NF122	2012NF120
20	2015M41	2014M41	2013NF116	2012NF108	27	2015M54	2014M54	2013NF124	2012NF121
21	2015M42	2014M42	2013NF117	2012NF112	28	2015M58	2014M58	2013NF125	2012NF123
22	2015M43	2014M43	2013NF118	2012NF113	29	2015M59	2014M59	2013NF126	2012NF126
23	2015M45	2014M45	2013NF119	2012NF115					

4、9、17、21 与 26 等 6 个突变体与"中烟 14"聚为一类（图 11-5），经干旱处理后，这 6 个突变体过氧化氢酶、超氧化物歧化酶、过氧化物酶活性和脯氨酸含量均显著高于对照"中烟 100"，部分生理指标高于"中烟 14"，丙二醛含量则低于对照"中烟 100"（图 11-6、图 11-7、图 11-8）。通过测定叶长、叶宽、株高、叶片数，29 份突变体材料之间，以及 29 份突变材料与"中烟 100"之间差异明显（表 11-3）。

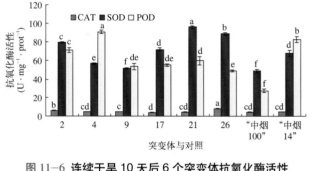

图 11-6 连续干旱 10 天后 6 个突变体抗氧化酶活性

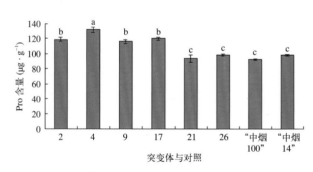

图 11-7 连续干旱 10 天后 6 个突变体脯氨酸含量

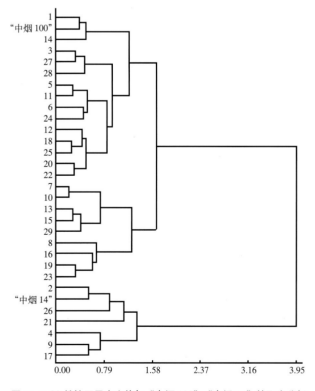

图 11-5 29 份抗干旱突变体与"中烟 100"、"中烟 14"的聚类分析

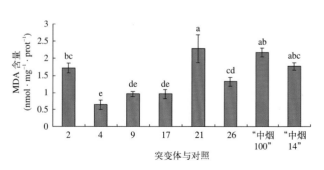

图 11-8 连续干旱 10 天后 6 个突变体丙二醛含量

表 11-3 29 份抗干旱突变体表型性状

编号	叶长（厘米）	叶宽（厘米）	株高（厘米）	叶数	编号	叶长（厘米）	叶宽（厘米）	株高（厘米）	叶数
1	55.3	29.3	176.7	25.3	16	60.7	34.7	165.3	25.3
2	56.3	24.3	174.0	29.3	17	68.7	30.3	173.0	29.0
3	55.0	25.7	181.7	26.3	18	61.3	27.3	170.0	31.3
4	46.3	23.7	151.7	26.7	19	66.7	27.0	165.3	33.7
5	59.0	27.0	164.7	22.7	20	54.7	24.0	155.0	24.3
6	60.7	25.3	182.3	31.3	21	57.3	26.0	157.0	29.0
7	59.0	24.3	179.7	30.7	22	68.7	26.3	161.0	33.0
8	60.7	27.0	169.7	31.0	23	62.7	27.7	171.3	34.7
9	51.0	25.0	140.0	27.0	24	65.3	34.7	192.7	26.3
10	60.3	25.3	151.3	23.3	25	67.3	28.0	172.3	33.0
11	73.3	35.0	164.7	27.0	26	65.0	29.0	170.7	31.7
12	66.7	29.7	171.3	28.7	27	70.3	33.3	165.7	28.0
13	69.0	25.7	168.3	32.0	28	54.3	27.7	131.3	27.0
14	63.0	22.0	142.7	34.3	29	65.7	30.0	182.3	27.3
15	62.0	32.7	183.3	27.3	"中烟 100"	66.7	36.7	201.7	32.3

第 2 节 烟草乙烯不敏感突变体

乙烯是植物产生的极易扩散的气体小分子，作为重要的植物激素参与调节植物的生长发育、果实成熟、叶片衰老及抗逆性等。人们通过现代分子遗传学手段已经从模式植物拟南芥中筛选获得乙烯不敏感突变体（Alonso 等，2003），克隆了乙烯信号传导途径中的重要组成成分，并对其分子调控进行了深入细致的研究（Wang 等，2013）。

乙烯在应对生物胁迫和非生物胁迫过程中起到了至关重要的作用（Chao 等，1997；Yanagisawa 等，2003），一些乙烯敏感性突变体往往表现出抗逆性。在拟南芥中过表达烟草的乙烯受体基因 NTHK1 及转录因子 ESE1、ERF98 可以提高转基因植物的抗盐性（Cao 等，2007；Zhang 等，2011 和 2012）。在水稻中表达 JERF1/3 可以提高转基因植物的抗旱性（Zhang 等，2010a 和 b）。番茄中过量表达 ERF5 可以提高转基因植物的抗旱和抗盐性

（Pan 等，2012）。在水稻中过量表达烟草或番茄 *TERF2/LeERF2* 提高了转基因植物的抗冷性（Zhang 和 Huang，2010）。在拟南芥中，乙烯不敏感突变体如 *etr1-1*、*ein4-1*、*ein3-1* 对低温有一定抗性，EIN3 可能通过对冷相关的 *CBFs* 和 type-A *ARR* 基因的直接转录调控来响应冷胁迫（Shi 等，2012）。这些研究表明，通过改变乙烯信号转导途径中重要组分的表达可以提高植物的抗逆性。

本研究利用乙烯特有的"三重反应"筛选出易于识别的烟草乙烯不敏感突变体；通过低温处理（4 ℃等）以及模拟干旱（甘露醇），进一步从这些乙烯不敏感的突变体中筛选和鉴定出抗低温、抗旱以及具有复合抗逆性的烟草新材料。

1 筛选与鉴定

（1）筛选指标

烟草突变体筛选遵循高通量、快速、简易的原则（刘贯山，2012）。烟草乙烯不敏感突变体的筛选主要依据黑暗条件下幼苗的"三重反应"，采用高通量的正筛选策略。模式植物拟南芥在黑暗条件下萌发的幼苗应答乙烯呈现特有的"三重反应"：外源乙烯处理会使萌发的幼苗主根生长受到抑制，下胚轴缩短变粗，子叶形成特别的顶钩（Bleecker 和 Kende，2000）。基于这个特点，通过 EMS 诱变后利用乙烯特有的"三重反应"可以筛选出易于识别的乙烯不敏感突变体。经过在 ACC 培养基上暗培养后，野生型幼苗表现出典型的"三重反应"；而乙烯不敏感突变体的"三重反应"则表现不完整（图 11-9）。突变体筛选主要依据的指标是下胚轴的长短和顶钩特征。在有 ACC 的培养基上幼苗主根生长受到抑制，即使在较低浓度的 ACC（5 μM）培养基上也看不到主根生长，因此主根可作为一个参考特征。而相比较之下，幼苗下胚轴长度表现敏感，在不同浓度的 ACC 培养基上其长度表现不一，是一个比较敏感的指标，因此将下胚轴长度作为一个主要指标，同时参考幼

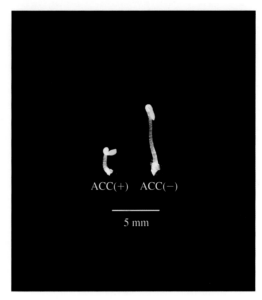

图 11-9 烟草幼苗的乙烯"三重反应"

图中所示为"中烟 100"黑暗培养 6 天的幼苗。ACC（+）的 ACC 浓度为 100 μM，ACC（-）的 ACC 浓度是 0 μM。比例尺长度为 5 毫米

苗的顶钩特征，即可筛选出对乙烯敏感程度不同的突变体。

（2）筛选过程

将 EMS 处理的烟草突变体二代种子进行表面消毒，然后将消毒后的种子单粒点播于 MS（无糖）+100 μM ACC 培养基上，以未经 EMS 处理的野生型烟草种子作对照。在 4 ℃黑暗条件下处理 3 天后，光照培养 10 小时，然后用锡箔纸包起来，于培养室 25 ℃暗培养 6 ~ 7 天后取出，选取下胚轴长且没有明显顶钩的株系转移到没有 ACC 的 MS 培养基上光照培养。待幼苗生长苗壮后，移栽于营养土中，种子成熟后收获得到第三代种子。经过筛选 2 000 个 M₂ 代的突变体，初步得到了 41 个乙烯不敏感的烟草突变体株系，其中的 3 个株系（1039、1048、1013）幼苗的"三重反应"如图 11-10 所示。

（3）鉴定过程

为了测试烟草乙烯不敏感突变体的遗传稳定

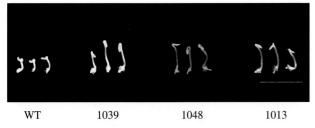

| WT | 1039 | 1048 | 1013 |

图 11-10　烟草突变体 M₂ 代幼苗的乙烯"三重反应"分析

WT 为野生型"中烟 100"；1039、1048、1013 为烟草突变体；
比例尺长度为 1 厘米；1039 对应的系统编号为 11ZE201039，
其他依次类推（下同）

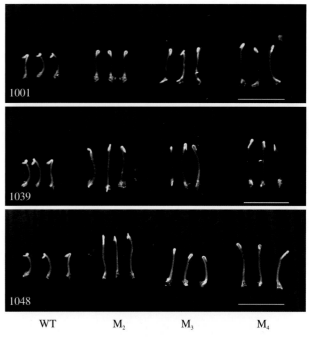

| WT | M₂ | M₃ | M₄ |

**图 11-11　烟草突变体 M₂、M₃、M₄ 代
幼苗的乙烯"三重反应"分析**

WT 为野生型（"中烟 100"），1001、1039、1048 为烟草乙烯不
敏感突变体；比例尺长度为 1 厘米

性，降低试验误差、保证筛选的准确性，利用上述筛选方法对获得的突变体 M₃ 代种子进行鉴定（再次筛选，即复筛）。在筛选获得的 41 个突变体中，M₃ 代幼苗的乙烯不敏感性均能稳定遗传，表现出与 M₂ 代相同的乙烯不敏感性状；利用同样的方法对获得的 M₄ 代种子进行鉴定，发现其乙烯不敏感性可以稳定遗传（图 11-11）。

2　抗寒性鉴定与分析

低温是主要的环境胁迫因子之一，植物和其他多细胞复杂生物体的显著区别在于植物营固着生活。因而在植物的典型生活周期中，它被迫接受各种各样的不利环境（如土壤盐害、干旱、低温、病原物侵袭、机械损伤等），其中低温是影响植物自然分布和作物产量的主要限制因子（李慧和强胜，2007）。据统计，世界上每年因冷害造成的农林作物损失高达数千亿美元（邓江明和简令成，2001）。

按照低温的不同程度，将植物的低温伤害分为冷害（chilling injury）和冻害（freezing injury）。冷害是 0 ℃以上的低温引起的植物生理机制障碍，而植物对冰点以上的低温胁迫的抵抗和忍耐能力叫作抗寒性（chilling resistance）。冻害则是 0 ℃以下的低温引起的植物生理机制障碍。目前研究较多的是冷害（Zhang 等，2004b；Verslues 等，2006）。

烟草喜温暖而湿润的气候，属温度敏感型作物，对低温甚为敏感。低温对烟草的影响主要有两点：一是影响和抑制烟株生长，二是诱导早花，且

诱导能力很强，最终都会导致产量下降（陈卫国等，2008；陶宁和杨友才，2011）。我国烟草产区分布广泛，各地温度条件差异很大，早春低温危害是我国南方烟草产区普遍存在的问题，严重影响优质烟叶的生产；在北方烟草产区，由于缺乏必要的灌溉条件，每年总有一些烟草产区因土壤干旱而影响烟株，从而造成烟叶的产量和品质降低（尹福强，2010）。

具抗寒性的烟草乙烯不敏感突变体除在生产中具有直接的利用价值外，对于研究乙烯信号与抗逆信号之间的联系也具有一定的理论指导意义。

（1）低温无光照条件下的抗寒性鉴定

4 ℃条件：按照 2013 年建立的烟草抗寒性筛选的方法，通过对获得的 M₃ 代 41 个烟草乙烯不敏感突变体株系在低温无光照条件下筛选鉴定其抗寒性，得到了 24 个抗低温（4 ℃）较强的突变体。从烟草乙烯不敏感突变体（1392、1517、1523、

1568）及野生型（WT）选取 20 株黄化幼苗（4 ℃ 低温黑暗条件下处理 60 天），测量其下胚轴长和根长度（图 11-12）。结果为 3 次重复的平均值 ± 标准差（SD），用 DPS 数据处理系统对测定结果进行方差分析（P<0.05）。低温（4 ℃）处理条件下，4 个突变体烟草幼苗的下胚轴均显著长于野生型对照（图 11-12b）；3 个突变体烟草幼苗的主根也显著长于野生型对照（图 11-12c）。结果表明，4 ℃温度条件下烟草乙烯不敏感突变体 1392、1517、1523、1568 幼苗生长优于野生型，具有较强的抗寒能力。

8 ℃、15 ℃、25 ℃条件：从已筛选得到的具有较强抗低温能力的 24 个烟草乙烯不敏感突变体中，选取 1392、1517、1523、1568 与 WT 一起分别放置于 8 ℃和 15 ℃低温条件下（无光照），进一步分析其抗寒性。8 ℃低温处理 3 周，幼苗生长出现了明显差异（图 11-13a），每个突变体选取 20 株，测量其下胚轴长度和主根长度。15 ℃低温处理 2 周时下胚轴伸长显著，主根长度出现明显差异（图 11-14a）。

由于烟草的最适生长温度为 25 ～ 28 ℃，因此，分析了正常温度（25 ℃）条件下野生型烟草和突

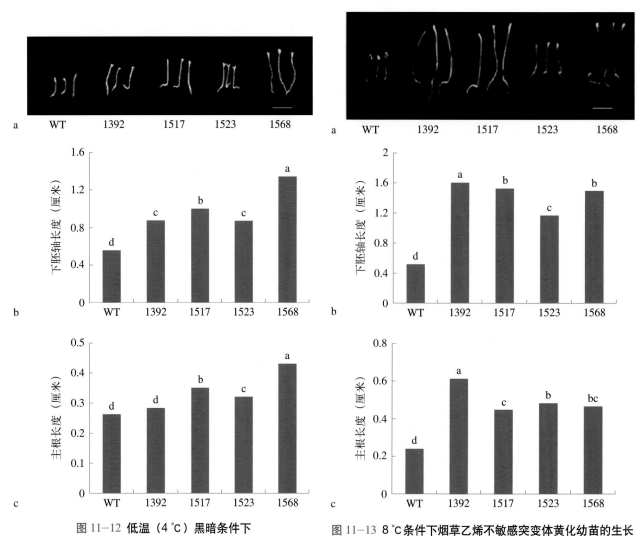

图 11-12 低温（4 ℃）黑暗条件下烟草乙烯不敏感突变体的幼苗生长

a. 烟草幼苗的生长状况（标尺 = 1 厘米）；b. 下胚轴长度测量（P<0.05）；c. 主根长度测量（P<0.05）

图 11-13 8 ℃条件下烟草乙烯不敏感突变体黄化幼苗的生长

a. 8 ℃低温条件下黑暗处理烟草幼苗 3 周，烟草幼苗的生长状况（标尺 =1 厘米）；b. 8 ℃低温条件下黑暗处理烟草幼苗 3 周，下胚轴长度测量（P<0.05）；c. 8 ℃低温条件下黑暗处理烟草幼苗 3 周，主根长度测量（P<0.05）

变体在黑暗条件下的生长情况。25 ℃条件下处理 1 周,不同突变体长势一致(图 11-15a)。选取 20 株,测量其下胚轴长度和主根长度,重复 3 次。

上述实验结果表明,正常温度(25 ℃)条件下,4 个突变体幼苗的下胚轴生长与野生型并无显著差异,主根长度也与 WT 一致(图 11-15b、c)。但在 8 ℃低温无光照条件下,4 个突变体幼苗的下胚轴均显著长于 WT,主根也显著长于 WT(图 11-

13b、c)。15 ℃低温无光照条件下,虽然 4 个突变体幼苗的下胚轴与 WT 长度无明显差异,但突变体幼苗的根长显著长于 WT(图 11-14b、c),表明低温条件下突变体幼苗具有较强的抗寒性。

(2) 低温光照条件下的抗寒性分析

在低温黑暗条件鉴定的基础上,对烟草乙烯不敏感突变体 1392、1517、1523、1568 与 WT 进一

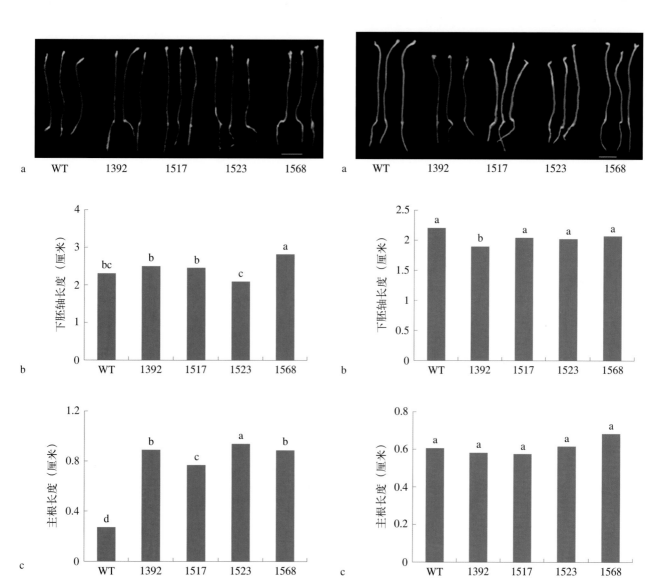

图 11-14　15 ℃条件下烟草乙烯不敏感突变体黄化幼苗的生长

a. 15 ℃低温条件下黑暗处理烟草幼苗 2 周,烟草幼苗的生长状况(标尺 =1 厘米);b. 15 ℃低温条件下黑暗处理烟草幼苗 2 周,下胚轴长度测量(P<0.05);c. 15 ℃低温条件下黑暗处理烟草幼苗 2 周,主根长度测量(P<0.05)

图 11-15　25 ℃条件下烟草乙烯不敏感突变体黄化幼苗的生长

a. 正常温度(25 ℃)条件下黑暗处理烟草幼苗 1 周,烟草幼苗的生长状况(标尺 =1 厘米);b. 25 ℃条件下黑暗处理烟草幼苗 1 周,下胚轴长度测量(P<0.05);c. 25 ℃条件下黑暗处理烟草幼苗 1 周,主根长度测量(P<0.05)

WT　　　　　　　1392　　　　　　　1517　　　　　　　1523　　　　　　　1568

图 11-16 低温（15℃）光照条件下烟草乙烯不敏感突变体的生长

WT 为野生型烟草"中烟 100"；1392、1517、1523 和 1568 为烟草乙烯不敏感突变体。比例尺长度为 1 厘米

步进行低温光照条件下的分析。烟草种子消毒后点播于 MS 培养基上，置于培养箱培养。培养箱光照条件为：16 小时光照与 8 小时黑暗交替，光强 $100\,\mu\text{M} \cdot \text{m}^{-2} \cdot \text{s}^{-1}$，温度（15± 0.2）℃、相对湿度（50±5）%。

如图 11-16 所示，在低温光照培养 3 周时，乙烯不敏感突变体 1392、1517、1523、1568 均较野生型生长状况好，叶片大，主根粗壮发达，侧根相对丰富。因此，在 15℃低温光照条件下，上述 4 个烟草乙烯不敏感突变体具有较强的抗寒性。

(3) 低温处理后细胞膜透性分析

早在 20 世纪 70 年代，Lyons 等就提出细胞膜系统是植物易遭低温冷害的首要部位，冷害的根本原因就是细胞膜系统受损（尚湘莲，2002）。膜系统中磷脂及脂肪酸的不饱和性与植物抗冷性有着密切的关系，而许多植物对低温冷害的一种重要的反应是膜脂中不饱和度较高的脂肪酸和磷脂含量的增加（刘鸿先等，1989）。这是因为不饱和脂肪酸含量的上升，可降低膜结构变化的温度，增强膜的流动性，提高品种抗冷能力。陈卫国等（2008）在研究中发现，低温胁迫下烟草产生过多活性氧，引起膜脂过氧化作用加剧，MDA 含量升高，细胞膜系统因膜脂过氧化作用而受损害，导致细胞膜透性增大。抗寒性强的品种 MDA 含量差异不显著，抗寒性弱的品种差异达到显著水平。由此认为，抗寒性

强的品种对低温的变化表现不敏感，即抗寒性强的品种在低温处理时电解质渗透率变化不明显。因此，电解质渗透率的变化可以作为植物抗寒性的一项生理指标。

为了分析烟草乙烯不敏感突变体抗低温的特性与细胞膜渗透性变化是否相关，设计了烟草乙烯不敏感突变体电解质渗透率测定实验。将烟草乙烯不敏感突变体 1392、1517、1523、1568 及 WT 的种子分两组（试验组和对照组），点播于 MS 培养基上，在正常条件下培养 2 周，对照组继续在培养箱中培养，试验组连同培养皿一起放置在冰上（0℃）处理 24 小时，每个突变体选取长势一致的 20 株，试验重复 3 次，以 DDS-11A 电导仪法（李锦树等，1983）测定胁迫后的植株叶片的电导率。根据电解质渗透率（%）$=L_1/L_2 \times 100\%$ 进行计算，其中 L_1 为煮沸前的电导率，L_2 为煮沸冷却后的电导率。

由图 11-17 可知，在低温（0℃）处理后，WT 的电解质渗透率明显高于烟草乙烯不敏感突变体 1392、1517、1523、1568。相比较，25℃正常条件下生长的植株，野生型与烟草乙烯不敏感突变体 1392、1517、1523、1568 的电解质渗透率变化不大。结果表明，烟草乙烯不敏感突变体 1392、1517、1523、1568 抗寒能力较强，与其具有在低温条件下降低细胞膜的渗透性相关。

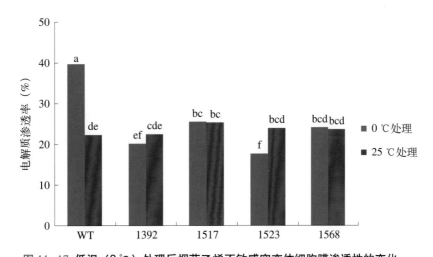

图 11-17　**低温（0 ℃）处理后烟草乙烯不敏感突变体细胞膜渗透性的变化**

WT 为野生型烟草（"中烟 100"）；1392、1517、1523 和 1568 为烟草乙烯不敏感突变体

3　抗旱性鉴定与分析

　　乙烯通过其信号转导途径有效地调控植物体内大量相关功能基因的表达，进而引发一系列生理生化反应，从而形成高效有序的乙烯信号调控网络。EIN3 是乙烯信号途径中的一个转录因子，拟南芥 EIN3 能够直接特异地结合到下游乙烯响应因子 ERF 上，并激活 ERF 基因的表达。ERF 通过激活下游目标基因的表达来发挥其调控作用（Solano 等，1998；Guo 和 Ecker，2004）。

　　ERF 是植物特有的一类转录因子，属于 AP2/EREBP（ethylene-responsive element binding proteins）家族。最初是从烟草中分离得到的乙烯应答反应蛋白因子。其具有一个由 58 或 59 个氨基酸组成的、高度保守的且与 GCC 盒相结合的 ERF 结构域。现已从拟南芥、烟草、番茄、水稻、长春花和小麦等不同植物中分离得到了大量编码 ERF 蛋白的基因（Hao 等，1998）。

　　ERF 转录因子处于复杂的信号网络中，通过参与不同信号途径的交叉对话来参与植物的胁迫应答反应。大部分 ERF 基因的表达都受乙烯、ABA 等植物信号分子以及干旱、盐碱、低温、冻害等逆境胁迫的诱导，进而参与对逆境胁迫的应答反应

（Kizis 和 Pages，2002）。DREB1A 在拟南芥中超表达后能促进 RD29A 的表达，同时也表现出对干旱、高盐和冻害的抗性（Kasuga 等，1999）；在拟南芥中过量表达烟草的 NTHK1 受体基因及转录因子 ESE1 和 ERF98，可以提高转基因植株的抗盐性（Cao 等，2007；Zhang 等，2011 和 2012）。番茄 JERF 的表达受乙烯、MeJA、ABA、水杨酸以及高盐、低温和干旱等因子的诱导（Huang 等，2004；Wang 等，2004；Zhang 等，2004a，b 和 c）。番茄中的 ERF5 能够提高转基因植株的抗旱和抗盐性（Pan 等，2012）。在水稻中表达 JERF1/3 可以提高转基因植物的抗旱性（Zhang 等，2010a 和 b）。在烟草和番茄中分别过量表达 TERF2/LeERF2 提高了转基因植物的抗冷性（Zhang 和 Huang，2010）。

　　目前已经从烟草中克隆得到了 *NtERF1*、*NtERF2*、*NtERF3*、*NtERF4*、*NtERF5*、*EREBP-6*、*Tsi1* 和 *NtCEF1* 等 *ERF* 类基因。其中，*NtERF1/2/3/4* 的表达受乙烯、光照和伤害等因子的诱导（Ohta 等，2000；Nishiuchi 等，2002），与拟南 *ERF1* 基因的表达类似。烟草的 *ERF2* 启动子中含有一个假定的 EIN3 结合位点，烟草中 EIN3 同源物可以调控 *ERF2* 的表达（Kitajima 等，2000）。*NtCEF1* 的表达也受乙烯、

ABA 等激素以及盐、低温和干旱等逆境胁迫的诱导，而且该基因在拟南芥中过表达后能够激活乙烯应答及防御相关基因的表达（Lee 等，2005）。烟草 *Tsi1* 受盐、水杨酸、乙烯和伤害等的诱导，进而激活植物抗病相关基因和抗渗透胁迫相关基因的表达，从而提高转基因烟草和辣椒的抗病性和耐盐性（Park 等，2001；Shin 等，2002）。

对 2012 年筛选得到 M_3 代的 41 个烟草乙烯不敏感突变体株系进行抗旱鉴定，以期得到多种抗逆性的突变体。

（1）抗旱性筛选与鉴定

将萌发 7 天的烟草野生型幼苗移入含不同甘露醇浓度的 MS 培养基中生长约 2 周，能观察到在 200 mM 条件下野生型长势明显变弱，出现枯黄。因此，选择 200 mM 甘露醇为抗旱性的筛选浓度。

将萌发 7 天的烟草野生型及乙烯不敏感的突变体幼苗移入 200 mM 甘露醇浓度的 MS 培养基中生长，生长 4 周左右能观察到突变体与野生型的区别。用同样的方法对初步筛选得到的乙烯不敏感突变体进行抗旱性鉴定（图 11–18）。与野生型相比，突变体幼苗较大，叶片呈深绿色且根系较发达。结果表明，在 200 mM 甘露醇条件下，突变体较野生型

长势好，有一定的抗旱能力。利用甘露醇模拟干旱的分析方法，对筛选出的 41 个乙烯不敏感突变体进行抗旱性筛选鉴定，得到 14 个抗旱的乙烯不敏感突变体（Wang 等，2016）。

（2）甘露醇模拟干旱条件下幼苗的鲜重比较分析

从 14 个抗旱的乙烯不敏感突变体中选取了 4 个（1304、1244、1594、1001）做进一步分析测试。将萌发 7 天的幼苗移入含有不同浓度甘露醇的 MS 培养基上生长 4 周后，测量鲜重（图 11–19）。结果显示，在甘露醇浓度 100 mM 及 200 mM 条件下，突变体鲜重明显高于野生型（Wang 等，2016）。

（3）极端干旱分析

在甘露醇模拟干旱分析的基础上，对得到的 14 个突变体进行了极端干旱分析。将萌发约 2 周的幼苗移入土里生长约 4 周后进行不浇水干旱处理。3 周后能观察到突变体与野生型均严重失水，但野生型基本上干枯发黄，而突变体中还有叶片呈现绿色且刚生长出的叶片受影响较小。进行复水处理，观察复水情况（图 11–20）。一般复水第 5 天能观察到突变体较野生型有明显好转，之后正常浇水，大部分野生型均不能恢复甚至干枯死亡。统计复水率，结果如表 11–4。

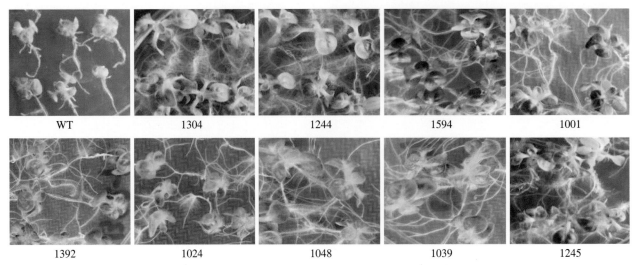

图 11–18 **烟草乙烯不敏感突变体的抗旱性分析**

WT 为野生型烟草"中烟 100"；1304、1244、1594 等为烟草乙烯不敏感突变体株系的编号

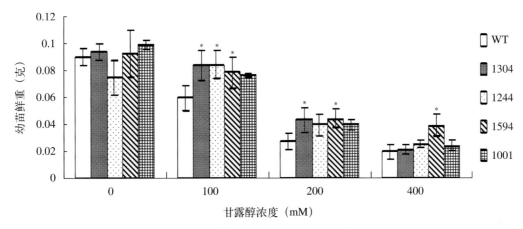

图 11-19 烟草乙烯不敏感突变体的鲜重分析

在含有不同甘露醇浓度的 MS 培养基上，测定野生型及突变体幼苗的鲜重（克）；n=15，误差线为 SD，* 为 $P<0.05$

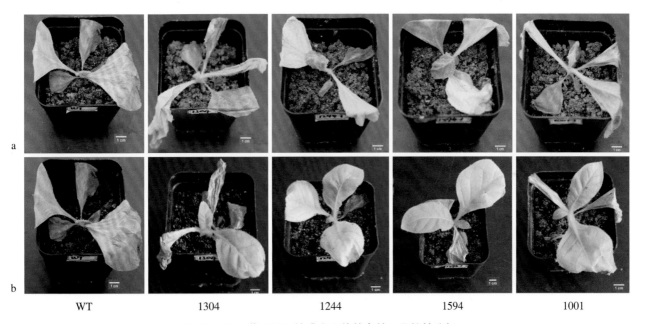

图 11-20 烟草乙烯不敏感突变体的自然干旱抗性分析

a. 自然干旱 3 周后的植株；b. 复水后第 5 天的植株

WT 为野生型烟草"中烟 100"，1304、1244、1594 和 1001 为烟草乙烯不敏感突变体株系。比例尺为 1 厘米

表 11-4 极端干旱处理后烟草突变体的存活率

	WT	1304	1244	1594	1001	1039	1392	1271	1245
总数	48	52	100	47	86	56	54	78	18
存活数	7	22	27	15	25	17	15	17	6
存活率（%）	14.58	42.31	27.00	31.91	29.07	30.36	27.78	21.79	33.33

从统计结果来看，突变体的复水率都高于野生型，说明乙烯不敏感突变体对干旱具有一定的耐受性。重复 3 次，复水率为 3 次统计的总和。植物培养室的光照条件为：16 小时光照 /8 小时黑暗、光强 100 μM·m⁻²·s⁻¹、温度（22±2）℃、相对湿度（50±5）%。结果表明，利用甘露醇模拟干旱得到的抗旱突变体在自然干旱条件下均表现出不同程度的抗旱性（Wang 等，2016）。

（4）失水率分析

种子萌发 7 天后，挑选长势一致的移入装有 50 毫升的 MS 培养基的培养瓶中，生长约 4 周后选择第 5 片叶进行失水率测定。培养室光照条件为：16 小时光照 /8 小时黑暗、光强 100 μM·m⁻²·s⁻¹、温度（22±2）℃、相对湿度（50±5）%。野生型在自然干旱约 6 小时出现干枯和卷曲，而突变体具有较强的抗旱性（图 11-21a）；从测定的失水率来看，在干旱处理 9 小时之前突变体与野生型差异明显，干旱处理时间过长其差异性降低（图 11-21b）（Wang 等，2016）。

（5）干旱条件下气孔开度分析

将在培养基上萌发约 2 周的烟草野生型及突变体移入土里，于正常条件下生长。选取长势一致的叶片进行气孔观察。图 11-22a 为突变体及野生型幼苗叶片的气孔开度观察。图 11-22b 为气孔开度测量，气孔开度值为气孔宽度与长度的比值。在正常条件下，突变体的气孔开度较野生型的小；用缓冲液 MES 光下处理 2 小时后，野生型及突变体叶片气孔开度均增加，但突变体气孔开度小于野生型；使用 10 μM 的 ABA 作相同处理后，气孔开度均减小，而突变体的气孔开度仍比野生型的小。烟草乙烯不敏感突变体叶片的气孔开度较小，保持水分的能力较强（Wang 等，2016）。

通过甘露醇模拟干旱及极端干旱分析，对筛选得到的 41 个烟草乙烯不敏感突变体进行抗旱性筛选及鉴定，得到了 14 个抗旱突变体株系。结合其他抗逆性（抗盐、低温）筛选，其中的突变体 1304 表现为抗旱、抗盐、抗低温的多抗性特征，1244 为抗旱、抗低温的双抗性株系，突变体 1594 及 1001 则表现为抗旱及抗盐两种抗性。因此，选取这 4 种烟草乙烯不敏感突变体（突变体 1304、1244、1594、1001）进行深入的抗旱性分析，包括不同甘露醇浓度条件下幼苗的鲜重测量、自然干旱条件下叶片的失水情况以及气孔开度观察等。结果表明，与野生型相比，这 4 个突变体均表现出较强的抗旱性，为进一步研究其抗逆性机理及开展优质抗逆性品种的选育奠定了科学基础。

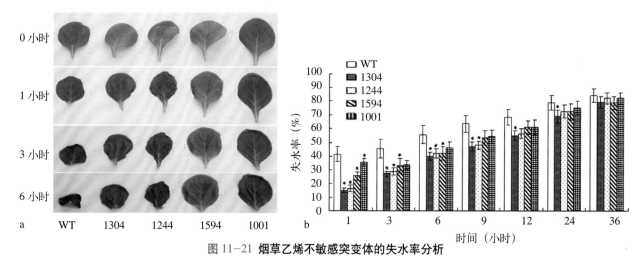

图 11-21 烟草乙烯不敏感突变体的失水率分析

a. 自然干旱处理不同时间的叶片形状变化；b. 自然干旱处理不同时间的叶片失水率比较

WT 为野生型烟草（"中烟 100"）；1304、1244、1594 和 1001 为烟草乙烯不敏感突变体株系。失水率统计中，n=20，误差线为 SE，* 为 P<0.05

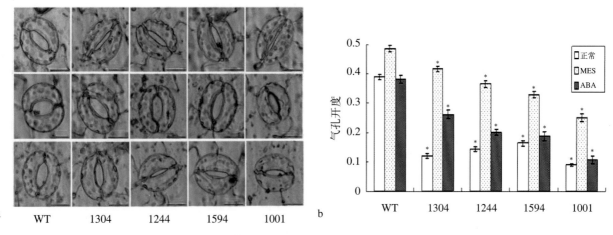

图 11-22 烟草乙烯不敏感突变体叶片的气孔开度分析

a. 从上至下依次表示正常生长条件下的气孔、MES 缓冲液处理 2 小时的气孔、10 μM ABA 处理 2 小时的气孔，比例尺为 5 微米；

b. 气孔开度测定，气孔开度值即气孔的宽度与长度的比值。n=40，误差线为 SE，* 为 P<0.05

（撰稿：董春海，李廷春，杨华应；定稿：龚达平，刘贯山）

参考文献

[1] 陈卫国，李永亮，周冀衡，等. 烤烟品种耐寒性及相关生理指标的研究 [J]. 中国烟草科学，2008，29(3): 39 ~ 42.

[2] 邓江明，简令成. 植株抗冻机理研究新进展：抗冻基因表达及其功能 [J]. 植物学通报，2001，18(5): 521 ~ 530.

[3] 高凯敏，刘锦春，梁千慧，等. 6 种草本植物对干旱胁迫和 CO_2 浓度升高交互作用的生长响应 [J]. 生态学报，2015，35(18): 1 ~ 13.

[4] 李慧，强胜. 植物冷驯化相关基因研究进展 [J]. 植物学通报，2007，24(2): 208 ~ 217.

[5] 李锦树，王洪春，王文英，等. 干旱对玉米叶片细胞透性及膜脂的影响 [J]. 植物生理学报，1983，9(3): 223 ~ 227.

[6] 刘贯山. 烟草突变体筛选与鉴定方法篇：1. 烟草突变体的筛选与鉴定 [J]. 中国烟草科学，2012，33(1): 102 ~ 103.

[7] 刘鸿先，王以柔，郭俊彦. 低温对植物细胞膜系统伤害机理的研究 [J]. 中国科学院华南植物研究所集刊，1989，5(5): 31 ~ 38.

[8] 刘志玲，程丹. 植物抗旱生理研究进展与育种 [J]. 中国农学通报，2011，27(24): 249 ~ 252.

[9] 莫金钢，马建，沈勇，等. 干旱胁迫下大豆抗旱突变体 M18 苗期生长和生理特性 [J]. 中国油料作物学报，2014，(6): 770 ~ 776.

[10] 任学良，王云鹏，史跃伟. 烤烟抗旱品种选育研究进展和方法 [J]. 中国烟草科学，2009，30(4): 74 ~ 80.

[11] 尚湘莲. 蔬菜低温胁迫与抗冷性研究进展 [J]. 长江蔬菜，2002 年学术专刊，2002，1(12): 18 ~ 20.

[12] 陶宁，杨友才. 烟草抗寒性研究进展 [J]. 作物研究，2011，25(2): 171 ~ 174.

[13] 吴永美，吕炯章，王书建，等. 植物抗旱生理生态特性研究进展 [J]. 杂粮作物，2008，28(2): 90 ~ 93.

[14] 尹福强. 干旱胁迫对烟草生理生化特征的影响 [J]. 安徽农业科学，2010，38(21): 11113 ~ 11114.

[15] Alonso J M, Stepanova A N, Solano R, et al. Five components of the ethylene-response pathway identified in a screen for *weak ethylene-insensitive* mutants in *Arabidopsis*[J]. Proc Natl Acad Sci USA, 2003, 100(5): 2992 ~ 2997.

[16] Bleecker A B, Kende H. Ethylene: a gaseous signal molecule in plants[J]. Annu Rev Cell Dev Biol, 2000, 16: 1 ~ 18.

[17] Cao W H, Liu J, He X J, et al. Modulation of ethylene responses affects plant salt-stress responses[J]. Plant Physiol, 2007, 143(2): 707 ~ 719.

[18] Chao Q, Rothenberg M, Solano R, et al. Activation of the ethylene gas response pathway in *Arabidopsis* by the nuclear protein ETHYLENE-INSENSITIVE3 and related proteins[J]. Cell, 1997, 89(7): 1133 ~ 1144.

[19] Guo H, Ecker J R. The ethylene signaling pathway: new insights[J]. Curr Opin Plant Biol, 2004, 7(1): 40 ~ 49.

[20] Hao D, Ohme-Takagi M, Sarai A. Unique mode of GCC box recognition by the DNA-binding domain of ethylene-responsive element-binding factor (ERF domain) in plant[J]. J Biol Chem, 1998, 273(41): 26857 ~ 26861.

[21] Huang Z, Zhang Z, Zhang X, et al. Tomato TERF1 modulates ethylene response and enhances osmotic stress tolerance by activating expression of downstream genes[J]. FEBS Lett, 2004, 573(1−3): 110 ~ 116.

[22] Kasuga M, Liu Q, Miura S, et al. Improving plant drought, salt, and freezing tolerance by gene transfer of a singal stress-inducible transcription factor[J]. Nat Biotechnol, 1999, 17(3): 287 ~ 291.

[23] Kitajima S, Koyama T, Ohme-Takaqi M, et al. Characterization of gene expression of NsERFs, transcription factors of basic PR genes from *Nicotiana sylvestris*[J]. Plant Cell Physiol, 2000, 41(6): 817 ~ 824.

[24] Kizis D, Pages M. Maize DRE-binding proteins DBF1 and DBF2 are involved in rab17 regulation through the drought-responsive element in an ABA-dependent pathway[J]. Plant J, 2002, 30(6): 679 ~ 689.

[25] Lee J H, Kim D M, Lee J H, et al. Functional characterization of NtCEF1, an AP2/EREBP-type transcriptional activator highly expressed in tobacco callus[J]. Planta, 2005, 222(2): 211 ~ 224.

[26] Mohammadkhani N, Heidari R. Water stress induced by polyethylene glycol 6000 and sodium chloride in two maize cultivars[J]. Pak J Biol Sci, 2008, 11(1): 92 ~ 97.

[27] Nishiuchi T, Suzuki K, Kitajima S, et al. Wounding activates immediate early transcription of genes for ERFs in tobacco plants[J]. Plant Mol Biol, 2002, 49(5): 473 ~ 482.

[28] Ohta M, Ohme-Takagi M, Shinshi H. Three ethylene-responsive transcription factors in tobacco with distinct transactivation functions[J]. Plant J, 2000, 22(1): 29 ~ 38.

[29] Pan Y, Seymour G B, Lu C, et al. An ethylene response factor (ERF5) promoting adaptation to drought and salt tolerance in tomato[J]. Plant Cell Rep, 2012, 31(2): 349 ~ 360.

[30] Park J M, Park C J, Lee S B, et al. Overexpression of the tobacco *Tsi1* gene encoding an EREBP/AP2-type transcription factor enhances resistance against pathogen attack and osmotic stress in tobacco[J]. Plant Cell, 2001, 13(5): 1035 ~ 1046.

[31] Shi Y, Tian S, Hou L, et al. Ethylene signaling negatively regulates freezing tolerance by repressing expression of *CBF* and type-A *ARR* genes in *Arabidopsis*[J]. Plant Cell, 2012, 24(6): 2578 ~ 2595.

[32] Shin R, Park J M, An J M, et al. Ectopic expression of *Tsi1* in transgenic hot pepper plants enhances host resistance to viral, bacterial, and oomycete pathogens[J]. Mol Plant Microbe Interact, 2002, 15(10): 983 ~ 989.

[33] Solano R, Stepanova A, Chao Q, et al. Nuclear events in ethylene signaling: a transcriptional cascade mediated by ETHYLENE-INSENSITIVE3 and ETHYLENE-RESPONSE-FACTOR1[J]. Genes Dev, 1998, 12(23): 3703 ~ 3714.

[34] Verslues P E, Agarwal M, Katiyar-Agarwal S, et al. Methods and concepts in quantifying resistance to drought, salt and freezing, abiotic stresses that affect plant water status[J]. Plant J, 2006, 45(4): 523 ~ 539.

[35] Wang F, Cui X, Sun Y, et al. Ethylene signaling and regulation in plant growth and stress responses[J]. Plant Cell Rep, 2013, 32(7): 1099 ~ 1109.

[36] Wang H, Huang Z, Chen Q, et al. Ectopic overexpression of tomato JERF3 in tobacco activates downstream gene expression and enhances salt tolerance[J]. Plant Mol Biol, 2004, 55(2): 183 ~ 192.

[37] Wang H, Wang F, Zheng F, et al. Ethylene-insensitive mutants of *Nicotiana tabacum* exhibit drought stress resistance[J]. Plant Growth Regul, 2016, 79(1):107 ~ 117.

[38] Yanagisawa S, Yoo S D, Sheen J. Differential regulation of EIN3 stability by glucose and ethylene signalling in plants[J]. Nature, 2003, 425(6957): 521 ~ 525.

[39] Zhang H, Huang Z, Xie B, et al. The ethylene-, jasmonate-, abscisic acid- and NaCl-responsive tomato transcription factor JERF1 modulates expression of GCC box-containing genes and salt tolerance in tobacco[J]. Planta, 2004a, 220(2): 262 ~ 270.

[40] Zhang H, Liu W, Wan L, et al. Functional analyses of ethylene response factor JERF3 with the aim of improving tolerance to drought and osmotic stress in transgenic rice[J]. Transgenic Res, 2010a, 19(5): 809 ~ 818.

[41] Zhang H, Zhang D, Chen J, et al. Tomato stress-responsive factor TSRF1 interacts with ethylene responsive element GCC box and regulates pathogen resistance to *Ralstonia solanacearum*[J]. Plant Mol Biol, 2004b, 55(6): 825 ~ 834.

[42] Zhang L, Li Z, Quan R, et al. An AP2 domain-containing gene, *ESE1*, targeted by the ethylene signaling component EIN3 is important for the salt response in *Arabidopsis*[J]. Plant Physiol, 2011, 157(2): 854 ~ 865.

[43] Zhang X, Fowler S G, Cheng H, et al. Freezing-sensitive tomato has a functional CBF cold response pathway, but a CBF regulon that differs from that of freezing-tolerant *Arabidopsis*[J]. Plant J, 2004c, 39(6): 905 ~ 919.

[44] Zhang Z, Huang R. Enhanced tolerance to freezing in tobacco and tomato overexpressing transcription factor *TERF2/LeERF2* is modulated by ethylene biosynthesis[J]. Plant Mol Biol, 2010, 73(3): 241 ~ 249.

[45] Zhang Z, Li F, Li D, et al. Expression of ethylene response factor *JERF1* in rice improves tolerance to drought[J]. Planta, 2010b, 232(3): 765 ~ 774.

[46] Zhang Z, Wang J, Zhang R, et al. The ethylene response factor AtERF98 enhances tolerance to salt through the transcriptional activation of ascorbic acid synthesis in *Arabidopsis*[J]. Plant J, 2012, 71(2): 273 ~ 287.

第12章

烟草 TILLING
平台和基因定点突变体

随着基因组学时代的到来，大规模分子育种学方法已经越来越受到关注。TILLING (targeting induced local lesions in genomes)，即基因组局部突变的定点检测技术。作为一种高通量的筛选突变群体的方法，可以有效地对基因组中任何位置进行突变体筛选，可将在模式生物或者转基因研究取得的基因功能信息尽快应用于规模化分子育种。四倍体栽培烟草作为一种重要的经济作物，对其农艺性状的改良有着非常重要的理论和应用价值。TILLING 可以针对基因进行定向敲除、改变表达调控、提高或降低目标酶的活性，可有效地为改良烟草农艺性状、提高烟叶产量、改造香气、降焦减害、改良抗病抗逆等性状提供帮助。

第1节 TILLING 技术简介

1 TILLING 技术的基本原理

21 世纪初，TILLING 技术在 Comai 实验室创立（McCallum 等，2000；Colbert 等，2001），其基本原理是利用敏感的 SNP 检测技术在突变群体中鉴定特定基因的突变体。TILLING 技术具体流程一般包含以下几步。

①运用化学诱变剂（如叠氮化钠或 EMS 等）诱变处理花粉或者种子，将诱变后的 M_1 种子种植获得 M_1 代植株，M_1 代植株自交产生 M_2 种子，将 M_2 种子种植后获得由一定数量的 M_2 突变单株组成的诱变群体，对 M_2 单株收取种子，形成种子库。

②提取 M_2 突变体组织（根、茎、叶等）的 DNA，将每个提取的 DNA 浓度均一化后，把多个 DNA 样品混合，构建成四倍 DNA 池或八倍 DNA 池。

③利用特异性引物对目标基因区段进行 PCR 扩增，通过变性和缓慢复性得到杂合的异源双链 DNA。

④如果有某一混合池中的植物携带突变，那么形成的异源双链中将会出现错配碱基，利用特异性的可以识别错配碱基异源双链的核酸内切酶在错配处切开双链，产生两个 DNA 片段。

⑤用双色荧光染料的变性聚丙烯酰胺凝胶电泳检测，如果发现某一混合池中有阳性片段，则再对混合池中的每一单株的 DNA 逐一检测，最后确定阳性的突变单株。

⑥通过测序，验证 DNA 突变信息和碱基改变类型。

⑦通过对获得的 M_3 和 M_4 代群体做基因型与表型关联分析，确定目标基因的功能及在育种中的应用潜能。

2 遗传诱变

自然生长的植物会发生突变，但是突变频率很低。利用不同的诱变剂如物理诱变剂（X 射线及快中子等）或化学诱变剂（烷基化试剂等）处理，可以诱导产生大量突变。这一现象是遗传学历史上一项重大的发现，大大增加了突变概率，使得科学家不再局限于自然变异获得理想的目标性状，极大地缩小了研究材料的筛选规模，加速了遗传学的研究步伐。正向遗传学是对诱变群体中筛选的特殊表型突变体定位和分离基因；而 TILLING 技术是在诱变群体中筛选特定基因的突变。简言之，TILLING 是一种结合了传统的人工诱变技术和后续的高通量的点突变检测的技术体系（Colbert 等，2001）。由于采用不同的点突变检测方法会产生不同的技术路线，详细的工作流程也不同（Comai 和 Henikoff，2006；Till 等，2006；Barkley 和 Wang，2008）。

3　TILLING 的检测方法

最初的 TILLING 技术是采用变性高效液相色谱（denaturing high-performance liquid chromatography，dHPLC）技术检测突变（McCallum 等，2000）。在对目的片段做 PCR 扩增之后，通过加热变性 - 缓慢复性形成异源双链，然后进行高效液相色谱分析。但由于该方法分析时间过长，限制了点突变的筛选效率，并没有真正实现高通量筛选的目标。后来，Caldwell 等（2004）利用从芹菜中提取的特异性识别单链错配碱基的核酸内切酶 CEL I 进行酶切，然后对酶切产物用荧光标记，避免了 CEL I 的部分外切核酸酶活性切割 PCR 产物末端的荧光基团从而引起检测效率降低的问题。但是，该方法仍然没有解决分析时间过长及通量不高的问题。

2001 年 Comai 实验室对点突变的检测方法做了重大改进（Colbert 等，2001）。首先，采用荧光引物标记 PCR 产物，分别用不同的荧光基团（IR Dye700 和 IR Dye800）对正反向引物的 5′ 末端进行标记。在 PCR 产物形成异源双链后，用特异性识别单链的内切核酸酶 CEL I 酶切点突变处的错配碱基，再通过变性，使双链 DNA 分子形成单链，最后通过变性聚丙烯酰胺凝胶电泳进行分离。所使用的 Li-cor 4300 测序仪通过使用不同波长的激发光（700 纳米和 800 纳米）检测标记于 PCR 产物末端不同的荧光基团，产生不同波长的荧光信号并被检测器收集，实时地同时对两个通道的两个不同片段

进行分析。由于采用了荧光引物，该方法的灵敏度也得到了提高。

高分辨熔解曲线（high-resolution melting，HRM）分析是一种不依赖于内切核酸酶的方法。DNA 的序列决定了其热稳定性。当温度在一定范围内升高时，DNA 逐步发生热变性，导致掺入 DNA 双链的荧光染料被释放出来，DNA 分子的荧光强度随之降低，荧光信号的变化可被仪器如 Light Scanner 等检测，从而产生特定的熔解曲线。当 DNA 片段中的碱基发生突变时，其热稳定性随之改变，随即产生不同的熔解曲线。因此，可根据熔解曲线的变化对目的片段中含有的突变进行检测（Montgomery 等，2007）。由于该方法在 PCR 完成后即可进行检测，操作极为简单，真正实现了闭管操作，因此引起了研究者的广泛关注。最近的一些 TILLING 研究采用了 HRM 对点突变进行检测，取得了理想的结果（Bush 和 Krysan，2010）。该方法的缺点是检测的目标片段比较小，一般为 300 bp 左右，近年来的应用也在逐渐减少。

近年来，随着毛细管电泳技术的发展，其快速、高灵敏度和高通量的优势在小分子化合物包括 DNA 片段分析中的优势逐渐显现出来。由于摒弃了 Li-cor 4300 系统所采用的平板胶，使用高通量的毛细管电泳仪如 Fragment Analyzer96 或 ABI3730 等自动化检测设备，省去了诸如灌胶、拆卸、上样和清洗等步骤，在 TILLING 筛选中实现了更加高效、高自动化的操作流程（Stephenson 等，2010）。高效毛细管电泳（capillary electrophoresis，CE）是一类以毛细管为分离通道、以高压直流电场为驱动力的新型液相分离技术。DNA 片段的分离是通过在融硅材质制成的 96 行毛细管列队中使用高电场，并在这些毛细管列队中填充可导电的胶状基质，从而使 DNA 片段能依据片段长度的不同而进行迁移并分离。同 Li-cor 4300 检测技术一样，在突变位点检测中，毛细管电泳使用的 DNA 也需要经过变性和缓慢复性；在形成异源双链后，经 CEL I 酶切产生两个短的

DNA 片段，在电泳时加入荧光染料，染料与 DNA 分子结合，通过检测荧光获得电泳条带峰图。

与 Li-cor 4300 检测系统相比，高效毛细管电泳检测技术的突出优点是自动进样、操作简单，不需要标记的引物，省去脱盐清除，分析片段长度可在 2 kb 以上，灵敏度更高，成本更低，分离时间短。

随着高通量测序技术的发展，使得通过测序检测突变位点成为可能。高通量测序筛选突变体技术是通过测序将突变基因与参考基因组序列进行比对，发现基因突变和多态性。这种方法需要将测序误差与真实的突变区分开来，需要有足够的序列覆盖率和生物信息学分析。在全基因组水平检测 SNP，需要较大的序列覆盖度（二倍体基因组一般需要 20 ~ 30 倍的测序深度）。由于测序成本很高，通过对 PCR 产物进行测序大大降低测序成本。此外，与 SNP 检测匹配的新一代计算机软件的出现，如 VarScan (Koboldt 等，2009)、CRISP (Bansal, 2010; Bansal 等，2010)、SNP Seeker (Druley 等，2009)、SAM tools (Li 等，2009) 和 MAQ (Li 等，2008) 等，为高通量测序在突变筛选中的应用奠定了基础。Tsai 等 (2011) 利用高通量 Illumina 测序技术，成功检测到 EMS 诱变水稻群体中的点突变。漆小泉等通过化学诱变剂叠氮化钠，对粳稻品种"中花 11"进行诱变，获得大量的 M_2 诱变单株。他们利用 3 维混合池的方法，将 512 个独立样品混合成 24 个 3 维样品混合池，将半巢式 PCR 与 NGS 建库方法相结合。在 1 024 个样品库中，对 36 个目标片段进行扩增富集，共获得 16 个点突变 (Chi 等，2014)。

4 国际上不同物种的 TILLING 服务平台

Till 等 (2003) 率先建立了拟南芥的 TILLING 服务平台，简称 ATP (Arabidopsis TILLING Program)，为国际不同研究单位提供了超过 100 个基因的 1 000 多个不同的拟南芥等位突变体。截止到目前，

该项目已经对超过 480 个基因进行了 TILLING 分析，鉴定出 6 700 多个 EMS 突变体，使得 TILLING 正式成为了一种功能基因组学研究方法 (Greene 等，2003)。接着，ATP 又与美国西雅图的 Henikoff 实验室合作，建立了西雅图 TILLING 平台，简称 STP (Seattle TILLING Project)。STP 项目在拟南芥上取得成功之后，又与美国普度大学的实验室进行合作，建立了玉米 TILLING 平台，简称 MTP (Maize TILLING Program)。同时，英国 JIC 的 Perry 等 (2003) 建立了百麦根的 TILLING 平台。到目前为止，该平台已经鉴定出 100 多个 EMS 诱变的等位突变体。美国南伊利诺斯州立大学建立了以栽培大豆为材料的 TILLING 服务平台。

根据 TILLING 研究需要，用于预测基因目标功能域或目标氨基酸的软件也相继被开发出来，如用于设计 TILLING PCR 特异引物的 CODDLE 软件、预测突变对蛋白质编码是否造成影响的 PARSESNP (project aligned related sequences and evaluate SNPs) 和 SIFT (sorting intolerant from tolerant) 等在线软件。

中国科学院植物研究所从 2006 年开始引进 TILLING 技术，建成了目前国际上最高效的、可对外服务的水稻 TILLING 技术平台 (http://www.croptilling.org)。采用自制纯化的 CEL I 酶，特异性切割错配位点效率极高，DNA 样品可被 2 维混成 16 倍池，大大缩短了检测时间。利用先进的毛细管阵列对酶切产物进行分离检测，大大提高检测灵敏度和效率。截止至 2015 年 12 月底，已累计对国内外育种和科研单位提供了近 250 个水稻基因的 TILLING 筛选服务，得到了 3 088 个突变体。在其 TILLING-5200 水稻群体中，每个单株植物的点突变密度为每 350 kb 有一个突变，在群体中平均每 1 kb 可以获得 15 个突变体，其中终止密码子的获得率为 15% 左右，发生氨基酸改变为 40%，多数突变为 G 到 A（或称为 C 到 T）的改变（89%）。

第2节　TILLING 技术在植物遗传与改良中的应用

基因突变是作物遗传改良的一个重要工具，在新材料创制和优良新品种选育等方面发挥巨大的作用。但诱变时突变发生的位置随机，且大多数是不利突变，采用传统诱变育种策略，从选择突变表型入手，选择过程复杂、效率较低，且易受到环境条件的影响。TILLING 技术是一种反向遗传学策略，将化学诱变、PCR 技术和高通量突变检测相结合，可高通量快速准确地鉴定出目标基因内发生的突变。一般情况下，在饱和突变体库建立之后，通过 TILLING 方法可以有效地获得目标基因的等位突变并在农作物改良中有所应用。

1　TILLING 技术
在小麦遗传改良中的应用

小麦是 TILLING 技术在作物遗传改良中应用最为广泛的一个物种。已有数十家单位对小麦淀粉品质、淀粉含量、籽粒硬度、木质素含量等性状进行 TILLING 筛选和遗传改良。

淀粉作为面粉中的主要成分，在人们的饮食中扮演着重要的角色，影响着人们的日常生活。低直链淀粉的面粉可以提高烘烤食品、面条及冷冻产品的保质期；而高直链淀粉的面粉可以提高功能膳食纤维的比例。因此，在过去的 20 年中，人们对小麦的品种改良作了很大的努力，试图改变小麦淀粉的构成，创制一些新的功能性食品。由于小麦属于异源六倍体植物，传统的诱变方法筛选突变表型很难。在这种背景下，反向遗传学得到的等位突变体

显得尤为重要，特别是通过 TILLING 技术的运用使解决类似问题成为可能。

结合于淀粉粒的淀粉合成酶（GBSS），也称为 Waxy 蛋白，负责直链淀粉的合成。为了改善小麦淀粉品质，通过 TILLING 筛选获得了 200 多个 Waxy 位点的等位突变，其 Waxy 酶的活性范围从接近野生到几乎完全丧失。Slade 等（2005）对小麦 GBSSI 基因进行的 TILLING 筛选，在六倍体小麦（1 152 个 M_2 单株）和硬粒小麦（768 个 M_2 单株）群体中，共发现 246 个新的 Waxy 等位变异。将一个 Waxy 基因在 D 基因组中发生的缺失突变体与一个在 A 基因组中产生的错义突变体杂交，获得了 Waxy 活性完全丧失的糯性小麦突变体。这些新突变体材料的目标性状从近似野生型到完全缺乏直链淀粉，为小麦淀粉品质改良提供了丰富遗传资源。Dong 等（2009）分别构建了硬粒小麦和软粒小麦的 EMS 诱变群体，并对 2 348 个 M_2 植株进行了两个蜡质基因（Wx-A1、Wx-D1）的 TILLING 检测，共获得了 121 个突变。他们将两个无义突变株（Wx-A1-truncation 和 Wx-D1-truncation）杂交，创制了一个完全的蜡质表型。Uauy 等（2009）也进行了小麦淀粉品质改良研究，在四倍体与六倍体小麦的诱变群体中，筛选淀粉支链合成酶基因 SBEIIa、SBEIIb，鉴定出 275 个突变位点。Sestili 等（2010）利用 SDS-PAGE 技术与 TILLING 技术结合，分析了小麦控制支链淀粉合成的淀粉合成酶基因 SSII 和控制直链淀粉合成的颗粒结合淀粉合成酶基因 Waxy，

获得了编码蛋白完全丧失的突变材料。

籽粒硬度是小麦的一个重要品质性状，它直接决定了小麦的面粉品质，并且与小麦种子储藏蛋白共同决定了小麦的加工品质。位于 5D 染色体短臂 Hardness 位点（Ha 位点）的两个主效基因 Puroindoline a（Pina）和 Puroindoline b（Pinb）决定了小麦的籽粒硬度，普通小麦的 Pina、Pinb 缺失会表现出软质，其中任何一个基因不表达或者发生突变都会影响籽粒硬度。Feiz 等（2009）在一个普通小麦 M_2 群体（630 个单株）中通过 TILLING 技术筛选到 8 个 Pina、Pinb 错义突变体，鉴定后代 F（2:3）群体的籽粒硬度，发现突变体的籽粒硬度下降了 28% ～ 94%，这些不同籽粒硬度的遗传材料可以用于普通小麦的籽粒硬度改良，扩大遗传基础。小麦 TILLING 群体的构建与相关基因等位变异的发现，促进了小麦育种的进展，为选育特种材料或高产材料奠定了基础。

栽培一粒小麦（T. monococcum，AA）是普通小麦 A 染色体组的祖先供体种，具有抗旱、抗锈病、抗霉病等特点，而且蛋白质、矿物质（尤其是钙、锰、硫）、叶黄素和类胡萝卜素的含量都明显高于普通小麦，是小麦属重要的基础物种，是进行普通小麦改良的重要基因资源。Rawat 等（2012）构建了包含 1 532 个株系的可育或部分可育的一粒小麦 M_2 群体，利用 TILLING 筛选了 Waxy 基因和木质素合成的关键基因咖啡酸 O- 甲基转移酶 1（COMT1）、4- 香豆酸辅酶 A 连接酶 1（4CL1）、乙酰转移酶 2（HCT2）的突变体。野生型一粒小麦小穗木质素含量为 21.1%，COMT1、4CL1、HCT2 基因突变的小穗木质素含量都有变化，在 17.3% ～ 22.7%，其中 4CL1-B 突变的小穗木质素含量为 19.6%。统计分析显示，该突变体的木质素含量与野生型相比存在显著差异。

2 TILLING 技术
在玉米遗传改良中的应用

玉米是重要的粮食和饲料作物。TILLING 技术的发展为玉米反向遗传学研究提供了一种新方法，利用 TILLING 通量高、成本低的特点，可以在大规模的玉米遗传群体中筛选突变基因，增加其遗传多样性。Till 等（2004）通过花粉诱变得到了 750 株 M_2 代玉米植株，研究了玉米 11 个基因中长度为 1 kb 区域，从中发现了 17 个点突变，其中在 DMT102 基因上发现了 3 个有害的错义突变。这些突变体将成为进一步品种选育的基础材料。Bommert 等（2013）利用 TILLING 技术从玉米 EMS 诱变群体中筛选 CLAVATA-like 受体激酶基因（FEA2）的突变体，其中突变体 fea2-1328 突变位点在其保守区，造成基因功能部分丧失。为了明确其突变效应，他们将该突变体与野生型亲本进行 3 次回交后所得到的纯合突变后代的玉米比野生型多 2 ～ 5 个穗行，并发现是由于 fea2-1328 的花序分生组织明显增大增加了穗行数。这一发现为玉米的产量提高提供了重要的育种材料。

直链淀粉是重要的工业原料，从普通玉米中提取直链淀粉成本很高。基因 ae 突变可使玉米直链淀粉含量大幅度增加。对 ae 基因的遗传修饰可使直链淀粉的含量达到 50% ～ 70%。我国的玉米种质材料中高直链淀粉资源材料稀少，为了获得更多的种质资源，提高选择效率，缩短育种年限，研究人员通过 EMS 诱变玉米花粉构建了 TILLING 突变库。对得到的 M_1 代 Mo17 材料的 ae 基因扩增，利用 Light Scanner 系统进行高分辨熔解曲线筛选，从中筛选出 6 份有单碱基改变的突变体，并对直链淀粉含量进行了测定。

玉米种子储存蛋白质中的赖氨酸和色氨酸两种必需氨基酸含量较低，人和动物长期食用会导致生长缓慢、疾病等不良症状，甚至死亡。因此，高赖氨酸遗传改良是玉米育种的一个重要方向。但高赖氨酸种质资源比较贫乏，大量的研究表明，opaque-2（o2）、flomy2（fl2）、o6 和 o7 等突变体可不同程度改变玉米的氨基酸的组成，增加赖氨酸含量。

3 TILLING 技术
在水稻遗传改良中的应用

在主要农作物中，水稻是已知的基因组最小的。随着水稻功能基因组研究的不断深入，大量控制重要农艺性状的基因被克隆，为在育种上的利用提供了便利。但是，即使是已经克隆的基因，其可用的等位基因仍比较少，在育种过程中经常会面临种质资源匮乏的问题，而相当一部分育种材料中相应的等位基因仍是未知的，限制了这些基因在育种中的利用。利用 TILLING 技术平台高效筛选目的基因突变体对水稻品种改良具有重要意义。早在 2002 年，Leung 等就构建了包含 14 000 个 EMS 突变单株的水稻群体，为水稻定点突变的筛选奠定了基础。

国际水稻研究所在 2005 年用 0.8% 和 1.0% 的 EMS 诱变了籼稻品种"IR64"，构建了约 2 000 个 M_2 单株的突变群体，对 10 个基因进行 TILLING 筛选，在丝氨酸蛋白磷酸酶基因 *pp2A4* 与胖胼质合成酶基因 *CAL7* 上筛选到 2 个突变体，序列分析表明突变为 G 到 A 的转变。当把 EMS 处理浓度提高到 1.6% 时，突变频率提高到每 1 Mb 一个点突变，为水稻育种提供了丰富的变异材料（Wu 等，2005）。

Till 等（2007）分别用 EMS 和 Az-MNU 创制了两个突变群体，每个群体选择了 768 个 M_2 单株用于 TILLING 检测。通过对 *OsBZIP*、*OsDREB* 等 10 个基因的分析检测，在 EMS 诱变群体中发现了 27 个突变位点，在 Az-MNU 诱变群体中鉴定出 30 个突变位点，点突变频率分别为 1/294 kb 与 1/265 kb。

与之相似，Suzuki 等（2008）在另一个 MNU 诱变的水稻（粳稻"Taichung 65"）群体（767 株 M_2）中检测 3 kb 区域，统计得到的突变频率为 1/135 kb。以 30～120 Gy 射线处理水稻所产生的群体对色氨酸合成途径上的 *OASA1* 基因进行点突变筛选，共得到 31 个点突变，突变频率为 1/204 kb，

其中，有 3 个点突变导致氨基酸序列改变，提高了种子中储藏蛋白的色氨酸含量。

已有研究表明，当水稻受到盐胁迫时，*SKC1* 基因可以通过木质部的卸载把地上部过量的 Na^+ 回流到根部，减轻 Na^+ 毒害，增强水稻耐盐性。王彩芬等（2013）以化学诱变剂 EMS 处理获得 1 310 份 M_2 代水稻材料，应用 TILLING 技术筛选到 5 个 *SKC1* 基因的纯合突变体、14 个杂合突变体。经过 2 年 M_2、M_3 代的连续检测及测序分析表明，*SKC1* 纯合株系能够稳定遗传，对该突变体的耐盐性鉴定也许可为培育耐盐水稻品质提供新的材料。Jiang 等（2013）构建了"中花 11"水稻品种的 TILLNIG 平台，通过对 13 个目的基因的筛选，共得到了 179 个点突变，为水稻功能基因研究提供了快捷、可靠的研究材料。

4 TILLING 技术
在番茄遗传改良中的应用

番茄是世界范围内种植最为广泛的一种蔬菜。近年来的研究发现，番茄的番茄红素和胡萝卜素具有抗氧化功能，番茄的使用价值越来越受到重视，对番茄的育种要求也日益提高。创制并利用新的种质资源是实现育种目标的首要因素。通过化学诱变的方法创制番茄突变体，再利用 TILLING 技术筛选出符合育种目标要求的遗传材料，为番茄的重要性状遗传改良服务。

"M82"是过去几十年来用于番茄遗传研究的一个重要材料，人们构建了高质量的突变群体、遗传连锁图谱、DNA 分子标记以及渐渗系，为基因功能研究奠定了良好基础。Piron 等（2010）利用诱变获得的 4 759 份 M_3 代株系构建了"M82"的 TILLING 平台，在突变群体中鉴定了 *eIF4E1* 基因的突变体，用于抗病毒研究。Jones 等（2012）利用该 TILLING 平台对光信号转导途径关键基因 *DEETIOLATED1*（*DET1*）、*UV-DAMAGED DNA BINDING PROTEIN 1*（*DDB1*）、*COP1*、*COP1like*

等进行突变体筛选，其中 *SI-DET1* 突变体的成熟果实中类胡萝卜素和苯丙烷类物质的含量都有提高，未成熟果实的叶绿素含量增高，光合能力增强，因此 *SI-DET1* 突变体具有很好的营养品质。

2009 年 Gady 等用 1% 的 EMS 处理品种为 "TPAADASU" 的番茄，并用构相敏感性毛细管电泳和高分辨熔解曲线分析方法进行了突变位点检测，发现该突变群体的突变频率是 1.36 个点突变 /Mb。2012 年 Gady 等利用该平台分离了 2 个八氢番茄红素合成酶基因的突变体，该基因编码类胡萝卜素合成途径的一个关键酶。该基因的突变导致番茄果实呈黄绿色，八氢番茄红素积累减少，类胡萝卜素含量降低。这些不同类胡萝卜素含量变化的等位基因突变可用于改善番茄营养品质。

Minoia 等（2010）用 0.7% 和 1.0% 的 EMS 溶液处理栽培番茄 "Red Setter" 的种子，建立了番茄的 TILLING 平台。该平台的突变群体以 5 221 个 M_3 株系构成。利用该平台对果实成熟相关的 *RIN*、*Gr*、*Rab11a*、*Exp1*、*PG*、*Lcy-b*、*Lcy-e* 等 7 个基因进行了 TILLING 分析，在总计 9.5 kb 的基因片段上共获得了 66 个点突变，其中 37.6% 为同义突变，62.4% 是错义突变。错义突变体中有超过一半影响了蛋白质的功能。这一番茄品种的 TILLING 平台的开放使用，为番茄的育种和基因功能研究提供了技术支持。

乙烯作为一种重要的植物激素，在番茄果实的成熟过程中起着关键作用。为了控制番茄的成熟过程，Okabe 等（2011）构建了以 3 052 株矮化番茄品种 "Micro-Tom" 的 EMS 诱变的 M_2 代群体，并对 6 个乙烯受体基因（*SlETR1* ~ *SlETR6*）进行 TILLING 筛选，得到 35 个点突变，平均突变频率为 1/1 223 kb，其中 *SLETR1* 的两个等位基因突变体（*Sletr1-1* 和 *Sletr1-2*）的乙烯反应减弱，果实成熟期延迟，延长了果实的保鲜时间。该材料可作为改良番茄储存期的育种材料。随后，他们又增加了 2 000 份突变株系，对该平台进行了提升，目前

"Micro-Tom" TILLING 平台共有 5 000 个突变株系，初步估算每 1 kb 基因片段有 5.8 个等位突变，比从其他 3 个番茄 TILLING 平台获得的突变数量高 1.5 ~ 2 倍。

5 TILLING 技术 在大豆遗传改良中的应用

利用 TILLING 技术可以创制出新的大豆种质，对改良大豆的抗病性、品质和抗逆性等性状有重要意义。2008 年，Cooper 等首次构建了大豆 TILLING 平台，使用的大豆品种为 "Forrest" 和 "Williams82"，其中 3 个群体为 EMS 诱变、1 个为 NMU 诱变，分别为 A、B、C、D。在这 4 个群体中均检测了 *CLV1A*、*NARK*、*PPCK4* 等 7 个目标基因的突变，共发现了 116 个突变位点，其中 A、D 群体的突变频率为 1/140 kb 左右，B、C 群体的突变频率为 1/250 kb 和 1/550 kb 左右，检测的突变频率在不同的品种中差异较大（表 12-1）。

表 12-1 栽培大豆诱变群体信息统计（Cooper 等，2008）

群体	大小（bp）	品种	突变方式	浓度
A	529	"Forrest"	EMS	40 mM
B	768	"Williams 82"	EMS	40 mM
C	768	"Williams 82"	EMS	50 mM
D	768	"Williams 82"	NMU	2.5 mM

大豆是一种重要的油料作物，所含的脂类多为软脂酸、油酸、亚油酸及亚麻酸，其中亚油酸和亚麻酸等多元不饱和脂肪酸（PUFA），是优质脂肪酸，但亚麻酸容易被氧化而形成醛类或醇类物质，产生不良气味，因而影响大豆的品质，不利于大豆的长期贮存。Dierking 和 Bilyeu（2009）利用上述群体进行了大豆种子油脂改良，他们在 EMS 诱变群体中对棉籽糖合成酶基因 *RS2* 及 ω-6 脂肪酸脱氢酶基因 *FAD2-1A* 进行了突变位点检测，鉴定出 4 个 *RS2* 基因的突变体和 3 个 *FAD2-1A* 基因的突

变体。*RS2* 基因的 2 个突变体有氨基酸变化，其中 1 个突变使种子寡聚糖含量降低，蔗糖含量升高。在 *FAD2-1A* 中所鉴定出的 3 个突变体都使氨基酸发生了错义突变，其中 1 个突变改变了种子中脂肪酸含量，使种子油酸含量升高，亚麻酸含量下降。这些突变体可用于大豆油质改良育种。与之相似，Hoshino 等（2010）利用 TILLING 技术在两个不同的大豆 EMS 诱变群体中对 *GmFAD2-1b* 基因的编码区进行检测，识别出 4 个点突变，B12 和 E11 这两个点突变引起了氨基酸改变，分别为 Thr189Pro 和 Gly103Val，相应突变体的油酸含量也发生了显著变化。

Xia 等（2012）为了验证大豆基因 *FT1* 是开花抑制因子，利用 TILLING 技术从大豆 EMS 诱变群体中鉴定出了 *FT1* 基因的突变体，发现 3 个引起错义突变的 *ft1* 突变体的开花期都显著早于野生型，在突变体与野生型杂交得到的 F$_2$ 代分离群体中，开花期和 *FT1* 变异位点显著相关，验明了 *FT1* 是调控大豆开花的关键基因。

大豆胞囊线虫（SCN）是降低大豆产量的主要原因之一。Liu 等（2012）定位并克隆了抑制胞囊线虫侵染的主效基因 *Rhg1* 和 *Rhg4*，分别编码丝氨酸羟甲基转移酶（SHMT）和类枯草杆菌蛋白酶（SUB1）。利用 TILLING 技术检测了大豆品种 "Forrest" 的 SHMT 基因的 2 个突变体 *F6266* 和 *F6756*，两者均发生了核苷酸变异，导致了氨基酸 E61K 和 M125I 的改变，M125I 突变单株在 M$_3$ 代表现明显的 SCN 抗性。

第3节　烟草 TILLING 突变体筛选与鉴定方法

如前所述，TILLING 技术已经广泛运用于许多物种。作为种质资源创新的方法之一，TILLING 可广泛运用于烟草的新品种培育。由中国科学院植物研究所和中国农业科学院烟草研究所合作建立的普通烟草 TILLING 平台采用 EMS 诱变群体、利用 CEL I 酶切和高通量毛细管电泳等为基本技术。有部分突变体是通过双色荧光 Li-cor 4300 遗传分析仪检测。图 12-1 为普通烟草 TILLING 平台的工作流程，该方法快速灵敏，采用国际最先进的 16 倍混合池。具体流程如下。

① 烟草种子（一般为 2 万粒）经 EMS 诱变产生 M$_1$ 代种子。

② 种植 M$_1$ 代种子产生 M$_1$ 植株群体。

③ M$_1$ 代植株套袋自交后产生 M$_2$ 代种子。

④ 种植 M$_2$ 代种子，产生 M$_2$ 代诱变群体。对 M$_2$ 代群体进行单株叶片材料提取基因组 DNA、对所有样品做浓度均一化处理，制备样品池。

⑤ 让取样的单株自交，获得 M$_3$ 代种子。

⑥ 确定目的基因并进行基因特异性引物设计。

⑦ 将一定量的模板加入 PCR 扩增体系中，高通量扩增目标片段。

⑧ 将 PCR 产物进行加热变性 – 缓慢复性，以形成异源双链。

⑨ 进行 CEL I 酶切。

⑩ 将 CEL I 酶切产物用 Fragment Analyzer ™ 自动毛细管电泳系统进行分离。

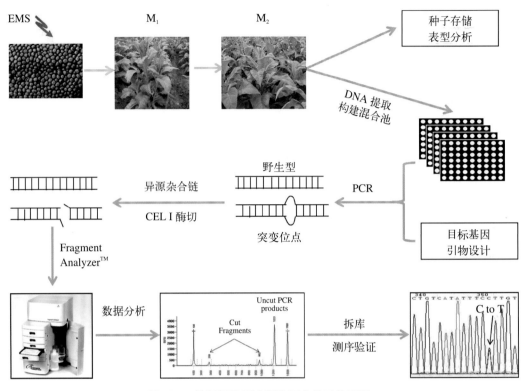

图 12-1 普通烟草 TILLING 平台的工作流程

⑪ 数据分析得到含有点突变的混合样品池样品。

⑫ 拆分混合样品池得到含有点突变样品并测序鉴定点突变。

1 EMS 突变库创制

用于 TILLING 突变体筛选的烟草品种为"中烟 100"，用 0.6% 的 EMS 诱变"中烟 100"种子，产生 M$_1$ 代突变种子，种植 M$_1$ 代种子产生 M$_1$ 诱变群体，M$_1$ 代自交收获 M$_2$ 代。2011 ~ 2013 年共种植 M$_2$ 代突变株系 7 000 余份，每个突变株系种植 15 株。每个株系取 1 株，2011 年对 1 006 个株系共 1 006 个单株取样提取 DNA，构建了包含 1 006 份 DNA 的 M$_2$ 代突变群体；2012 年对 2 784 个 M$_2$ 代突变株系按株系取样，构建了包含 2 784 份 DNA 的 M$_2$ 代突变群体；2013 年又构建了包含 721 份 DNA 的 M$_2$ 代突变群体。对取样的 M$_2$ 代单株自交套袋，收获突变体 M$_3$ 代种子。每份 DNA 样品量在 15 微克以上，可满足超过 300 个基因的 TILLING 检测分析。

2 样品均一化及建库

为了实现突变基因的高通量检测，减少检测样品量，制备样品过程中需要将许多样品叠加混合之后进行检测。将每份 DNA 溶液统一稀释到 40 纳克 / 微升，将 4 份 DNA 混合，构建 4 倍混合池，用于普通烟草突变基因的 TILLING 筛选。目前在 -80 ℃ 超低温冰箱中保存有"中烟 100"突变体 M$_2$ 代 DNA 原液 4 511 份，均一化为 40 纳克 / 微升的 DNA 库和 4 份 DNA 等量混合的 4 倍混合池。

3 引物设计及扩增

引物设计的原则是最大程度减少非特异性扩增，这就需要保证一定的引物长度（24 bp）、退火温度（60 ℃左右），PCR 程序尽可能采用梯度降低（touch down）程序进行扩增。同时，PCR 程序中要增加 PCR 产物的变性 - 缓慢复性程序，即 99 ℃ 变性 10 分钟，70 ℃、20 秒，每个循环降低 0.3 ℃，共

70 个循环，以形成异源双链，用于下一步的酶切。

4　酶切和毛细管鉴定

烟草 TILLING 检测所使用的 CEL I 酶全部为实验室自己提取。通常设置的反应体系为 6～15 微升，PCR 产物的量为 100～300 纳克，PCR 长度控制在 600～1 400 bp，反应温度为 45 ℃，酶切时间为 15～30 分钟，最后用 0.25 M 的 EDTA 终止反应。表 12-2 为烟草的酶切反应体系。

表 12-2　酶切反应体系

5×CEL I 缓冲液	1.2	2.4
CEL I 酶	0.2	0.4
水	2.6	2.6
DNA（PCR 产物）	2.0	5.0
总计	6（微升）	12（微升）

酶切产物稀释一定倍数后进行毛细管电泳上样，上样体积不得少于 30 微升，以免毛细管暴露在空气中造成堵塞。电泳条件：注胶 70 分钟，最大压力 280 千帕；预电泳电压 6.0 千伏，电泳时间 30 秒；Marker 进样电压 3.0 千伏，进样时间 20 秒；样品进样电压 9.0 千伏，进样时间 60 秒；片段分离电压 10.0 千伏，电泳时间 70 分钟。

5　数据统计分析

Li-cor 4300 和 FA 96（美国 AATI 公司生产）系统都是通过切割的片段大小来判断是否符合突变的条件。

Li-cor 4300 主要是通过 PAGE 胶分离荧光标记的方法，显示出切割片段的大小（700 纳米，800 纳米）。

FA 96 主要是通过毛细管电泳分离切割的片段，用通用型染料直接对 PCR 片段进行染色成像。

采用 HRM 技术，分析不同的熔解度曲线。

突变位点的主要判断条件为：F（PCR 全长）=C1（切割产物 1）+C2（切割产物 2）。

6　后续分析流程

后续分析主要分为以下几个步骤。

（1）突变体种植

在突变体库中找到该突变编号的 M_3 代种子并播种。

（2）基因型鉴定

提取突变体 M_3 代 DNA，PCR 扩增并测序，验证突变位点的稳定性。

（3）基因型与表型的共分离试验

第一，将纯合突变体与"中烟 100"回交，去除背景；第二，在回交后代中分析杂合体分离比；第三，关键突变位点的跟踪调查，确定该基因相关的表型和突变位点的连锁关系，依次找到其对应的强、弱表型。

（4）构建互补验证的载体，得到稳定的互补株系

若为隐性基因，在突变体背景下，将携带非突变的野生型片段通过转基因的方式导入，如果突变体的表型恢复，说明该位点突变是引起该表型的原因。若为显性基因，将携带突变片段导入野生型植株，此时的野生型与突变体表型一致，间接说明该位点突变是引起该表型的原因。

利用 RNA 干扰、CRISPR 等反向遗传学技术相互验证基因功能。

（5）根据基因冗余度决定是否需要 TILLING 同源基因

无论在植物体内还是动物体内，都存在很多同源基因。此类基因功能相似，两条基因序列相似性可达 80% 以上。TILLING 技术只是针对单个靶基因发挥作用。在同一株系里，不能够同时将两个或两个以上的同源基因突变。因此，需要对冗余高的基因进行定向 TILLING，从而构建双突变体或三突变体。

第4节 鉴定的烟草 TILLING 突变体

利用 0.6% 的 EMS 诱变"中烟 100"，2011～2012 年构建了分别包含 1 006 份和 2 784 份 DNA 的 M$_2$ 代"中烟 100"突变群体。利用这两个群体，对查尔酮合成酶基因（CHS）、腋芽发育调控基因（RAX）、烟碱去甲基酶基因（NND）、鸟氨酸脱羧酶基因（ODC）、甜味蛋白基因（thaumatin-like protein SE39b）、苯丙氨酸解氨酶基因（PAL）等 19 个基因进行了突变体筛选，总共筛选到突变体 467 个，其中氨基酸发生改变的突变体 264 个，每个基因筛选到突变体个数差别较大（表 12-3），基因功能涉及类黄酮代谢、花色素合成、腋芽发育调控、烟碱和降烟碱代谢、脂肪酸代谢、甜味蛋白和胡萝卜素合成等多个途径。分析突变率发现，该烟草 EMS 突变群体基因组中每 66 kb 就会发生 1 个碱基突变，相对水稻 EMS 群体每 500 kb 发生 1 个碱基突变而言，烟草 EMS 突变群体突变率远远高于水稻。

1 查尔酮合成酶基因突变体

查尔酮合成酶是植物类黄酮物质合成途径中的第一个酶，也是植物次生代谢途径中的关键酶之一，对植物具有非常重要的生理意义。查尔酮合成酶属于植物 III 型聚酮合成酶家族（polyketide synthase enzyme，PKS），是结构和催化机制最简单的聚酮合成酶。它催化 3 分子的丙二酰辅酶 A 和香豆酰辅酶 A，生成柚配基查尔酮（naringenin chalcone）和生松素查尔酮（pinocembrin chalcone）。

对烟草查尔酮合成酶的两个拷贝（C1，C2）进行了突变体筛选。筛选区域为 1 902 bp，共获得 71 个突变体，其中氨基酸未变化的为 31 个，氨基酸改变的为 40 个，终止突变体 4 个，具体突变体编号及特征见表 12-4。图 12-2 为 CHS 基因的各个突变位点。

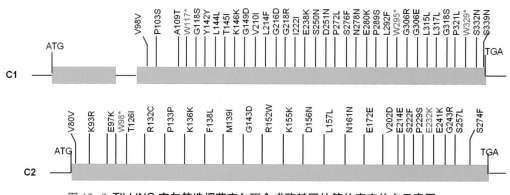

图 12-2 TILLING 定向筛选烟草查尔酮合成酶基因的等位突变位点示意图

通过遗传杂交的方式，对两个拷贝进行双突变，共获得 9 个双突变体。对其表型进行统计后发现，E232K 突变株系表现为白花或红花表型，

W98* 突变体表现为白花或粉红花表型。

通过遗传双突变分析发现，另外拷贝的基因型与表型不连锁，故推定该拷贝基因沉默或无功能。

表 12-3　通过 TILLING 筛选的烟草突变体

基因	长度 (bp)	突变体 （个）	氨基酸未改变（个）	终止突变（个）	杂合体（个）	纯合体（个）
甜味蛋白基因（SE39b）	1 900	17	4	0	12	5
微粒体 ω-3 脂肪酸脱氢酶基因（FAD3）	1 567	27	10	0	15	12
质体 ω-3 脂肪酸脱氢酶基因（FAD7）	1 650	23	8	1	18	5
苯丙氨酸解氨酶基因（PAL）	651	17	2	2	16	1
番茄红素合成酶基因 1（Psy1）	936	24	7	0	16	8
烟碱去甲基酶基因（CYP82E4）	1 100	21	11	1	21	0
烟碱去甲基酶基因（CYP82E5）	1 032	10	5	1	10	0
烟碱去甲基酶基因（CYP82E10）	1 171	17	8	0	17	0
鸟氨酸脱羧酶基因（ODC）	1 650	17	6	0	13	4
硝酸还原酶基因（NiR）	1 401	13	8	0	8	5
查尔酮合成酶基因 1（CHS1）	1 111	40	17	3	32	8
查尔酮合成酶基因 2（CHS2）	791	31	14	1	24	7
查尔酮异构酶基因 1（CHI1）	911	3	3	0	2	1
花色素合成酶基因 1（ANS1）	870	14	3	0	13	1
花色素合成酶基因 2（ANS2）	629	21	7	1	19	2
腋芽发育调控基因 1（Ntrax1）	1 855	53	33	1	42	11
腋芽发育调控基因 2（Ntrax2）	1 878	52	30	1	37	15
侧枝抑制蛋白基因 1（Ls1）	1 543	24	18	0	19	5
侧枝抑制蛋白基因 2（Ls2）	1 717	43	9	0	38	5
合计	24 363	467	203	12	372	95

表 12-4 烟草 *CHS* 基因的突变体分析

基因	M₂代系统编号	突变位点	突变	备注	基因	M₂代系统编号	突变位点	突变	备注
	11ZE201770	P103S	编码区			11ZE268356	P321L	编码区	
	11ZE268182	A109T	编码区			11ZE202429	W329*	编码区	终止突变
	11ZE268958	W117*	编码区	终止突变		11ZE203648	S332N	编码区	
	11ZE268626	G118S	编码区			11ZE202296	S339N	编码区	
	11ZE268002	T145I	编码区			11ZE203686	K93R	编码区	
	11ZE269036	G149D	编码区			11ZE201915	E97K	编码区	
	11ZE202429	V210I	编码区			11ZE268800	W98*	编码区	终止突变
	11ZE203444	L214F	编码区			11ZE268399	T126I	编码区	
	11ZE203302	G216D	编码区			11ZE268910	R132C	编码区	
	11ZE268289	G218R	编码区			11ZE268293	F138L	编码区	
	11ZE202332	E238K	编码区			11ZE268959	M139I	编码区	
CHS1	11ZE268543	S250N	编码区			11ZE202679	G143D	编码区	
	11ZE268861	D251N	编码区			11ZE202284	R152W	编码区	
	11ZE268242	P272L	编码区		*CHS2*	11ZE202978	D156N	编码区	
	11ZE268611	S276F	编码区			11ZE203010	V202D	编码区	
	11ZE203622	N278N	编码区			11ZE268802	S222F	编码区	
	11ZE203248	E280K	编码区			11ZE201540	P229S	编码区	
	11ZE201584	P289S	编码区			11ZE202604	P232S	编码区	
	11ZE202840	W295*	编码区	终止突变		11ZE268826	E232K	编码区	
	11ZE203362	G306R	编码区			11ZE2691002	G243R	编码区	
	11ZE201718	G306E	编码区			11ZE202928	S257L	编码区	
	11ZE268594	G318S	编码区			11ZE268627	S274F	编码区	

E232K 突变体 M₃ 代共统计 184 株，其中纯合突变体 42 株（27 株白花），杂合突变体 93 株（8 株白花），野生型 49 株；W98* 共统计 372 株，其中野生型 98 株，杂合突变体 202 株（16 株白花，19 株粉红），纯合突变体 72 株（7 株白花，27 株粉红）。E232K，在纯合突变体中，具有表型的株系占 64.3%，杂合子为 8.6%。W98* 在纯合突变体中，具有表型的株系占 47.2%，杂合突变体为 16.5%。故杂合突变体获得表型的比例为 8% ～ 16%，纯合突变体获得表型的比例为 47% ～ 65%（表 12-5）。

通过对栽培烟草查尔酮合成酶基因 TILLING 定向突变，获得了具有表型的突变，花色呈白色（强表型）或粉红色（弱表型），在 E232K 突变中，其纯合突变导致部分植株花色呈白色，部分表现为野生型。在 W98* 突变中，其纯合突变体导致部分植株花色呈白色，部分表现为粉红色花的弱表型，还有一部分表现为野生型（图 12-3）。总的来说，查尔酮合成酶基因中的两个突变体，纯合突变体 50% 以上皆有表型，而杂合体 10% 左右具有表型。这说明该基因表现为显性负突变。

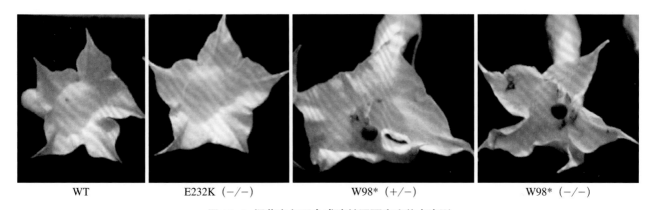

| WT | E232K (−/−) | W98* (+/−) | W98* (−/−) |

图 12-3　烟草查尔酮合成酶基因两突变位点表型

表 12-5　烟草查尔酮合成酶突变体遗传分析

CHS 表型	基因型比率			
	纯合（%）	杂合（%）	野生型	总数（%）
E232K	42	93	49	184
白花	27 (64.3%)	8 (8.6%)	0	35 (19.4%)
浅红	0	0	0	0
W98*	72	202	98	372
白花	7 (9.7%)	16 (7.5%)	0	23 (6.1%)
浅红	27 (37.5%)	19 (9%)	0	46 (12.3%)

2 腋芽相关基因突变体

植物腋芽的生长发育决定了植物地上部形态，而腋芽的生长发育主要受控于胚后发育形成的腋芽分生组织。关于植物腋芽分生组织形成与腋芽生长的分子机制探索是植物发育生物学研究的热点领域。通过拟南芥、番茄、玉米、水稻、豌豆等植物的突变体研究，发现了一些参与调控腋芽分生组织形成与腋芽生长的基因。根据其功能不同，这些基因大致可分为两类：一类是控制腋芽分生组织形成的基因，如拟南芥 REV（Talbert 等，1995）、LAS（Greb 等，2003）、RAX（Keller 等，2006），番茄 LS（Schumacher 等，1999）和 BL（Schmitz 等，2002），以及水稻 MOC1（Li 等，2003）和 LAX1（Komatsu，2003）等；另一类是控制腋芽生长的基因，如豌豆 RMS1、RMS2、RMS4、RMS5（Beveridge，2000），拟南芥 MAX1、MAX2、MAX3、MAX4（Stirnberg 等，2002）等。

通过对烟草腋芽发育调控基因（RAX）进行

TILLING 定向筛选，获得有义、无义或终止突变共 105 个突变体，包括氨基酸改变的 40 个，终止突变 2 个，其中 Ntrax1 有 19 个位点发生了氨基酸改变和 1 个终止突变，Ntrax2 有 21 个位点发生了氨基酸改变和 1 个终止突变（表 12–3）。图 12–4 为两个腋芽发育调控基因的部分突变位点。

构建腋芽发育调控基因表达载体 p35S::LS-SRDX:: GFP 及 p35S::RAX-SRDX::GFP，对根部进行 GFP 荧光信号观察发现，LS 和 RAX 主要在细胞核内表达，而对幼嫩的茎部切片发现 RAX 基因在细胞外周质也有表达（图 12–5）。

p35S::LS-SRDX::GFP 的转基因烟草植株在幼苗期叶片增多，并出现多茎生长点（图 12–6a），后期发现腋芽有持续增多的现象（图 12–6b）；p35S::RAX-SRDX::GFP 转基因植株在幼苗期叶片增多，并出现多茎生长点（图 12–6c），后期发现腋芽有持续增多的现象（图 12–6d）。对 RAX 突变体的两拷贝进行双突变（G46E×S49N），发现其与转基因敲除表型相似，出现多茎生长点（图 12–6e）；对成苗后期表型观察发现，p35S::LS-SRDX::GFP 与 p35S::RAX-SRDX::GFP 叶片细长，腋芽明显增多（图 12–6f）。

3 降烟碱相关基因突变体

降烟碱（又称去甲基烟碱）是烟草中的一种主要生物碱，其含量占总生物碱的 2.1% ~ 3.43%。降烟碱对人体具有一定的危害性。它可使蛋白质异常糖基化，而且降烟碱可以同常用的类固醇药物，如泼尼松（一种肾上腺皮质激素）发生共价反应，改变这类药物的药效和毒理，因此降烟碱对人体的健康具有直接的负面影响。更重要的是，烟草在生长尤其是采收后处理和加工过程中，叶片中降烟碱会

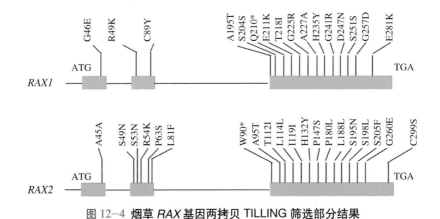

图 12–4 烟草 RAX 基因两拷贝 TILLING 筛选部分结果

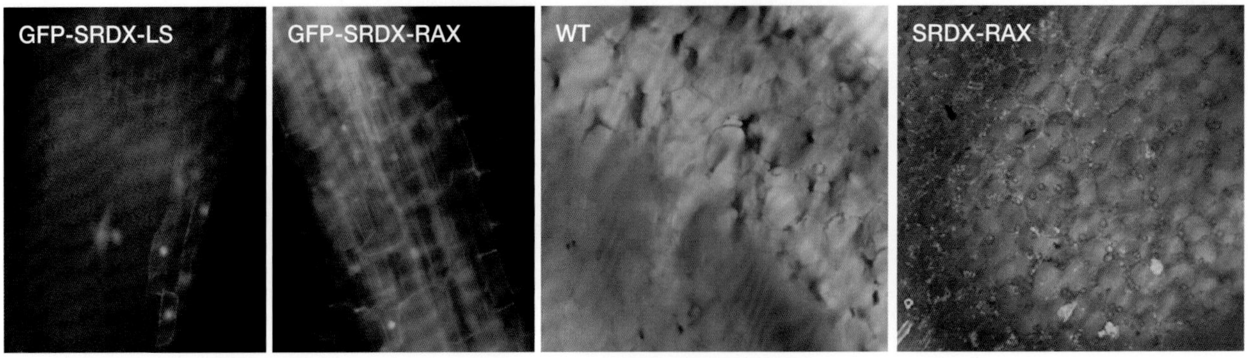

GFP-SRDX-LS　　GFP-SRDX-RAX　　WT　　SRDX-RAX

图 12–5 p35S::LS-SRDX::GFP 及 p35S::RAX-SRDX::GFP 表达情况

图 12-6 p35S::LS-SRDX::GFP, p35S::RAX-SRDX::GFP 及 TILLING 双突变表型

a. *NtLS* 沉默后的多茎生长点表型；b. *NtLS* 沉默后的幼苗期和成苗期腋芽增多表型；c. *NtRAX* 沉默后的多茎生长点表型；d. *NtRAX* 沉默后的
幼苗期和成苗期腋芽增多表型；e. *rax* 纯合突变体双茎；f. *rax-200* 突变体矮化、皱缩；WT. 野生型对照

发生亚硝基化反应，形成烟草中的最危险的物质——亚硝基去甲基烟碱（nitrosonornicotine，NNN）。

Siminszky 等（2005）通过 microarray 技术分析了遗传背景高度相似的"转化株"（去甲基烟碱为主要生物碱成分）和"非转化株"（烟碱为主要生物碱）烟草的基因表达水平，获得了若干在"转化株"上调表达的细胞色素 *P450* 基因，属于 CYP82E2 亚家族。酵母表达分析表明，该亚家族中 CYP82E4 具有烟碱去甲基酶活性，能够催化 [^{14}C] 烟碱生成 [^{14}C] 去甲基烟碱。*CYP82E4* 主要在叶片衰老、调制阶段高表达，也可被乙烯的处理所引起的衰老诱导（Chakrabarti 等，2008）。在烟草的生长阶段，*CYP82E5* 参与烟草植株的烟碱转化为降烟碱，其在绿叶中的表达强度更大（Gavilano 和 Siminszky，2007）。Lewis 等（2010）又发现了 *CYP82E10* 也能够编码具有活性的烟碱去甲基酶。该基因主要在根中表达。通过 RNAi 技术抑制 *CYP82E2* 亚家族烟碱去甲基酶基因的表达，使得去甲基烟碱含量与对照相比减少 80%，晾干的叶片样品中 NNN 也发生了相应的减少，但其余 TSNA 化合物，如 NNK、NAB、NAT 含量未变（Lewis 等，2008）。筛选 CYP82E2 亚家族突变体也降低了烟草降烟碱水平（Julio 等，2008）。

通过基因毛细管电泳 TILLING 技术筛选 NND 编码基因 CYP82E4、CYP82E5、CYP82E10 三个基因 M_2 代突变体，CYP82E4 获得 21 个突变体，其中氨基酸改变的突变体有 10 个；CYP82E10 获得 17 个突变体，其中氨基酸改变的突变体有 9 个；CYP82E5 获得 10 个突变体，其中氨基酸改变的突变体有 5 个（表 12-6）。分析发现 CYP82E4 基因的 9 个错义突变中有 2 个功能损失预测得分较低，即编号分别是 11ZE204216 和 11ZE201965，另外有终止突变体 11ZE201446；CYP82E5 基因突变体中，11ZE202643 和 11ZE202985 功能损失预测得分较低，另外有终止突变体 11ZE201704；CYP82E10 获得了功能损失预测得分较低的 11ZE268176 和 11ZE201431。

11ZE204216、11ZE268176、11ZE201704 分别是 CYP82E4、CYP82E10、CYP82E5 在 G39E、D257N、W229* 发生突变的突变体，这三个突变体突变后基因功能预测得分较低或为终止突变。将其播种，M_3 代分别分析了 30 个以上单株，遗传分析表明，这些突变位点在 M_3 代遗传稳定，均获得了 5 株以上的纯合突变株。播种纯合突变株 M_4 代，正常田间管理，现蕾期打顶，打顶后 45 天取第 3 与第 9 片叶烘干，气象色谱测定分析各纯合突变体和野生型"中烟 100"的生物碱种类和含量，发现 CYP82E4 的突变体 G39E 的 5 个纯合突变株系降烟碱含量比对照减少了 50% 以上，CYP82E10 和 CYP82E5 的突变体则降烟碱含量变化不明显（表 12-7）。

表 12-6 烟碱去甲基酶基因的突变体分析

基因	M_2 代系统编号	突变位点	氨基酸改变	Provean 值	基因	M_2 代系统编号	突变位点	氨基酸改变	Provean 值
CYP82E4	11ZE268510	G730A	G244R	-3.15		11ZE268176	G769A	D257N	-5.203
	11ZE268717	C4T	L2F	-0.766		11ZE2691058	G154A	D52N	-3.057
	11ZE201233	G163A	D55N	0.093		11ZE201431	C103T	P35S	-4.229
	11ZE201242	G170A	R57H	0.015	CYP82E10	11ZE202038	G541T	D181N	-0.537
	11ZE201446	C403T	R144*	终止突变		11ZE203490	A43G	T15A	0.36
	11ZE201965	C200T	A67V	-3.854		11ZE203772	C539T	T180I	-2.5
	11ZE202953	C124T	P42S	-2.624		11ZE204223	G178A	A60T	0.217
	11ZE203035	C328T	L110F	-1.796		11ZE269182	G334A	G112S	-0.365
	11ZE204216	G115A	G39E	-6.671		11ZE201704	G687A	W229*	终止突变
	11ZE204237	C539T	L180F	-2.29	CYP82E5	11ZE202643	G383A	G128E	-5.294
	11ZE268500	G178A	A60T	-0.083		11ZE202985	C214T	P72S	-7.41
	11ZE268747	G581A	M194I	-3.058		11ZE203836	G838A	G280R	-0.998

注：* 表示终止突变，Provean 是 protein variation effect analyzer 的缩写。

表 12-7 NND 编码基因突变体的主要生物碱含量

基因和基因型	重复	叶位	主要生物碱（%）				降烟碱转化（%）
			烟碱	降烟碱	麦斯明	新烟碱	
CYP82E4 G39E	1	3	2.516	0.0419	0.0029	0.2810	1.6381
		9	2.205	0.0365	0.0039	0.3050	1.6284
	2	3	2.745	0.0413	0.0033	0.3510	1.4823
		9	2.341	0.0377	0.0037	0.3260	1.5849
	3	3	2.789	0.0506	0.0036	0.2840	1.7812
		9	2.226	0.0327	0.0034	0.3330	1.4477
	4	3	3.152	0.0487	0.0058	0.3540	1.5215
		9	2.954	0.0338	0.0054	0.3150	1.1313
	5	3	2.695	0.0449	0.0026	0.1810	1.6378
		9	2.469	0.0347	0.0029	0.2050	1.3869
CYP82E5 W229*	1	3	2.444	0.0791	0.0036	0.3311	3.1350
		9	2.245	0.0736	0.0035	0.2258	3.1754
	2	3	2.374	0.0794	0.0030	0.2721	3.2344
		9	2.203	0.0701	0.0029	0.2476	3.0828
	3	3	2.548	0.0847	0.0037	0.2614	3.2172
		9	2.497	0.0764	0.0037	0.2339	2.9698
	4	3	2.683	0.0836	0.0039	0.2107	3.0209
		9	2.334	0.0772	0.0036	0.2841	3.2011
	5	3	2.615	0.0740	0.0036	0.3492	2.7520
		9	2.447	0.0962	0.0038	0.2537	3.7817
CYP82E10 D257N	1	3	2.764	0.0851	0.0033	0.3854	2.9869
		9	2.436	0.0744	0.0039	0.3784	2.9637
	2	3	2.283	0.0721	0.0041	0.3410	3.0604
		9	1.971	0.0643	0.0044	0.3537	3.1580
	3	3	2.718	0.0830	0.0037	0.3598	2.9615
		9	2.357	0.0839	0.0033	0.3512	3.4382
	4	3	2.571	0.0843	0.0043	0.3511	3.1739
		9	2.129	0.0832	0.0044	0.2185	3.7620

（续表）

基因和基因型	重复	叶位	主要生物碱（%）				降烟碱转化（%）
			烟碱	降烟碱	麦斯明	新烟碱	
	5	3	2.328	0.0780	0.0012	0.1123	3.2400
		9	2.019	0.0798	0.0013	0.1009	3.7995
"中烟 100"		3	2.819	0.0938	0.0010	0.1107	3.2186
		9	2.624	0.0879	0.0013	0.1198	3.2399

注：①主要生物碱百分比是指生物碱重量占干重的比例；降烟碱转化百分比为降烟碱／（降烟碱＋烟碱）×100%；"中烟 100"的生物碱含量为 10 个单株同一叶位混合取样测定结果。

②＊表示终止突变。

（撰稿：姚学峰，李凤霞；定稿：王倩，刘贯山）

参考文献

[1] 王彩芬，马晓玲，安永平，等. TILLING 技术在水稻耐盐基因 *SKC1* 突变体筛选中的应用 [J]. 作物杂志, 2013, (5): 66 ~ 70.

[2] Bansal V. Statistical method for the detection of variants from next-generation resequencing of DNA pools[J]. Bioinformatics, 2010, 26(12): 318 ~ 324.

[3] Bansal V, Harismendy O, Tewhey R, et al. Accurate detection and genotyping of SNPs utilizing population sequencing data[J]. Genome Res, 2010, 20(4): 537 ~ 545.

[4] Barkley N A, Wang M L. Application of TILLING and EcoTILLING as reverse genetic approaches to elucidate the function of genes in plants and animals[J]. Curr Genomics, 2008, 9(4): 212 ~ 226.

[5] Beveridge C A. Long-distance signalling and a mutational analysis of branching in pea[J]. Plant Growth Regul, 2000, 32(2):193 ~ 203.

[6] Bommert P, Nagasawa N S, Jackson D. Quantitative variation in maize kernel row number is controlled by the *FASCIATED EAR2* locus[J]. Nat Genet, 2013, 45(3): 334 ~ 337.

[7] Bush S M, Krysan P J. iTILLING, a personalized approach to the identification of induced mutations in *Arabidopsis*[J]. Plant Physiol, 2010, 154(1): 25 ~ 35.

[8] Caldwell D G, McCallum N, Shaw P, et al. A structured mutant population for forward and reverse genetics in barley (*Hordeum vulgare* L.) [J]. Plant J, 2004, 40(1): 143 ~ 150.

[9] Chakrabarti M, Bowen S W, Coleman N P, et al. *CYP82E4*-mediated nicotine to nornicotine conversion in tobacco is regulated by a senescence-specific signaling pathway[J]. Plant Mol Biol, 2008, 66(4): 415 ~ 427.

[10] Chi X, Zhang Y, Xue Z, et al. Discovery of rare mutations in extensively pooled DNA samples using multiple target enrichment[J]. Plant Biotechnol J, 2014, 12(6): 709 ~ 717.

[11] Colbert T, Till B J, Tompa R, et al. High-throughput screening for induced point mutations[J]. Plant Physiol, 2001, 126(2): 480 ~ 484.

[12] Comai L, Henikoff S. TILLING: practical single-nucleotide mutation discovery[J]. Plant J, 2006, 45(4): 684 ~ 694.

[13] Cooper J L, Till B J, Laport R G, et al. TILLING to detect induced mutations in soybean[J]. BMC Plant Biol, 2008, 8: 9.

[14] Dierking E C, Bilyeu K D. New sources of soybean seed meal and oil composition traits identified through TILLING[J]. BMC Plant Biol, 2009, 9: 89.

[15] Dong C, Dalton-Morgan J, Vincent K, et al. A modified TILLING method for wheat breeding[J]. Plant Genome, 2009, 2(1): 39 ~ 47.

[16] Druley T E, Vallania F L, Wegner D J, et al. Quantification of rare allelic variants from pooled genomic DNA[J]. Nat Methods, 2009, 6(4): 263 ~ 265.

[17] Feiz L, Martin J M, Giroux M J. Creation and functional analysis of new *Puroindoline* alleles in *Triticum aestivum*[J]. Theor Appl Genet, 2009, 118(2): 247 ~ 257.

[18] Gady A L, Hermans F W, Van de Wal M H, et al. Implementation of two high through-put techniques in a novel

application: detecting point mutations in large EMS mutated plant populations[J]. Plant Methods, 2009, 5: 13.

[19] Gady A L, Vriezen W H, Van de Wal M H, et al. Induced point mutations in the phytoene synthase 1 gene cause differences in carotenoid content during tomato fruit ripening[J]. Mol Breed, 2012, 29 (3): 801 ~ 812.

[20] Gavilano L B, Siminszky B. Isolation and characterization of the cytochrome P450 gene *CYP82E5v2* that mediates nicotine to nornicotine conversion in the green leaves of tobacco[J]. Plant Cell Physiol, 2007, 48(11): 1567 ~ 1574.

[21] Greb T, Clarenz O, Schäfer E, et al. Molecular analysis of the *LATERAL SUPPRESSOR* gene in *Arabidopsis* reveals a conserved control mechanism for axillary meristem formation[J]. Genes Dev, 2003, 17(9): 1175 ~ 1187.

[22] Greene E A, Codomo C A, Taylor N E, et al. Spectrum of chemically induced mutations from a large-scale reverse-genetic screen in *Arabidopsis*[J]. Genetics, 2003, 164(2): 731 ~ 740.

[23] Hoshino T, Takagi Y, Anai T. Novel *GmFAD2-1b* mutant alleles created by reverse genetics induce marked elevation of oleic acid content in soybean seeds in combination with *GmFAD2-1a* mutant alleles[J]. Breed Sci, 2010, 60(4): 419 ~ 425.

[24] Jiang G Q, Yao X F, Liu C M. A simple CELI endonuclease-based protocol for genotyping both SNPs and InDels[J]. Plant Mol Biol Rep, 2013, 31(6): 1325 ~ 1335.

[25] Jones M O, Piron-Prunier F, Marcel F, et al. Characterisation of alleles of tomato light signalling genes generated by TILLING[J]. Phytochemistry, 2012, 79: 78 ~ 86.

[26] Julio E, Laporte F, Reis S, et al. Reducing the content of nornicotine in tobacco via targeted mutation breeding[J]. Mol Breed, 2008, 21(3): 369 ~ 381.

[27] Keller T, Abbott J, Moritz T, et al. *Arabidopsis REGULATOR OF AXILLARY MERISTEMS 1* controls a leaf axil stem cell niche and modulates vegetative development[J]. Plant Cell, 2006, 18(3): 598 ~ 611

[28] Koboldt D C, Chen K, Wylie T, et al. VarScan: variant detection in massively parallel sequencing of individual and pooled samples[J]. Bioinformatics, 2009, 25(17): 2283 ~ 2285.

[29] Komatsu K, Maekawa M, Ujiie S, et al. *LAX* and *SPA*: major regulators of shoot branching in rice[J]. Proc Natl Acad Sci USA, 2003, 100(20): 11765 ~ 11770.

[30] Leung H, Hettel G P, Cantrell R P. International Rice Research Institute: roles and challenges as we enter the genomics era[J]. Trends Plant Sci, 2002,7(3): 139 ~ 142.

[31] Lewis R S, Bowen S W, Keogh M R, et al. Three nicotine demethylase genes mediate nornicotine biosynthesis in *Nicotiana tabacum* L.: functional characterization of the *CYP82E10* gene[J]. Phytochemistry, 2010, 71(17-18): 1988 ~ 1998.

[32] Lewis R S, Jack A M, Morris J W, et al. RNA interference (RNAi)-induced suppression of nicotine demethylase activity reduces levels of a key carcinogen in cured tobacco leaves[J]. Plant Biotechnol J, 2008, 6(4): 346 ~ 354.

[33] Li H, Handsaker B, Wysoker A, et al. The sequence alignment/map format and SAMtools[J]. Bioinformatics, 2009, 25(16): 2078 ~ 2079.

[34] Li H, Ruan J, Durbin R. Mapping short DNA sequencing reads and calling variants using mapping quality scores[J]. Genome Res, 2008, 18(11): 1851 ~ 1858.

[35] Li X, Qian Q, Fu Z, et al. Control of tillering in rice[J]. Nature, 2003, 422(6932): 618 ~ 621.

[36] Liu S, Kandoth P K, Warren S D, et al. A soybean cyst nematode resistance gene points to a new mechanism of plant resistance to pathogens[J]. Nature, 2012, 492(7428): 256 ~ 260.

[37] McCallum C M, Comai L, Greene E A, et al. Targeted screening for induced mutations[J]. Nat Biotechnol, 2000, 18(4): 455 ~ 457.

[38] Minoia S, Petrozza A, D'Onofrio O, et al. A new mutant genetic resource for tomato crop improvement by TILLING technology[J]. BMC Res Notes, 2010, 3: 69.

[39] Montgomery J, Wittwer C T, Palais R, et al. Simultaneous mutation scanning and genotyping by high-resolution DNA melting analysis[J]. Nat Protoc, 2007, 2(1): 59 ~ 66.

[40] Okabe Y, Asamizu E, Saito T, et al. Tomato TILLING technology: development of a reverse genetics tool for the efficient isolation of mutants from Micro-Tom mutant libraries[J]. Plant Cell Physiol, 2011, 52(11): 1994 ~ 2005.

[41] Perry J A, Wang T L, Welham T J, et al. A TILLING reverse genetics tool and a web-accessible collection of mutants of the legume *Lotus japonicus*[J]. Plant Physiol, 2003, 131(3): 866 ~ 871.

[42] Piron F, Nicolai M, Minoia S, et al. An induced mutation in tomato eIF4E leads to immunity to two potyviruses[J]. PLoS ONE, 2010, 5(6): e11313.

[43] Rawat N, Sehgal S K, Joshi A, et al. A diploid wheat TILLING resource for wheat functional genomics[J]. BMC Plant Biol, 2012, 12: 205.

[44] Schmitz G, Tillmann E, Carriero F, et al. The tomato *Blind* gene encodes a MYB transcription factor that controls the formation of lateral meristems[J]. Proc Natl Acad Sci USA, 2002, 99(2): 1064 ~ 1069.

[45] Schumacher K, Schmitt T, Rossberg M, et al. The *Lateral suppressor* (*Ls*) gene of tomato encodes a new member of the VHIID protein family[J]. Proc Natl Acad Sci USA, 1999, 96(1): 290 ~ 295.

[46] Sestili F, Botticella E, Bedo Z, et al. Production of novel allelic variation for genes involved in starch biosynthesis through mutagenesis[J]. Mol Breed, 2010, 25(1): 145 ~ 154.

[47] Siminszky B, Gavilano L, Bowen S W, et al. Conversion of nicotine to nornicotine in *Nicotiana tabacum* is mediated by CYP82E4, a cytochrome P450 monooxygenase[J]. Proc Natl Acad Sci USA, 2005, 102(41): 14919 ~ 14924.

[48] Slade A J, Fuerstenberg S I, Loeffler D, et al. A reverse genetic, nontransgenic approach to wheat crop improvement by TILLING[J]. Nat Biotechnol, 2005, 23(1): 75 ~ 81.

[49] Stephenson P, Baker D, Girin T, et al. A rich TILLING resource for studying gene function in *Brassica rapa*[J]. BMC Plant Biol, 2010, 10: 62.

[50] Stirnberg P, van De Sande K, Leyser H M. *MAX1* and *MAX2* control shoot lateral branching in *Arabidopsis*[J]. Development, 2002, 129(5): 1131 ~ 1141.

[51] Suzuki T, Eiguchi M, Kumamaru T, et al. MNU-induced mutant pools and high performance TILLING enable finding of any gene mutation in rice[J]. Mol Genet Genomics, 2008, 279(3): 213 ~ 223.

[52] Talbert P B, Adler H T, Parks D W, et al. The *REVOLUTA* gene is necessary for apical meristem development and for limiting cell divisions in the leaves and stems of *Arabidopsis thaliana*[J]. Development, 1995, 121(9): 2723 ~ 2735.

[53] Till B J, Cooper J, Tai T H, et al. Discovery of chemically induced mutations in rice by TILLING[J]. BMC Plant Biol, 2007, 7: 19.

[54] Till B J, Reynolds S H, Greene E A, et al. Large-scale discovery of induced point mutations with high-throughput TILLING[J]. Genome Res, 2003, 13(3): 524 ~ 530.

[55] Till B J, Reynolds S H, Weil C, et al. Discovery of induced point mutations in maize genes by TILLING[J]. BMC Plant Biol, 2004, 4: 12.

[56] Till B J, Zerr T, Comai L,et al. A protocol for TILLING and Ecotilling in plants and animals[J]. Nat Protoc, 2006, 1(5): 2465 ~ 2477.

[57] Tsai H, Howell T, Nitcher R, et al. Discovery of rare mutations in populations: TILLING by sequencing [J]. Plant Physiol, 2011, 156(3): 1257 ~ 1268.

[58] Uauy C, Paraiso F, Colasuonno P, et al. A modified TILLING approach to detect induced mutations in tetraploid and hexaploid wheat[J]. BMC Plant Biol, 2009, 9: 115.

[59] Wu J L, Wu C, Lei C, et al. Chemical- and irradiation-induced mutants of indica rice IR64 for forward and reverse genetics[J]. Plant Mol Biol, 2005, 59(1): 85 ~ 97.

[60] Xia Z, Watanabe S, Yamada T, et al. Positional cloning and characterization reveal the molecular basis for soybean maturity locus *E1* that regulates photoperiodic flowering[J]. Proc Natl Acad Sci USA, 2012, 109(32): E2155 ~ 2164.

第13章

烟草突变体
种质库与数据共享平台

随着我国烟草基因组计划重大专项的启动和大规模烟草突变体的创制，产生了数量巨大的烟草各个世代的突变材料及其各种类型的杂交、回交群体材料。为了满足长期保存和持续研究的目的，在中国农业科学院烟草研究所建立了以低温冰箱为主的"烟草突变体种质储存库"（以下简称"种质库"），对种质库使用条形码编目识别系统进行管理。截至 2015 年底，种质库共保存各类突变体材料 27 万多份。同时为了提高突变体材料与数据的利用效率，搭建了"中国烟草突变资源生物信息库和利用平台"网站（http://www.tobaccomdb.com；以下简称"共享平台"），及时介绍烟草基因组计划重大专项之突变体项目的最新研究进展，并提供烟草突变体资源数据的查询与共享服务。烟草突变体种质库与数据共享平台为烟草功能基因解析、烟草新品种培育以及现有品种改良提供长期的材料与数据支撑，将在烟草生产及烟草基础生物学研究方面持续发挥重要作用。

第 1 节 烟草突变体种质库

烟草突变体长期保存的是突变体种子，因此烟草突变体种质库就要为突变体种子提供干燥、低温的保存条件，以利长期保持种子的活力。同时，由于需要保存的突变体材料数量很多，所以要对突变体材料的编目和存放进行科学的设置和管理。

1 种质库的相关设置

（1）低温冰箱及容量

采用 −25 ~ −10 ℃ 的低温冰箱保存烟草突变体种子。种质库目前由 22 台低温冰箱矩阵组成，其编号分别为 R01 ~ R22；随着烟草突变体材料的不断增加，低温冰箱的数量也要增加。每台冰箱含有 7 层抽屉，每层抽屉的编号分别为 1 ~ 7，其中上面 6 层抽屉均可存放 18 个冷冻盒，给每个冷冻盒的编号分别是 01 ~ 18，并在冷冻盒子侧面中间位置粘贴唯一识别码；第 7 层抽屉可存放 12 个冷冻盒，每个冷冻盒的编号分别是 01 ~ 12。每台冰箱可以存放 120 个冷冻盒，每个冷冻盒可放置 100 个 2.0 毫升冷冻管，分别编号 001 ~ 100，并在冷冻管壁上粘贴唯一识别码。每个冷冻管保存 1 份烟草突变体种子，种子数量 1 万 ~ 2 万粒；每台低温冰箱可以保存 1.2 万份烟草突变体种子（图 13−1）。为了对烟草突变体种子材料进行有效的管理，为每个突变体种子赋予唯一系统编号和条形码。

（2）烟草突变受体品种（种）代码

目前创制的烟草突变体共涉及 6 个烟草突变受体品种（种），其中 3 个为普通烟草种的烤烟品种，1 个为黄花烟草种的品种，2 个为烟草野生种。在系统编号中，烟草突变受体品种（种）代码采用中文名称拼音（或英文名称）的首字母大写表示（表 13−1）。

（3）系统编号

系统编号是所有突变群体内每份种子的唯一号

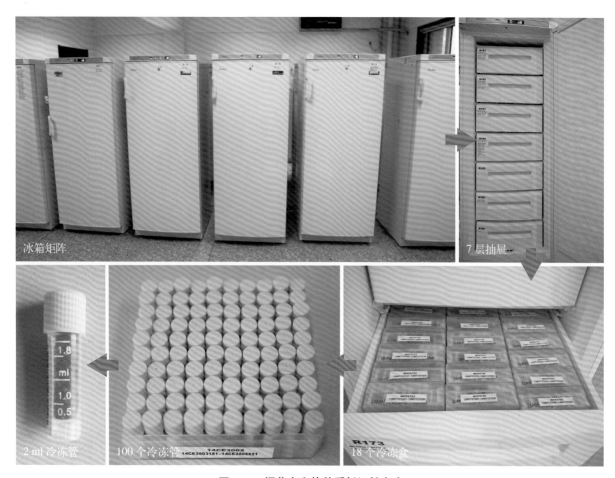

冰箱矩阵

7 层抽屉

2 ml 冷冻管

100 个冷冻管

18 个冷冻盒

图 13-1 烟草突变体种质低温储存库

码，便于统一管理突变体库。系统编号从最初设计到 2014 年底，先后演变了 4 个版本（表 13-2），最新版本的系统编号由 6 部分组成：收种年份、受体品种（种）、诱变方法、世代数、二代编号及

高代编号（图 13-2），例如 11ZE224166（"中烟 100"叶片早衰突变体 6 来自的 M_2 株系的系统编号，具体参见第 8 章第 2 节）、14ZE42314321（"中烟 100"叶色白化突变体 1 的 M_4 株系的系统编号，具体参见第 5 章第 3 节）、13HT300908312（"红花大金元"花色深红突变体 1 的 T_3 株系的系统编号，具体参见第 7 章第 3 节）等。

表 13-1 烟草突变受体品种（种）代码列表

序号	品种（种）名称	品种（种）拼音	代码
1	"中烟 100"	ZhongYan100	Z
2	"红花大金元"	HongHuaDaJinYuan	H
3	"翠碧一号"	CuiBiYiHao	C
4	林烟草	LinYanCao	L
5	"青海黄"	QingHaiHuang	Q
6	香甜烟草	XiangTianYanCao	X

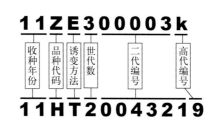

11ZE300003k

| 收种年份 | 品种代码 | 诱变方法 | 世代数 | 二代编号 | 高代编号 |

11HT20043219

图 13-2 系统编号的具体含义

表 13-2 系统编号不同版本的构成元素

版本	收种年份	突变体	受体品种（种）	诱变方法	世代数	二代编号	高代编号
2010	2 位数	M	1 个字母	E/T	1 位数	5～6 位数	2 位数
2011	2 位数	M	1 个字母	E/T	1 位数	5～6 位数	1 个字符
2012	1 个字母	—	1 个字母	E/T	1 位数	5～6 位数	1 个字符
2014	2 位数	—	1 个字母	E/T	1 位数	5～6 位数	1 个字符

收种年份：由收种年份的后两位数字表示，如 2011 年用"11"表示。

突变受体品种（种）：用于标识该种子突变源于哪个品种或种，用一位大写字母表示（表 13-1）。

诱变方法：创建突变群体所使用的诱变方法。目前采用的诱变方法有甲基磺酸乙酯（EMS，E）和激活标签插入（T-DNA，T）两种。

世代数：突变种质资源叠代繁育的代数。一般情况下，用 EMS 方法处理的种子为突变第一代（M_1）种子，将其播种后长出的单株为突变第一代烟株，从一代突变植株收获的种子即为二代突变体（M_2）；而用 T-DNA 插入方法获得的烟株为突变第一代（T_0），从一代突变植株收获的种子即为二代突变体（T_1）。长期入库保存是从二代突变体（M_2 和 T_1）种子开始的。

二代编号：这里的二代编号指的是突变二代群体编号。由于烟草 EMS 饱和突变群体数量较少，一般低于 10 万，因此每个品种（种）的 EMS 诱变二代群体编号默认为 5 位数字；而烟草 T-DNA 插入饱和突变群体数量较大，一般为几十万至几百万，因此"红花大金元"的 T-DNA 激活标签插入突变二代群体编号默认为 6 位数字。

高代编号：标识该份突变体种子源自上代突变群体的某个突变单株，这里用 1 位字符表示。1～9 代表第 1 至第 9 突变单株；小写字母 a～z 代表第 10 至第 35 个突变单株。高代编号从突变三代开始，一个字母代表一个世代，以后每增加一个世代，就增加一个字符，以便追溯该突变体的系谱。

（4）田间编号

烟草突变体材料从种子开始通常需要经过播种、间苗、假植、移栽等一系列的环节，最终移栽至大田开始生长发育。在此过程中，为便于人工管理，为每份待研究的烟草突变体材料赋予了规则简单的田间编号。该编号一般由突变受体品种（种）、诱变方法、世代数及顺序号组成（如 HT2-100，ZE3-100），前后演变了 2 个版本（表 13-3）。

突变受体品种（种）：用于标识该种子突变源于哪个品种或种，用一位大写字母表示（表 13-1）。

诱变方法：创建突变群体所使用的诱变方法，用 1 位大写字母表示，其中"E"代表甲基磺酸乙酯（EMS），"T"代表激活标签插入（T-DNA）。

世代数：当前突变体材料所处的世代数。

顺序号：从 1 开始，依次递增编号。

（5）位置代码

位置代码则是为了标识每份突变体种子的存放位置，每个代码对应着一个系统编号，这样管理员能够快速便捷地找到指定的种子。位置代码包含 5

表 13-3 田间编号不同版本的构成元素

版本	突变体	受体品种（种）	诱变方法	世代数	顺序号
2010	M	1 个字母	E/T	1 位数	从 1 开始
2014	—	1 个字母	E/T	1 位数	从 1 开始

注：M 表示突变体，由于所有株系均有 M，后来就舍弃了该部分。

个要素：冰箱号、抽屉号、抽屉位置号、冷冻盒号、冷冻管位置号（图 13–3、图 13–4、图 13–5、图 13–6 和表 13–4）。

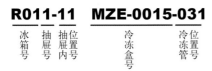

图 13–3 位置代码的含义

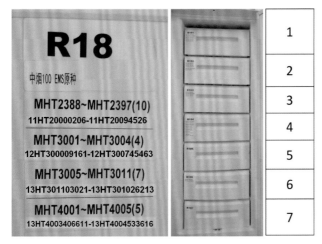

1
2
3
4
5
6
7

图 13–4 冰箱号、抽屉号及其排布图

1	7	13
2	8	14
3	9	15
4	10	16
5	11	17
6	12	18

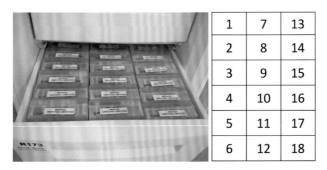

图 13–5 抽屉及其内部位置号排布图

10	20	30	40	50	60	70	80	90	100
9	19	29	39	49	59	69	79	89	99
8	18	28	38	48	58	68	78	88	98
7	17	27	37	47	57	67	77	87	97
6	16	26	36	46	56	66	76	86	96
5	15	25	35	45	55	65	75	85	95
4	14	24	34	44	54	64	74	84	94
3	13	23	33	43	53	63	73	83	93
2	12	22	32	42	52	62	72	82	92
1	11	21	31	41	51	61	71	81	91

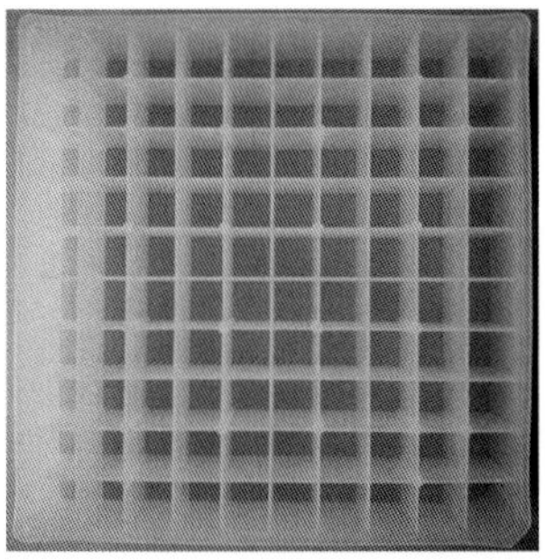

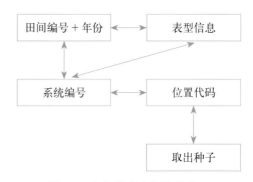

图 13–6 冷冻盒与其内部冷冻管位置号排布图

表 13–4 位置代码的组成元素

序号	元素名称	备　注
1	冰箱号	以 R（refrigerator 的首字母）开头，R01 ~ R22
2	抽屉号	冰箱顶层为 1，一直数到底层为 7
3	抽屉内位置号	标记冷冻盒在抽屉内的位置（01 ~ 20）
4	冷冻盒号	便于区分冷冻盒，在其下方标记其系统编号的范围
5	冷冻管位置号	标记种子冷冻管在冷冻盒内的位置（001 ~ 100）

在突变体种质储存库内，系统编号是唯一的编号。它对应着田间编号、位置代码和表型信息。不管是田间编号或者表型信息，必须先找到对应的系统编号才能检索到对应的位置代码，最终找到突变体种子（图 13–7）。

图 13–7 不同编号之间的关系

2 长期保存的烟草突变体种质数量

截至 2015 年底，突变体种质库共保存 270 737 份突变体种子，其中通过 EMS 诱变方法获得突变体种子 134 490 份，通过激活标签（T-DNA）插入方法获得突变体种子 136 247 份（表 13–5）。

突变二代是突变性状分离的世代，因此也是开展各类表型突变体筛选的世代。突变二代材料既是突变体种质库保存世代最早的材料，也是种质库中最重要的材料，因为在这些材料中蕴藏着极其丰富的变异资源。饱和突变体库理论上应该包括了所有

表 13-5 **突变体种质库保存数量**

诱变类型	受体品种（种）	突变二代数量	突变高代数量	合　计
EMS	"中烟100"	94 998	14 189	109 187
	"红花大金元"	2 570	1 121	3 691
	"翠碧一号"	7 326	376	7 702
	林烟草	12 543	62	12 605
	"青海黄"	983	0	983
	香甜烟草	322	0	322
	合计	118 742	15 748	134 490
T-DNA	"红花大金元"	94 481	41 766	136 247
总计	6	213 223	57 514	270 737

基因的突变体，只要建立合适的方法，都能从中筛选获得相应的突变体。严格地说，二代突变体种子还不能称其为突变体，最多是突变体材料；只有对突变二代进行筛选以后，所获得的具有突变表型的单株（幼苗或植株）才能暂时称其为突变体。

从突变二代具有突变表型单株收获的种子即为三代突变体（M_3 和 T_2）。从突变三代开始便进入了突变体鉴定世代，经过鉴定后突变性状能稳定遗传的才是真正的突变体；鉴定的突变世代越高，结果越准确。目前鉴定获得并保存优质、抗病、抗逆以及包括腋芽、叶片衰老在内的各种形态表型 M_3 代及其以上高世代 EMS 突变体 600 多个；鉴定获得并保存优质以及包括腋芽在内的各种形态表型 T_2 代及其以上世代激活标签插入突变体 100 多个。

同时还保存用于已知基因序列 TILLING 筛选的 M_3 种子及相应的 M_2 单株 DNA。目前用于 TILLING 检测的 DNA 样品包括两个材料，共计 5 256 份，其中"中烟100"共计 4 511 份，有 M_3 代种子的 4 157 份；"红花大金元"745 份，有种子的 736 份。

第2节　烟草突变体数据共享平台

为了快速有效地管理烟草突变体库，在共享平台中设计了一套由田间编号、系统编号、位置代码及表型信息共同组成的数据库索引，并提供烟草突变体种质资源的查询与共享服务。

1　共享平台简介

2012 年初，建立了"中国烟草突变资源生物信息库和利用平台"网站（"共享平台"，http://www.

tobaccomdb.com，图 13-8）。该平台包含数据检索、数据统计、新闻动态等版块，其中数据检索针对不同类型数据提供了多种高级检索，用于准确检索本网站的内容和信息；数据统计以直观方式展示了数据库的概况。

2 查询与数据检索

数据检索栏目包含烟草突变体资源、TILLING、侧翼序列等多种高级检索，每个高级检索针对不同的数据内容做了个性化设计（图 13-9、图 13-10 和图 13-11）。

图 13-8 "中国烟草突变资源生物信息库和利用平台"首页

图 13-9 烟草突变体资源高级检索

图 13-10 TILLING 数据高级检索

图 13-11 **烟草突变体侧翼序列数据高级检索**

图 13-12 **烟草突变体资源数据统计概况**

数据统计板块在一个页面内分别展示了烟草突变体资源、TILLING 及侧翼序列的概况（图 13-12）。

3 突变体资源共享

如果用户检索到了自己感兴趣的烟草突变体，可以向突变体共享平台申请索要对应的种子。首先，在网站首页进行实名注册；之后，等待管理员审核通过后即可填写相关信息，申请索要突变体种子（图 13-13）。目前，烟草突变体共享平台已累计发放突变体种子 1.5 万余份。

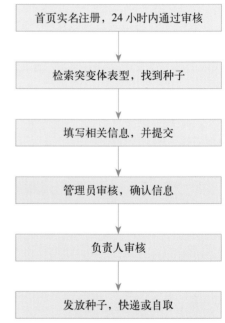

图 13-13 **申请烟草突变体种子的步骤**

（撰稿：晁江涛；定稿：刘贯山，孙玉合，杨爱国）

附 录

烟草突变体研究纪实

《烟草突变体》是基于"烟草基因组计划重大专项"重点项目——烟草突变体系列项目的研究成果编撰而成的。本部分介绍了项目实施5年以来的历程及重要事件,包括重大专项启动与突变体项目获批,领导关怀,项目研讨、中期检查与年度总结会议,项目动态与交流,宣传报道等。

1 重大专项启动
与烟草突变体项目获批

(1)"烟草基因组计划重大专项"启动

2010年12月9日,国家烟草专卖局"烟草基因组计划重大专项启动会"在北京举行(图1)。时任国家烟草专卖局副局长、烟草行业科技重大专项领导小组组长张保振及农业部科技教育司、中国农业科学院等有关单位的领导参加了专项启动仪式。时任国家烟草专卖局局长、中国烟草总公司总经理姜成康在为会议发来的贺信中指出:"实施'烟草基因组计划重大专项',是烟草行业对国家产业发展战略的具体落实,是顺应当前生物技术和生命科学发展趋势、加强基础前沿研究、抢先占领科技制高点、增强行业核心竞争力的重要举措。"

(2)烟草突变体研究立项

"烟草突变体库创制、筛选与分析"是"烟草基因组计划重大专项"的重要研究内容之一,由中国农业科学院烟草研究所牵头组织实施。

为了确保项目的顺利实施,项目牵头单位根据重大专项领导小组办公室和首席科学家的安排,分别于2010年12月及2011年4月组织科技人员赴中国农业科学院生物技术研究所、中国农业科学院油料作物研究所、中国科学院植物研究所、华中农业大学等单位进行调研,了解国内外突变体库创制的研究现状及发展趋势,并借鉴拟南芥、水稻、油菜等植物在突变体创制、鉴定及平台建设与管理等方面的宝贵经验,编写了项目工作方案。烟草突变体项目工作方案于2011年2月16日经"烟草基因组计划重大专项"首席科学家工作团队会议讨论,并进行修改;在2011年2月26~27日"第一届

图1 "烟草基因组计划重大专项启动会" 在北京召开

全国烟草突变体库创制、筛选与分析研讨会"上，与会专家再次对工作方案提出了修改意见和建议；在2011年3月14日通过专家评审。2011年5月10日，中国烟草总公司下达了"烟草基因组计划重大专项"2011年研究项目计划及工作方案要点（中烟办〔2011〕72号），"烟草突变体库创制、筛选与分析"项目方案获得批准。

根据2012年"烟草基因组计划重大专项"专家委员会第二次会议（2012年3月3日）和首席科学家工作团队会议（2012年4月11日）上专家们的意见和建议，烟草突变体研究2012年项目名称确定为"烟草突变体筛选与鉴定"。

2013年5月16～17日，"烟草基因组计划重大专项2013年项目专家评审会"在北京召开。中国农业科学院烟草研究所刘贯山研究员代表烟草突变体研究项目组汇报了烟草突变体研究2011年和2012年的进展，以及2013～2015年的研究规划。经专家评审，"烟草高香气、抗青枯病、抗TMV突变体鉴定与'中烟100'、'翠碧一号'定向改良"项目获得立项，研究期限为3年。

2 领导关怀

（1）国家烟草专卖局杨培森副局长调研指导

2015年7月22日，国家烟草专卖局杨培森副局长一行专程到中国农业科学院烟草研究所调研科技创新工作，考察了研究所在基因组学研究和烟草突变体库创制、鉴定与应用情况，对烟草突变体研究进展给予了充分肯定。杨培森副局长希望研究所把基因组计划作为当前和今后一个时期科技工作的重中之重，在利用基因技术实现主栽品种定向改良等成果的基础上，进一步挖掘功能基因在抗旱、抗早花、调控重金属吸收和烟碱合成、控制烟草有害成分方面的作用，做好功能基因的高效利用，尽快将基因组研究的原创性理论应用于生产实践，解决制约行业发展的关键技术难题，培育重大成果（图2）。

（2）国家烟草专卖局科技司张虹司长到烟草所指导烟草突变体工作

2013 年 2 月 26 日，国家烟草专卖局科技司张虹司长到中国农业科学院烟草研究所调研，详细检查了烟草突变体室内筛选与鉴定流程，认真查看了烟草突变体种质库，仔细询问了项目研究情况，充分肯定了项目取得的阶段性进展。并强调指出："烟草突变体项目既要加强基础研究，更要注重应用研究，要将烟草突变体鉴定与烟草品种改良工作紧密结合起来"（图 3）。

（3）"烟草基因组计划重大专项"首席科学家指导烟草突变体研究

2010 年 12 月 30 日，"烟草基因组计划重大专项"首席科学家夏庆友教授到中国农业科学院烟草研究所进行烟草突变体项目调研并与科研人员座谈（图 4）。夏教授指出，烟草基因组计划的正式启动标志着烟草分子生物学时代的来临，希望行业内外全面铺开、系统推广，在项目实施过程中要做好学科交叉、人才队伍建设，并提出了烟草基因组计划要以"发现基因、研究基因、利用基因"为指导思想。

2011 年 7 月 12 日，中国农业科学院烟草研究所刘贯山研究员等项目组成员赴西南大学向"烟草基因组计划重大专项"首席科学家夏庆友教授汇报突变体库项目 2011 年工作进展。夏教授在听取工作汇报后，对烟草突变体研究工作给予了充分肯定，并对后续的工作提出了指导意见。

2012 年 8 月 22 日，中国农业科学院烟草研究所刘贯山研究员与龚达平副研究员代表项目组赴西南大学向"烟草基因组计划重大专项"首席科学家夏庆友教授汇报了突变体项目 2012 年的研究进展及未来规划。夏教授认为项目总体进展顺利，同时对后续工作提出了建议：从行业关注的性状入手开展研究工作；既要研究突变机理，也要考虑生产应用；要以图位克隆为主，突破是关键；侧翼序列扩增、突变材料保存、数据库维护等工作要保持常态化。

图 2 国家烟草专卖局杨培森副局长到中国农业科学院烟草研究所调研指导

图 3 国家烟草专卖局科技司张虹司长到中国农业科学院烟草所指导烟草突变体工作

图 4 首席科学家到中国农业科学院烟草研究所进行项目调研

3 项目研讨、
中期检查与年度总结会议

（1）"第一届全国烟草突变体库创制、筛选与分析研讨会"在青岛召开

为进一步细化烟草突变体库项目 2011 年度实施方案、确保项目顺利开展，2011 年 2 月 25 ~ 27 日，由中国农业科学院烟草研究所举办的"第一届全国烟草突变体库创制、筛选与分析研讨会"在青岛召开（图 5）。中国农业科学院生物技术研究所副所长路铁刚研究员、中国农业科学院油料作物研究所刘胜毅研究员、中国农业科学院烟草所所长王元英研究员、副所长王树声研究员、副所长张忠锋研究员，以及来自云南省烟草农业科学研究院、贵州省烟草科学研究院、安徽省农业科学院烟草研究所、湖北省烟草科研所、中国烟草东北农业试验站等科研单位和西南大学、重庆大学共 40 余位专家出席了会议。

（2）"烟草突变体库创制、筛选与分析中期检查会议"在青岛召开

2011 年 8 月 3 ~ 7 日，"烟草基因组计划重大专项"2011 年研究项目"烟草突变体库创制、筛选与分析中期检查会议"在青岛召开（图 6、图 7 和图 8）。国家烟草专卖局科技司组织了由西南大学夏庆友教授、中国科学院植物研究所孙敬三研究员、中国农业科学院油料作物研究所刘胜毅研究员、中国农业科学院作物科学研究所毛龙研究员和河北科技大学魏景芳教授组成的中期检查专家组，国家烟草专卖局科技司陈勇和张立猛博士，首席科学家工作团队成员，中国农业科学院烟草研究所王元英所长、王树声副所长、张忠锋副所长，中国农业科学院生物技术研究所路铁刚副所长，以及项目牵头单位和协作单位共 50 余位科技人员参加了会议。

图 5 "第一届全国烟草突变体库创制、筛选与分析研讨会"合影

图 6 "烟草突变体库创制、
筛选与分析中期检查会议"田间鉴评

图 7 "烟草突变体库创制、
筛选与分析中期检查会议"在青岛召开

图 8 "烟草突变体库创制、筛选与分析中期检查会议"合影

（3）"烟草突变体库创制、筛选与分析项目年度总结会议（2011）"在青岛召开

2011 年 12 月 9 ～ 11 日，"烟草突变体库创制、筛选与分析项目年度总结会议"在青岛召开。项目牵头单位和行业内外 10 个协作单位共 40 余位科技人员参加了会议。本次会议对项目进展进行了仔细梳理，认真查找了研究过程中存在的不足，为 2012 年项目的稳步滚动推进奠定了良好基础。

（4）"第二届全国烟草突变体库创制、筛选与分析研讨会"在青岛召开

2012 年 4 月 16 ～ 18 日，"第二届全国烟草突变体库创制、筛选与分析研讨会"在青岛召开（图 9）。中国科学院遗传与发育生物学研究所储成才研究员、中国科学院植物研究所刘春明研究员、中国农业科学院生物技术研究所路铁刚研究员、华中农业大学匡汉辉教授、青岛农业大学董春海教授和刘

家尧教授，以及项目牵头单位及行业内外 10 个协作单位共 40 余位科技人员参加了会议。

（5）"烟草突变体筛选与鉴定项目中期检查会议"在青岛召开

2012 年 7 月 25 ～ 26 日，国家烟草专卖局科技司组织专家在青岛对由中国农业科学院烟草研究所牵头承担的"烟草基因组计划重大专项"2012 年项目"烟草突变体筛选与鉴定"进行中期检查（图 10、图 11 和图 12）。专家组成员包括西南大学夏庆友教授、中国农业科学院作物科学研究所毛龙研究员、中国农业科学院油料作物研究所刘胜毅研究员、中国科学院遗传与发育生物学研究所储成才研究员、河北科技大学魏景芳教授、国家烟草专卖局

图 9 "第二届全国烟草突变体库创制、筛选与分析研讨会"合影

图 10 "烟草突变体筛选与鉴定中期检查会议"田间鉴评

图 11 "烟草突变体筛选与鉴定中期检查会议"在青岛召开

图12 "烟草突变体筛选与鉴定中期检查会议"合影

科技司陈勇博士、美国康奈尔大学甘苏生教授、中国农业科学院烟草研究所张忠锋副所长、项目组相关科技人员，共40余人参加了会议。

(6) "烟草突变体筛选与鉴定2012年项目总结暨第三届全国烟草突变体创制、筛选与分析研讨会"在青岛召开

2013年4月11～12日，"烟草突变体筛选与鉴定2012年项目总结及第三届全国烟草突变体创制、筛选与分析研讨会"在青岛召开（图13、图14和图15）。"烟草基因组计划重大专项"首席科学家西南大学夏庆友教授、中国农业科学院作物科学研究所贾继增研究员、华中农业大学吴昌银教授、国家烟草专卖局科技司陈勇博士等出席会议，中国农业科学院烟草研究所王元英所长、张忠锋副所长，以及牵头单位和各协作单位相关科技人员共50余人参加了会议。

(7) 烟草基因组计划相关项目中期检查会议在青岛召开

2013年8月31日，由中国农业科学院烟草研究所牵头承担的"烟草基因组计划重大专项相关项目中期检查会议"在山东青岛召开。西南大学夏庆友教授、中国科学院遗传与发育生物学研究所储成才研究员和李传友研究员、中国农业科学院作物科学研究所谢传晓研究员、中国科学院青岛生物能源与过程研究所周功克研究员、云南省烟草农业科学研究院肖炳光研究员、国家烟草专卖局科技司陈勇博士和谢贺博士、中国农业科学院烟草研究所王元英所长、张忠锋副所长、各项目负责人，以及牵头单位和各协作单位相关人员，共30余人参加了会议。

(8) "第四届全国烟草突变体创制、筛选与分析研讨会"在青岛召开

2014年4月24日，"烟草高香气、抗青枯病、

图 13 专家对"烟草突变体筛选与鉴定"项目
2012 年进展进行评议

图 14 "第三届全国烟草突变体创制、筛选
与分析研讨会"在青岛召开

图 15 "第三届全国烟草突变体创制、筛选与分析研讨会"合影

抗 TMV 突变体鉴定及'中烟 100'、'翠碧一号'
品种定向改良 2013 年度项目总结及第四届全国烟
草突变体创制、筛选与分析研讨会"在青岛召开
(图 16)。中国科学院遗传与发育研究所储成才研究
员、中国农业科学院作物研究所马有志研究员、中
国科学院植物研究所刘春明研究员、中国烟草总公
司山东省公司刘昌宝高级农艺师等出席了会议,中
国农业科学院烟草研究所张忠锋副所长、项目组相

关研究人员等,共 40 余人参加了会议。

(9)"烟草基因组计划重大专项项目结题验收
及在研项目中期检查会"在青岛召开

2014 年 5 月 15 ~ 16 日,由国家烟草专卖局科
技司组织的烟草基因组计划重大专项项目结题验收
及在研项目中期检查会在青岛召开(图 17)。西南
大学夏庆友教授、中国农业科学院作物科学研究所

图 16 "第四届全国烟草突变体创制、筛选与分析研讨会"合影

图 17 "烟草基因组计划重大专项项目结题验收及在研项目中期检查会"合影

谢传晓研究员和徐建龙研究员、中国科学院遗传与发育生物学研究所程祝宽研究员、山东农业大学付道林教授、中国农业科学院生物技术研究所林浩研究员、云南省烟草农业科学研究院肖炳光研究员作为专家组成员出席会议，国家烟草专卖局科技司韩非博士、谢贺博士、陈庆园博士，中国农业科学院烟草研究所王元英所长、张忠锋副所长，5个项目的负责人及主要研究人员，共50余人参加了会议。

（10）"第五届全国烟草突变体创制、筛选与分析研讨会"在青岛召开

2015年4月15～17日，"烟草高香气、抗青枯病、抗TMV突变体鉴定及'中烟100'、'翠碧一号'品种定向改良2014年度项目总结及第五届全国烟草突变体创制、筛选与分析研讨会"在青岛召开（图18）。中国农业大学王学臣教授、中国科学院遗传与发育研究所李传友研究员、中国农业科学院生物技术研究所黄荣峰研究员、华中农业大学吴昌

银教授、云南省烟草农业科学研究院肖炳光研究员、国家烟草专卖局科技司谢贺博士等出席了会议，中国农业科学院烟草研究所王元英所长及项目组相关研究人员，共30余人参加了会议。

（11）"烟草基因组计划重大专项项目2015年度检查评估会议"在青岛召开

2015年6月15～16日，由国家烟草专卖局科技司组织的"烟草基因组计划重大专项项目"2015年度检查评估会议在青岛召开。重大专项首席科学家夏庆友教授、国家烟草专卖局科技司韩非博士、谢贺博士、中国农业科学院烟草研究所王元英所长、张忠锋副所长，以及6个项目的负责人及主要研究人员参加了会议。

4 项目动态与交流

（1）项目工作交流

2011年7月13～15日，中国农业科学院烟草

图18 "第五届全国烟草突变体创制、筛选与分析研讨会"合影

研究所刘贯山研究员、孙玉合研究员、罗成刚研究员、王卫锋副研究员分别到西南大学、贵州省烟草科学研究院、安徽省农业科学院烟草研究所、云南省烟草农业科学研究院等突变体库项目协作单位，与参与项目的科技人员交流讨论项目执行情况。

（2）美国布菲金种子公司专家参观烟草突变体种质库

2012 年 6 月 19 日，美国烟草集团（US Tobacco）旗下的布菲金种子公司（Profigen Inc.）营销经理戴维斯马丁（Davis Martin）博士参观了采用条形码编目的烟草突变体种质库后赞叹地说："A lot of people, a lot of money（投入了大量的人力和资金）"（图 19）。

（3）项目组认真开展 2012 年中期检查

2012 年 8 月中下旬，项目组对项目相关协作单位的烟草突变体研究工作进行了全面中期检查。2012 年 8 月 13 日，刘贯山研究员赴中国农业科学院生物技术研究所查看了实验室、温室，以及廊坊基地田间突变体创制工作。2012 年 8 月 21 ～ 24 日，刘贯山研究员与龚达平副研究员赴安徽省农业科学院烟草研究所、西南大学、贵州省烟草科学研究院、云南省烟草农业科学研究院检查了各单位所承担的烟草突变体研究工作（图 20、图 21 和图 22）。

（4）烟草突变体南繁加代工作检查

2013 年 3 月 22 日，中国农业科学院烟草研究所刘贯山研究员到安徽省农业科学院烟草研究所海南南繁试验基地检查烟草突变体南繁加代工作（图 23）。

（5）福建烟草抗青枯病突变体筛选工作检查

2014 年 6 月 9 日，中国农业科学院烟草研究所

图 19 美国布菲金种子公司专家参观烟草突变体种质库

图 20 项目组在安徽省农业科学院烟草研究所查看田间突变体

图 21 项目组在贵州省烟草科学研究院查看田间突变体

图 22 项目组在云南省烟草农业科学研究院查看田间突变体

刘贯山研究员一行三人到福建省三明市泰宁县下渠乡检查 EMS 诱变 M_2 代抗青枯病突变体筛选情况并定株（图 24）。

（6）"烟草突变体 2014 年烟叶外观质量鉴定会"在青岛举行

2014 年 12 月 18 ～ 19 日，烟草突变体 2014 年烟叶外观质量鉴定会在青岛举行（图 25）。鉴定会邀请了山东潍坊烟草有限公司诸城分公司王术科高级农艺师、杨尚明农艺师、王善信农艺师，以及中国农业科学院烟草研究所孙福山研究员、刘伟副研究员等 5 位常年从事烟叶分级及外观鉴定工作的专家，对山东诸城和四川西昌试验种植的 42 份烤后烟叶样品进行了鉴定。烟叶样品来自于"烟草基因组计划重大专项""烟草高香气、抗青枯病、抗 TMV 突变体鉴定及'中烟 100'、'翠碧一号'品种

定向改良"项目获得的具有高香气、抗 TMV、长相好等优异农艺性状的"中烟 100"重要化学诱变突变株系和品系。

（7）烟草突变品系田间鉴评

2015 年 8 月 18 日，烟草突变体项目组组织中国农业科学院烟草所有关专家对在山东诸城开展的 8 个烟草突变品系比较试验进行了田间鉴评。从田间长相表现来看，一个香气突变品系和一个抗 TMV 突变品系明显优于对照"中烟 100"和"K326"，部分长相优异的突变品系也各具特色。

（8）"烟草突变体 2015 年烟叶外观质量鉴定会"在青岛举行

2015 年 11 月 24 ～ 25 日，烟草突变体 2015 年烟叶外观质量鉴定会在青岛举行（图 26）。鉴定会

图 23 烟草突变体南繁加代工作检查

图 24 福建烟草抗青枯病突变体筛选工作检查

图 25 "烟草突变体 2014 年烟叶外观质量鉴定会"在青岛举行

图 26 "烟草突变体 2015 年烟叶外观质量鉴定会"在青岛举行

邀请了山东潍坊烟草有限公司诸城分公司王术科高级农艺师、杨尚明农艺师、王善信农艺师，以及中国农业科学院烟草所孙福山研究员、刘伟副研究员等5位专家，对山东诸城、四川西昌、安徽宣城等3个生态区试验种植的47份烤后烟叶样品进行了烟叶外观质量鉴定。这些烟叶样品来自于国家烟草专卖局烟草基因组计划重大专项"烟草高香气、抗青枯病、抗TMV突变体鉴定及'中烟100'、'翠碧一号'品种定向改良"项目2015年安排的具有高香气、抗TMV、长相好等优异农艺性状的"中烟100"化学诱变突变品（株）系。

5 宣传报道

（1）工作简报编撰

为了让各级领导、专家及项目协作单位参加人员及时了解烟草突变体项目的研究动态与进展，从2011年4月开始，不定期编撰了项目工作简报。5年来共编撰项目工作简报15期（图27）。

（2）烟草突变体库创制已达27万份并正在进行大规模鉴定和分析

2011年12月9日，据国家烟草专卖局网报道，在中国"烟草基因组计划重大专项"启动一年之际，中国烟草基因组计划取得重大突破：绒毛状烟草和林烟草全基因组序列图谱完成，烟草突变体库创制已达27万份并正在进行大规模鉴定和分析。

（3）烟草所牵头建成全球最大烟草突变体库

2012年5月8日，据中国农业科学院网报道，"烟草基因组计划重大专项"2011年度研究项目"烟草突变体库创制、筛选与分析"取得重大突破，建成了全世界迄今为止最大规模的烟草突变体库，有效创制了居世界领先地位的突变体库与筛选方法。《中国烟草学报》2012年第1期以图文并茂的方式进行了该项报道；2012年9月15日，该项报道同时入选《农业科技要闻》第104期（总1207期）。

（4）"烟草突变体库创制与鉴定"入选中国农业科学院2013年度中英文年报

以"烟草突变体库创制与鉴定"为题，中国农业科学院烟草研究所刘贯山研究员科研团队牵头组织的"烟草突变体库创制、筛选、鉴定及烟草突变体研究平台建设工作"入选中国农业科学院2013年度中英文年度报告（图28）。该项研究为年报的作物学科集群中7大科研进展之一。

（5）烟草白茎基因定位获得重要突破

2014年7月15日，据中国农业科学院网报道，中国农业科学院烟草研究所对一个白茎突变体（ws1）的遗传分析与基因定位研究获得重要突破，其研究结果在国际植物分子育种著名刊物 Molecular Breeding（《分子育种》）上在线发表。本研究中的ws1是通过化学EMS诱变"中烟100"获

图27 烟草突变体项目工作简报

图28 "烟草突变体库创制与鉴定"入选中国农业科学院2013年度中英文年报

得的一个烟草白茎突变体，遗传分析表明，该突变性状受两对独立的隐性核基因（$ws1a$ 和 $ws1b$）控制。应用烟草 SSR 分子标记，在 2 个独立的 BC_1F_2 代分离群体中，分别将这 2 个基因定位在第 5 和 24 连锁群的特定区间内，与最近 SSR 标记的遗传距离分别约为 3.96 和 8.56 cM（厘摩）。2015 年 4 月 15 日，该项报道同时入选《农业科技要闻》第 166 期（总 1269 期）。

（6）烟草突变体研究：寻找"美丽的偶然"

2014 年 7 月 23 日，《东方烟草报》以"探秘烟草基因组·功能基因组学研究"为题报道了烟草基因组计划取得的进展，其中以"寻找'美丽的偶然'"为题报道了烟草突变体的研究历程和主要进展。

（7）协同创新 优势互补 烟草所联合生物所构建了烟草 T-DNA 激活标签插入突变体库

2014 年 12 月 4 日，据中国农业科学院网报道，在国家烟草专卖局"烟草基因组计划重大专项"经费的资助下，通过 4 年的协同攻关，中国农业科学院烟草研究所和生物技术研究所构建了烟草 T-DNA 激活标签插入突变体库。相关研究结果已在线发表于国际重要植物学期刊 *Planta*（《植物学》）。同时，

烟草所还配套完善了烟草突变体信息检索数据库和突变资源长期保存库，为我国烟草功能基因组学研究奠定了良好的技术和材料基础。

（8）白茎突变体研究获中国农业科学院"优秀学位论文"和"高水平论文奖"

2015 年 9 月 18 日，据中国农业科学院网报道，中国农业科学院烟草研究所 2014 届硕士研究生吴清章（导师：刘贯山研究员）的学位论文"一个烟草白茎突变体的鉴定与遗传分析"获得 2014 年度院级优秀学位论文（博士学位论文 10 篇、硕士学位论文 19 篇）。按照发表论文"Mapping of two white stem genes in tetraploid common tobacco (*Nicotiana tabacum* L.)"的刊物 *Molecular Breeding*（《分子育种》）属于《期刊引用报告》(Journal Citation Reports，简称 JCR) 中各学科专业领域所属第一区期刊，吴清章获得 2014 ～ 2015 学年"高水平论文奖"（共 23 篇）。

（9）团结奋进为创新 勇立潮头唱大歌

2015 年 12 月 14 日，据中国农业科学院网报道，中国农业科学院烟草研究所烟草突变体创新团队先进事迹以"团结奋进为创新 勇立潮头唱大歌"为题，入选"走进科研一线·讲述精彩故事"专栏（图 29）。

图 29 中国农业科学院烟草研究所烟草突变体创新团队

索 引

烟草突变体名词索引

后　记

　　自 2011 年开始大规模地创制烟草突变体以来，烟草突变体研究团队勇于担当、通力合作，圆满完成了烟草突变体的创制、筛选、鉴定及整理保存等工作，并开始了利用突变体进行烟草重要性状相关基因功能研究和品种定向改良的新历程。5 年来的辛勤劳动为本书的出版奠定了材料基础。

　　本书主编刘贯山研究员对烟草突变体研究和本书编写倾注了大量心血。从项目的规划设计、田间和实验室的筛选鉴定，到本书的策划、突变体的描述和图片的选修等都亲力亲为。龚达平副研究员、王倩副研究员、晁江涛助理研究员 3 位副主编除了按时完成各自承担的编写和审阅任务外，还积极献计献策，为本书各章节的统筹、编排，直至最后出版做出了很大的贡献。

　　在烟草突变体研究过程中，中国农业科学院生物技术研究所博士研究生刘峰，西南大学林英副教授、王根洪副教授，中国农业科学院油料作物研究所刘胜毅研究员、董彩华副研究员，云南省烟草农业科学研究院李文正博士、谢贺博士，贵州省烟草科学研究院任学良研究员、王仁刚副研究员、杨志晓博士、史跃伟博士，中国烟草东北农业试验站乔婵助理研究员，湖北省烟草科研所蔡长春副研究员，中国农业科学院烟草研究所硕士及博士研究生王军伟、张丽、张磊、康乐、宗鹏、刘慧、孙丽萍、丁安明、吴清章、张雪峰、陈雅琼、张艳艳、焦禹顺、杨明磊、胡军华、陈浣、陈果，青岛农业大学徐丽娟高级实验师、隋炯明副教授及硕士生赵宇航、王菲菲、崔宪奎、王红林、郑芳芳、王丽娟等承担了大量的研究任务和数据采集、整理工作。对他们的辛勤劳动和任劳任怨的付出，在此表示诚挚的谢意。

烟草突变体研究一直受到国家烟草专卖局烟草基因组计划重大专项的资助。本书编写也受到各方的关心和支持。中国工程院刘旭院士在百忙之中为本书作序，并给予极高的赞誉，这是对我们的鼓励和鞭策。至当铭记不忘，诚挚拜谢。

本书虽经作者不懈努力，但不足和错漏之处在所难免，恳请读者批评指正。

主编　孙玉合

2016 年 5 月